高等职业教育教材

精细化工产品
合成与开发

赵昊昱 主编
伍辛军 主审

JINGXI HUAGONG CHANPIN
HECHENG YU KAIFA

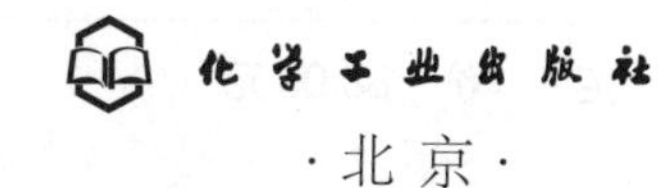

·北京·

内 容 简 介

《精细化工产品合成与开发》为新型活页式教材。

教材内容的编排方式是以完成染料对位红、香料肉桂酸等典型精细化学品的小试生产任务为项目工作（学习）任务，采用行动导向的方式，引导学生通过查阅相关资料、确定小试生产方案、修正并实施生产方案到评价方案和实施结果，从而完成项目工作（学习）任务的全过程，体现“工学结合”的教育模式。此外，所选取的典型精细化学品的工业化生产案例较为新颖、实用，是国内外近年来大规模使用的生产工艺成果；可通过扫描二维码观看的动画、视频等信息化资源则立体化地展示了相关信息。

本教材可供高等职业学校精细化工技术、药品生产技术和应用化工技术等专业的师生学习与参考，也可供企业中从事有机合成的生产与工艺研发相关工作的工程技术人员参考。

图书在版编目（CIP）数据

精细化工产品合成与开发 / 赵昊昱主编. —北京：化学工业出版社，2022.8

ISBN 978-7-122-42114-2

Ⅰ.①精… Ⅱ.①赵… Ⅲ.①精细化工 - 化工产品 - 化学合成 ②精细化工 - 化工产品 - 产品开发 Ⅳ.① TQ072

中国版本图书馆 CIP 数据核字（2022）第 162466 号

责任编辑：提　岩　　文字编辑：崔婷婷

责任校对：张茜越　　装帧设计：李子姮

出版发行：化学工业出版社（北京市东城区青年湖南街13号　邮政编码100011）

印　　装：中煤（北京）印务有限公司

787mm×1092mm　1/16　印张20¼　字数502千字　2023年1月北京第1版第1次印刷

购书咨询：010-64518888　　售后服务：010-64518899

网　　址：http://www.cip.com.cn

凡购买本书，如有缺损质量问题，本社销售中心负责调换。

定　　价：68.00元

前言

自2009年以来，国家发改委、国家安全监管总局、江苏省委办公厅和江苏省安全生产监督管理局等部门相继出台了《关于印发淘汰落后安全技术工艺、设备目录》等系列关于化工行业安全清洁生产相关的文件，特别是在2019年，国家明确提出鼓励企业使用一批绿色、安全、环保的化工生产新工艺，限制一批严重浪费资源、污染环境的工艺，淘汰一批工艺技术落后、不符合现行行业准入条件的工艺。教材的内容应具备先进性、针对性和适用性，应和企业技术发展现状相匹配，这是我们编写本教材的初衷。

本教材遵循国家相关政策规定，对接化工总控工、化工工艺试验工等国家相关职业标准的要求和企业用人单位用工需求，结合精细化学品合成过程中的磺化、卤化、硝化、烷基化等各单元反应的理论知识，引入目前处于国内领先、国内先进水平的精细化学品各单元反应的安全、环保新工艺案例，体现当前我国化学化工行业现代先进科学技术文化水平，从而为培养能适应精细化工行业生产与管理一线工作的技术技能型人才提供必要的基础保障。

本教材内容的编排采用行动导向教学方式，共八个项目。从读者（学生）的角度看，每个项目工作任务的完成过程分为以下八个部分：接受任务→查阅资料→制定方案→汇报方案→讨论完善→实施方案→完成报告→总结评价。通过逐一完成这些步骤，最终完成一项完整的项目工作任务。这种编排方式使得本教材具有较强的自学指导性。

为了和高职院校学生的学情相匹配，本教材采用活页式装订，以项目为单元独立编排页码，便于根据化工生产政策法规、化工行业发展的新知识、新技术、新标准、新规范、新设备、新要求等及时对项目内容进行更新，以及不断完善完成过程评价，同时也便于学生上交任务报告单、作业和记录笔记。

本教材由常州工程职业技术学院赵昊昱教授担任主编，康宁反应器技术有限公司技术中心主任伍辛军高级工程师担任主审。具体编写分工为：赵昊昱编写了项目一、项目二、项目四和项目八，并统稿；常州工程职业技术学院蒋涛编写了项目三；常州工程职业技术学院乔奇伟编写了项目五和项目六；常州工程职业技术学院陈群编写了项目七。教材中的图片均由蒋涛编辑处理，部分信息化资源由康宁反应器技术有限公司提供，在此深表感谢。在编写过程中，编者还参考了国内高职、本科等学校的教材和其他文献资料，在此一并向各位作者表示感谢。

鉴于精细化学品合成方面的理论研究和应用技术在不断发展，且编者水平、时间所限，不足之处在所难免，敬请广大读者批评指正。

编者

2022 年 5 月

目录

导言

活页式教材使用说明

本教材是为学生将来走上精细化工产品开发与技术改造工作辅助岗位，精细化工生产操作、运行控制与管理岗位，以及车间质检分析与测试岗位等工作岗位的需要而编写的，特别是在精细化工产品开发与技术改造工作辅助岗位的工作人员更需要学习。本教材主要培养的是精细化工产品开发与技术改造工作辅助岗位的化工工艺试验工（高级工），使其具有能进行新产品试制项目的小试生产并且能从事化工生产工艺改进等相关的职业能力；精细化工生产操作、运行控制与管理岗位的化工总控工（高级工），使其具有能进行化工单元反应的操控及调节等相关的职业能力。

本教材以一系列来源于真实生产的学习型工作任务和项目为教学载体，在教师的引领下，学生在完成任务的过程中，逐渐学会独立思考，提高解决问题的能力并提升团结合作的能力，形成良好的职业素养。

本教材采用活页式装订方式，可方便教师提供最新的精细化学品的生产工艺应用实例素材予以替换，也方便学生上交已完成的报告单作业和记录笔记，教材正文、报告单作业以及笔记页，分别采用了三级编排方式进行排序。使用附赠的活页圈，可灵活方便地将教材中的部分内容携带到一体化教学场地，也可将报告单、作业等单独上交。

另外，本教材可以和专门开发的教学资源库（常州工程职业技术学院局域网内）一起配套使用。资源库中包含了职业工种鉴定标准、教学课件、生产实例、虚拟实训、练习题库、文献资料和师生论坛等模块，有动画、视频、录像，还有自主开发的“小游戏”，内容丰富实用，是师生开展教学活动的好帮手。

如需获取更多信息和资源，还可根据需要访问以下网址进行深入学习：

智慧职教
精细化学品制备　南京科技职业学院　胡瑾等 精细有机合成技术　陕西国防工业职业技术学院　邹静等
中国大学 MOOC（慕课）
精细有机合成化学与工艺学　天津大学　冯亚青等

致同学

欢迎你进入“精细化工产品合成与开发”课程学习！下面介绍一下“怎么学”。

一、学习情境描述

在本课程的学习过程中，我们虚拟了一个振鹏化工企业研发及生产岗位的工作环境及氛围。在该企业（生产单位）和外贸公司（需求单位）签订了某精细化学品的《采购合同》之后，公司需要组织相关技术部门人员首先进行小试（实验室小型试验）研究，探索开发该化学品的小试生产工艺，然后对一些关键工艺参数进行合理放大至中试和放大的级别进行调整（此阶段往往需要把小试生产工艺技术成果转交给工程设计研究人员进行中试和放大，做成一个工艺包之后交由专门的设计院进行工业化设计），之后再把该化学品的放大生产工艺移交给生产部门组织车间进行生产，生产期间还需质量检验、原料供应和机电维修等其他部门的通力配合才能完成整个工作任务。技术部门的小试开发研究人员必须具备一定的工程技术观念，需要考虑后续工业化生产过程中所面临的若干实际问题，否则所开发出来的小试工艺在放大之后的成功率往往会比较低。而和本课程学习内容直接相关的工作任务，则主要集中在企业和外贸公司签订合同之后的第一阶段，即需要完成某精细化学品的小试生产工艺的探索这一阶段。你所“扮演”的角色，就是该化工企业技术部门的小试开发研究人员；而老师的新角色，则是该技术部门负责新品开发、相关样品检测和管理工作的项目技术总监。

二、工作（学习）任务

我们共需完成八个工作任务，分别涉及染料中间体硝基苯，医药中间体苯胺、乙酰苯胺和正溴丁烷，染料对位红，表面活性剂中间体对甲苯磺酸，香料 β- 萘乙醚和肉桂酸等八种精细化学品的合成及小试生产工艺研发，其中最后一个是考核项目。

我们从接受上级下达的任务开始，先组织研发团队再分工协作，你需要从分析目标化合物的化学结构开始，通过查找它的合成路线、操作条件、测试方法等相关技术资料形成试验方案之后进行小试实践操作，之后融入工程观念为该产品的中试等生产做准备，最后小试开发研究人员和项目技术总监共同撰写出一套该化学品的小试生产工艺技术文件，圆满完成工作任务。

三、工作（学习）过程

每一项工作（学习）任务的完成，都可以被分解为以下的八个阶段：接受任务 → 查阅资料 → 制定方案 → 汇报方案 → 讨论完善 → 实施方案 → 完成报告 → 总结评价。

首先，全体小试开发研究人员分成 6 ～ 8 个大组，每组六人，每组经推选产生一名组长。

在工作开展伊始，一个大组六位成员中的某三人先分别查找该化学品的资料：① 现有合成路线及生产方法；② 各方法的质量产率、原料消耗量、生产成本比较及估算；③ 各方法的生产原料厂家的供应情况及生产产品厂家的年销售量，原料和产品的安全性、毒性的相关数据、中毒急救方式及防护措施。然后六个人一起分别从可行性、实用性、安全性、经济性、环保性等方面对所查到资料展开评价，商讨选择出合适的合成路线以后，组内的另外三人再分头查找有关该路线的其他材料：①产品的用途以及原料、中间体、主产物和副产物的理化常数指标；② 原料、中间体及产品的分析测试草案；③产品粗品分离提纯的草案。经过全组讨论，共同完成小试实训操作草案。以上六个方面的资料查阅的分工任务，在完成下一个工作项目时，由组长负责协调各组员进行轮换。

将以上草案的内容做成 PPT，由项目技术总监指定某位成员代表本组上台汇报，汇报人在介绍本组所定的方案同时，需阐述资料的来源、可行性及依据，如有遗漏，组内其他成员可适当补充，整个汇报过程要求言简意赅，时间控制在 5 ～ 10min。项目技术总监根据其现场表现以及该成员对整个项目组的贡献度等表现予以评分，在汇报结束后针对草案中所存在的问题进行查漏补缺并进行理论层次的深化，各组成员据此进行修改及完善，之后完成《×× 小试产品生产方案报告单》并交由项目技术总监审核。

审核通过后在进行实训操作时，一个项目组中的六个人经自由组合分成三小组，每小组两名成员，在实训过程中相互配合。实训结束后给产品拍照，编辑成（5×5）cm 左右的图片打印后贴在自己的报告单中，并完成《×× 小试产品合成实训报告单》交项目技术总监审核。

在完成了所有的工作任务以后，组员之间形成了信任、配合默契的伙伴关系。在任务全部完成、小组即将解散之际，通过共同制作一份心得体会来展示集体成果以感谢彼此的帮助，提炼印象深刻的片段，重温工作（学习）过程中的欢笑与喜悦、泪水与遗憾，同时进行小组成员的互评以及自评，培养一种成就感以及对集体活动的信任感。

致老师

感谢您选用这本新型活页式教材！下面介绍一下“怎么教”。

为了遵循教育部颁布的《高等职业学校精细化工技术专业教学标准》和国家发改委颁布的《产业结构调整指导目录》，对接 1+X 职业技能等级证书，本教材所属课程和其他课程如《化工物料输送与控制》《化工传热过程与控制》《化工产品分离与控制》《化工产品分析与仪器使用》等一起，联合培养能适应企业需求的精细化工产品开发与技术改造工作辅助岗位的化工工艺试验工（高级工）以及精细化工生产操作、运行控制与管理岗位的化工总控工（高级工），本课程的核心任务是完成精细化学品的小试生产工艺研发。

基于目前高职学生的认知特点，本教材选择基于行动导向的理实一体化教学模式进行教学活动设计。教学过程模拟某企业技术部门完成某新产品研发小试生产任务的工作情境，师生的角色设定也同样和该情境相匹配。

一、工作（教学）活动过程设计

本教材根据完成由简单到复杂工作任务的职业成长规律编排了八个项目。每一个项目的工作过程均分为“明确任务”“制订计划”“做出决策”“实施计划”“检查控制”“评价反馈”六个阶段。

您可以采用以下方式安排教学（工作任务）活动。①告知：项目技术总监告知本工作（学习）项目需要达成的能力、知识、素质和思政目标。②引入：采用现场抽签的方式，各小试开发研究项目组分别派代表展示小试实训草案等资料查阅结果。③深化：项目技术总监点评各组所汇报的草案，并补充相关理论知识。④归纳：项目技术总监引导各组成员通过讨论并阐明化工单元反应特点等内容，从而明确小试反应中的关键生产工艺参数等信息。⑤训练：通过完成指定习题来掌握和巩固单元反应的规律。⑥修正：项目组各组成员通过归纳和整理相关学习内容，确定目标化合物的合成路线，并修改、完善和展示本组的小试实训生产方案，完成《×× 小试产品生产方案报告单》并交由项目技术总监审核。⑦引导：项目技术总监引导各组成员正确选择仪器、设备和药品，并检查他们的安全防护措施是否到位。⑧实施：各组成员进行目标化合物的合成、精制、检测等一系列实训操作，项目技术总监对容易引发安全隐患的错误操作进行及时提醒并制止。⑨处理数据：若数据不在预计的范围内，则引导各组成员对问题数据进行分析，找出可能原因。⑩ 讨论：各组成员对实训原理、过程以及实训中出现的问题进行探讨，尝试找出解决办法。⑪ 修正：项目技术总监根据各组成员的实际表现提出修正意见，各成员改错。⑫ 总结评价：各组代表展示自己组的小试方案及实施成果，交流分享完成任务过程中的心得体会，完成《×× 小试产品合成实训报告单》，项目技术总监审核后作出适当评价。⑬ 领新任务：根据《任务单》明确下一项工作任务，交待各组成员分头查阅资料准备汇报。

其中对于项目各组成员分别派代表汇报小试实训草案的阶段，作为项目技术总监的您可采用以下评分方式：

序号	评 价 指 标	分值	扣分	得分
1	语言精练	20		
2	重点突出，条理清楚	10		
3	论据充分、内容有见地，使人信服	20		
4	表述自然流畅	10		
5	回答问题时思路清晰、言之有理	20		
6	PPT 展示效果好	10		
7	能在限时内完成汇报	10		

对于各组成员所上交的《×× 小试产品生产方案报告单》和《×× 小试产品合成实训报告单》(这两份报告单在一起组成了一套完整的《×× 小试产品的生产工艺》技术文件)，可采用以下评分方式：

序号	评 价 指 标	分值	扣分	得分
1	制定的项目工作方案及时	5		
2	报告项目全面、字迹清晰、条理清楚、语言精练、表达准确	10		
3	选用的项目工作方案贴合实际，正确可行	20		
4	项目实施过程中的原始记录全面、规范、无涂改	10		
5	实训结果相关信息及数据完整，数据处理过程无错误，保留有效数字正确	15		
6	讨论部分的内容具有针对性和创新性	10		
7	工业流程简图合理	15		
8	相关的参考资料列举全面、详尽	10		
9	归档资料有条理、整齐、美观	5		

对于各组成员的互评（是组内其他成员对该成员的评价），可采用以下评分方式：

序号	评 价 指 标	分值	扣分	得分
1	完成项目（任务）的态度表现积极、主动	10		
2	在完成资料查阅、汇总、做 PPT、定工作方案等任务时能适时发表自己的看法和观点，独立工作能力较强	50		
3	团结友善，能积极参与小组讨论，与人合作能力较强	30		
4	语言表达能力较强	10		

对于各组成员的自评，可采用以下评分方式：

序号	评　价　指　标	分值	扣分	得分
1	工作态度主动，能及时完成上级部门下达的各项任务	10		
2	能完整记录探究活动的过程，全面收集信息和资料	10		
3	能恰当分析所查资料，进行合理的对比及取舍	15		
4	能完全领会技术总监的点评意见，并迅速地掌握技能并学以致用	20		
5	能积极参与讨论与演讲，清楚表达自己的观点，能说服别人	15		
6	能按照实训方案独立或合作完成实训项目	5		
7	能主动思考实训过程中出现的问题，并使用现有知识进行解决，了解自身的不足	15		
8	具有安全、环保意识与团队合作精神	5		
9	能持续保持整洁、有序、规范的工作环境	5		
思考与改进				

对于考核项目“香料肉桂酸的生产”，这是一个检验项目组中各成员表现能力的项目，可采用以下评分方式：

考核内容	评　价　指　标		分值	扣分	答辩过程记录
项目任务完成的质量（50%）	查阅资料、参考资料罗列的全面性	全面	5		
		一般	3		
		差	0		
	内容表达的条理性	有条理	2		
		杂乱	0		
	实训方案的新颖性、可行性、实用性、安全性、经济性和环保性	好	10		
		一般	5		
		差	0		
	原始记录的规范性	规范	2		
		不规范	0		
	粗品产物的外观	类白色	5		
		棕黄色	2		
		类黑色	0		
	粗品产物的摩尔产率	>40%	15		
		20%～40%	5		
		＜20%	0		

续表

考核内容	评 价 指 标		分值	扣分	答辩过程记录
项目任务完成的质量（50%）	数据完整、处理过程正确性	完整无错	2		
		不完整有错	0		
	讨论部分的创新性	有创新	4		
		无创新	0		
	工业化方案的合理性	合理	3		
		不合理	0		
	技术文件归档的完整、整齐、美观性	好	2		
		差	0		
答辩情况（50%）	准备情况	较好	5		
		较差	0		
	语言表达情况	清晰	10		
		一般	5		
		差	0		
	回答问题的质量	好	30		
		一般	15		
		差	0		
	灵活应变能力	强	5		
		一般	3		
		差	0		
总分及评语					

二、本教材的使用

本教材的活页式装订法，可方便您根据本校的具体实训条件恰当选择抽取其中的某几个项目进行实施，也方便您更换最新的精细化学品的生产工艺应用实例素材，同时还方便您批改审阅学生所上交的报告单和作业，正文、学生上交材料和记录笔记的页码分别单独排序。

三、其他条件的配备

需配备能容纳 24 个及以上数量工位的带通风换气设备的精细有机合成实训室，配备成套的精密增力电动搅拌装置以及数字式熔点仪和阿贝折光仪等仪器设备，有条件的还可配备气相色谱仪、高效液相色谱仪、红外光谱仪等仪器分析检测设备。另外，还需要有中国知网，以及《化工辞典》《兰氏化学手册》等工具书相配套使用。

桃李不言，下自成蹊。最后，希望您的辛勤耕耘能开出芬芳鲜花、结出累累硕果！

项目一

染料中间体硝基苯的生产

【学习活动一】 接受工作任务，明确完成目标

任务单

振鹏精细化工有限公司总部下达的任务单，其内容如表 1-1 所示。

表 1-1 振鹏精细化工有限公司 任务单

编号：001

任务下达部门	总经理办公室	任务接受部门	技术部
一、任务简述			
公司于 3 月 1 日和上海中化国际贸易有限公司签订了 500 公斤（千克）的染料中间体硝基苯（CAS 登录号：98-95-3）的供货合同，供货周期：2 个月。由技术部前期负责打通小试生产工艺，后期协作生产部和物流部分别完成中试、放大、生产和货物运输。			
二、经费预算			
预计下拨人民币 10.0 万元研发费用，请技术部负责人于 3 月 4 日前提交经费使用计划，并上报周例会进行讨论。			
三、完成结果			
1. 在 4 月 12 日之前提供一套硝基苯的小试生产工艺相关技术文件； 2. 同时提供硝基苯的小试产品样品一份（10.0 mL），其品质符合 GB/T 9335—2009 中的相关要求。			
四、其他			
有需要其他部门协作的，由技术部提交申请，总经理办公室负责统筹和协调。			

下达部门：总经理办公室　　负责人：　（签名）　　日期：　年　月　日

接受部门：技术部　　负责人：　（签名）　　日期：　年　月　日

抄送部门：生产部、物流部

注：本单一式五份，分别由总经理办公室、财务部、技术部、生产部和物流部留存。

任务目标

◆ 完成目标

通过查阅相关资料，经团队讨论后确定硝基苯小试生产方案并予以实施，获得合格产品和一套小试产品的生产工艺技术文件。

能力目标

能根据反应底物特性、硝化反应基本规律及生产要求选择适合的硝化剂及硝化方法来完成硝化反应；能分析出常见硝化反应的影响因素，进而寻求硝基苯生产的适宜的工艺条件；能根据硝化工艺要求对非均相混酸硝化进行工艺计算、配酸操作及硝化反应和“废酸”处理操作；能通过找寻的合理反应条件使得硝化反应实验顺利进行；对于毒性较强的化学品，针对所接触物料的性质，能选择恰当的防护措施。

知识目标

掌握常见硝化反应方法，理解硝化反应的基本规律及其影响因素；掌握非均相混酸硝化方法、基本计算、反应设备特点和安全技术；掌握典型硝化产品工艺条件的确定及工艺过程的组织，了解微通道反应器的特点及其在硝化工业化单元反应中的应用；掌握有机合成常规仪器设备的使用，熟悉实验室防火防爆措施，强化萃取、简单蒸馏的操作技术。

素质目标

深化对易腐蚀品、易燃易爆化学品等危险化学品的安全规范使用意识、增强对化工生产流程和质量的控制意识，逐步形成安全生产、节能环保的职业意识和遵章守规的职业操守；培养团队合作精神，养成良好的综合职业素质。

思政目标

遵循“实践是检验真理的唯一标准”的原则，尊重自然、尊重科学。

任务一　确定硝基苯的小试生产方案

【学习活动二】　选择合成方法，计算原料用量

为了确定硝基苯小试生产合成方法、原料投料的配方等方案，下面将系统提供与硝基苯合成相关的理论基础知识参考资料供大家选用。

硝化是向有机化合物分子中引入硝基（$—NO_2$）的化学过程。作为硝化反应的产物——硝基化合物，在燃料、香料、医药、农药等许多领域中都能找到它的应用实例。硝化反应是最普通和最早被发现的有机化学反应之一。早在 1834 年就有人用硝化方法合成了硝基苯。自 1842 年发现硝基苯可以还原成苯胺之后，硝化反应在有机化学工业中的应用和研究就迅速发展起来。近年来，关于芳烃硝化的反应研究与应用在国内外比较活跃。

工业上，脂肪族化合物的硝化很少应用，而芳香族硝基化合物及其还原产物（芳胺）则是有机合成的重要中间体。所以，向芳环或芳杂环上引入硝基是最重要的硝化反应。

$$ArH + HNO_3 \longrightarrow ArNO_2 + H_2O \qquad (1\text{-}1)$$

在芳环上引入硝基，一是将其进一步转化成氨基，以制取芳胺类化合物；二是利用硝基的极性，使芳环上其他取代基活化，以促进亲核取代反应的进行；三是赋予一些精细化学品以某些特性，如加深染料的颜色，使药物的生理效应显著变异等。有些硝基化合物具有药理作用，如可缓解心绞痛的硝酸甘油。另外在国防工业上，一些硝基化合物可合成炸药，如 TNT（2,4,6- 三硝基甲苯）以及军用烈性炸药黑索金（即环三亚甲基三硝胺）等。

硝化方法按反应物的聚集状态分，可分为均相硝化和非均相硝化；若按反应介质分，又可分为在硝酸或硫酸以及有机溶剂中的硝化；如果按硝化剂分，则可分为稀硝酸硝化、浓硝酸硝化，在浓硫酸介质中的均相硝化、非均相混酸硝化以及在有机溶剂中的硝化等。不同的硝化剂，硝化能力不同，适用范围也不尽相同。所以，按照硝化剂分类，更能反映不同硝化方法的特点。下面将根据硝化剂分类，重点学习工业上最常用、最重要的非均相混酸硝化法。

一、硝化反应特点

硝化反应的特点可归纳为如下三点：

① 在进行硝化反应的条件下，反应是不可逆的；

② 硝化反应速率快，属于强放热反应，其放热量约为 $126kJ \cdot mol^{-1}$；

③ 在多数场合下，反应物与硝化剂是不能完全互溶的，常常分为有机相（油层）和酸相（水层）。

二、硝化反应方法

硝化的方法主要有以下四种。

（1）硝酸硝化　稀硝酸硝化常用于某些容易反应的芳香族化合物，如酚类、酚醚类和某些 *N*- 酰基化的芳胺的硝化。反应在不锈钢或搪瓷设备中进行，硝酸过量 10% ～ 65%。浓硝酸硝化一般需要用过量许多倍的硝酸，目前只用于少数硝基化合物的合成。单纯使用硝酸作硝化剂的主要问题是在反应过程中硝酸会不断被硝化反应生成的水所稀释，导致硝化能力不断下降，使反应很快就达到化学平衡，使硝化作用不完全，因此硝酸的使用极不经济。所以工业上应用的较少。

（2）浓硫酸介质中的均相硝化　当在反应温度下原料或硝化产物是固态时，就需要把原料被硝化物溶解在大量的浓硫酸中，然后加入硫酸和硝酸的混合物中进行硝化。这种方法只需要过量少许硝酸，一般产率较高，缺点是硫酸用量过大。

（3）非均相混酸硝化　当在反应温度下，被硝化物和硝化产物是液态时，常常采用非均相混酸硝化的方法。通过强烈搅拌，使有机相被分散到酸相中以完成硝化反应。此法有许多优点，是目前工业上最常用、最重要的方法，也是我们讨论的重点。

（4）在有机溶剂中硝化　对于在混酸中易被氧化或易分解的如胺类、酚类等化合物，可在乙酸酐、二氯甲烷或二氯乙烷等介质中用硝酸硝化。此法可避免使用大量硫酸作溶剂，工业上应用前景广阔。

三、硝化反应原理

（一）硝化剂

硝化剂是能够生成硝酰正离子（NO_2^+）的反应试剂，硝酰正离子（NO_2^+）就是将要引入底物生成硝基（$—NO_2$）的基团。硝化剂是以硝酸或氮的氧化物（N_2O_5、N_2O_4）为主体，与强酸（H_2SO_4、$HClO_4$ 等）、有机溶剂（CH_3CN、CH_3COOH 等）或路易斯酸（BF_3、$FeCl_3$）等物质组成。工业上常用的硝化剂有不同浓度的硝酸、硝酸与硫酸的混合物（混酸）、硝酸盐与硫酸的混合物，以及硝酸的乙酸酐（或乙酸）溶液等。

1. 硝酸

纯硝酸、发烟硝酸及浓硝酸很少离解，主要以分子状态存在，如 75% ～ 95%（质量分数）的硝酸中有99.9%呈分子状态。纯硝酸中有96%以上呈HNO_3分子状态，仅有约3.5%的硝酸经分子间质子转移，能离解成硝酰正离子（NO_2^+）。

$$2HNO_3 \rightleftharpoons H_2NO_3^+ + NO_3^- \tag{1-2}$$

$$H_2NO_3^+ \rightleftharpoons H_2O + NO_2^+ \tag{1-3}$$

由式（1-3）平衡反应可知，水分的存在会促使反应左移，不利于NO_2^+的生成。

如果硝酸中的水分较多，如70%以下质量浓度的硝酸，则按式（1-4）进行离解，不能形成硝酰正离子，因此也就无法向底物中引入硝基（—NO_2）。

$$HNO_3 + H_2O \rightleftharpoons NO_3^- + H_3O^+ \tag{1-4}$$

单纯用硝酸作硝化剂时，如式（1-1）所示，随着反应的进行会有水分生成，水分的出现对硝酸继续离解出NO_2^+不利，浓硝酸被稀释到70%左右时即失去硝化能力。因此很少采用单一的硝酸作为硝化剂，除非是反应活性较高的酚、酚醚、芳胺以及稠环芳烃的硝化。

2. 混酸

混酸是浓硝酸或发烟硝酸和浓硫酸按一定比例组成的混合物。在硝酸中加入了供给质子能力较强的硫酸后，能大大提高硝酸分子离解成NO_2^+的程度。

$$HNO_3 + 2H_2SO_4 \rightleftharpoons NO_2^+ + H_3O^+ + 2HSO_4^- \tag{1-5}$$

实验表明，在混酸中增加硫酸浓度有利于NO_2^+的离解。硫酸浓度在75%～85%时，NO_2^+浓度很低，当硫酸浓度增加至89%或更高时，硝酸全部离解为NO_2^+，从而硝化能力增强。见表1-2。

表1-2　由硝酸和硫酸配成的混酸中NO_2^+的含量

混酸中的HNO_3含量/%	5	10	15	20	40	60	80	90	100
转化成NO_2^+的HNO_3/%	100	100	80	62.5	28.8	16.7	9.8	5.9	1

硝酸、硫酸和水的三元体系作硝化剂时，其NO_2^+浓度可用如图1-1所示的三角坐标图表示。由图可见，随着混酸中水的含量增加，NO_2^+的浓度逐渐下降，代表NO_2^+可测出极限的曲线与可发生硝化反应所需混酸组成极限的曲线基本重合。

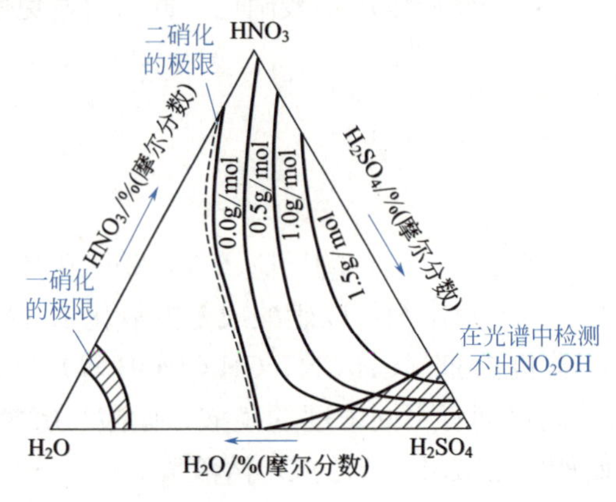

图1-1　H_2SO_4-HNO_3-H_2O三元体系中NO_2^+浓度

除 NO_2^+ 是主要的硝化活泼质点外，还有 $H_2NO_3^+$ 也是有效的活泼质点。稀硝酸硝化时还可能有 NO^+、N_2O_4 或 NO_2 作为活泼质点，但反应历程有所不同。

3. 硝酸盐与硫酸

硝酸盐与硫酸作用生成硝酸和硫酸盐，实质上是无水硝酸与硫酸的混酸。

常用的硝酸盐有硝酸钠、硝酸钾等。硝酸盐与硫酸的配比一般是（0.1 ～ 0.4）∶ 1（质量比）。按照这种配比，硝酸盐几乎全部能离解成 NO_2^+，所以比较适合于苯甲酸、对氯苯甲酸等难以硝化的芳烃硝化。

$$NaNO_3 + H_2SO_4 \rightleftharpoons HNO_3 + NaHSO_4 \tag{1-6}$$

4. 硝酸的乙酸酐溶液

研究表明，硝酸的乙酸酐溶液包含的组分，硝化能力较强，可在低温下进行硝化反应，适用于易被氧化和为混酸所分解的硝化反应。乙酸酐对有机物有着良好的溶解性，可使反应处于均相，其酸性很小。一些容易被混酸中硫酸破坏的有机物，可在此硝化剂中顺利地硝化。硝化反应生成的水可使乙酸酐水解成乙酸，所需硝酸不必过量很多。这种硝化剂既保留了混酸的优点，又弥补了混酸的不足，是仅次于混酸的常用硝化剂，被广泛用于芳烃、杂环化合物、不饱和烃化合物、胺、醇以及肟等的硝化。

硝酸在乙酸酐中可以任意比例混溶。常用的是含硝酸 10% ～ 30% 的乙酸酐溶液。其配制应在使用前进行，以避免因放置过久产生四硝基甲烷而有爆炸的危险。

$$4(CH_3CO)_2O + 4HNO_3 \xrightarrow{6d} C(NO_2)_4 + 7CH_3COOH + CO_2\uparrow \tag{1-7}$$

此外，硝酸与乙酸、四氯化碳、二氯甲烷或硝基甲烷等有机溶剂形成的溶液，也可以作为硝化剂。硝酸在这些溶剂中能缓慢产生 NO_2^+，反应比较平和。

（二）硝化反应的历程

化学反应历程，又称为化学反应机理，指化学反应中的反应物转化为最终产物通过的途径，即反应物按什么途径、经过哪些步骤得到最终产物。通过了解化学反应历程，可以找到相应的主反应和副反应，从而找出决定反应速率的关键，达到生产中多、快、好、省的目的。

芳烃的硝化反应符合芳环上亲电取代反应的一般规律。以苯为例，其反应历程如下：

$$2HNO_3 \overset{慢}{\rightleftharpoons} NO_2^+ + NO_3^- + H_2O$$

$$C_6H_6 + \overset{+}{N}O_2 \rightleftharpoons [C_6H_6 \cdots \overset{+}{N}O_2] \overset{慢}{\rightleftharpoons} [C_6H_6NO_2]^+ \xrightarrow{快} C_6H_5NO_2 + H^+ \tag{1-8}$$

π-配合物　σ-配合物

苯的硝化反应

反应的第一步是硝化剂离解，产生硝酰正离子 NO_2^+；第二步是亲电活泼质点 NO_2^+ 向芳环上电子云密度较高的碳原子进攻，生成π-配合物，然后转变成σ-配合物，这是慢的一步；第三步是σ-配合物脱去一个质子，形成稳定的硝基化合物，这一步是很快的。其中形成σ-配合物是硝化反应的控制步骤。

（三）硝化反应的动力学

1. 均相硝化动力学

被硝化物与硝化剂、介质相互溶解形成均一液相称为均相硝化。硝基苯、对硝基氯苯、1-硝基蒽醌等在大大过量的浓硝酸中硝化属于均相硝化，硝化反应速率服从一级动力学方程式。

$$r = k\,[\mathrm{ArH}] \tag{1-9}$$

式（1-9）中的 k 是表观反应速率常数。在硫酸存在下的硝化，当加入的硫酸量较少时，硝化反应仍为一级反应，但硝化反应速率明显提高。当加入硫酸量足够大时，硫酸起到溶剂作用，硝酸仅作为硝化剂，此时表现为二级反应。

$$r = k\,[\mathrm{ArH}]\;[\mathrm{HNO_3}] \tag{1-10}$$

式（1-10）中表观反应速率常数 k 值的大小与硫酸的浓度密切相关。当硫酸浓度在 90% 左右时，k 值为最大。表 1-3 列出了一些有机物在不同硫酸浓度下的硝化速率常数。

表 1-3　一些有机物在不同硫酸浓度下的硝化速率常数（25℃）

被作用物	90% 硫酸中 k	100% 硫酸中 k	k(90%)/k(100%)
芳基三甲基铵盐	2.08	0.55	3.8
对氯苯基三甲基铵盐	0.333	0.084	4.0
对硝基氯苯	0.432	0.057	7.6
硝基苯	3.22	0.37	8.7
蒽醌	0.148	0.0053	47

2. 非均相硝化动力学

非均相硝化是由被硝化物（又称为底物）、硝化剂及溶剂构成有机相（油层）和酸相（水层）的液-液非均相反应过程。例如，苯、甲苯等的混酸硝化。

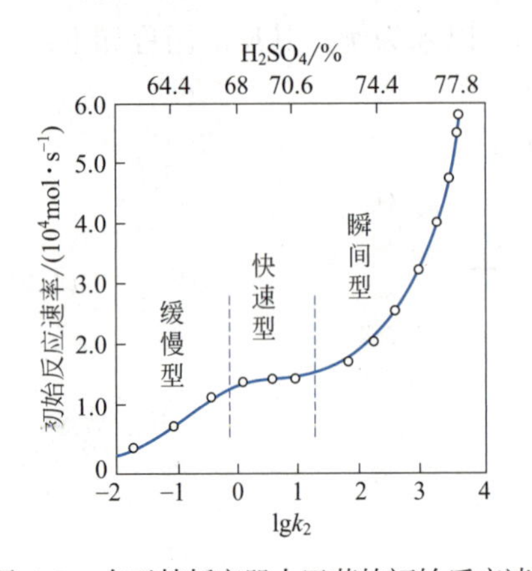

图 1-2　在无档板容器中甲苯的初始反应速率与 lg$k$ 的变化关系（25℃，2500r·min^{-1}）

以甲苯的一硝化反应为例，非均相硝化反应步骤为：①—甲苯通过有机相向相界面扩散；②甲苯由相界面扩散进入酸相；③甲苯在扩散进入酸相的过程中与硝酸发生硝化反应，生成一硝基甲苯；④生成的一硝基甲苯由酸相扩散至相界面；⑤一硝基甲苯由相界面扩散进入有机相；⑥硝酸从酸相向相界面扩散，在扩散途中与甲苯进行反应；⑦反应生成的水扩散到酸相；⑧某些硝酸从相界面扩散进入有机相。

以上步骤构成了非均相硝化反应的总过程。影响非均相硝化反应速率的因素，有化学和传质两方面。研究表明非均相硝化反应主要在油水两相界面处或酸相中进行，在有机相中反应极少（＜ 0.001%），可忽略。近年来通过对苯、甲苯和氯苯的非均相硝化动力学研究，认为硫酸浓度是影响非均相硝化反应的重要因素，并将非均相硝化反应区分为缓慢型、快速型和瞬间型三种动力学类型，如图 1-2 所示。它是根据动力学实验数据按甲苯一硝化的初始反应速率对 lg*k* 作图得到的曲线。图中还同时表示出相应的硫酸的浓度范围。

由图中曲线可以清楚地看出，非均相硝化反应的特点以及三种动力学类型的差异。

（1）缓慢型　也称动力学型。反应速率是整个反应的控制阶段，反应主要发生在酸相中。其反应速率与酸相中芳烃的浓度和硝酸的浓度成正比。甲苯在 62.4% ～ 66.6% 的 H_2SO_4 中的硝化属于这种类型。

（2）快速型　也称慢速传质型。随着硫酸浓度的提高，酸相中的硝化反应速率加快。当甲苯从有机相传递到酸相的速率与其参加硝化反应而被移出酸相的速率达到稳态时，则反应由动力学型过渡到传质型。其特征是反应主要在酸膜中或两相的边界层上进行。此时甲苯向酸膜中的扩散速率成为整个硝化反应过程的控制阶段，即反应速率受传质控制。其反应速率与酸相容积的交换面积、扩散系数和酸相中甲苯的浓度成正比。甲苯在 66.6% ～ 71.6% H_2SO_4 中硝化属于这种类型。

（3）瞬间型　也称快速传质型。硫酸浓度继续增加，硝化反应速率也不断加快。当硫酸浓度达到某一数值时，以致于使液相中的反应物不能在同一区域共存，反应在两相界面上发生。非均相硝化反应过程的总速率由传质速率所控制，其反应总速率与传质速率和化学反应速率都有关。甲苯在 71.6% ～ 77.4% H_2SO_4 中硝化时属于这种类型。

硝化过程中硫酸浓度不断被生成的水稀释，硝酸不断参与反应而消耗，故对硝化过程来说，不同的硝化阶段可归属于不同的动力学类型。如甲苯混酸硝化生产一硝基甲苯采用多釜串联操作时，在第一硝化釜酸相中的硫酸、硝酸浓度都较高，反应受传质控制；而在第二硝化釜中，由于硫酸浓度降低、硝酸含量减少，反应速率受动力学控制。一般地，芳烃在酸相中的溶解度越大，则反应速率受动力学控制的可能性越大。

在影响非均相硝化反应速率的诸多因素中，硫酸的浓度较为重要。图 1-2 中表明甲苯在 62.4% ～ 77.4% H_2SO_4 浓度范围内其非均相硝化表观反应速率常数 *k* 值的增加幅度高达 10^5。

四、引入硝基其他的方法

1. 磺酸基的取代硝化

以易被氧化的酚或酚醚类芳香族化合物作原料发生硝化反应时，一般不直接硝化，而是通过先引入磺酸基后再硝化的方法。这是由于在苯环上引入磺酸基后电子云密度下降，硝化的副反应可以被抑制一些。如用苯酚合成苦味酸（2,4,6- 三硝基苯酚），如式（1-11）所示。

当苯环上还有羟基（或烷氧基）及醛基时，也可先磺化后硝化以保护醛基不被氧化，如式（1-12）所示。

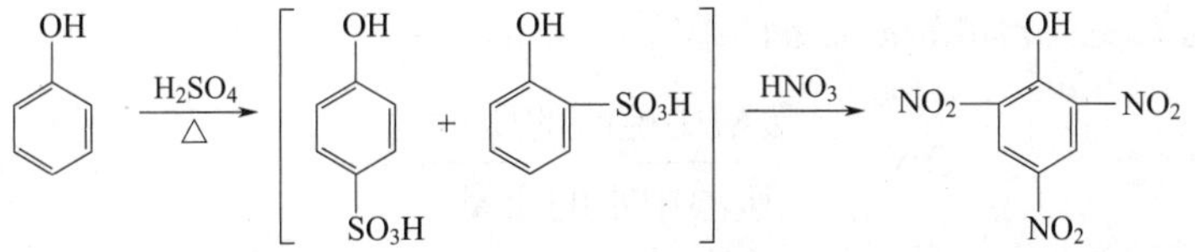

$$C_6H_5OH \xrightarrow[\triangle]{H_2SO_4} \left[p\text{-}HOC_6H_4SO_3H + o\text{-}HOC_6H_4SO_3H \right] \xrightarrow{HNO_3} 2,4,6\text{-}(NO_2)_3C_6H_2OH \qquad (1\text{-}11)$$

$$\text{(2-羟基-3-甲氧基苯甲醛)} \xrightarrow{H_2SO_4} \text{(5-磺酸基衍生物, }SO_3H\text{)} \xrightarrow{HNO_3} \text{(5-硝基衍生物, }NO_2\text{)} \tag{1-12}$$

2. 重氮基的取代硝化

邻二硝基苯和对二硝基苯不能由硝基苯直接硝化而得（你知道原因是什么吗？），但可以通过邻硝基苯胺或对硝基苯胺的重氮盐与亚硝酸钠反应得到。

$$H_2N-C_6H_4-NO_2 \xrightarrow[HBF_4]{NaNO_2} {}^-F_4BN_2^+-C_6H_4-NO_2 \xrightarrow[Cu]{NaNO_2} O_2N-C_6H_4-NO_2 \tag{1-13}$$

五、混酸硝化工艺计算

混酸硝化是工业上广泛采用的一种硝化方法，特别是用于芳烃硝化。混酸硝化的特点：① 硝化能力强，反应速率快，生产能力高；② 硝酸用量接近于理论量，几乎全部被利用；③ 硫酸的热容量大，可使硝化反应平稳进行；④ 浓硫酸可溶解多数有机物，增加有机物与硝酸的接触使硝化反应易于进行；⑤ 混酸对铁的腐蚀性很小，可采用普通碳钢或铸铁作反应器。不过对于连续化装置，则需采用不锈钢或碳化硅等材质。一般的混酸硝化工艺过程如图 1-3 所示。

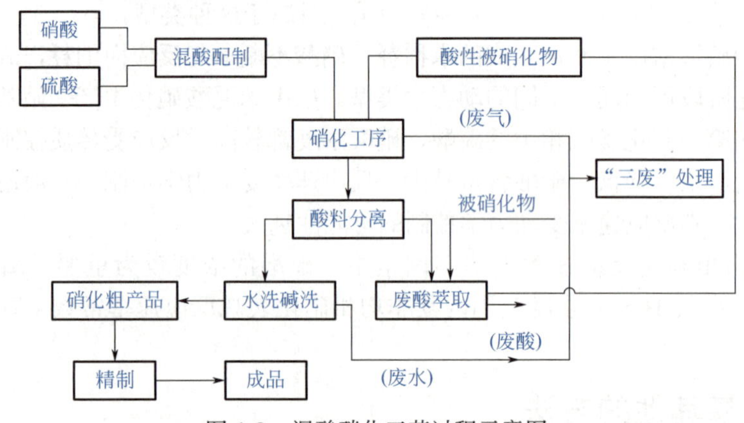

图 1-3 混酸硝化工艺过程示意图

（一）混酸的硝化能力

混酸的组成标志着混酸的硝化能力，合理选择混酸组成对生产过程的顺利进行十分重要。工业上常用硫酸脱水值和废酸计算浓度数值的大小来表示不同组成混酸硝化能力强弱。

1. 硫酸脱水值

硫酸脱水值是指硝化终了时废酸中硫酸和水的计算质量之比，也称作脱水值。用符号 D.V.S.（dehydrating value of sulfuric acid 的缩写）表示。

$$\text{D.V.S.}=\frac{\text{废酸中硫酸的质量}}{\text{废酸中水的质量}} \tag{1-14}$$

当已知混酸的组成和硝酸比时，脱水值的计算如下：设 S 和 N 分别表示混酸中硫酸和硝酸的质量分数，φ 表示硝酸比（即硝酸与被硝化物的摩尔比），假设一硝化反应进行完全，且无副反应。若以 100 份混酸为计算基准，

则　　混酸组成中包含的水 = 100 − S − N

$$硝化反应生成的水 = \frac{N}{\varphi}\times\frac{18}{63}=\frac{2N}{7\varphi}$$

$$D.V.S. = \frac{S}{(100-S-N)+\dfrac{2N}{7\varphi}} \tag{1-15}$$

当硝酸用量接近理论量，即 $\varphi\approx 1$ 时，则上式可简化为：

$$D.V.S. = \frac{S}{100-S-\dfrac{5}{7}N} \tag{1-16}$$

D.V.S. 值的大小表示了混酸硝化能力的强弱。对于难硝化的物质，所需的 D.V.S. 值大；对于容易硝化的物质所用的 D.V.S. 值小。不同的硝化过程，对混酸的硝化能力的要求不同。否则，硝化能力太强，反应速率虽快，但是硝化副反应较多；若硝化能力太弱，则反应缓慢，反应不完全。所以，对于一个具体的硝化过程来说，选择适当的 D.V.S. 值是有必要的。

2. 废酸计算浓度

废酸计算浓度是指在混酸硝化终了时，废酸中硫酸的浓度，也称作硝化活性因素，用符号 F.N.A.（factor of nitration activity 的缩写）表示。

$$F.N.A.=\frac{废酸中硫酸的质量}{废酸的质量}\times 100\% \tag{1-17}$$

硝化终了后废酸的质量，包括混酸中的硫酸（即废酸中的硫酸）、混酸中的水分、反应后剩余的硝酸，以及硝化反应生成水的质量。

仍然以 100 份混酸（即：混酸中纯硫酸的质量 + 混酸中纯硝酸的质量 + 混酸中水的质量 =100）为计算基准，当 $\varphi\approx 1$ 且同样假设一硝化反应进行完全（即反应后硝酸剩余量为 0）并且无副反应时：

$$硝化反应生成的水 = \frac{N}{\varphi}\times\frac{18}{63}=\frac{2N}{7\varphi}=\frac{2N}{7}$$

$$废酸的质量 =100-N+\frac{2N}{7}=100-\frac{5N}{7}$$

则

$$F.N.A. = \frac{S}{100-\dfrac{5}{7}N}\times 100\% = \frac{140S}{140-N} \tag{1-18}$$

或

$$S=\frac{140-N}{140}\times F.N.A. \tag{1-19}$$

当 $\varphi\approx 1$ 时，D.V.S. 值和 F.N.A. 值的互换关系如下：

$$D.V.S. \doteq \frac{F.N.A.}{100-F.N.A.} \tag{1-20}$$

或

$$F.N.A. = \frac{D.V.S.}{1 + D.V.S.} \times 100 \tag{1-21}$$

由式（1-21）可见，当F.N.A.值一定时，给出一个硝酸浓度N则有对应的硫酸浓度S。这说明满足相同废酸浓度的混酸组成是多样的。但并非所有混酸组成都有实际意义。表1-4中给出了氯苯一硝化时选用的三种不同组成混酸的比较。该表中混酸Ⅰ、混酸Ⅱ和混酸Ⅲ的组成不同，但其F.N.A.值和D.V.S.值都一样。当选择混酸Ⅰ时，硫酸用量最省但相比（即混酸与被硝化物的质量比，有时也称酸油比，“酸”指的是混酸、“油”指的是被硝化物）太小，反应的温度难以控制，容易发生多硝化、氧化等副反应；当选择混酸Ⅲ时，混酸用量太大，因此生产能力相对较低且废酸量也大。所以，具有实用价值的是混酸Ⅱ的组成。

表1-4　氯苯一硝化时选用三种不同组成混酸的比较

硝酸比 φ=1.05	混酸组成（以下均为质量分数）			F.N.A.	D.V.S.	1mol 氯苯		
	H_2SO_4	HNO_3	H_2O			所需混酸/kg	所需100% H_2SO_4/kg	废酸生成量/kg
混酸Ⅰ	44.5%	55.5%	0.0%	73.7%	2.8	119	53.0	74.1
混酸Ⅱ	49.0%	46.9%	4.1%	73.7%	2.8	141	69.1	96.0
混酸Ⅲ	59.0%	27.9%	13.1%	73.7%	2.8	237	139.8	192.0

总之，为了保证硝化过程顺利进行，对于每个具体的硝化过程，都应通过实验来确定适宜的D.V.S.或F.N.A.值、相比、硝酸比和混酸组成。表1-5中所列的是某些重要硝化过程的技术数据。

表1-5　某些重要硝化过程的技术数据

被硝化物	主要硝化产物	硝酸比	D.V.S.值	F.N.A.值	混酸组成/%		备注
					H_2SO_4	HNO_3	
萘	1-硝基萘	1.07～1.08	1.27	56%	27.84	52.28	加58%废酸
苯	硝基苯	1.01～1.05	2.33～2.58	70%～72%	40～49.5	44～47	连续法
甲苯	邻和对硝基甲苯	1.01～1.05	2.18～2.28	68.5%～69.5%	56～57.5	26～28	连续法
氯苯	邻和对硝基氯苯	1.02～1.05	2.45～2.8	71%～72.5%	47～49	44～47	连续法
氯苯	邻和对硝基氯苯	1.02～1.05	2.50	71.4%	56	30	间歇法
硝基苯	间二硝基苯	1.08	7.55	88%	70.04	28.12	间歇法
氯苯	2,4-二硝基氯苯	1.07	4.9	83%	62.88	33.13	连续法

（二）混酸的配制计算

1. 配酸计算

当用几种不同的原料配制混酸时，可根据各组分酸在配制前后其总重不变的原则建立物料衡算式，然后求出各原料酸的质量。

【例 1-1】 要配成硫酸 50%、硝酸 47%、水 3% 的混酸共 5000kg，需分别使用 20% 的发烟硫酸、85% 的废酸以及 98% 的硝酸各多少千克？若硝酸的摩尔转化率为 90%，请分别求出该混酸的 D.V.S. 值和 F.N.A. 值。

解：（1）计算原料酸的组成

设需要 20% 的发烟硫酸、85% 的废酸以及 98% 的硝酸各为 $x$kg、$y$kg 和 $z$kg。

则：$$\begin{cases} x+y+z=5000 \\ \left(0.80+\dfrac{0.20\times 98}{80}\right)x+0.85y=5000\times 50\% \\ 0.98z=5000\times 47\% \end{cases}$$ 解该方程组，得 $$\begin{cases} x=1476.9\text{kg} \\ y=1125.1\text{kg} \\ z=2398.0\text{kg} \end{cases}$$

也可以列出水的物料平衡方程式和上列任意两个方程式联合，求三元一次方程的解：

$$5000\times 0.03=0.15y+0.02z-x\times 0.2\times 18/80$$

（2）计算 D.V.S. 值

因为硝酸的转化率为 90%

所以 $\varphi=1/0.9=1.11$

$$\text{D.V.S.}=\frac{\text{废酸中硫酸的质量}}{\text{废酸中水的质量}}=\frac{5000\times 50\%}{5000\times 3\%+\dfrac{5000\times 47\%}{63\times\dfrac{1}{0.9}}\times 18}=\frac{2500}{150+604.29}=3.31$$

（3）计算 F.N.A. 值

又因为硝酸的转化率为 90%，而混酸中硝酸的物质的量 $n_{硝酸}=\dfrac{5000\times 47\%}{63}\approx 37.30\text{kmol}$

所以硝化反应实际消耗了硝酸的物质的量为 $\dfrac{5000\times 47\%\times 0.9}{63}\approx 33.57\text{kmol}$

所以硝化反应终了剩余硝酸有 $37.30-33.57=3.73\text{kmol}$，为 $3.73\times 63=235.00\text{kg}$

$$\text{所以 F.N.A.}=\frac{\text{废酸中硫酸的质量（即混酸中硫酸的质量）}}{\text{废酸的质量}}\times 100\%$$

$$=\frac{5000\times 50\%}{\text{混酸中硫酸质量}+\text{反应后剩余硝酸质量}+\text{混酸中水质量}+\text{反应生成水质量}}\times 100\%$$

$$=\frac{5000\times 50\%}{5000\times 50\%+235+5000\times 3\%+\dfrac{5000\times 47\%\times 90\%}{63}\times 18}\times 100\%=71.65\%$$

用上述方法计算出的废酸计算浓度是简化的理论计算值，并没有考虑多硝化以及氧化副反应所消耗的硝酸和生成的水等情况。

2. 配酸工艺

混酸配制可间歇操作，也可连续操作。间歇操作生产效率虽低，但适用于小批量、多品种生产；连续操作配酸生产能力大，适合于大吨位产品的生产。配制混酸的设备要求防酸腐蚀能力较强，并配有机械混合装置。混酸配制过程产生的混合热由冷却装置及时移除。为减少硝酸的挥发和分解，配酸温度一般控制在 40℃以下。间歇式配酸，其操作要严格控制原料酸的加料顺序和加料速度。在没有良好混合条件下，严禁将水突然加入大量的硫酸中。否则，会引起局部瞬间剧烈放热，造成喷酸或爆炸事故。比较安全的配制方法应是在有效的混合和冷却条件下，将浓硫酸先缓慢、后渐快地加入水或废酸中，并控制温度在40℃以下，最后再以先缓慢、后渐快的加酸方式加入硝酸。连续式配酸也应遵循这一原则。配制的混酸必须经过检验分析，若不合格，则需补加相应的酸调整组成直至合格。

练习测试

1. 欲配制含硫酸72%，硝酸26%，水2%的混酸6500kg，需要20%发烟硫酸，85%废酸以及含88%硝酸、8%（均为质量分数）硫酸的中间酸各为多少？

2. 设1kmol萘在一硝化时用质量分数为98%硝酸和98%硫酸作硝化剂，要求混酸的脱水值为1.35，硝酸比φ为1.05（在硝化锅中预先加有适量上一批的废酸，计算中可不考虑，即假设本批生成的废酸的组成与上批循环废酸的组成相同；并且假设硝化反应完全，没有发生多硝化、氧化等副反应）。试计算：①需用98%硝酸和98%硫酸各多少kg；②所配混酸的组成；③计算废酸中硫酸的浓度（即F.N.A.值）；④硝化反应终了时废酸的组成。

【学习活动三】 寻找关键工艺参数，确定操作方法

为了确定硝基苯小试生产工艺中硝基苯的合成主副反应的各类影响因素及其操作控制方法、合理解释反应过程中的现象，以及正确处理反应过程中可能出现的异常情况等方面相关的信息，下面将一一展开学习。

六、硝化反应影响因素

（一）被硝化物（底物）的结构

1. 被硝化物中原有基团的性质对反应速率的影响

硝化反应是芳环上的亲电取代反应。芳烃硝化反应的难易程度与芳环上取代基的性质有密切关系，实验已测定了苯的各种取代衍生物在混酸中进行一硝化的相对速率。如表1-6所示。

表1-6 苯的各种取代衍生物在混酸中发生硝化反应的相对速率

取代基	相对速率	取代基	相对速率	取代基	相对速率
$-N(CH_3)_2$	2×10^{11}	$-CH_2COOC_2H_5$	3.8	$-Cl$	0.033
$-OCH_3$	2×10^{5}	$-H$	1.0	$-Br$	0.030
$-CH_3$	24.5	$-I$	0.18	$-NO_2$	6×10^{-8}
$-C(CH_3)_3$	15.5	$-F$	0.15	$-N^+(CH_3)_3$	1.2×10^{-8}

实验结果证实，当芳环上存在给电子基团时，硝化速率较快，在硝化产品中常以邻、对位产物为主；反之，当芳环上连有吸电子基时，硝化速率降低，产品中常以间位异构体为主。

然而卤代芳烃例外，引入卤素虽然使芳环钝化，但得到的产品几乎都是邻、对位异构体。

当芳环上连接的是—$N^+(CH_3)_3$ 等强吸电子基团时，在相同条件下其硝化反应速率常数降至只有苯硝化速率常数的 10^{-7} ～ 10^{-5}。因此，只要硝化条件控制恰当，不难做到使苯全部一硝化，仅生成极微量的二硝基苯。

在进行萘的一硝化时，产物以 α- 硝基萘为主。蒽醌环的性质则要复杂得多，它中间的两个羰基使两侧的苯环钝化，因此蒽醌的硝化比苯困难，产物较多为 α 位异构体，较少为 β 位异构体，也有二硝化物生成。

2. 被硝化物中原有基团的体积对反应产物结构的影响

硝化反应除了其难易程度（即反应速率的快慢，快即容易、慢即难）与芳环上取代基的给电子性或吸电子性有密切关系之外，硝化反应产物的结构还会受到底物中原有基团空间位阻效应的影响。空间所占体积较大的给电子基团的芳烃，其邻位硝化比较困难，而对位硝化产物常常占优势。例如在甲苯硝化时，邻位与对位产物的比例是 40 ∶ 57，而在叔丁基苯硝化时，其比例下降为 12 ∶ 79。位阻较大的基团有—$C(CH_3)_3$（叔丁基）和—SO_3H（磺酸基）等。

（二）硝化剂

不同的硝化剂具有不同的硝化能力。通常对易于硝化的有机物，可选用活性较低的硝化剂，以避免过度硝化得到多硝基化合物，减少副反应的发生；而难于硝化的有机物的硝化，则宜选用活性较强的硝化剂进行硝化。此外，对于相同的被硝化物若采用不同的硝化剂，常常会得到不同的产物结构组成。因此，在进行硝化反应时，必须合理地选择硝化剂。

1. 硝化剂的种类对硝化产物结构的影响

不同的硝化剂具有不同的硝化能力。通常对易于硝化的有机物可选用活性较低的硝化剂，以避免过度硝化和减少副反应的发生，而对难于硝化的有机物则宜选用强硝化剂进行硝化。

对于相同的被硝化物，若采用不同的硝化剂，常常会得到不同的产物组成（表 1-7）。因此在进行硝化反应时，必须合理地选择硝化剂。

表 1-7　乙酰苯胺用不同硝化剂硝化时对产物结构的影响

硝化剂	温度 /℃	邻位 /%	间位 /%	对位 /%	邻位 / 对位
$HNO_3+H_2SO_4$	20	19.4	2.1	78.5	0.25
HNO_3（90%）	−20	23.5	0	76.5	0.31
HNO_3（80%）	−20	40.7	0	59.3	0.69
HNO_3（在乙酸酐中）	20	67.8	2.5	29.7	2.28

2. 混酸硝化剂中硫酸的浓度对硝化反应速率和产物结构的影响

混酸硝化时，混酸的组成是重要的影响因素，硫酸浓度越大则硝化能力越强。例如，甲苯一硝化时硫酸浓度每增加 1%，反应活化能约下降 2.8kJ • mol^{-1}。对于极难硝化物质，可采用 HNO_3-SO_3 作为硝化剂，以便提高硝化反应速率和大幅度降低硝化的废酸量。在有机溶剂中用三氧化硫替代硫酸，也可使硝化所产生的废酸量大幅度减少，某些芳烃的混酸硝化，用三氧化硫代替硫酸能够改变异构体组成的比例。例如，氯苯在三氧化硫存在下于 -10℃进行一硝化，可得到 90% 的对位异构体；而采用通常的混酸硝化时，硝化温度高于 70℃，一般可得到 66% 左右的对位异构体。还有苯甲酸的一硝化，用一般硝化方法间硝基苯甲酸的组成比例是 80%；而采用上述方法时可得到 93% 的间硝基苯甲酸。

在混酸中适量添加磷酸或磺酸离子交换树脂，可改变异构体的分配比例，增加对位异构体的含量。

（三）温度

对于均相硝化反应，温度直接影响反应速率和生成物异构体的比例。一般易于硝化和易于发生氧化副反应的芳烃（如酚等）可采用低温硝化，而含有硝基或磺基等较稳定的芳烃则应在较高温度下硝化。

对于非均相硝化反应，温度还将影响芳烃在酸相中的物理性能（如溶解度、乳化液黏度、界面张力）和总反应速率等。由于非均相硝化反应过程复杂，因而温度对其影响呈不规则状态，需视具体品种而定。例如，甲苯一硝化的反应速率常数大致为每升高 10℃增加 1.5 ～ 2.2 倍。

温度还直接影响生产安全和产品质量。硝化反应是一个强放热反应。混酸硝化时，反应生成水稀释硫酸并将放出稀释热，这部分热能相当于反应热的 7.5% ～ 10%。苯的一硝化反应热可达到 $143kJ \cdot mol^{-1}$。一般芳环一硝化的反应热也有约 $126kJ \cdot mol^{-1}$。这样大的热能若不及时移走，会发生超温，造成多硝化、氧化等副反应，甚至还会发生硝酸大量分解，产生大量红棕色 NO_2 气体，使反应釜内压力增大；同时主副反应速率的加快，还将继续产生更多的热能，如此恶性循环使得反应失去控制，将导致爆炸等生产事故。因此，在硝化设备中一般都带有夹套、蛇管等大面积换热装置，以严格控制反应温度，确保安全和得到优质产品。

近年来，应急管理部等政府管理部门连续发文，提倡采用换热效率高、转化率高、选择性好、持液量低、副反应少、对环境污染小的连续流微通道反应器进行硝化工业的生产。

（四）搅拌

大多数硝化过程属于非均相体系，良好的搅拌是反应顺利进行和提高传热效率的保证。加强搅拌，有利于两相的分散，增大了两相界面的面积，促进了反应物向界面的扩散速度和产物离开反应界面的速度，提高了传质和传热效率，加速了硝化反应。为了保证硝化反应的顺利进行，必须选择适宜的搅拌转速和良好的搅拌装置。工业上，搅拌器的转速是根据间歇式硝化釜的容积（$1 \sim 4m^3$）或直径（0.5 ～ 2m）大小而定，一般要求是 $100 \sim 400r \cdot min^{-1}$；对于环式或泵式连续化硝化器，其转速一般为 $2000 \sim 3000r \cdot min^{-1}$。

研究表明搅拌在硝化反应起始阶段尤为重要。特别是在间歇硝化反应的加料阶段，停止搅拌或桨叶脱落，是非常危险的！因为这时两相快速分层，大量活泼的硝化剂在酸相积累，一旦重新搅拌就会突然发生激烈反应，瞬时放出大量的热导致温度失控以至于发生事故。近年来由于硝化生产事故频发，企业已渐渐淘汰危险性较大的间歇式硝化反应釜，改用有自控和报警系统的可连续操作的硝化反应器或微通道反应器。

（五）溶剂

在不同的溶剂中进行硝化，常能改变产物异构体的比例。带强给电子基的化合物如苯甲醚、乙酰苯胺等，在非质子极性溶剂如乙腈中硝化，可得到较多的邻位硝化产物；在质子极性溶剂如乙酸中硝化，对位硝化产物较多。如，1,5- 萘二磺酸在浓硫酸中硝化，主要生成 1- 硝基萘 -4,8- 二磺酸；而在发烟硫酸中硝化，主要生成 2- 硝基萘 -4,8- 二磺酸；苯甲醚使用混酸作硝化剂时，邻位产物占 31%、对位占 67%（摩尔分数）；而改用溶于乙腈中的 $C_6H_5COONO_2$ 作硝化剂时，邻位产物占 75%、对位占 25%（摩尔分数）。

在这里解释一下关于发烟硫酸的问题。有过量的 SO_3 存在于硫酸中则被称为发烟硫酸。一般发烟硫酸有两种规格，一种是含游离 SO_3 浓度为 20% ～ 25% 的，另一种是 60% ～ 65% 的。这两种发烟硫酸分别具有最低共熔点 -11 ～ -4℃和 1.6 ～ 7.7℃，在常温下均为液体，一开试剂瓶的盖子就会有 SO_3 气体逸出。发烟硫酸的浓度是用游离 SO_3 的含量 c_{SO_3}（质量分数，下同）来表示的，也可以转换成用 H_2SO_4 的含量 $c_{H_2SO_4}$ 表示。如：20% 发烟硫酸的浓度，如果折算成硫酸的浓度，则为 104.5%。计算过程为：

$$20\% \times \frac{98}{80} + (100\% - 20\%) = 104.5\% \tag{1-22}$$

各种硝化方法适用的溶剂有：① 混酸硝化：二氯甲烷、二氯乙烷；② 稀硝酸硝化：氯苯、邻二氯苯；③ 均相硝化：浓硫酸、乙酸、过量浓硝酸。

（六）相比和硝酸比

相比是指混酸与被硝化物的质量比，有时也称酸油比（“酸”指的是混酸，“油”指的是被硝化物）。选择适宜的相比是保证非均相硝化反应顺利进行的保证。相比过大，设备的负荷加大，生产能力下降，废酸量大大增多；相比过小，反应初期酸的浓度过高，反应过于剧烈，使得温度难以控制；在实际工业生产中，常采用向硝化釜中加入适量废酸的方法来调节相比，以确保反应平稳和减少废酸处理量。

前文中曾提到，硝酸比是硝酸与被硝化物的摩尔比。按照化学方程式，一硝化时的硝酸比理论上应为 1，但是在工业生产中硝酸的用量常常高于理论量，以促使反应进行完全。当硝化剂为混酸时，对于易被硝化的芳烃，硝酸比为 1.01 ～ 1.05；而对于难被硝化的芳烃，硝酸比为 1.1 ～ 1.2 或更高。由于环境保护的要求日益强烈，近年来已趋向采用过量被硝化物的绝热硝化技术来代替原来的过量硝酸硝化工艺。

（七）硝化的副反应及控制方法

硝化副反应主要是多硝化、氧化和生成配合物。避免多硝化副反应的主要方法是控制混酸的硝化能力、硝酸比、循环废酸的用量、反应温度和采用低硝酸含量的混酸。在所有副反应中，影响最大的是氧化反应。用芳胺和酚为原料做硝化，在有二氧化锰、重铬酸钾等催化剂的条件下，硝化剂混酸的强氧化性极易把他们氧化成醌类物质。

$$C_6H_5NH_2 \xrightarrow[HNO_3,\ H_2SO_4]{MnO_2} O{=}C_6H_4{=}O \tag{1-23}$$

另外，烷基苯在发生硝化反应时，常发生氧化，生成少量的硝基酚类副产物。

$$C_6H_5C_2H_5 \xrightarrow[H_2SO_4]{HNO_3} \underset{48\%}{o\text{-}C_2H_5C_6H_4NO_2} + \underset{49\%}{p\text{-}C_2H_5C_6H_4NO_2} + \underset{<1\%}{C_2H_5C_6H_2(NO_2)_2OH} \tag{1-24}$$

硝化后分离出的粗品硝基物异构体混合物必须用稀碱液充分洗涤以除净硝基酚类杂质。否则，在粗品硝基物脱水和用精馏法分离异构体时，有发生爆炸的危险。

研究表明，二氧化氮和亚硝酸的存在是造成烷基苯氧化生成酚的主要原因，其他一些副反应也与氮的氧化物有关。因此，生产中应严格控制硝化条件防止硝酸分解，以阻止或减少副反应的发生。必要时可加入适量的尿素将硝酸分解产生的二氧化氮破坏掉，可以抑制氧化副反应。

$$3N_2O_4 + 4CO(NH_2)_2 \longrightarrow 8H_2O + 4CO_2\uparrow + 7N_2\uparrow \tag{1-25}$$

同时，为了使生成的二氧化碳气体能及时排出，硝化器上应配有良好的排气装置和吸收二氧化碳的装置。另外，硝化器上还应该有防爆孔以防意外。

硝化过程中另一重要副反应是生成一种有色配合物。这种配合物是由烷基苯与亚硝基硫酸及硫酸形成的。如甲苯和亚硝基硫酸及硫酸所生成的配合物其结构式如下：$C_6H_5CH_3 \cdot 2ONOSO_3H \cdot 3H_2SO_4$。由于这种配合物的生成，使得在硝化过程中、尤其是反应后期接近终点时，出现硝化液颜色变深、发黑发暗的现象。出现这种有色配合物往往是因为硝化过程中硝酸的用量不足所导致的。所以，可在45～55℃下及时补加硝酸。但温度若高于65℃，配合物将自动沸腾，使温度上升到85～90℃，此时再补加硝酸也无济于事，最终成为深褐色树脂状物质。

配合物的形式与已有取代基的结构、个数、位置等因素有关。长链烷基苯最容易生成此配合物，短侧链的稍差，苯则最不容易生成这种有颜色的配合物，而带有吸电子基的苯系衍生物则介于两者之间。

许多副反应的发生常和反应体系中存在的氮的氧化物有关。因此设法减少硝化剂内氮的氧化物含量，并且严格控制反应条件以防止硝酸的分解，常常是减少副反应发生的重要措施之一。

七、硝化操作方法

硝化过程有间歇和连续两种方式。连续硝化设备小，效率高，易于实现自动化，适合于大吨位产品的生产；间歇硝化具有较高的灵活性和适应性，适合于小批量多品种的生产，但安全性较差。

由于生产方式和被硝化物的不同，以混酸为硝化剂的液相硝化，其操作一般有正加法、反加法和并加法三种加料顺序。

（1）正加法　正加法是将混酸逐渐加到被硝化物中，其优点是反应比较缓和，可避免多硝化；缺点是反应速率较慢。此法常用于被硝化物容易硝化的过程。

（2）反加法　反加法是将被硝化物逐渐加到混酸中，其优点是在反应过程中始终保持过量的混酸与不足量的被硝化物，反应速率快。这种加料方式适用于合成多硝基化合物和难硝化的过程。

（3）并加法　并加法是将被硝化物与混酸按一定比例同时加入硝化反应器的方法，常用于连续硝化过程。连续硝化操作常采用多釜串联方式，被硝化物和混酸一并加入多台串联的第一台硝化釜（也称主锅）中，并在此完成大部分反应，然后再依次到后面的硝化釜（也称副锅或成熟锅）中进行硝化。多釜串联连续硝化的优点是可以提高反应速率，减少物料短路，并且可在不同硝化釜中控制不同的温度，有利于提高生产能力和产品质量。表1-8是氯苯采用四釜串联连续一硝化的主要技术数据。

表 1-8　氯苯采用四釜串联连续一硝化的主要技术数据

名　称	第一硝化釜	第二硝化釜	第三硝化釜	第四硝化釜
反应温度 /℃	45 ～ 50	50 ～ 55	60 ～ 65	65 ～ 75
酸相中 HNO_3/%（质量分数）	6.5	3.5 ～ 4.2	2.0 ～ 2.7	0.7 ～ 1.5
有机相中氯苯 /%（质量分数）	22 ～ 30	8.2 ～ 9.5	2.5 ～ 3.2	＜ 1.0
氯苯转化率 /%	65	23	7.8	2.7

实际上，正加法和反加法的选择不仅取决于硝化反应的难易，而且还要考虑到被硝化物的物理性质和硝化产物的结构等因素。

任务小结 I

1. 工业上常见的硝化剂主要有：浓 HNO_3、混酸、硝酸盐和硫酸、硝酸的乙酸酐（或乙酸）溶液；芳烃的硝化是典型的亲电取代反应，亲电进攻质点是硝酰正离子 NO_2^+。

2. 工业硝化方法主要有：硝酸硝化、浓硫酸介质中的均相硝化、非均相混酸硝化、有机溶剂中硝化等，其中以非均相混酸硝化为最重要。

3. 硝化反应的主要影响因素：被硝化物（底物）的结构、硝化剂的种类及浓度、硝化反应温度、硝酸比与相比、搅拌混合情况、溶剂的选择、硝化副反应的控制等。

4. 在非均相混酸硝化技术中，混酸的硝化能力是定量表示的，混酸配制的计算过程围绕硝化剂的硝化能力强弱展开。

5. 硝化操作有三种投料方式，可根据不同的工艺需求恰当选用。

【学习活动四】　制定、汇报小试实训草案

八、查阅其他资料的方法

实训草案中的查找化学品市场价格等相关信息，可采用以下方法进行查找。

1. 查找某化合物的合成路线及生产工艺的方法

首先，需要确认该化合物的中英文名称、分子式、CAS 号，然后根据这些信息通过中国知网、万方数据库和读秀学术搜索等网络工具进行查找；也可通过《精细有机化工原料及中间体手册》《有机合成事典》《精细有机中间体生产技术》《精细有机化工中间体全书》等工具书以及《精细有机合成化学与工艺学》《有机精细化学品合成及应用实验》《精细化工专业实验》等专业书籍中查阅。

另外还可通过 CA（Chemical Abstracts，美国“化学文摘”，是著名化学化工类专业文献检索工具之一）进行检索，也可到有机合成数据库和欧洲专利局网站等处查找相关外文文献。

关于某化合物的 CAS 号（Chemical Abstracts Service，化学物质登录号），最早出现于美国化学摘要服务社出版的《化学摘要》，后被推广使用。一种化合物和一个 CAS 号码相对

应。该号码由 6 ～ 9 位数字组成，数字越大表示化合物发现得越晚。2015 年 CAS 化合物登记数量已经突破 1 亿大关。

对于所查找到的目标化合物的若干条合成路线，需要各小试开发研究项目小组成员分别从可行性、实用性、安全性、经济性和环保性等方面分别展开讨论及评价，经筛选后确定出一条或几条大家较为认可的路线，然后才能确定后续资料查阅的对象和目标。

2. 查找某化合物当前市场价格的方法

到“网化商城”上查找相关化合物工业级产品的当前市场价格，注意查询对象的纯度、供应量，以及是进口的还是国产的等信息；也可以到国药集团化学试剂有限公司的“国药试剂网”上查找相关化学试剂的价格及货源等情况；还可以利用百度、谷歌等常用搜索引擎搜索该化合物的供应和销售等情况。

3. 查找化合物的毒性、急救措施、需使用的防护措施、运输方法以及“三废”处理方法

到《危险化学品安全技术全书》（第三版）（通用卷）里面查找；也可到专门查找化学品 MSDS（Material Safety Data Sheet 的缩写，化学品安全技术说明书）的网站里查找；还可以从万方标准数据库里查阅相关化学品的国家标准，里面也会涉及一部分这些内容。

4. 查找某化合物的理化常数指标的方法

可以到《兰氏化学手册》《化学辞典》《化工辞典》《化学化工物性数据手册》等纸质工具书里查找；还可以到中国科学院上海有机化学研究所的“化学专业数据库”里查找；另外，在 Sigma-Aldrich 化学试剂官网等英文网站里能查找到最新化学品相关信息。

5. 查找原料、中间体、产物和副产物等化学品分析测试的方法

可以从中国知网上查找相关标准，也可以从《仪器分析》等书籍中查找。

6. 查找分离提纯粗品的方法

根据待分离对象物理性质的不同，可以从中国知网中查找相关文献，也可以从《化工原理》及《实验室化学品纯化手册》等与分离纯化有关的书籍中查找。

7. 查找企业生产工程技术信息等方面资料的方法

可从《化工工艺设计手册》《化学工程师手册》《危险化学品安全技术全书》《绿色化学与化工》《现代精细化工生产工艺流程图解》等工具书中查找，可获得化工设备选型、自动控制系统设计、劳动安全，以及如何画生产工艺流程简图等相关资料。

图书馆中馆藏书籍按中图分类法分类陈列，常用的查阅范围主要有 O6 类（化学）、R9 类（药学）、TQ 类（化学工业）、X7（行业污染、废物处理与综合利用）和 X9 类（安全科学）等。

查阅资料时，要注意以下两个原则：① 首选使用网络专业数据库的检索工具，纸质专业书籍只能提供相对陈旧的信息；② 不要轻信百度的结果，因为它不是一个专业的化学化工类资料的检索工具，没有人对你所查到的信息正确与否负责。

通过相关资料的查阅与以上的学习活动，各项目组成员将《硝基苯小试产品生产方案报告单》中“小试实训草案”部分的内容制作成 PPT，并择时进行汇报。

九、汇报小试实训草案

各项目组派代表上台汇报本组所制订的小试产品实训生产方案草案。在汇报过程中，项目技术总监及时予以评价。评价报告单详见导言中的相关内容。

对于各项目组所汇报的小试方案草案，项目技术总监组织各组成员完成自评及组间互评之后、进行系统的点评。通过及时掌握各项目小组工作的进展情况，及时发现存在的问题，并通过讲解和归纳相关理论知识予以补缺。

相关的过程考核评价报告单，详见导言中的《致老师》部分。

【学习活动五】 修正实训草案，完成生产方案报告单

十、修正小试实训草案

项目组各组成员参考图 1-4 中的思维导图以及硝化单元操作相关理论知识文献资料，结合本组的小试实训草案，经讨论及修正和完善之后，完成《硝基苯小试产品生产方案报告单》，并交给项目技术总监审核。

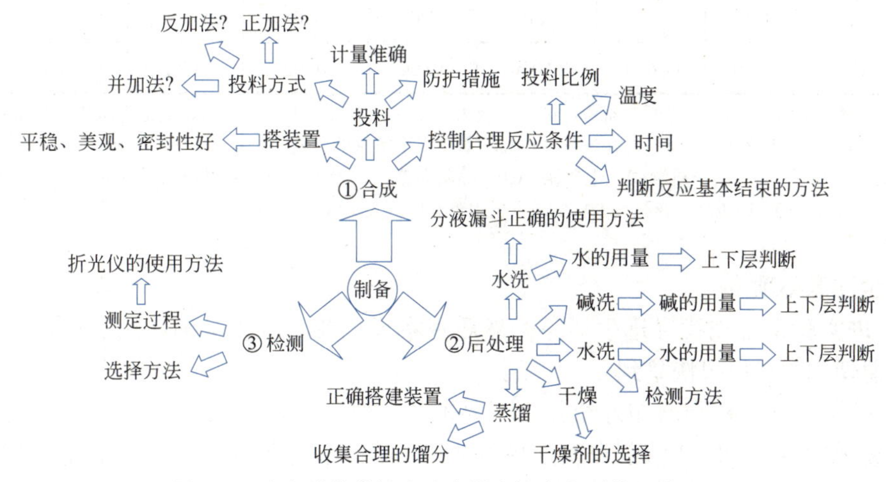

图 1-4 确定硝基苯的合成实训实施方案时的思维导图

任务二 合成硝基苯的小试产品

每 2 人一组的小组成员，合作完成合成硝基苯的小试产品这一工作任务，并分别填写《硝基苯小试产品合成实训报告单》。

【学习活动六】 获得合格产品，完成实训任务

一、准备实训材料

（1）原材料　常规的 CP 级以及 AR 级试剂均可提供。

（2）小试合成设备　电子台秤（可精确到小数点后面两位数），包括成套精密增力电动搅拌装置和成套常规有机合成用玻璃仪器以及数显电子恒温水浴锅等。

（3）分析测试设备　数字式熔程测定仪、阿贝折光仪、气相色谱仪、高效液相色谱仪、荧光光谱仪、可见分光光度计、水分测定仪、pH/离子计，以及密度计和数显酸度计等。

（4）其他辅助设备　循环水式真空泵、旋片式真空泵、电热恒温鼓风干燥箱、真空干燥箱、旋转蒸发仪、高温恒温槽、台式离心机、冰柜、冰箱和超声波清洗机等。

（5）安全防护设备　冲淋器、护目镜、洗眼器、一次性手套以及急救包等。

二、实训注意事项

1. 原料投料量

本次实训所使用药品的种类、规格及投料量如表 1-9 所示：

表 1-9　硝基苯的合成实训操作原料种类、规格及其投料量

名 称	苯	浓硝酸	浓硫酸	碳酸钠	氢氧化钠	氯化钠	无水氯化钙	沸石
规格	CP	CP	CP	CP	CP	CP	CP	—
每二人组用量	17.8mL	14.6mL	20.0mL	10.0g	10.0g	20.0g	20.0g	几粒

注：CP，是 Chemically Pure 的英文缩写，试剂等级为化学纯，属于三级品。化学试剂的等级由高到低的排列次序为：优级纯（GR，贴绿标签），一级品，含量≥ 99.8%，主要用于精密的分析测试；分析纯（AR，贴红标签），二级品，含量≥ 99.7%，主要用于重要的分析测试；化学纯（CP，贴蓝标签），三级品，含量≥ 99.5%，主要用于一般的分析测试；实验纯（LR，贴黄标签），四级品，含量≤ 99.0%，主要用于有机合成实验。

2. 安全注意事项

① 一进实验室首先找寻逃生通道，然后观察灭火器、沙袋等消防用品所摆放的位置，以便在应急使用时可以很快拿到。

② 实验服要合身、胸前扣好纽扣，不要敞开，袖口最好有松紧带能收紧；做实验时要戴一副眼镜或护目镜，防止溶剂和腐蚀物质溅到眼睛；不要穿拖鞋、带铁钉的皮鞋和露脚趾的凉鞋进实验室；女生的披肩发要扎起来。

③ 实验室内严禁吃东西、喝饮料。

④ 在使用通风柜时，要习惯使用通风柜的挡板来保护自己。

⑤ 在进行加热操作时，容器口不得对准人，严禁因液体过热冲料而伤人。

⑥ 所有的固体废物都要放进指定回收点；所有的有机废液都要倒入指定废液缸，禁止倒入下水道造成环境污染；所有的高浓度无机废液（包括酸、碱及有毒废液）都需倒入指定容器，严禁倒入下水道。

⑦ 应小心使用水银温度计。汞的毒性较大，汞蒸气易导致人体的中枢神经系统产生损害。温度计水银球位置一旦破裂、水银泄出，首先应在第一时间收集起来交给老师进行统一保管和处理，然后在泄漏地点遍撒硫黄粉（使 S 和 Hg 反应生成稳定的、毒性较低的黑色 HgS）以杜绝汞蒸气对人体产生危害。

⑧ 操作台面上不能有积水；电器使用之前需检查电线是否有扭结、短路等异常现象。

3. 实训数据处理方法

计算主产物硝基苯的收率：

$$\text{硝基苯的收率}=\frac{\text{实际上得到产品的物质的量}}{\text{理论上应得到产品的物质的量}}\times 100\% \tag{1-26}$$

由于本实训室所提供的计量工具（台秤和量筒）均为有效数字保留到小数点后面的两位数，因此，本次实训数据的计算结果也保留同样的位数，以保证精确度相互匹配。

任务小结Ⅱ

1. 关于硝基苯的合成，为抑制副反应得到高产率、高纯度的产品，应把反应装置搭平稳，这样搅拌分散的效果会比较好；应该注意控制好混酸滴加速度、反应温度、反应时间、搅拌速率等方面的操作。

2. 操作中应特别注意需控制好硝化反应的温度。若温度太高，发生二硝化副反应的机会会增加，严重时还会冲料。另外，硝酸在高温下还易分解生成棕红色的酸性 NO_2 气体，此气体不能直接放空，应采取真空抽吸或将酸性尾气通入碱液中吸收等手段进行无害化处理。

3. 注意观察滴液漏斗和分液漏斗的构造的不同之处。

4. 在利用气相色谱仪分析所合成出的产品中各组分含量之前，应通过水洗、碱洗、干燥等手段把待测样品先处理好。

任务三　制作《硝基苯小试产品的生产工艺》的技术文件

【学习活动七】　引入工程观念，完成合成实训报告单

为了引入化学工程观念，落实硝基苯中试、放大和工业化生产中的安全生产、清洁生产相关措施，还有需要继续改进生产工艺、正确处理生产过程中可能出现的异常情况等问题，下面我们将学习硝化反应工业化大生产方面的内容。

一、硝化反应设备

在常规釜式硝化反应器中，原料之一浓硫酸被反应所生成水稀释放出大量的热。若不及时转移会使反应器局部过热、反应过程不易控制，会导致：①造成巨大安全隐患；②易发生多硝化、氧化等副反应，降低硝化产物纯度；③易分解产生大量 NO_2 气体污染环境。

图 1-5（a）是传统老式的内有蛇管换热的间歇式硝化反应釜，容积在 4m^3 左右；图 1-5（b）是在连续硝化反应中使用的环形硝化器，容积在 1.5m^3 左右，20 世纪 90 年代国内最早使用这种设备的是河南开普化工股份有限公司。在这两种反应器的内部构造中，搅拌桨的叶片均为多组式叶片，均有独立的两套换热系统，这都是针对硝化反应底物和混酸的比重相差较大及反应易放强热等反应特点设计的。即便如此，生产中还是会由于原料滴加速度失控、搅拌桨叶片脱落、短时间内换热效率不高等因素而造成事故频发。国内外硝化工作者们为此做出了不少努力，旨在提高产品的产率和纯度的同时能控制工业生产中所存在的巨大安全隐患；而图 1-5（c）中的设备，无论是外观形状还是体积大小，都和前两种传统反应器有着明显区别。它是一种微通道反应器，长、宽、高分别为（0.60×0.74×0.96）m，体积在 0.4m^3 左右，整个装置可以放在一个四轮底座上，一个人就能轻松推动。

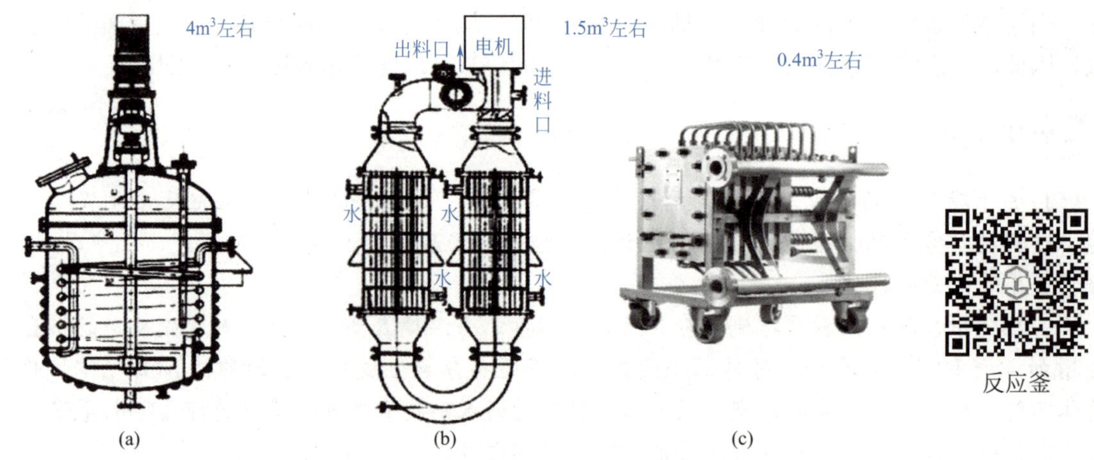

图 1-5 生产能力相近的间歇式硝化反应釜、连续硝化反应环形硝化器和微通道硝化反应器的构造简图

虽然上述图 1-5（a）中 $4m^3$ 左右的间歇釜式硝化反应釜和图 1-5（b）中 $1.5m^3$ 左右的连续化反应环形硝化器以及图 1-5（c）中 $0.4m^3$ 左右的微通道反应器的体积存在明显区别，但是它们的生产能力却都在 2000 ～ 4000$t \cdot a^{-1}$。反应器的体积越小则持液量越少，发生着火爆炸等意外事件时所参与的物质的量就越少，因此安全性能越高。虽然国外学者在 20 世纪 70 年代就已经提出了绝热硝化技术，该技术尽管在某种程度上提高了工业硝化的安全性，但并未能够从源头解决芳烃硝化反应剧烈放热所带来的安全隐患。近年来连续硝化常采用多釜串联硝化反应器、管式反应器、泵式循环反应器和微通道硝化反应器等，特别是微通道反应器是目前发生硝化反应较为安全的反应器。下面将重点学习与微通道反应器相关的知识。

1. 微反应器技术简介

微反应器技术起始于 20 世纪 90 年代的微流控技术，属于微尺度的范畴。在连续化微通道反应中，微反应器（或称之为微通道反应器）是反应的核心部件。微反应器从本质上讲是一种连续流动的管道式反应器，但其管道尺寸远小于常规的管式反应器。虽然在 2003 年 4 月召开的第一届“微通道和微小型通道国际会议”（International Conference on Microchannels and Minichannels）将限定通道的特征尺度在 10μm ～ 3mm 的范围内，但企业实际上通常把微通道的直径放大至≤ 10mm。由于微反应器相比于传统的反应器在传热和传质等方面具有极大优势，因此微反应器技术一出现就引起了人们的关注，特别是一些著名学府和跨国公司（如麻省理工学院、美国西北太平洋国家实验室、杜邦公司、巴斯夫公司）等都开始致力于微反应器的研究和应用。采用微反应器技术进行工业化生产，能降低反应区的持液量，能提高生产车间的智能化和本质安全管理水平，能缓解困扰企业的安全生产和提质增效之间的矛盾。我国从 2010 年起才开始了解、研究和应用微反应器技术，但发展势头迅猛，目前在化学工程、制药工业、分析和生物化学过程等领域，微反应器技术是最有创造性和发展最快的技术之一。

2. 微通道硝化反应装置的组成

微通道硝化反应装置各部分组成如图 1-6 所示，主要由物料计量系统（底物计量泵、硫酸及硝酸计量泵)、微通道反应系统（即微通道硝化反应器）和热交换系统等组成。

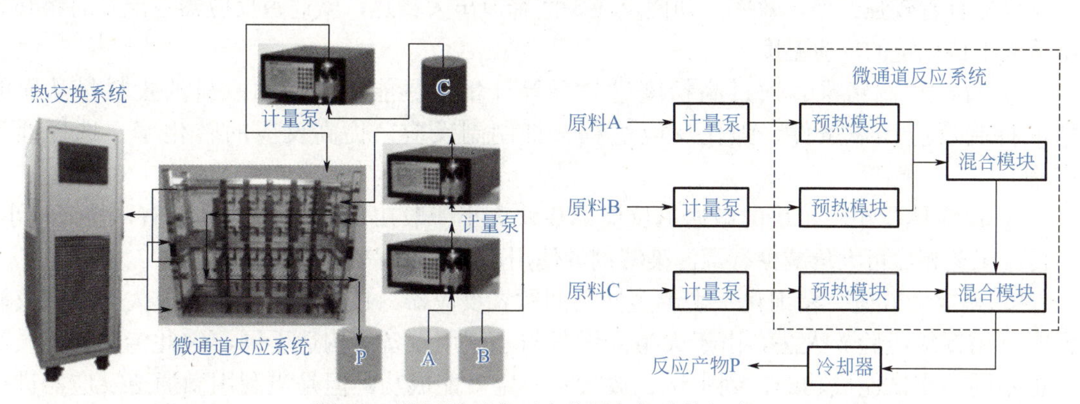

图 1-6 微通道硝化反应装置各部分的组成

3. 微通道硝化反应器的内部构造

一个微通道反应器由几块至几十块的模块连接而成，每块模块约为 0.20m×0.25m，如图 1-7（a）所示。材质是玻璃、高分子材料、哈氏合金及碳化硅等。每一块模块又是由几十、上百个“心形”微通道混合结构串联组成，如图 1-7（b）所示。这种“心形”结构最早是由美国康宁（Corning）公司设计的。这些毫米数量级的“心形”结构就是物料混合、加热、冷却以及发生化学反应的场所。各原料流入“心形”结构之后呈湍流状态，并通过高效的质量、热量及动量传递，发生较为理想的化学反应过程。

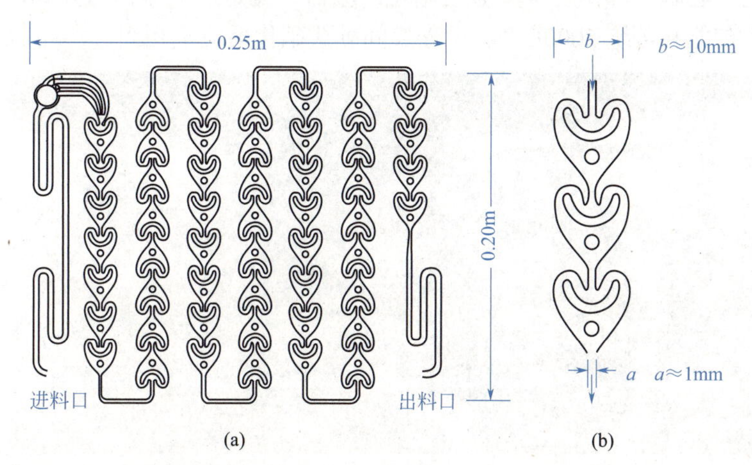

图 1-7 美国康宁 G1 型微通道反应器内部的模块及“心形”微通道混合结构的构造及尺寸

4. 微通道硝化反应器的使用特点

相比于传统的釜式反应器，微通道反应器安全节能环保易操控且产品品质好，具有以下特点：

① 传质效率高。原料在直径一般只有几微米至几毫米的反应通道中流动时，历经毫秒甚至微秒即可充分混合均匀，使反应时间由传统的几个甚至十几个小时缩短到几分钟，提高了生产效率。

② 传热效率好。微通道反应器的比表面积一般是传统间歇反应釜的 100 ～ 200 倍，因

此其传热效率也是传统间歇反应釜的 100 ～ 200 倍。微反应设备较大的比表面积决定了微通道反应器有着较强的换热效率，即便反应瞬间释放出大量热，微通道反应器也能及时将其导出从而维持稳定的反应温度。

③ 自动控制精准。通过高精度进料泵等计量工具能精准控制原料的投料量从而能精准控制反应操作条件、强化反应过程、抑制副反应，提高反应的转化率、选择性和产率。

④ 反应体积小。单块的微通道反应器模块大小一般在 0.20m×0.25m 左右，持液量小，和传统工艺相比可大量减少有毒污染溶剂的使用，节能环保效果明显。

⑤ 无放大效应。精细化工生产多使用间歇式反应器。在小型试验工艺放大至中试及放大时常用逐级经验放大法。由于大生产设备与小试用设备的构造不同，因此传热、传质效率也不同，小试能成功的，到中试、放大不一定就能成功。但是当利用微通道反应器进行生产时，工艺规模放大不是通过增粗微通道管径的尺寸、而是通过增加微通道反应器的数量来实现的，所以小试的生产工艺可直接用于工业化大生产，从而能大幅缩短新产品的研发时间。

5. 微通道硝化反应装置的工业化应用

微通道反应器所具备的“数增放大”特性使得设备的工业化、量产化能力很可观。由几十个微通道反应器串、并联在一起能达到年产几百甚至几千吨产物通量的生产规模。图 1-8 是一张通量为 $2000t \cdot a^{-1}$ 硝化车间的照片。面积约为 $40m^2$，安装有原料储罐、进料泵、流量自控装置、温度自控装置、DCS 控制装置、报警装置、废液罐和产品储罐等。其中箭头所指处即为本车间的“心脏”部位——微通道硝化反应器。就是这个体积约 $0.4m^3$ 的“小个子”，它的年生产能力却能和传统 5000L“巨无霸”间歇式硝化反应釜相当。

图 1-8　通量为 $2000t \cdot a^{-1}$ 的硝化车间实景图

综上所述，微通道硝化反应器由于其传热传质效率高、持液量低、能精确操控、可连续化生产等特点，从源头解决了硝化反应安全和环保的问题，是 2018 年以来政府主管部门大力提倡工业化的一种反应器，也是国内外目前最具应用前景的硝化反应器。

2021 年 12 月，常州大学的张跃团队在浙江万丰化工股份有限公司完成了通量 $5000t \cdot a^{-1}$ 的硝化产品生产。该团队在连续流反应器结构设计、传热传质过程强化研究、金属材料精密加工、高通量微通道反应器系统制造技术等方面取得了一定成果，形成了具有自主知识产权的装备技术方案和制造工艺。

二、分离硝化产物

1. 硝化产物与废酸的分离

硝化产物的分离，主要是利用硝化产物与废酸之间密度相差较大和可分层的原理进行的。必须指出，多数硝化产物在浓硫酸中有一定的溶解度，并且随硫酸浓度的加大而提高。为了减少有机物在酸相中的溶解，往往加入适量的水稀释废酸。在连续分离器中加入叔辛胺，其用量为硝化物质量的 0.0015% ～ 0.0025%，可以加速硝化产物与废酸的分层。

硝化产物与废酸分离后，还含有少量无机酸和酚类等氧化副产物，必须通过水洗、碱洗的方法加以去除。近年来出现了一种解离萃取法，是以混合磷酸盐水溶液作为萃取剂，酚类离解成盐然后被萃取到水相中，水相再用苯或甲基异丁基酮等有机溶剂进行反萃取，重新得到混合磷酸盐循环使用。这种方法尽管一次性投资相对大，但后面不需要消耗化学试剂，因此总体衡算仍然较为经济合理。

2. 废酸的无害化处理

硝化后的废酸的主要组成是：73% ～ 75% 的硫酸，0.2% 左右的硝酸，0.3% 左右的亚硝酰硫酸（$HNOSO_4$），以及 0.2% 以下的硝基化合物等。

针对不同的硝化产品和硝化方法，其废酸的处理方式也各不相同。主要方法有以下几种：

① 闭路循环法。将硝化后的废酸直接在下一批硝化生产中循环套用。

② 蒸发浓缩法。在一定温度下，用原料芳烃萃取废酸中的有机物，再蒸发浓缩废酸使其中硫酸的浓度达 92% ～ 95%，然后经配酸计算后再次使用。

③ 浸没燃烧浓缩法。当废酸浓度较低时，通过浸没燃烧将其浓度提升到 60% ～ 70%，再进行蒸发浓缩进一步提升废酸中硫酸的浓度。

④ 分解吸收法。废酸液中的硝酸和亚硝酰胺等无机物在硫酸浓度不超过 75% 时，只要加热到一定温度，便很容易分解，释放出的氧化氮气体用碱液进行吸收处理。工业上也有将废酸中的有机杂质用萃取、吸附或用过热蒸汽吹扫除去之后，再用氨水制成化肥的方法。

3. 硝化主、副产物的分离

硝化主、副产物往往是异构混合物，需进行分离提纯。方法通常有两种：即物理法和化学法。

（1）物理法　当硝化异构产物的沸点和凝固点等物理性质有明显差别时，可以用精馏和结晶相配合的方法将其分离。例如氯苯一硝化产物可用此法分离精制。表 1-10 是氯苯发生一硝化反应时主、副产物的组成和它们的物理性质。

表 1-10　氯苯一硝化反应中主、副产物的组成及其物理性质

硝化异构产物的结构	组成	凝固点 /℃	沸点 /℃	
			0.1MPa	1kPa
邻位硝化产物	33% ～ 34%	32 ～ 33	245.7	119
对位硝化产物	65% ～ 66%	83 ～ 84	242.0	113
间位硝化产物	1%	44	235.6	—

随着精馏技术和设备的发展与更新，有些产品已可采用精馏法直接分离。

此外，还可利用异构体在不同有机溶剂和不同酸度时其溶解度不同的原理实现分离。例如，1,5- 二硝基萘与 1,8- 二硝基萘用二氯乙烷作溶剂进行分离；1,5- 二硝基蒽醌与 1,8- 二硝基蒽醌用 1- 氯萘、环丁砜或二甲苯作溶剂进行分离等。

(2) 化学法　这是利用不同异构体在某一反应中的不同化学性质达到分离的目的。如：合成间二硝基苯时会得到少量的邻位和对位异构体副产物，可通过与亚硫酸盐作用发生亲核取代反应生成可溶于水的硝基苯磺酸钠盐而除去；或者在相转移催化剂（Phase transfer catalyst，PTC）的存在下，与稀 NaOH 水溶液反应而除去。采用相转移催化法所得的邻或对硝基苯酚可回收利用，废水可以经生化处理后达标排放。

$$o\text{-}C_6H_4(NO_2)_2 \left[\text{或 } p\text{-}C_6H_4(NO_2)_2\right] \xrightarrow[NaOH]{Na_2SO_3} o\text{-}O_2NC_6H_4SO_3Na \left[\text{或 } p\text{-}O_2NC_6H_4SO_3Na\right] + NaNO_2 \tag{1-27}$$

$$o\text{-}C_6H_4(NO_2)_2 \left[\text{或 } p\text{-}C_6H_4(NO_2)_2\right] \xrightarrow[PTC]{NaOH} o\text{-}O_2NC_6H_4ONa \left[\text{或 } p\text{-}O_2NC_6H_4ONa\right] + NaNO_2 \tag{1-28}$$

三、硝化反应生产实例

(一) 硝基苯的生产

原料苯和混酸发生硝化反应生成硝基苯，同时放出 $113.0kJ \cdot mol^{-1}$ 的反应热。1834 年，米尔斯琦（E.Milscherth）首次由苯硝化成功制取了硝基苯，并于 1856 年在英国实现了工业化。硝基苯的生产最初采用传统的单锅生产；在 20 世纪 80 年代前后，逐步由间歇生产发展成为多锅串联、塔式、管式及环形硝化器组合的混酸连续硝化工艺；在 20 世纪 90 年代前后，由英国的 ICI 公司和美国的氰胺公司共同开发成功的绝热硝化生产法，在安全生产、节约能源、降低成本和提高产率等方面表现得比较亮眼。

由苯硝化得硝基苯的生产工艺主要有三种。

① 传统硝化工艺。冷却装置和反应器为一个整体，用冷却水移走反应热以维持正常的反应。反应中硫酸被所生成的水稀释，需另设硫酸浓缩装置以回收套用。在 2010 年之前，我国工业化硝化装置大多为传统硝化工艺，一般采用多釜串联、环式和釜式相结合等形式。这种生产工艺技术简单、操作方便、产品质量稳定，但反应温度难控制、物料返混严重、副产多、硝基化合物易爆炸、废酸也多。

② 泵式硝化工艺。该法由瑞典国际化工有限公司于 1980 年左右开发成功并实现工业化，国内沧州 TDI（甲苯二异氰酸酯的英文缩写）工程甲苯硝化即采用此工艺。此法的特点是将反应器和换热器组成一个回路反应器，大量的混酸和反应物在泵内强烈混合使反应在几秒之内完成，反应热在列管式换热器中由冷却水带走。此工艺反应速率快、温度低、副产物少、产率高、产量大、生产相对安全可靠，但同样也需另设硫酸浓缩装置以回收套用。

③ 绝热硝化工艺。由英国的 ICI 公司和美国的氰胺公司共同开发成功，目前世界上已有

多套绝热硝化装置，单套生产能力最大为年产 25 万吨。2012 年，我国山西天脊煤化工集团有限公司引进了加拿大 NORAM 公司的技术，拥有了年产 20 万吨硝基苯的生产能力。绝热硝化技术突破了硝化反应必须要在低温下恒温操作的观念，取消了冷却装置，充分利用混合热和反应热使物料升温，并通过控制混酸组成以确保硝化反应安全、顺利地进行。绝热硝化的特点，一是将反应热和混酸稀释热贮存于废酸中使浓缩废酸时能充分利用这些热能；二是反应器无需冷却装置，节约投资、操作方便、流程简单；三是因原料中苯过量，故很少生成易爆炸的多硝基化合物，操作安全。但是，绝热硝化工艺采用稀酸为原料，腐蚀性较强，对设备和管道的材质要求比较高。

2006 年，国家发展改革委办公厅在《关于加强硝基苯及苯胺行业安全生产管理的通知》中指出，硝基苯和苯胺的生产应“从源头治理，即采用先进工艺改造或更新老工艺，减少酚盐类副产物，减少可能爆炸的引发源”。近年来，我国新建的硝基苯、苯胺装置的规模逐渐大型化，通过消化吸收引进的先进硝化生产工艺，我们的技术水平也逐步向国际先进水平靠拢。

下面，我们分别来学习传统硝化工艺以及当今世界大行其道的绝热硝化工艺。

1. 传统硝化工艺

20 世纪 90 年代，河南开普化工股份有限公司是国内最早采用多台环形硝化器串联、连续硝化技术的企业。他们采用了四级绞龙提升中和水洗工序及连续曲线分离技术，生产工艺采用五体（三个环形硝化器和两个硝化釜）串联，分别加酸并预配混酸连续硝化法生产硝基苯。副产废酸一部分经冷却后作为循环废酸使用，另一部分直接送提取锅，进入萃取工序，硝化流程如图 1-9 所示。

此工艺是将酸性苯连续加入 1 号硝化器及 2 号硝化器中，混合器内的废酸和混酸，混合后连续进入 1 号和 2 号硝化器中，与酸性苯在搅拌器的作用下进行硝化反应。反应热由反应物料带走一部分，另一部分由冷却水带走；1 号硝化器顶侧溢流到 2 号硝化器中的反应物料，在搅拌器的作用下继续发生放热反应，反应热一部分由反应物料带走，另一部分由冷却水带出；在 2 号硝化器中反应过的物料从 2 号硝化器顶侧继续溢流到 3 号硝化器中，在 3 号硝化器中再进行硝化放热反应，反应热仍由物料和冷却水带走；从 3 号硝化器出来的物料又连续进入 4 号硝化锅和 5 号硝化锅，进一步进行硝化反应。反应过程中要防止前几个硝化器因转化率过低而引起的反应物料积聚并防止 4 号和 5 号釜升温。反应温度分别控制在：40 ～ 50℃（1 号硝化器），64 ～ 70℃（2 号硝化器），70 ～ 75℃（3 号硝化器），75 ～ 80℃（4 号和 5 号硝化锅）。总酸度控制在 60% ～ 70%（5 号硝化锅）。各反应设备的转化率均为 70% 左右。有机相经洗涤除去夹带的无机酸和少量酚类，蒸出未反应的过量苯，即得到硝基苯。

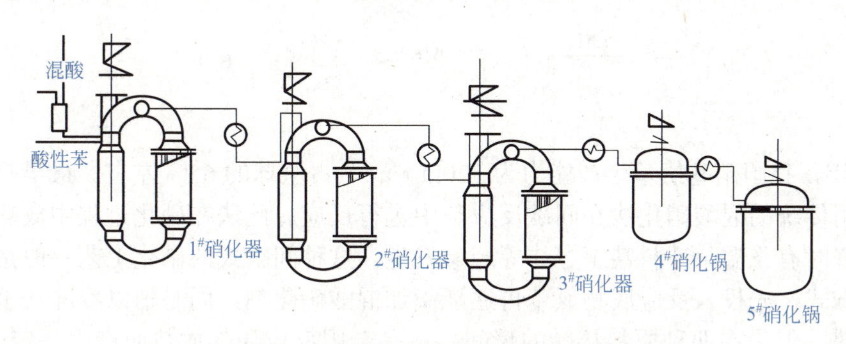

图 1-9　硝基苯连续硝化流程示意图

2. 绝热硝化工艺

将硝酸和循环硫酸按比例混合，混酸中含有质量分数为 3% ～ 7.5% 的硝酸、58.5% ～ 66.5% 的硫酸和 28% ～ 37% 的水。将混酸与苯充分混合后输入反应器。为了保证硝化反应完全，苯的进料量一般大于理论量的 10% 左右。在反应器内发生硝化反应生成硝基苯和水，反应温度为 90 ～ 135℃。如图 1-10 所示，由反应器出来的粗产物进入分层器分层，其中上层的热硝基苯经冷却后送至洗涤单元洗涤，下层为含有少量有机物的混酸层，进入内衬玻璃的硫酸闪蒸浓缩器，经闪蒸浓缩至浓度为 70% 左右之后用泵打至硫酸泵罐循环套用，闪蒸出的气体用循环冷却水冷凝成液体流至酸水收集槽后，然后被送至酸水汽提塔汽提，冷却后送至生化处理装置处理达标后排放。从分离器分层上层的硝基苯进入洗涤单元之后，先用碱水洗涤去除其中的硝基苯酚杂质，再用清水洗涤至中性后送至精制单元。碱性废水则送往废水热解装置在高温高压下将废水中的有机物分解为可降解的小分子，冷却后同样送至生化处理装置处理达标后排放。而中性的硝基苯送入精馏塔经精馏后送至硝基苯成品贮槽。硝基苯的摩尔产率≥ 99.0%。

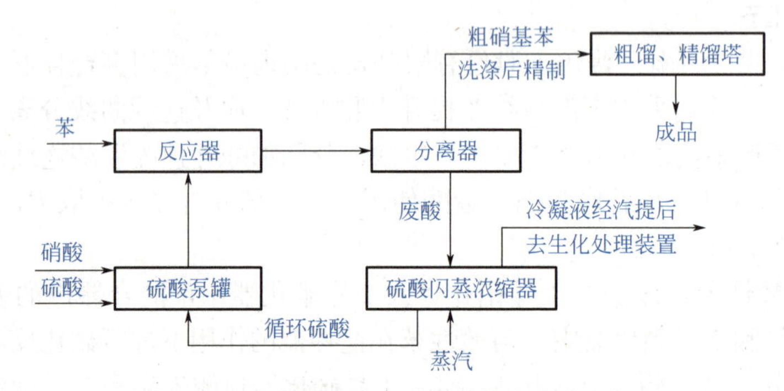

图 1-10　绝热硝化生产硝基苯的生产流程框图

在上述工艺中，苯在大量的硫酸存在下进行硝化，硫酸则吸收反应热和稀释热作为显热使得反应体系温度升高，这样便可利用闪蒸浓缩硫酸，从而大大减少去除水分所需的能量。同时，由于反应热被酸吸收，反应器中也就无需布设蛇管冷却了。正因为巧妙地利用了反应热和稀释热，因此很少需要外界再供给能量，所以，这种生产工艺所需能耗只有传统硝化工艺的 10% 左右，生产费用也只有传统硝化工艺的 70% 左右。

（二）硝基氯苯的生产

对（或邻）硝基氯苯是重要的有机中间体，由氯苯一硝化而得。

$$\text{C}_6\text{H}_5\text{Cl} \xrightarrow{\text{混酸}} o\text{-ClC}_6\text{H}_4\text{NO}_2 + p\text{-ClC}_6\text{H}_4\text{NO}_2 + H_2O \tag{1-29}$$

2010 年，我国硝基氯苯生产能力为 520kt · a^{-1}，占全球的 65% 左右。最早是以氯苯为原料，采用传统的混酸硝化法在间歇反应釜中进行反应。此法在硝化过程中放热剧烈，温度控制不好时有飞温、冲料甚至爆炸等现象发生。这种间歇式的硝化工艺一般是采用正加法的加料方式，先投入反应底物氯苯再逐渐滴加混酸硝化剂，同时辅以冷冻盐水降温以防止剧烈放热。但是在两种原料接触的瞬间，还是会因反应局部放热而产生一定的副产物。

同时这种加料方式使先加入的物料的停留时间过长也容易生成副产物，导致主产物的产率和选择性下降。因此，连续化硝化反应工艺的操作，一直是我们技术革新努力的方向。到了 20 个世纪 90 年代，传统的间歇式生产逐渐被连续硝化所替代。连续硝化反应装置有串联釜式、管式、环式等类型，在控温、安全、环保等方面有所改进。2016 年以来，政府管理部门大力提倡绿色化工工艺的推广及应用，采用微通道反应器生产硝基氯苯未来将有广阔的应用前景。

1. 釜式串联法生产硝基氯苯

我国在 20 世纪 90 年代主要采用釜式串联法生产硝基氯苯，如图 1-11 所示。

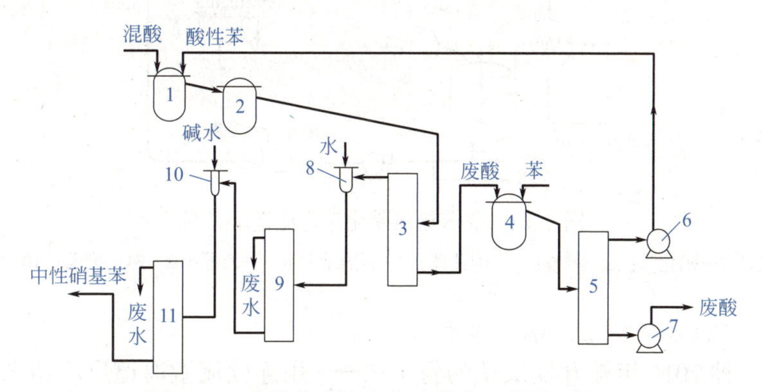

图 1-11　釜式串联法生产硝基苯工艺流程简图

1，2，4—硝化釜；3，5，9，11—分离器；6，7—泵；8，10—文丘里管混合器

常用的生产硝基氯苯的主要生产工艺配料硝酸比：1.02 ～ 1.05，脱水值：2.45 ～ 2.80，混酸组成（质量分数）：H_2SO_4 42% ～ 49%，HNO_3 44% ～ 47%。按此配料比例，向 1 号硝化釜中连续加料，温度控制在 45 ～ 50℃，出口酸相中含硝酸质量分数为 6.5% 左右，氯苯的转化率控制在 65% 左右。出 1 号硝化釜的物料全部进入 2 号硝化釜，反应温度维持在 50 ～ 55℃，出口酸相物料废酸含硝酸 3.5% ～ 4.2%，转化率也控制在 65% 左右，出 2 号硝化釜的物料全部流入 3 号硝化釜，温度维持在 60 ～ 65℃，转化率还控制在 65% 左右，该釜出口废液中含硝酸 2.0% ～ 2.7%，有机相中氯苯含量 2.5% ～ 3.2%，混合一硝占 96.5%，3 号硝化釜类物料流入 4 号硝化釜，温度控制在 65 ～ 75℃，4 号硝化釜出口物料组成：废酸中含 H_2SO_4 73.35% ～ 74%，HNO_3 0.4% ～ 1.2%；有机相中氯苯 ≤ 1.0%，混合一硝为 98.3%，二硝含量 ≤ 0.3%，硝基物凝固点为 51.5 ～ 54℃。四个硝化釜总转化率为 98.5%。由 4 号硝化釜流出的物料在连续分离器中自动连续分离成废酸和酸性硝基苯。废酸进入萃取锅用新鲜氯苯连续萃取。萃取后的酸性氯苯中含 3% ～ 5% 的硝基氯苯，用泵连续送往 1 号硝化釜；萃取后的废酸被浓缩成浓硫酸再循环使用。

酸性硝基氯苯经连续水洗、碱洗和分离等操作，得到中性的湿硝基氯苯去分离提纯。

以上工艺过程要求硝化设备要有足够的冷却面积，需要处理大量待浓缩的废硫酸和含硝基化合物的废水。在 2000 年前后，国外研究成功一种用绝热硝化法生产硝基氯苯的方法，工艺流程如图 1-12 所示。将氯苯与混酸（H_2SO_4 77% ～ 78%，HNO_3 22% ～ 23%）连续加到硝化釜中，在 100 ～ 110℃进行绝热硝化反应，产物流出后用泵送往静态混合器中连续反应，然后进入分离器使粗硝基氯苯与废酸分离。

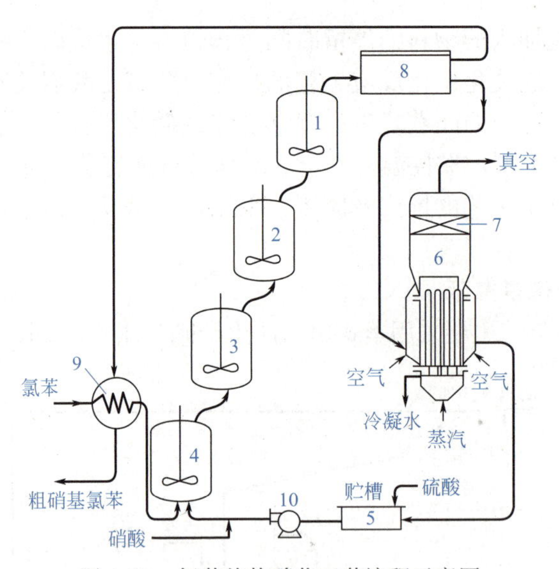

图 1-12　氯苯绝热硝化工艺流程示意图

1,2,3,4—硝化釜；5—酸槽；6—闪蒸器；7—除沫器；8—分离器；9—热交换器；10—泵

2. 连续流微通道反应法生产硝基氯苯

这里介绍一种 2016 年被开发成功的新工艺——用连续流微通道反应器来做氯苯的一硝化。反应器采用美国康宁公司 G1 型脉冲混合式微通道反应器，进料装置使用 HYM-PO-B_2-NS-08 型计量泵，流速范围 1 ～ 200mL • min^{-1}，反应控温使用 HR-50 型恒温换热循环器，产物分析采用国产 GC-9890A 型气相色谱仪。

按图 1-13 的流程将微通道模块串、并联连接，与计量泵一起组成微通道反应器系统。将氯苯溶液和混酸分别经计量泵 A 和 B 输入 G1 微通道反应器的 1 号和 2 号模块中进行预热至反应温度，然后在 3 号模块混合之后开始进行硝化反应，混合物料在历经 4 ～ 8 号模块之后反应结束，粗产物硝基氯苯流出。通过调节计量泵的流速以调整原料投料的摩尔比。整个反应过程用气相色谱仪对混合物的各项组成进行在线测试监控。

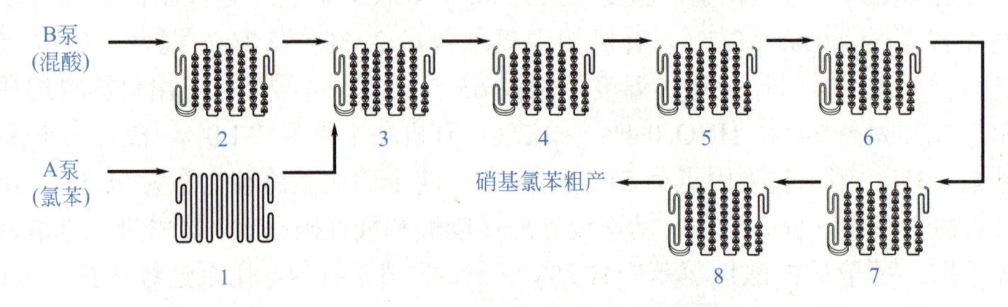

图 1-13　氯苯的一硝化微通道反应器生产流程

具体工艺参数如下：使用质量分数为 15% ～ 18% 的 HNO_3 和 75% ～ 80% 的 H_2SO_4 组成的混酸硝化剂；反应器系统的通量（即单位时间内流经某单位面积液体的体积）控制在 40 ～ 60mL • min^{-1}（其中 A 泵流速控制在 10 ～ 15mL • min^{-1}、B 泵流速控制在 30 ～ 45mL • min^{-1}），使得 n（氯苯）：n（HNO_3）控制在 1 ：（1.2 ～ 1.5）；在此流速下物料在反应器内停留的时间（即反应时间）为 1.0 ～ 1.5min；反应温度控制在 75 ～ 80℃。采用此工艺所得产物硝基氯苯粗品的单程转化率在 70% ～ 80%，其中 n（邻硝基氯苯）：n（对硝基

氯苯）为（0.5 ~ 0.6）：1。

表 1-11 中列出了釜式串联法和连续流微通道反应法生产硝基氯苯的相关技术参数。

表 1-11　釜式串联法和连续流微通道反应法生产硝基氯苯的相关技术参数对比

生产工艺	反应温度	选择性	单程转化率	反应时间	时空转化率 /（$mol \cdot m^{-3} \cdot h^{-1}$）
釜式串联法	45 ~ 75℃	n（邻硝基氯苯）：n（对硝基氯苯）为（0.2 ~ 0.3）：1	65%	3 ~ 5h	$(1.0 \sim 1.3) \times 10^5$
连续流微通道反应法	75 ~ 80℃	n（邻硝基氯苯）：n（对硝基氯苯）为（0.5 ~ 0.6）：1	70% ~ 80%	1.0 ~ 1.5min	$(3.5 \sim 4.5) \times 10^9$

注：时空转化率即反应物在单位体积、单位时间内转化为产物的物质的量，其单位为 $mol \cdot m^{-3} \cdot h^{-1}$，是衡量反应器装置生产能力的标志之一。

首先，由于微通道反应器中强化了传热、传质过程，弱化了反应过程中的空间位阻效应，因此提高了氯苯邻位选择性，提高了邻硝基氯苯的生成比例。其次，在传统混酸工艺中使用釜式串联法生产 1t 的硝基氯苯需消耗 H_2SO_4 约 750kg，硝化结束后硝基氯苯产物溶解于酸相的比例较高，需加水稀释使得产物完全析出。由于稀释后的废酸浓度低且组分复杂，因此加大了浓缩的难度，回收起来较为困难。而选择连续流微通道反应法生产工艺，废酸组成简单（主要是硫酸、反应生成的水和少量硝酸及有机物），经过简单的浓缩即可回收利用。再次，此工艺从根本上解决了大体积硝化反应器内部局部过热的问题，副产物少、选择性高。最后，由于微通道反应器的时空转化率较高，要比常规反应器约高出 4 个数量级，因此其连续化生产效率也较高，如果还想要继续扩大产能，则需分别串联和并行增加微通道反应器的数量。

因此，使用连续流微通道反应法完成硝化生产，是真正做到了“多、快、好、省”。

任务小结Ⅲ

1. 非均相混酸硝化技术：硝化设备（间歇式硝化反应釜、连续硝化反应的环形硝化器和微通道硝化反应器，硝化反应的安全隐患，使用微通道硝化反应器将是未来大力推广应用的方向），硝化产物的分离方法（主产物的分离提纯方法，以及废酸的无害化处理方式等）。

2. 典型硝化产品［如硝基苯、邻（对）硝基氯苯］的几种典型生产工艺，特别是绝热硝化技术的实施，包括生产过程、合成工艺条件分析与工艺参数的确定等。

《硝基苯小试产品生产方案报告单》和《硝基苯小试产品合成实训报告单》组合在一起，组成了一整套的《硝基苯小试产品的生产工艺》技术文件。

相关的过程考核评价报告单，详见导言中的“致老师”部分。

至此，项目组成员通过完成此项工作任务，作为企业技术部门的小试开发研究人员，初步学习了如何确定小试方案、如何操控反应过程、如何对产品进行分析测试、如何处理数据、如何对生产工艺进行优化及改进、如何正确判断与处理典型生产事故，以及如何实施清洁化及安全生产等内容。

【学习活动八】 讨论总结与评价

四、讨论总结与思考评价

任务总结

1. 在开展各项任务之前，建议首先由项目经理组织大家讨论出一个“约定”，以便能对以后各项任务的有序开展有所规定和约束，使整个团队的小组成员能共同进退。

2. 硝化具有反应强放热、体系易分层、易发生氧化等副反应的特点，因此我们应从生产操作过程中对各项影响因素进行实时掌控、反应过程通过在线分析进行质量监控，以及所涉及机械设备及自动化控制系统的安全保障等方面予以特别关注。选择连续流微通道反应法来生产硝化物可能会成为未来的发展方向。

拓展阅读

炸药专家——吕春绪

吕春绪教授，博士生导师，是我国炸药领域著名的学者、专家。他于1965年毕业于炮兵工程学院炸药专业，曾任南京理工大学副校长，1992年起享受国家政府特殊津贴。他先后获国家科技进步二、三等奖各1项，国家科技发明三等奖、部科技进步特等奖等多项奖励共计12项和发明专利18项。

吕春绪教授的主要研究方向是炸药及药物中间体的设计合成与工艺和表面活性剂的合成与应用，特别注重选择性及绿色硝化等有机合成方法的研究。而他的科研生涯就是一个勇于创新、逆流而上的过程。

他深入研究硝酰阳离子（NO_2^+）反应，成为硝化理论中重要的新内容，并结合自己NO_2^+定向硝化的科研成果，撰写了《硝酰阳离子理论》科技专著。这是迄今为止国内外第一本有关硝酰阳离子的专著，该专著的出版对硝化反应理论研究及实际应用具有重要指导意义。另外，在药物中间体合成方面，吕教授还成功完成氟代芳香醛合成新技术开发及产业化研究，并通过江苏省科技厅重点项目验收。该技术已在多家企业获得应用。

他利用表面活性理论提出的硝酸铵自敏化理论，是具有我国自主知识产权的膨化硝铵炸药发明点的核心。另外他还撰写了《膨化硝铵炸药自敏化理论》等科技专著。2010年，他获得了中国爆破器材行业协会科学技术特别奖，这是中国爆破器材行业协会至今唯一颁发的最高奖励。至2019年底，由硝酸铵自敏化理论进行产业化应用后，该技术转让100余家企业，全国新增产值约60亿元、利税约14亿元，该项目被列为国家级重大科技成果推广项目。该技术的发明为我国粉状工业炸药的创新与换代，为我国工业炸药赶超世界先进水平均做出了突出贡献。

在近50年的教学科研生涯中，吕春绪教授共培养博士生、硕士生120多名，共出版专著、教材16部，其中科技专著《硝化理论》《耐热硝基芳烃化学》《膨化硝酸铵炸药》《工业炸药理论》《硝酰阳离子理论》《膨化硝铵炸药自敏化理论》等填补了国内外空白，多名弟子现已成为我国化工行业产业的骨干力量和生力军。另外，吕教授还发表论文560篇，其中SCI论文48篇、EI收录123篇。

吕春绪教授的科研成果及成就得到了国内外同行专家和领导的高度重视与肯定。他曾应日本著名炸药专家邀请就“硝酰阳离子反应”及“耐热炸药分子设计与合成”前往日本东京大学讲学；应瑞典国际知名定向反应专家邀请去瑞典斯德哥尔摩大学就定向反应合作研究半年；应邀先后到上海有机所、绵阳中物院化工材料研究所、西安近代化学研究所等就硝酰阳离子理论进行讲学。

《硝基苯小试产品生产方案报告单》

项目组别：__________　　项目组成员：______________________________

<table>
<tr><td colspan="2">一、小试实训草案</td></tr>
<tr><td colspan="2">（一）合成路线的选择</td></tr>
<tr><td>完成者：</td><td>1. 现有合成路线及生产方法（各方法的简介、特点、技术的归属单位以及使用厂家等信息）</td></tr>
<tr><td>完成者：</td><td>2. 各方法的产率、原料消耗量、生产成本比较及估算（利用网络查找，注意数据的时效性）</td></tr>
<tr><td>完成者：</td><td>3. 各方法的生产原料厂家的供应情况及生产产品厂家的年销售量，原料和产品的安全性、毒性的相关数据，中毒急救方式及防护措施</td></tr>
<tr><td colspan="2">4. 合成路线选择、改进的理由及结果（分别从可行性、实用性、安全性、经济性、环保性等方面展开评价，是全组讨论的结果，包括主、副反应式）</td></tr>
</table>

续表

（二）产品的用途以及原料、中间体、主产物和副产物的理化常数指标

完成者：

产品的用途：

化学品的理化常数

名称	外观	分子量	溶解性	熔程 /℃	沸程 /℃	折射率 /20℃	相对密度	$LD_{50}/(mg \cdot kg^{-1})$

（三）主、副反应的各类影响因素（即关键生产工艺参数）及其控制实施草案（是全组讨论的结果）

完成者：

（四）原料、中间体及产品的分析测试草案（查找相关国标，并根据实训室现状确定合适的检测项目、选择合适的检测方法，并列出所需仪器和设备）

完成者：

（五）产品粗品分离提纯的草案（就所选定的合成路线，分析反应体系中的有机物种类及性质，确定分离提纯方法）

（六）小试产品生产方案（写出详细的小试产品生产方案，是全组讨论的结果）

二、小试产品生产方案的修改及完善之处（是全组讨论的结果）

项目组长（签字）：　　　　年　　月　　日

《硝基苯小试产品合成实训报告单》

实训日期：______年___月___日　　　　　　　　　　　　　　天气：____　室温：__℃　相对湿度：__%

实训记录者：_______　　　实训参加者：______________________________

一、实训项目名称

二、实训目的和意义

三、实训准备材料

1. 药品（试剂名称、纯度级别、生产厂家或来源等）

2. 设备（名称、型号等）

3. 其他

四、小试合成反应主、副反应式

五、小试装置示意图（用铅笔绘图）

六、实训操作过程

时间	反应条件	操作过程及相关操作数据	现 象	解 释

续表

七、所得数据及数据处理过程（需写出计算过程）

八、实训结果及产品展示

<table>
<tr><td rowspan="4">用手机对着产品拍照后打印（5×5)cm左右的图片贴于此处，注意图片的清晰程度</td><td></td><td>外观</td><td>质量或体积 /（g或mL）</td><td>产率（以　计）/%</td></tr>
<tr><td>粗品</td><td></td><td></td><td></td></tr>
<tr><td>精制品</td><td></td><td></td><td></td></tr>
<tr><td colspan="4">样品留样数量：　g（或　mL）；编号：　；存放地点：</td></tr>
</table>

九、样品的分析测试结果

十、实训结论及改进方案（实训结果理想的需及时总结并提出改进方案，实训结果不理想的应深入分析探讨其原因，为后续进一步开展研究活动奠定基础）

十一、假设此小试工艺经逐级经验放大法之后可以成功用于工业化大生产，请画出鉴于此小试生产工艺放大之后的工业化大生产工艺流程简图（用铅笔或用Auto CAD绘图）

十二、参考文献［书写格式需符合《信息与文献 参考文献著录规则》（GB/T 7714—2015）的规定］

项目组长（签字）：　　　　年　　月　　日

讨论思考

1. 与硝酸比较，以混酸为硝化剂的硝化反应有哪些特点？

2. 结合硝化反应的历程以及非均相硝化的动力学类型，说明硫酸在混酸硝化中所起的作用。

3. 由硝基苯合成间二硝基苯时，需配制组成为 H_2SO_4（72%），HNO_3（26%），H_2O（2%）的混酸 6000kg，需要 20% 发烟硫酸、85% 废酸及 98%（以上均为质量分数）硝酸各多少千克？若采用间歇式工艺，且 φ=1.08，试求酸油比及 D.V.S. 值。

4. 工业上有哪几种常见的硝化操作方法，各自的特点有哪些？工业硝化存在哪些危险隐患？

5. 对比硝基氯苯的几种生产工艺的特点。

6. 怎样最大限度地减少硝化产生的废酸量？

7. 写出由甲苯合成下列化合物的合成路线。

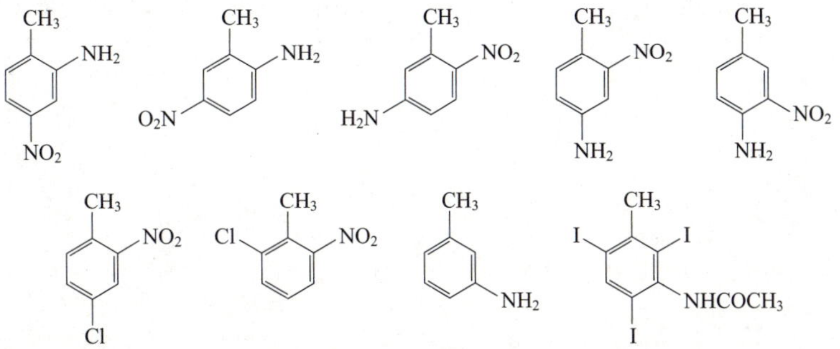

8. 在硝基苯的合成小试实训中，为什么要用滴液漏斗滴加混酸进入苯层，如果把混酸一次性全部加完会产生什么结果？如果采用反加法的投料方式又会怎样？

9. 在硝基苯的合成小试实训中，硝化反应结束后的水相呈现出明显的黄色，这表示有少量硝基苯溶于饱和食盐水中，若分出水层后丢弃则会浪费一些粗品从而降低了产率，应如何处理？

10. 在粗产物精制后处理阶段，分液漏斗中的油层被乳化（硝基苯和水因剧烈震荡形成了乳化液，难以分开）之后，分出的产品层含有较多的水，为后续去除水分增加了难度，应如何处理？

11. 计算本次小试实训时所用混酸的 D.V.S. 值。

12. 在完成本项目任务的过程中，本组成员争议最多之处以及体会最深的事是什么？

班级：　　　　姓名：　　　　学号：

记录
笔记

记录
笔记

项目二
医药中间体苯胺的生产

【学习活动一】 接受工作任务，明确完成目标

任务单

振鹏精细化工有限公司总部下达的任务单，其内容如表2-1所示。

表2-1 振鹏精细化工有限公司 任务单 编号：002

任务下达部门	总经理办公室	任务接受部门	技术部
一、任务简述			
公司于3月15日和上海中化国际贸易有限公司签订了500公斤的医药中间体苯胺（CAS登录号：62-53-3）的供货合同，供货周期：2个月。由技术部前期负责打通小试生产工艺，后期协作生产部和物流部分别完成中试、放大、生产和货物运输。			
二、经费预算			
预计下拨人民币10.0万元研发费用，请技术部负责人于3月19日前提交经费使用计划，并上报周例会进行讨论。			
三、完成结果			
1. 在4月20日之前提供一套苯胺的小试生产工艺相关技术文件； 2. 同时提供苯胺的小试产品样品一份（10.0mL），其品质符合国标的相关要求。			
四、其他			
有需要其他部门协作的，由技术部提交申请，总经理办公室负责统筹和协调。			

下达部门：总经理办公室 负责人： （签名） 日期： 年 月 日

接受部门：技术部 负责人： （签名） 日期： 年 月 日

抄送部门：生产部、物流部

注：本单一式五份，分别由总经理办公室、财务部、技术部、生产部和物流部留存。

任务目标

在项目一的学习过程中，我们学会了通过硝化反应以苯为原料生产出硝基苯的反应原理以及小试和工业化生产的方法。现在，将继续完成对位红第二阶段任务的学习——以硝基苯为原料通过还原反应生产出苯胺的反应原理、小试以及工业化生产的方法。

$$C_6H_6 \xrightarrow{\text{硝化}} C_6H_5NO_2 \xrightarrow{\text{还原}} C_6H_5NH_2 \xrightarrow{\text{酰基化}} C_6H_5NHCOCH_3 \xrightarrow{\text{硝化}} p\text{-}O_2NC_6H_4NHCOCH_3$$

$$\xrightarrow{\text{水解}} p\text{-}O_2NC_6H_4NH_2 \xrightarrow{\text{重氮化}} p\text{-}O_2NC_6H_4N_2Cl \xrightarrow[\text{偶合}]{\text{萘酚(OH)}} NO_2\text{-}C_6H_4\text{-}N{=}N\text{-}C_{10}H_6OH \quad (2\text{-}1)$$

对位红

在本项目的学习过程中，将以完成苯胺的生产任务为契机，开展学习一系列需通过催化加氢和化学还原等手段制造出的精细化学品如间苯二胺（是制造偶氮染料碱性橙、碱性棕等的原料，也是环氧树脂固化剂、石油添加剂和水泥促凝剂等的原料），对氨基苯酚（是制造对乙酰氨基酚、维生素 B 等药物的原料，也是橡胶防老剂和照相显影剂等的原料）等的生产方法。

◆ 完成目标

通过查阅相关资料，经团队讨论后确定苯胺小试实训方案并予以实施，获得合格产品和一套小试产品的生产工艺技术文件。

能力目标

能根据通过分析还原产物的结构特点及还原反应的生产条件要求，应用还原理论，选择合适的方法，设计对氯苯胺、间硝基苯胺等典型还原产物的合成路线；能通过分析常见还原反应的若干影响因素，进而寻求典型产品（如苯胺）的适宜的生产工艺条件；对毒性较强的化学品能选择适当的防护措施。

知识目标

了解还原反应的三种类型（催化加氢、化学还原和电解还原）及用途，了解苯胺、1,4-丁二醇和对氨基苯酚等化学品的生产方法；掌握催化加氢反应中各催化剂及化学还原反应中各还原剂的种类、用途及使用特点；掌握催化加氢反应的过程和化学还原反应的原理，了解催化加氢的基本操作，理解还原反应中各操作条件变化时对产品品质所产生的影响；学习使用化学还原反应生产出苯胺的小试操作方法，强化萃取和水蒸气蒸馏等操作技术；掌握化学实验室内身体防护的一般方法，熟悉实验室里的防火防爆措施。

素质目标

培养综合分析和解决问题的能力；培养安全使用易燃易爆化学品的能力，增强职业安全意识。

思政目标

遵循“实践是检验真理的唯一标准”的原则，尊重自然、尊重科学。

任务一　确定苯胺的小试生产方案

【学习活动二】　选择合成方法

为了确定苯胺的小试生产方案，下面将系统提供与苯胺合成相关的理论基础知识参考资料供大家选用。

还原反应是有机合成中最广泛应用的单元反应之一。广义地讲，在还原剂的参与下，能使某原子得到电子或使电子云密度增加的反应被称为还原反应；狭义地讲，即在有机分子中增加氢原子或减少氧原子或者两者兼而有之的反应，被称为还原反应。还原反应在精细有机合成中占有重要的地位，通过还原反应可以制得一系列产物。如由硝基类化合物还原得到的芳胺，被广泛用于合成各种染料、农药和塑料等化工产品，由醛、酮、酸还原可制得相应的醇或烃类化合物，由醌类化合物还原还可得到相应的酚类等。

在表 2-2 中列出了常见的能被还原的官能团及其相对应主要还原产物。另外，此表中的官能团是根据发生还原反应由易到难的程度按序排列的。在相同条件下，酰卤最容易被还原成伯醇，其次是硝化物被还原成胺，再次是炔烃被还原成烯烃等，最难发生还原反应的是羧酸被还原成伯醇。

表 2-2　常见的能被还原的官能团及其相对应的主要还原产物

序号	官能团	对应的主要还原产物	序号	官能团	对应的主要还原产物
1	—COX（酰卤）	$—CH_2OH$（伯醇）	8	—CN（腈）	$—CH_2—NH_2$（胺）
2	$—NO_2$（硝基）	$—NH_2$（胺）	9	吡啶	环氮类化合物
3	—C≡C—（炔烃）	—CH═CH—（烯烃）	10	稠环芳烃（萘、蒽等）	环烷烃
4	—CHO（醛）	$—CH_2OH$（伯醇）	11	—COOR（酯）	$—CH_2OH$（伯醇）+ ROH（醇）
5	—CH═CH—（烯烃）	$—CH_2—CH_2—$（烷烃）	12	$—CONH_2$（酰胺）	$—CH(OH)NH_2$（胺）
6	—CO—（酮）	—CH（OH）—（仲醇）	13	$—C_6H_5$（苯基）	$—C_6H_{11}$（环己基）
7	$C_6H_5—CH_2X$（苄基卤）	$C_6H_5—CH_2OH$（芳伯醇）	14	—COOH（羧酸）	$—CH_2OH$（伯醇）

根据使用不同的还原剂和操作方法，还原反应可分为催化加氢、化学还原和电解还原等。但由于电解还原反应在工业上应用范围不广，尚存在不少技术瓶颈有待突破，因此我们将重点学习工业上应用较为广泛的两种方法——催化加氢和化学还原。在此基础上，对电解还原法做个了解。催化加氢和化学还原相比，其优点是：①反应活性高、应用范围广，能使一些用化学还原剂难于还原的化合物很好地发生氢化反应；②副反应少、产品质量好、产率高；③“三废”量少，属绿色、清洁化生产工艺；④催化剂寿命长、消耗定额低，H_2 比化学还原试剂价格便宜，故规模化生产其生产成本较低。因此，催化加氢被越来越广泛使用。

一、催化加氢

为了加快反应速率并使反应向着产物方向进行，加氢反应通常要用催化剂。不同类型的加氢反应选用催化剂不同，同一类反应选用的催化剂不同反应条件也有很大差异。为了获得经济的加氢产物，选用的催化反应条件应尽量温和，催化剂的寿命要长，价格要尽可能便宜，并且尽量避免高温、高压等苛刻反应条件。

在催化剂的存在下，有机化合物与 H_2 发生的反应称为催化氢化反应。催化氢化按反应结果可分为催化加氢和催化氢解。其中催化加氢指含有不饱和键有机化合物在催化剂作用下与 H_2 反应、使不饱和键全部或部分加氢的反应，其应用范围很广，烯烃、炔烃、硝基化合物、醛、酮、腈等均可采用此法还原。如：

$$\text{HO}-\underset{\text{CH}_3\text{O}}{\text{C}_6\text{H}_3}-\text{CH}=\text{CHNO}_2 + \text{H}_2 \xrightarrow{5\%\ \text{Pt/C}} \text{HO}-\underset{\text{CH}_3\text{O}}{\text{C}_6\text{H}_3}-\text{CH}_2\text{CH}_2\text{NH}_2 \tag{2-2}$$

而催化氢解指含有碳杂键的有机物在催化剂作用下与 H_2 反应、使碳杂键断裂分解成为两种氢化产物的反应。常见的反应有脱卤氢解、脱苄氢解、脱硫氢解和开环氢解等。如：

$$\text{H}_3\text{C}-\underset{\text{Cl}}{\text{C}_6\text{H}_3}-\text{NO}_2 \xrightarrow[80\sim90^\circ\text{C},\ 1.0\text{MPa}]{\text{H}_2/\text{Ni}} \underset{95\%}{\text{H}_3\text{C}-\text{C}_6\text{H}_4-\text{NH}_2} + \text{HCl} + \text{H}_2\text{O} \tag{2-3}$$

催化加氢根据物料的聚集状态又分为非均相催化氢化和均相催化氢化两种。非均相催化氢化反应中使用的催化剂（如 Pt、Pd、Ni 等）为固相，原料及产物为液相或气相，各属于不同的相态催化反应，至少存在两种相态，如气 - 固、液 - 固或气 - 液 - 固相态；而均相催化氢化反应中使用的催化剂一般为过渡稀有金属铑（Rh）、钌（Ru）和铱（Ir）的三苯膦配合物，如氯化三（三苯基膦）合铑 $(Ph_3P)_3$—RhCl 等，这些配合物能溶于液态的反应介质中，均呈液相状态分布。由于非均相催化氢化反应在工业上的应用范围要比分离和回收均较为困难的均相催化氢化反应广泛得多，因此下面重点学习和讨论非均相催化氢化的相关内容。

（一）非均相催化氢化中的催化剂

1. 催化剂的形状

工业固体催化剂的形状和尺寸是根据具体的反应和反应器的特征而决定的。大多数固体催化剂为规则的颗粒状，一般用打片法或挤条法合制成。催化剂大多数为直径几毫米至十几毫米的圆柱形或单孔环形柱（其外观有点像圆柱状的猪饲料），如图 2-1（a）所示。催化剂内含丰富细孔，孔径的尺寸为纳米至微米级，如图 2-1（b）所示。近年来还开发出了多种薄壁异形催化剂，如车轮形、舵轮形或多通孔形等。

(a) 柱形催化剂

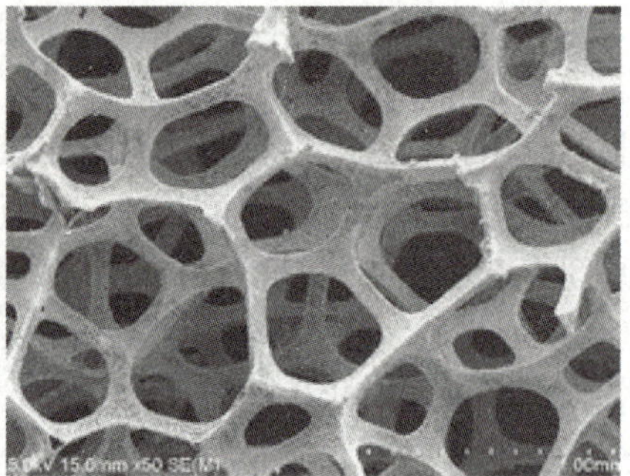

(b) 催化剂的细孔

图 2-1　各种形状的催化剂及其微观结构

2. 催化剂的组成

固体催化剂一般由活性组分（又称为主催化剂）、助催化剂和载体三部分组成。其中主要起催化作用的是活性组分，常用的催化剂活性组分是金属或其氧化物。助催化剂虽然含量很少且对于反应没有活性或者催化活性也很小，但是加入后却能提高催化剂的活性、寿命和稳定性。催化剂大多数使用载体，称为负载型催化剂。载体是一些多孔性固体物质，使用载体是为了节约贵重材料（如 Pd 和 Pt 等）的消耗，即将贵重金属分散涂布在载体的表面以替代整块贵重金属材料的使用。载体的主要作用有：①作为骨架使活性组分及助催化剂涂布并均匀分散在其表面，增大催化剂的内表面积，从而间接地提高催化剂的活性；②能提高催化剂活性组分的抗冲击强度、耐磨性以及抗压性；③在反应和再生过程中还能体现出足够的热稳定性。常用的载体有氧化铝、二氧化硅、碳化硅、活性炭、硅胶、硅藻土和沸石分子筛等。

如在丁烯脱氢制 1,3- 丁二烯时所使用的催化剂其组成为 Fe_2O_3-CuO-K_2O-MgO。其中，Fe_2O_3 占催化剂中的质量分数为 18.4%，CuO 为 4.6%，K_2O 为 4.6%，MgO 为 72.4%。Fe_2O_3 是催化剂中的活性组分，没有它则其他组分不起催化作用；助催化剂是 CuO-K_2O，可使活性组分不易中毒从而增加催化剂的使用寿命；MgO 是疏松多孔状的机械强度高的载体，为活性组分提供骨架支撑使其增加抗冲击强度。

3. 催化剂的种类

加氢催化剂种类繁多，主要是元素周期表中的Ⅷ族过渡金属元素（如 Pt、Pd、Ni、Co 和 Rh 等）和第ⅠB 族、ⅥB 族中的 Cu、Mo 等。过渡金属原子的电子最外层有空的 d 或 f 轨道可以和底物分子结合成键，形成能垒较低的过渡态，从而降低整个反应路径的活化能，加速化学反应的进行。不同金属 / 活性炭型催化剂应用于硝基苯催化氢化生成苯胺时，其活性顺序为：Pt ＞ Pd ＞ Ni。

Ni 催化剂主要有骨架 Ni、载体 Ni 和还原 Ni 等。骨架 Ni 可用于硝基、烯键、炔键、醛酮的羰基、芳杂环、芳稠环、碳 - 卤键和硫 - 硫键等官能团的催化氢化，对苯环和羧基的氢化能力很弱，对酯基和酰胺中的羰基则几乎没有催化活性。Ni 的价格最便宜。

工业上应用范围较广的 Raney Ni（雷内 Ni，又被称为骨架 Ni 和活性 Ni 等），其生产的原理为：以镍铝合金为原料，利用铝属于两性金属既能和酸反应又能和碱反应的特性（而镍属于碱金属，不能和碱发生反应）使铝原子生成了四羟基合铝酸钠溶于水溶液之后，在原合金中所占的位置被空置了出来形成孔洞，从而获得疏松多孔状结构的催化剂。其反应方程式为：

$$2Al + 2NaOH + 6H_2O \xlongequal{} \underset{\text{四羟基合铝酸钠，易溶于水}}{2Na[Al(OH)_4]} + 3H_2\uparrow \tag{2-4}$$

Raney Ni 的生产工艺流程如图 2-2 所示。蒸馏水、95% 乙醇和无水乙醇等溶剂需回收套用。

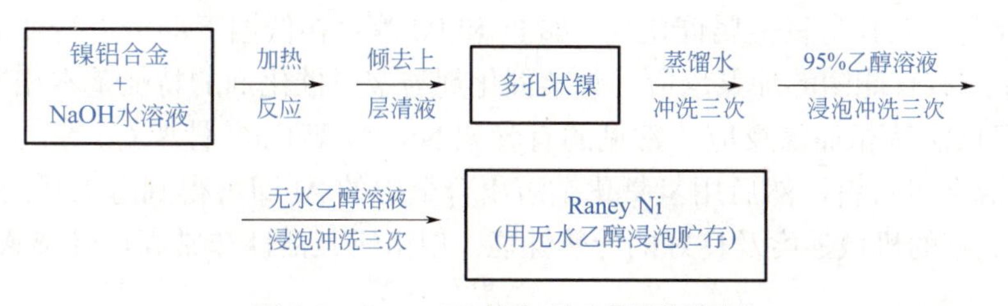

图 2-2　Raney Ni 的生产工艺流程框图

Pd 催化剂主要有 Pd/C 载体催化剂、还原 Pd 黑和熔融 PdO 等。Pd/C 载体催化剂是最好的脱卤、脱苄基的催化剂，主要用于烯键、炔键、硝基和芳环侧链上的不饱和键发生氢化反应等，但是对于羰基、苯环和氰基几乎没有催化活性。

Pt 催化剂的活性比 Pd 和 Ni 都强，反应条件温和，甚至在常温常压下都能使用，它除了骨架 Ni 催化剂所能应用的范围之外，还可以用于羧基、酰胺基和苄位结构发生氢化反应。

至于其他种类元素催化剂的催化活性，以甲酸催化分解为 H_2 和 CO_2 的反应为例，其催化活性如图 2-3 所示。图中的纵坐标反应温度 T_R 越低、则表明催化剂的活性越高；图中的横坐标反应生成热代表催化剂吸附能力的强弱，催化剂吸附底物的能力越强、则反应生成热越大。催化剂的吸附能力太强、太弱都不好，至于为什么，请到后面“项目五 香料 β- 萘乙醚的生产”所介绍的内容中寻找答案。

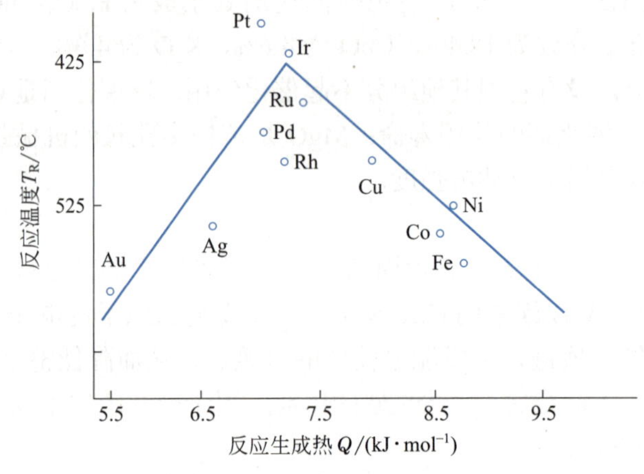

图 2-3 不同元素种类催化剂对甲酸分解为 H_2 和 CO_2 反应的催化活性对比

从图 2-3 中可知，适合做催化剂的金属元素主要集中在反应温度低且反应生成热居中的部位，有 Pt（铂）、Ir（铱）、Ru（钌）、Pd（钯）和 Rh（铑）等，Cu（铜）的性质也可以，关键还价廉，值得关注。

另外，催化剂的种类还可以根据形态来分类，主要分为金属及骨架催化剂、金属氧化物催化剂、复合氧化物或硫化物催化剂，以及金属配合物催化剂等几类。

4. 几种重要的催化剂

（1）金属及骨架催化剂　加氢常用的金属催化剂有 Pt、Pd 和 Ni 等。Ni 的催化效果虽然最差但价格便宜，所以使用量最大。金属催化剂需把金属载于载体上，载体通常是多孔性材料，如 Al_2O_3、硅胶等，这样既节约金属又提高加工效率，并能具有较好的热稳定性和机械强度。由于多孔性载体比表面积巨大，传质速率快，所以也能提高催化活性。金属催化剂的特点是活性高，尤其是贵金属催化剂（如 Pt 和 Pd 等）在低温下即可进行加氢反应，而且几乎可以用于所有官能团的加氢反应。骨架催化剂与金属催化剂的特征基本相近，但其活性较高，常用于低温液相加氢反应。常见的有骨架 Ni、骨架 Cu、骨架 Co 等，一般是将活性金属与 Al 制成合金材料，然后用氢氧化钠溶出合金中的 Al 即可得到海绵状的骨架催化剂。骨架 Al 具有足够的机械强度及良好的导热性能。但由于其活性非常高，骨架 Al 在空气中裸露会产生自燃现象。

（2）金属氧化物催化剂　常用的金属氧化物催化剂有：MoO_3、Cr_2O_3、ZnO、CuO 和 NiO 等。这类催化剂与金属催化剂相比，其活性较低，反应在高温、高压下才能保证足够的反应速率，但其抗毒性较强，适用于 CO 加氢反应。由于反应温度高，需要在催化剂中添加高熔点的组分以提高其耐热性。

（3）复合氧化物和硫化物催化剂　为了改善金属氧化物催化剂的性能，通常采用多种氧化物混合使用，以使各组分发挥各自的特性且相互配合提高催化效率。金属硫化物主要有 MoS_2、NiS_3、WS_2、Co-Mo-S、Fe-Mo-S 等，其抗毒性强，可用于含硫化合物的加氢、氢解等反应，这类催化剂的活性较差，所需的反应温度也比较高。

（4）金属配合物催化剂　此类加氢催化剂的活性中心原子主要为贵金属，如 Ru、Rh、Pd 等的配合物。另外也有部分非贵金属，如 Ni、Co、Fe、Cu 等的配合物。其特点是活性高、选择性好、反应条件较温和、抗毒性较强，因此适用性较广。但由于这类配合物是均相催化氢化反应的催化剂，反应时是溶解在反应液中的，催化剂的分离相对较困难，而且这类催化剂多使用贵金属，所以金属配合物催化剂应用的关键在于催化剂的分离和回收。

从以上的论述中可知，加氢反应所用的催化剂，通常活性大的容易中毒而且热稳定性较差，为了增加催化剂热稳定性可以适当地加入一些助催化剂和选用合适的载体，有些场合下用稳定性好而活性低的催化剂为宜。通常反应温度在 150℃以下时，多使用 Pd、Pt 等贵金属催化剂，以及用活性很高的骨架镍催化剂；而在 150 ～ 200℃反应时，常用 Ni、Cu 以及它们的合金催化剂；当反应温度高于 250℃时，大多使用金属氧化物催化剂。

5. 催化剂的用量

常用加氢催化剂的种类及其用量如表 2-3 所示。骨架 Ni 催化剂由于合成及使用安全要求，用量以湿体积计，通常 1mL 湿骨架 Ni 约含有 1.5g 固体，一般操作中 10% 用量就足够了，但是当催化剂活性下降时其用量需要增加至 20% 左右。为了安全起见，某些商品骨架 Ni 需经钝化处理，其用量为 15% ～ 20%。

表 2-3　常用加氢催化剂的种类及其用量

催化剂	用量（质量分数）/%	催化剂	用量（质量分数）/%
负载在载体上的 5% 钯、铂、铑	10	负载在载体上的钌	10 ～ 25
氧化铂	1 ～ 2	骨架钴	1 ～ 2
骨架镍	10 ～ 20	铜铬氧化物	10 ～ 20
二氧化钌	1 ～ 2		

注：表中的用量是以被加氢化合物质量为基准的百分比。

除了催化剂的性质外，催化剂的用量也较为重要。实验室里的低压加氢反应中一般催化剂用得较多。而在大生产中，要对催化剂的用量加以控制以防止反应速率过快而导致温度失控，造成反应产物选择性下降甚至引发工业事故。在工业加氢工艺的连续操作中，催化剂的用量主要取决于反应的接触时间。此外，通过控制催化剂的用量有时也可以抑制副反应的发生。如在下述的反应中，用量为 4% 的催化剂铂 - 碳（吸附量为 5%）可以防止苯环上溴的脱落。

$$
\text{4-Br-C}_6\text{H}_4\text{-CONHN=C(CH}_3)_2 \xrightarrow[5\%\ Pt/C]{H_2} \text{4-Br-C}_6\text{H}_4\text{-CONHNHCH(CH}_3)_2 \tag{2-5}
$$

尽管增加催化剂用量可以提高加氢反应的速率，但反应速率增加的程度与催化剂的用量不呈线性关系，如增加催化剂用量 1 倍则加氢反应速率可以提高 5 ～ 10 倍。

6. 催化剂的几个技术指标

（1）比表面积　比表面积指的是每克催化剂的表面积（包括内表面积和外表面积），用 S_g 表示，单位为 $m^2 \cdot g^{-1}$。常见的多孔催化剂其比表面积一般在 10 ～ 900$m^2 \cdot g^{-1}$。比表面积越大，则说明该催化剂能提供给原料吸附的面积越大，则在单位时间内发生催化氢化反应的概率越高，因此其催化活性越强。

（2）孔径　除了少数如分子筛等物质以外，大多数催化剂内部的孔径大小呈不均匀分布状态。有的细孔的孔径为 1 ～ 100nm，有的粗孔的孔径为 1 ～ 900μm。

7. 评判催化剂性能优劣的几个方面

（1）活性　催化剂的活性工业上常用负荷来表示，又称为空间速率，即单位体积（或单位质量）催化剂在单位时间内转化原料（反应物）的数量，其单位为 h^{-1}。催化剂的活性大小与比表面积成正比。表 2-4 是某些硝基化合物进行催化氢化反应时的催化剂负荷。

表 2-4　某些硝基类化合物进行催化氢化反应时的催化剂负荷

原料（各类硝基化合物）	催化剂	催化剂负荷 / h^{-1}	转化率 /%
硝基苯	Ni / C	0.8	99.5 ～ 100
邻氯硝基苯	Ni / C	0.5	99.0 ～ 99.5
间氯硝基苯	Pt / C	0.25 ～ 0.30	99.8 ～ 100
对氯硝基苯	Pt / C	0.25 ～ 0.30	99.8 ～ 100
3,4- 二氯硝基苯	Pt / C	0.25	99.8 ～ 100

应使实际负荷与额定负荷相当。否则若负荷太小达不到生产能力，负荷过大反应物又会转化不完全。

（2）选择性　指在能够发生多种反应的反应系统中，催化剂促进某一种特定反应的性能。即实际生成的目的产物与所耗用的原料在理论上能生成同一产物的摩尔比。如果反应原料中混有多种组成，则应指明是对于哪一种原料组成而言的选择性。

在催化氢化反应中，Rh 对可还原性基团具有较好的选择性。Rh 催化剂在一定的条件下只催化还原硝基成氨基而不影响碳碳双键的还原。

$$
\text{3-O}_2\text{N-C}_6\text{H}_4\text{-CH=CH}_2 + H_2 \xrightarrow{Rh} \text{3-H}_2\text{N-C}_6\text{H}_4\text{-CH=CH}_2 \tag{2-6}
$$

催化剂的选择性越好，则加速主反应、抑制副反应的能力越强，主反应的产率越高。催化剂的选择性和它的组成、制造方法以及使用条件等因素有关。

（3）寿命　金属催化剂的缺点是易中毒。它对原料中杂质（特别是硫、磷、砷等）的含量要求严格，含有孤对电子的化合物都能使其失去催化活性而中毒。由于杂质中的孤对电子会填满过渡金属的 d 轨道形成强烈的吸附，活性中心被杂质占据，导致催化剂的活性下降甚至完全丧失活性。中毒分为永久性中毒和暂时性中毒两种，当某些杂质强烈吸附在催化剂表面而无法脱附时，则为永久性中毒。此时只能更换催化剂。为预防永久性中毒，需严格控制原料中杂质的含量，如加工原油时应首先经过脱 S 处理把其中硫化物的含量控制在 ppm（$\mu L \cdot L^{-1}$）数量级以下之后再催化加氢生成汽油、煤油和柴油等。如果能使用某些方法使某些杂质脱附，让催化剂表面重新具备能提供原料分子吸附和发生化学反应场所的功能，则是暂时性中毒了。如在使用过几次的催化剂表面容易形成积炭，可以通过燃烧的方法去除积炭后恢复催化剂的部分活性，称为催化剂的再生。

根据催化剂的这种情况，人们设计出一些特定组成的催化剂使其完成特定的催化任务。如：Pd 是一种活性很强的催化剂，它能使炔烃通过催化氢化先还原成烯烃最终还原生成烷烃，但烷烃在有机合成中应用范围不如烯烃来得广泛，因此罗氏公司的化学家林德拉发明了一种催化剂，其组成为 Pd-$CaCO_3$-PbO 或 Pd-$BaSO_4$- 喹啉（其中 Pd 为活性组分，含量为 5% ～ 10%，$CaCO_3$ 为载体）。这种催化剂只能把炔烃通过顺式加氢生成烯烃而无法继续加氢生成烷烃，其中的 PbO 或喹啉的作用就是使钯部分中毒降低其催化的活性，工业上广泛应用于药物和香料等化学品的生产，后来人们把这种组成的催化剂以发明者的名字来命名，称为林德拉催化剂。

$$CH\equiv CH—CH_3 \xrightarrow[Pd]{H_2} CH_2=CH—CH_3 \xrightarrow[Pd]{H_2} CH_3—CH_2—CH_3$$

$$CH\equiv CH—CH_3 \xrightarrow[\text{Pd-CaCO}_3\text{-PbO}]{H_2} CH_2=CH—CH_3 \xrightarrow[\text{Pd-CaCO}_3\text{-PbO}]{H_2} \text{不反应} \quad (2\text{-}7)$$

林德拉催化剂

一般情况下，工业上所使用的催化剂寿命一般在 1 ～ 2 年。

8. 催化剂使用的安全事项

由于骨架 Pt、骨架 Ni 等催化剂的比表面积巨大、催化活性很强，暴露在空气中极易发生自燃，因此在使用和储存过程中应避免暴露在空气中。活泼的骨架 Ni 一般需要浸于乙醇溶液中，少量催化剂在加料过程中溅落在设备周围时应特别小心，当溶剂挥发时骨架 Ni 催化剂可以自燃而引起火灾。新制得的骨架 Ni 等催化剂的存放期不宜超过 6 个月，以防氧化变质。催化剂可多次回收循环使用。当活性下降到一定程度之后的“废”催化剂也不能任意丢弃，因为它的表面还吸附有活性氢，干燥后仍然会发生自燃，应把它们置于稀盐酸或稀硫酸中浸泡，使其完全失去催化活性。另外，催化剂已经投料使用完毕了的空桶需要及时清洗，投料过程中滴漏在反应器外部的和残留在催化剂包装筒外壁的液体都应及时用溶剂清洗干净。

从加料操作来说，一些密度较大的催化剂如骨架 Ni、PtO_2 等，能很快沉入溶剂中不会与空气接触，产生氧化的可能性较小。但某些特别是以活性炭为载体的载体型催化剂如 Pd/C，由于其密度较小，易漂浮于溶剂表面。如果反应中采用易燃性低沸点溶剂，则漂浮于溶剂表面的催化剂就易被空气氧化而引起燃烧。

在进行低压加氢反应时，催化剂可以先加到乙醇或乙酸中，调匀后再将其加到反应容器中，就可避免发生着火的危险。如果需要大量的催化剂时，则必须预先采用溶剂浸润后再分批加料。若采用高沸点溶剂如乙二醇缩甲醚、二乙二醇缩甲醚等，几乎不会发生火灾危险。此外也可以采用惰性气体保护，将反应设备中的空气用惰性气体置换掉也可保证安全运行。

有些催化剂本身很稳定，如骨架 Ni、Cu-Cr 氧化物等，操作时的安全系数较高。但是这类催化剂的催化活性也相对较低。

（二）非均相催化氢化的反应过程

非均相催化反应过程

非均相催化加氢反应具有多相催化反应的特征。包括五个步骤：①反应物分子扩散到催化剂表面；②反应物分子吸附在催化剂表面；③吸附在催化剂表面的反应物在催化剂的作用下发生化学反应生成产物分子并同样被催化剂表面所吸附；④吸附的产物分子从催化剂表面解吸；⑤产物分子通过扩散离开催化剂表面，即扩散→吸附→反应→解吸→反扩散。其中：①和⑤为物理过程，②和④为化学吸附和解吸现象，③为化学反应过程。在以上五个步骤中②的速率最慢。由于催化剂表面上发生的氢化反应速率很快，因此整个非均相催化氢化反应的速率取决于其中最慢的步骤即②的速率。

（三）非均相催化氢化的反应类型

Ⅷ族过渡金属元素的金属催化剂如 Pt、Pd、Ni 载体催化剂及骨架 Ni 等，常用于炔烃和双烯烃选择加氢、油脂加氢等；金属氧化物催化剂，如氧化铜 - 亚铬酸铜、氧化铝 - 氧化锌 - 氧化铬催化剂等催化剂，常用于不饱和醛、酮、酯、酸及 CO 等加氢生成不饱和伯醇或仲醇；金属硫化物催化剂如镍 - 钼硫化物等，常用于石油炼制中的加氢精制等。各种催化剂的反应条件及结果如表 2-5 所示。

表 2-5　各种催化剂进行催化氢化反应时的反应条件及结果

原料	催化剂	反应条件	反应结果
硝基化合物	Cu、骨架 Ni 等	20 ～ 80℃，0.1 ～ 1MPa	芳胺
不饱和醛、酮	金属氧化物	较低温度、较低压力	不饱和伯、仲醇
饱和醛、酮	负载型 Ni、Cu、Cu-Cr 等	50 ～ 150℃，1 ～ 2MPa	伯醇、仲醇
不饱和醛、酮	Pt、Ni、Cu 或其他金属催化剂	—	饱和醛、酮，选择性 70% ～ 80%
酚、芳醛、芳酮	骨架 Ni	100 ～ 150℃，1 ～ 2MPa	环己醇、芳伯醇、芳仲醇
烯烃	Pt、骨架 Ni、载体 Ni、Cu-Cr、Zn-Cr 等	100 ～ 200℃，1 ～ 2MPa	烷烃
不饱和醛、酮	金属或金属氧化物	较高温度、较强压力	伯醇、仲醇
腈	骨架 Ni、Co、Cu 等	100 ～ 250℃，1 ～ 5MPa	伯胺
不饱和酯	负载型 Ni 催化剂	100 ～ 250℃，2 ～ 5MPa	饱和酯（如人造奶油）
不饱和酯	$ZnO-Cr_2O_3$	—	不饱和醇
芳环（苯、萘等）	负载型 Ni 或 Cr_2O_3 等金属氧化物	120 ～ 200℃，2 ～ 7MPa	环烷烃
饱和脂肪酸	$CuO-Cr_2O_3$、$ZnO-Cr_2O_3$ 和 $CuO-ZnO-Cr_2O_3$ 等	250 ～ 350℃、25 ～ 30MPa	脂肪醇

二、化学还原

上面刚学完催化加氢反应相关知识，虽然这种还原方法有诸多优点，但是不可避免地也存在着诸多缺陷：① H_2 属易燃易爆的气体，使用时存在一定的安全隐患；② 主反应的选择性不如某些化学还原试剂那么具有针对性；③ 需要使用高压设备，存在一定的安全隐患，对操作人员的职业素养要求较高；④ 催化剂的合成、活化、回收和使用等技术含量高；⑤ 耐高温、耐高压的生产设备一次性投资规模比较大。

与催化加氢相比，化学还原的反应装置简单，无需高温、高压，但反应中常用酸性或碱性反应条件且需大量使用有机溶剂，导致废液量较多。若分子中有多个可被还原的官能团时，按照表 2-2 中的排序，需还原易被还原的基团则选用催化还原方法；若需还原难被还原的官能团却保留易被还原的官能团时，则需要使用选择性较高的化学还原法。因此，化学还原法在我国目前尚有一部分的生存空间，特别是在小批量、多品种、高附加值的药物生产等领域，但是大趋势仍然是绿色、洁净的催化加氢技术。

主要的无机化学还原试剂有以下几种：①活泼金属及其合金，如锌粉、锡粒、金属钠和锌 - 汞齐等；②元素化合价处于低价态的化合物，如 Na_2S_x 等；③金属复氢化合物，如 $NaBH_4$ 和 $LiAlH_4$ 等。

近年来出现一些对环境友好的化学还原试剂，如维 C（又称抗坏血酸）、柠檬酸、茶多酚和壳聚糖等。

（一）在电解质溶液中用铁屑还原

在 20 世纪 80 年代，国内多以硝基苯为原料、采用铁粉的稀酸法将其还原生产得到苯胺。但是随着人们的环保意识越来越强，这种生产方法由于污染严重（不仅产生大量酸性废液，还生成大量主要成分是氧化铁的固废——“铁泥”。这些露天堆放的“铁泥”吸附了原料硝基苯和产物苯胺，经雨水冲淋，这些有机物进入地下水管网系统，损害人们的身体健康）且劳动强度大，因此这种生产方法逐渐被淘汰，取而代之的是我们前面刚学过的绿色、环保的催化加氢法。但目前国内外有极少数企业尚且还保留了铁粉还原生产工艺，其原因是，这些“铁泥”经恰当处理之后不但能获得当今电子工业发展中所需要的磁性材料，还能做成颜料。

在电解质溶液中的铁屑还原法一般采用间歇式操作，典型生产案例为由硝基苯生产苯胺。在还原锅中加入少量含胺废水、盐酸和少量铁屑，先生成电解质完成铁的预蚀，再通入蒸汽加热，然后分批加入硝基苯和铁屑。在反应刚开始时比较激烈，可以靠反应放出的热能保持沸腾。反应过程中用硫化钠溶液检验有无 Fe^{2+} 存在，若无 Fe^{2+} 存在则需补加酸。反应结束后加入纯碱使铁离子转变为氢氧化铁沉淀并使反应液呈碱性，最后使物料与“铁泥”分离后精制得到苯胺。

在我国，由于固废“铁泥”二次利用技术水平不过关，在江苏省人民政府于 2018 年 8 月发布的《江苏省产业结构调整限制、淘汰和禁止目录》中，明确表明“在电解质溶液中用铁屑还原”法属于被淘汰类生产工艺；在 2020 年 5 月发布的《江苏省化工产业结构调整限制、淘汰和禁止目录（2020 年本）》中则进一步限制、淘汰和禁止了一批污染大、能耗高、安全性差、毒性强的化工产品的生产。政府从监管层面引导化工工艺向绿色、环保的方向发展。

（二）用锌粉还原

由于锌粉容易被空气氧化成膜而降低锌粉的还原活性，必须使用刚刚制得的锌粉。锌粉不宜存放时间过久以免失效。锌粉还原大多数是在酸性介质中进行的，最常用的是稀硫酸。当原料或还原产物难溶于水时，可加入乙醇或乙酸以增加其溶解度，有时也可根据实际情况加入一些甲苯等非水溶性溶剂。锌粉容易与酸反应放出 H_2，所以一般要用过量较多的锌粉。在少数情况下，也会需要用锌粉在强碱性介质中发生化学还原反应。锌粉的还原能力比铁粉强一些，最重要的是它没有类似“铁泥”的固废产生，因此它的应用范围比铁屑要来得广，但其价格要比铁屑贵得多。

1. 将羰基还原成羟基

用锌粉的乙酸溶液，可以把酮还原成醇，继而发生酰基化反应成生成酯。

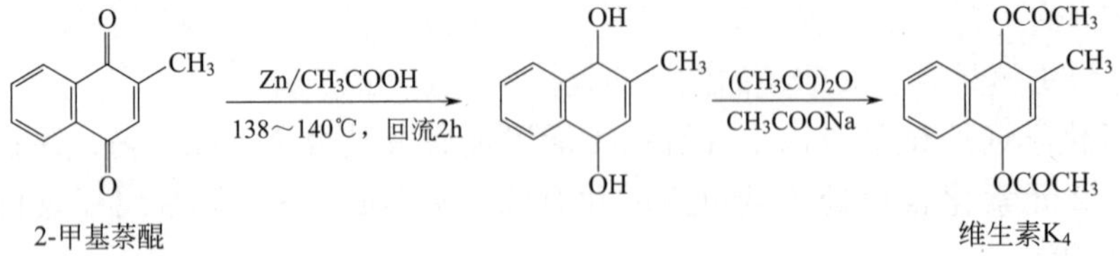

2-甲基萘醌 —[Zn/CH_3COOH，138～140℃，回流2h]→ 二羟基产物 —[$(CH_3CO)_2O$，CH_3COONa]→ 维生素K_4 (2-8)

在这里使用锌粉还原法的优点是：羰基还原成羟基，和羟基发生乙酰化反应生成酯基可以在同一个反应器中完成即“一锅法”生成酯，不必分离出还原产物。

锌粉在 NaOH 水溶液中，也可以将酮羰基还原成醇：

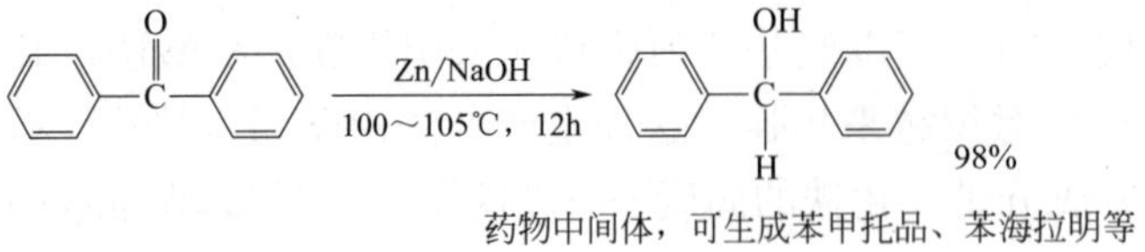

二苯甲酮 —[Zn/NaOH，100～105℃，12h]→ 二苯甲醇 98% (2-9)

药物中间体，可生成苯甲托品、苯海拉明等

2. 将羰基还原成亚甲基

在一定的条件下，锌粉的乙醚溶液在酸性条件下可以只把羰基还原成亚甲基而不影响其他官能团，甚至原料中有多个羰基的，可通过控制反应条件逐个地发生还原反应。此功能和锌 - 汞齐试剂（Zn-Hg/HCl，用锌粉和 5% ～ 10% 的氯化汞水溶液处理后而得）的类似。

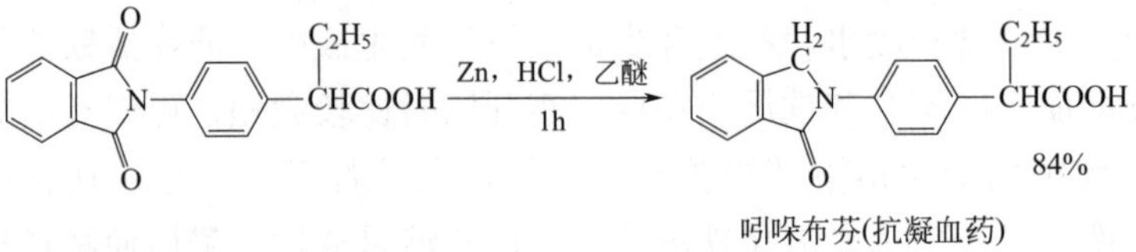

原料（含 C_2H_5、CHCOOH）—[Zn，HCl，乙醚，1h]→ 产物 84% (2-10)

吲哚布芬(抗凝血药)

（三）用含硫化合物还原

这类还原剂的特点是反应条件温和，主要是能将芳环上的硝基还原成氨基。特别是当芳环上有多个硝基时，选择 Na_2S_x（多硫化物，x 称为硫指数，等于 1 ～ 5）为还原剂，在适当条件下可以把原料中处于—OH 或—OCH_3 等邻、对位定位基邻位的硝基选择性地优先还原成氨基，且产率良好。这种特定部位的硝基精准被还原的现象，如果使用催化氢化，则很难做到。

$$\text{2-硝基-4-硝基苯酚} \xrightarrow[NH_4Cl]{Na_2S_x} \text{2-氨基-4-硝基苯酚} \qquad \text{2-硝基-4-硝基苯甲醚} \xrightarrow[NH_4Cl]{Na_2S_x} \text{2-氨基-4-硝基苯甲醚} \tag{2-11}$$

另外，这类还原剂还可以把偶氮基还原成氨基。

（四）用金属氢化物还原

金属氢化物还原剂的应用发展迅速，在这些还原剂中使用最广的有氢化铝锂（$LiAlH_4$）和硼氢化钠（$NaBH_4$）。这类还原剂主要被应用于醛酮的羰基等极性双键进行加氢还原，而对烯烃中的碳-碳双键和炔烃中的碳碳三键等极化程度比较弱的双键不发生反应，其特点是选择性好、反应速率快、副产物少、反应条件温和、产品产率高。但是，这类还原剂的价格昂贵，目前只用于附加值比较高的制药工业和香料工业。

1. 氢化铝锂（$LiAlH_4$）

不同的金属氢化物还原剂，具有不同的反应特性。其中氢化铝锂是最强的还原剂，它几乎能将所有的含氧不饱和基团还原成相应的醇，如醛酮、酰卤、羧酸、酯等。它还能将脂肪族含氮的不饱和基团还原成相应的胺，如酰胺、腈、脂肪族硝基化合物等。一般不能用来还原碳碳双键和碳碳三键。

$$CH_2{=}CHCH_2\text{-}C_6H_4\text{-}CH_2CH_2COOH \xrightarrow[\text{回流}]{LiAlH_4 \cdot H_2} CH_2{=}CHCH_2\text{-}C_6H_4\text{-}CH_2CH_2CH_2OH \tag{2-12}$$

使用氢化铝锂时，应注意以下几个方面：① 氢化铝锂吸湿性比较强，遇到水、酸、巯基等含有活泼氢的化合物会放出 H_2 而生成相应的铝盐，因此反应必须在无水条件下进行，且不能使用含有羟基或巯基的化合物作溶剂；② 它的还原反应常以无水乙醚、四氢呋喃为溶剂，这类溶剂虽然对氢化铝锂有较好的溶解度，但是沸点较低，应注意安全使用防止溶剂汽化，特别是在夏季；③ 反应结束后在分解过量的氢化铝锂时，一般是滴加乙醇或含水乙醚或 10% 氯化铵水溶液进行分解，此时会产生大量 H_2，注意安全操作；④ 若使用含水溶剂分解，其水量应该接近计算量，这样生成的偏铝酸锂呈颗粒状便于分离［如反应式（2-13）所示］。如果加水过多，则易生成胶乳状的氢氧化铝，难以分离［如反应式（2-14）所示］。

$$LiAlH_4 + 2H_2O \longrightarrow LiAlO_2 + 4H_2\uparrow \tag{2-13}$$

$$LiAlH_4 + 4H_2O \longrightarrow LiOH + Al(OH)_3\downarrow + 4H_2\uparrow \tag{2-14}$$

2. 硼氢化钠（$NaBH_4$）

硼氢化钠是另一种重要的还原剂，它的还原作用较氢化铝锂缓和，仅能将羰基化合物和酰氯还原成相应的醇，而不能还原硝基、腈基、酰胺和烷氧羰基等，因而可作为选择性还原剂。硼氢化钠在常温下不溶于乙醚，可溶于水、甲醇和乙醇而不分解，所以可以用无水甲醇或乙醇为溶剂进行还原。如反应需在较高的温度下进行，则可选用异丙醇、二甲基甲酰胺等作为溶剂。

$$\text{3,4-二甲氧基苯甲醛} \xrightarrow[\text{回流}]{NaBH_4/\text{异丙醇}} \text{3,4-二甲氧基苯甲醇}\ (CH_2OH) \tag{2-15}$$

香料和医药中间体

硼氢化钠的热稳定性比较好，在潮湿空气中慢慢分解但不会着火，因此使用时比氢化铝锂安全。

（五）用水合肼还原

水合肼对羰基化合物的还原称为 Wolff - Kishner 还原，是一种将醛或酮在碱性条件下与肼作用、将羰基还原为亚甲基的反应。此反应是在高温下于管式反应器或在高压釜内进行的，这使其应用范围受到一定的限制。我国有机化学家黄鸣龙在 1946 年对该反应方法进行了改进，采用高沸点的溶剂如乙二醇替代乙醇，使得该还原反应可以在常压下进行。此方法简便、经济、安全、产率高，在国内外被广泛应用，因而称为 Wolff-Kishner- 黄鸣龙还原法。

$$C_6H_5-\overset{O}{\overset{\|}{C}}-CH_3 \xrightarrow[KOH]{NH_2-NH_2} C_6H_5-CH_2-CH_3 \tag{2-16}$$

W-K- 黄鸣龙还原法是合成直链烷基芳烃的一种重要方法。

练习测试

1. 到目前为止，你一共学习了哪几种方法可以把芳环上的硝基还原成氨基？分别在什么情况下应选择什么方法，为什么？

2. 当原料中同时含有羰基和碳碳双键时，应选择哪种化学还原剂仅把羰基还原成亚甲基而保持碳碳双键不变，为什么？当原料中同时含有羰基和碳卤键时，应选择哪种化学还原剂仅把羰基还原成亚甲基而保持碳 - 卤键不变，为什么？

三、电解还原

电解还原也是一种重要的还原方法，但它受到了能源、电极材料和电解池等条件的限制。目前已有某些产品实现了工业化如丙烯腈电解还原方法合成己二腈，硝基苯还原合成对氨基苯酚、苯胺、联苯胺等。电解还原反应是在电极与电解液的界面上发生的。电解还原反应发生在电解池的阴极。在阳极，有机反应物 R—H 发生的是失去电子的氧化反应（转变为阳离子自由基）；在阴极，有机反应物发生的是得到电子的还原反应（转变为阴离子自由基）。H^+ 得到电子形成 H 原子，由 H 原子来还原有机化合物。电解过程除了电极表面发生的电化学反应和电解液中发生的化学反应以外，还涉及许多物理过程，例如扩散、吸附和脱附。电化学还原一般是在水或水 - 醇溶液中进行，改变电极电位或溶液的 pH 能分别得到不同的还原产物，可将硝基化合物还原成亚硝基化合物、羟氨基化合物、氧化偶氮化合物、偶氮化合物或氨基化合物等。芳香族硝基化合物可按下式还原成胺：

$$ArNO_2 + 6H^+ + 6e \longrightarrow ArNH_2 + 2H_2O \quad (2\text{-}17)$$

影响产品的质量和产率的因素很多，其中包括电极材料、电流密度、槽电压、温度，电解液以及促进剂的种类等。常用的阴极电解液是无机酸的水溶液或水 - 乙醇溶液。常用的促进剂是氯化亚锡、氯化铜和钼酸等。电解池的阴极材料有铜、镍、铅、碳等。

对氨基苯酚，可制造药物对乙酰氨基酚和维生素 B 等，也可制造弱酸嫩黄 5G 等染料，还可用于橡胶防老剂、照相显影剂和石油添加剂等精细化学品的生产。目前，对氨基苯酚的工业化生产方法主要有硝基苯催化加氢法（用 Pt / C 催化剂）和硝基苯电解还原法等，日本三井化学公司有一套产量为 $1000t \cdot a^{-1}$ 对氨基苯酚的硝基苯电解还原法生产设备，德国拜耳公司、美国迈尔斯公司和印度中央电化学研究所等也采用电解还原法生产，我国之前主要采用的是传统的、“三废”污染大的以对硝基苯酚为原料的铁粉还原法生产工艺。

下面来了解一下以硝基苯为原料采用电解还原法生产对氨基苯酚的生产工艺：采用铜阴极、铅板为阳极，全氟基阳离子交换膜为隔板，浓度为 15% ～ 25% 的稀硫酸为电解介质，槽电压 1.9 ～ 2.1V，温度为 80 ～ 90℃，电流效率为 74%。在此操作条件下，对氨基苯酚的产率在 82% 左右，含量≥ 99.4%（GC）。

$$C_6H_5NO_2 \xrightarrow[-H_2O]{4H^+ + 4e} C_6H_5NHOH \xrightarrow{H^+} C_6H_5N^+H_2OH \xrightarrow[-H^+,\ -H_2O]{H_2O} p\text{-}HOC_6H_4NH_2 \quad (2\text{-}18)$$

此法路线短、流程简单、产品纯度高、生产成本低，“三废”污染小，但对电解反应器结构设计要求较高。

【学习活动三】 寻找关键工艺参数，确定操作方法

四、非均相催化氢化反应的影响因素

1. 原料的结构

有机化合物的结构对催化氢化反应速率有一定的影响，这与反应物在催化剂表面的吸附能力、活化难易程度及反应物发生加氢反应时受到空间阻碍的影响等因素均有关。不同的催化剂其影响也不相同。不同种类的原料在相同条件下发生催化氢化反应由易到难的排序，具体详见表 2-2。即：

酰卤＞硝基类化合物＞炔烃＞醛＞烯烃＞酮＞苄基卤＞腈＞吡啶＞稠环芳烃＞酯＞酰胺＞苯基＞羧酸

上述各官能团的排序是相对的。由于各化合物分子结构的不同，被还原官能团所处化学物理环境（电子效应和空间效应）、选用催化剂的种类以及反应条件等的不同，都可能改变其难易次序。但通常情况下这个次序仍可被参考。当分子中存在多个可还原的官能团时，一般是由易到难相继被还原。若选择适当的催化剂或指定某种具体的反应条件，就可以进行选择性还原，只还原某些特定的官能团而不影响其他的。

2. 主反应的选择性

提高主反应的选择性是为了得到所需要的产物和减少副反应，选择性与连串和平行反应有关。

在催化氢化反应中，在反应物分子中可能存在不止一个官能团可以进行加氢反应，这就出现了几种可能性，就可能存在平行反应，如式（2-19）和式（2-20）所示。

$$C_6H_5OH \xrightarrow{+3H_2} C_6H_{11}OH;\quad C_6H_5OH \xrightarrow[-H_2O]{+H_2} C_6H_6 \tag{2-19}$$

$$C_6H_5CH{=}CH_2 \xrightarrow{+H_2} C_6H_5CH_2CH_3;\quad C_6H_5CH{=}CH_2 \xrightarrow{+4H_2} C_6H_{11}CH_2CH_3 \tag{2-20}$$

此时需选择不同种类的催化剂及控制不同的反应条件使主反应获得较高的选择性。

另外，催化氢化反应中目的产物通常还能继续氢化。即，主反应是一系列连串反应中的一步，如：酸、醛、酮等含氧化合物发生催化氢化之后可以得到相应的醇，但如果继续反应，则会发生氢解而生成烷烃。

$$RCOOH \xrightarrow[H_2O]{H_2} RCHO \xrightarrow{H_2} RCH_2OH \xrightarrow[-H_2O]{H_2} RCH_3 \tag{2-21}$$

腈则依次生成亚胺、胺及烷烃：

$$RC{\equiv}N \xrightarrow{H_2} RCH{=}NH \xrightarrow{H_2} RCH_2NH_2 \xrightarrow{H_2} RCH_3 + NH_3 \tag{2-22}$$

为了得到目的产物需使反应停留在某一个阶段，避免发生深度加氢而降低主反应选择性。

3. 反应温度和压力

反应温度升高，H_2 压力增大，则反应速率也相应加快，但副反应也将增多导致主反应选择性下降。如式（2-23）中随着温度升高，原料中的碳碳双键、酮羰基和苯基依次被氢化分别得到相应产物。

$$C_6H_5CH{=}CHCH{=}CHCOCH_3 + H_2 \xrightarrow[9.81MPa]{Raney\ Ni} \begin{cases} \xrightarrow{25℃} C_6H_5(CH_2)_4COCH_3 \\ \xrightarrow{120℃} C_6H_5(CH_2)_4CH(OH)CH_3 \\ \xrightarrow{260℃} C_6H_{11}(CH_2)_4CH(OH)CH_3 \end{cases} \tag{2-23}$$

不同催化剂所要求的适宜反应条件各不相同。一般地，活性较低的催化剂要求和较高的温度以及较强的压力相匹配。但反应温度不能过高，否则催化剂表面的积炭情况会变得严重。

反应体系压力增大即 H_2 的浓度升高，反应速率加快、主反应的选择性降低。当压力超过反应所需时会出现明显的副反应甚至会爆炸。

4. 物料的混合方式

良好的混合可强化化学反应的传质和传热过程，防止局部过热现象的发生从而减少副反应发生概率。非均相催化氢化常常是气 - 液 - 固三相反应（主原料或产物为液相，H_2 为气相，催化剂为固相），传质效果对反应速率有着重要影响。

近年来所使用的一种环形加氢反应装置（如图 2-4 所示）可用于硝基化合物的催化氢化反应。环形反应器属于高压回流加氢反应器，物料用泵连续通过外部热交换器，经喷嘴的喷射作用，使气 - 液 - 固三相物料充分混合，强化了热能和质量的传递，从而提高了主反应的选择性。这种环形反应器主要适用于油脂加氢、硝基化合物还原以及脂肪腈和脂肪胺等催化氢化的反应。

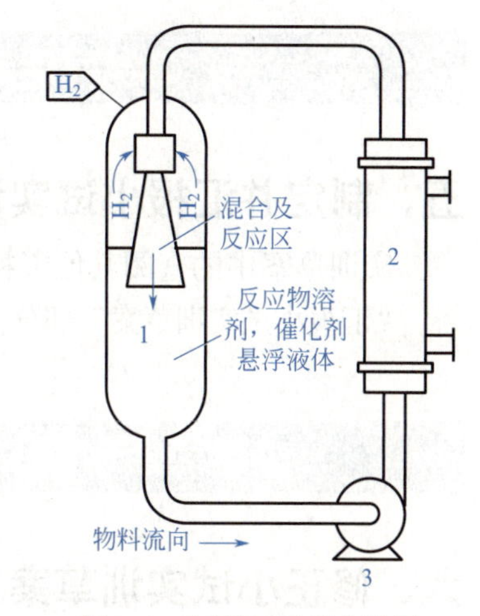

图 2-4　环形加氢反应装置

1—加氢反应器；2—热交换器；3—泵

练习测试

1. 什么是还原反应？通过此类反应可以把什么官能团还原成什么官能团？
2. 非均相催化氢化的反应过程分哪几步进行？常用的催化剂有哪些？
3. 非均相催化氢化反应的影响因素分别有哪些？各是如何影响的？

任务小结 I

1. 还原反应按照所使用的还原剂的不同分为催化加氢法、化学还原法、电解还原法。

2. 非均相催化加氢反应具有多相催化反应的特征，催化加氢基本过程包括五个步骤。

3. 催化加氢的催化剂一般为过渡金属元素及其化合物。催化加氢反应所得产物的分布与催化剂的选择性、反应物结构、加氢反应容积和反应条件等因素有关。

4. 金属催化剂的比表面积越大，则催化活性越强。Raney Ni 的制法就是巧妙地利用了铝这种两性金属的化学性质，从原子层面做出很多微孔状结构以获得足够大的比表面积。另外，催化剂的载体的使用、破碎、中毒和再生等等，都和催化剂比表面积的变化有关。

5. 化学还原试剂的还原性和催化加氢中所使用的催化剂性能相比，其选择性较强，但是“三废”问题突出，因此限制了使用范围。

6. 金属复氢化合物主要用于药物、香料等附加值较高的精细化学品的生产中，具有一定的发展前景。

7. 电解还原反应发生在电解池的阴极，目前的工业化应用没有催化加氢法来得广泛。电解还原受到电极材料、电流密度、槽电压、温度、电解液以及促进剂的种类等因素的影响。

【学习活动四】　制定、汇报小试实训草案

五、制定并汇报小试实训草案

实训草案中的查阅其他资料的方法，详见项目一中的“八、查阅其他资料的方法”。

“汇报小试实训草案”部分工作的开展过程，详见项目一中的“九、汇报小试实训草案”。

【学习活动五】　修正实训草案，完成生产方案报告单

六、修正小试实训草案

关于苯胺的实验室合成方法，我们不能把—NH_2 直接“插到”苯环上得到苯胺，需通过间接方法完成（想一想，为什么）。即，先往苯环上“插入”一个基团如—NO_2（我们在项目一中关于硝基苯的合成任务中已经完成了），然后再把—NO_2 还原生成—NH_2。由于实验室条件有限，为了安全起见，不能使用高温、高压的手段进行催化加氢操作，因此不得不选择“三废”排放比较大的化学还原法来完成合成苯胺这一任务。

实验室里常用的化学还原剂有 Sn / HCl、$SnCl_2$ / HCl、Fe / HCl、Fe / CH_3COOH 和 Zn/ CH_3COOH 等。根据查阅相关资料可知，当选择 Sn / HCl 和 $SnCl_2$ / HCl 体系作还原剂时，硝基苯还原成苯胺的反应速率较快、产率较高，但是 Sn 的价格较贵且酸的用量较多（后续废酸量较大，需要耗费更多的碱去中和）；当选择 Fe / HCl 体系作还原剂时，其缺点是反应时间比较长；Zn 粉的价格也比 Fe 粉要贵一些。因此综上所述，选择 Fe / CH_3COOH 体系作为还原剂比较恰当。

$$4C_6H_5NO_2 + 9Fe + 4H_2O \longrightarrow 4C_6H_5NH_2 + 3Fe_3O_4 \quad (2\text{-}24)$$

注意，这里的 Fe 粉，指的不是用单质 Fe 磨成的粉，而是含硅的铸铁粉。铁屑中含有的成分不同，显示出的还原活性会有明显的差异。工业上常用含硅的铸铁或洁净、粒细、质软的灰铸铁。熟铁粉、钢粉及化学纯的铁粉效果极差。因为灰铸铁中含有较多的碳及少量的锰、硅、磷、硫等杂质，在电解质水溶液中可形成许多微电池，促进铁的电化学腐蚀，有利于化学还原反应的进行；另外，灰铸铁质脆，在搅拌过程中容易被粉碎，从而增大了与反应物的接触面积，也有利于化学还原反应的进行。工业生产中一般采用 60 ～ 100 目的铁屑为宜。“目”，指的是每平方英寸筛网上孔眼的数目，50 目指的就是每平方英寸面积上的孔眼是 50 个，目数越多则每平方英寸（6.45cm^2）面积上的孔眼数越多。除了表示筛网的孔眼外，它同时还用于表示能够通过筛网的粒子的粒径，目数越多表示颗粒越细。1 英寸约为 2.54cm。

项目组各组成员参考图 2-5 中的思维导图以及还原单元操作相关理论知识文献资料，结合本组的小试实训草案，经讨论及修正和完善之后，完成《苯胺小试产品生产方案报告单》，并交给项目技术总监审核。

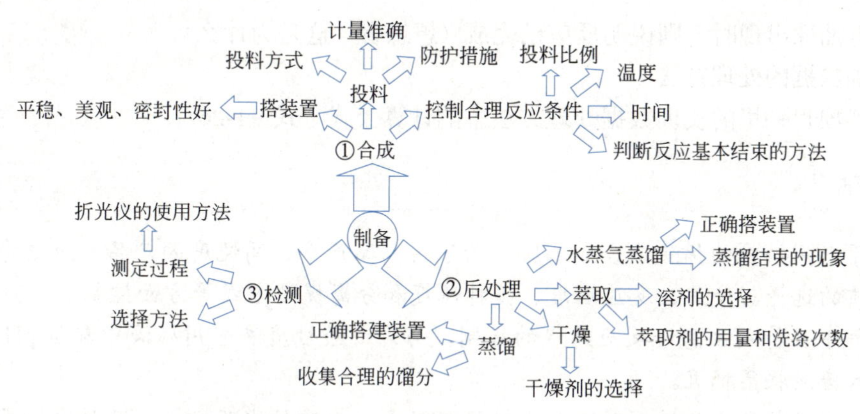

图 2-5　确定苯胺的合成实训实施方案时的思维导图

任务二　合成苯胺的小试产品

每 2 人一组的小组成员，合作完成合成苯胺的小试产品这一工作任务，并分别填写《苯胺小试产品合成实训报告单》。

【学习活动六】　获得合格产品，完成实训任务

实训注意事项

1. 原料投料量

本次实训所使用药品的种类、规格及投料量如表 2-6 所示：

表 2-6　苯胺的合成实训操作原料种类、规格及其投料量

名 称	硝基苯	铁粉（80 目）	乙酸	氯化铵	盐酸	甲苯	氯化钠	锌粉	活性炭
规格	CP	CP	CP	CP	CP	CP	CP	CP	—
每二人组的用量	8.7mL	16.3g	1.6mL	2.0g	20.0mL	20.0mL	20.0g	1.0g	2.0g

注：这里的盐酸是用于反应完成后洗四口烧瓶时使用的。铁泥易附着在烧瓶内壁用刷子很难清洗，需要用盐酸浸泡、加热并搅拌一段时间才能洗净。

2. 安全注意事项

硝基苯和苯胺的蒸气都有一定毒性，应避免皮肤接触或吸入蒸气。苯胺若溅到了皮肤上，可以先用乙酸擦洗，再用清水和肥皂水洗净。

3. 操作注意事项

本反应属于非均相反应，铁粉又很重，易沉在四口烧瓶底部，因此，装置是否搭得稳、搅拌速度是否能调得快对产物的产率影响很大。反应中应始终保持剧烈搅拌状态。

4. 一种简易判断反应终点的方法

停止搅拌静置数分钟，然后用吸管吸取少量上层反应液，滴入装有稀盐酸的烧杯中，当

观察到没有油珠出现时，则说明反应已完成（想想看，这是为什么）。

5. 实训数据的处理方法

可参考项目一里的实训数据处理方法中的计算公式［式（1-26）］。

任务小结Ⅱ

1. 关于采用铁粉的稀酸法合成苯胺，为了得到高产率、高纯度的产品，应该将铁粉的用量、电解质的选择与使用、反应温度、搅拌速度和分离提纯方式等方面控制好。

2. 操作中应特别注意好反应终点的控制。另外，酸性废液应用碱液中和至 pH 为中性之后才能倒入废液收集桶里。

3. 在做减压抽滤去除铁泥时，如果铁泥颗粒太细导致抽滤不畅，应及时更换滤纸，并用有机溶剂浸泡换下来的滤纸之后，收集有机相，以防止产品损失。

4. 苯胺和水有少许的相溶性。在利用气相色谱仪分析所合成出的产品中各组分含量之前，应事先使用干燥剂吸水。

任务三　制作《苯胺小试产品的生产工艺》的技术文件

【学习活动七】 引入工程观念，完成合成实训报告单

为了引入化学工程观念，落实苯胺中试、放大和工业化生产中的安全生产、清洁生产相关措施，还有需要继续改进生产工艺、正确处理生产过程中可能出现的异常情况等问题，下面我们将学习还原反应工业化大生产方面的内容。

一、非均相催化氢化的生产工艺

工业上，非均相催化氢化有非均相气相催化氢化和非均相液相催化氢化两种。对于沸点低、易汽化的物质如硝基苯类的可采用非均相气相催化氢化，对于一些沸点较高难以汽化的物质，如油脂、脂肪酸及其酯、二腈和二硝基化合物等，则可以选择合适的溶剂溶解之后进行非均相液相催化氢化。

1. 非均相气相催化氢化

非均相气相催化氢化是指反应物在气态下进行的催化氢化反应。适用于易汽化的有机化合物（如苯、硝基苯、苯酚、脂肪醛及酮等）的加氢。非均相气相催化氢化实际上是气 - 固两相反应。非均相气相催化氢化一般采用连续操作。

（1）非均相气相催化氢化反应器　有固定床和流化床之分。固定床反应器按气液两相的流向和分布状态可分为淋液型和鼓泡型两种。其中淋液型是气液两相并流而下，固体表面被“淋湿”的操作状态；鼓泡型，顾名思义，气液两相是相互逆流的，液体往下流、气体往上吹出泡泡。固定床反应器操作方便、生产能力大、应用范围广，但是催化剂易结焦且装卸比较复杂；流化床反应器的气液两相从反应器的底部进入，催化剂粒子在反应器中部处于上下跳动的悬浮状态，它克服了固定床的缺点。为了保证催化剂颗粒能够一直保持悬浮状态以及

液相有足够的反应停留时间，常常使液相作为循环流动相。

（2）非均相气相催化氢化工艺实例　非均相气相催化氢化反应中比较典型的生产案例就是用硝基苯还原生成苯胺，世界上大约 95% 的硝基苯是用于生产苯胺的。苯胺是一种重要的精细化工产品，是二苯基甲烷二异氰酸酯（MDI）等的原料，被大量应用于聚氨酯、橡胶助剂、染料、颜料等领域。MDI 对原料苯胺的质量要求极高，其纯度需≥ 99.9%，苯胺中的水分、环己胺、硝基苯等微量杂质都会影响 MDI 的品质，因此我们把能作为 MDI 生产原料用的高纯度苯胺称之为“MDI 级苯胺”。

苯胺的生产最初采用铁粉还原法，但此法环境污染严重、生产能力低下、难以连续化大生产，因此在国内外已相继被淘汰。近年来受原料供应、规模、成本等因素影响，不管是国内还是国外，中小型苯胺生产企业的处境都越来越窘迫，发展势头比较好的基本都是万吨以上规模的大型石化企业。

目前苯胺的生产大多采用非均相气相催化氢化反应的常、低压流化床法生产工艺，如德国巴斯夫（BASF）公司于 2015 年在重庆建成的年产 30 万吨苯胺联产 MDI 生产装置及中国石化集团南京化学工业有限公司的生产装置等，2019 年 4 月江苏扬农化工集团有限公司 2 万 $t \cdot a^{-1}$ 的 2,5- 二氯苯胺（农药麦草畏的关键中间体）连续化清洁生产技术通过省部级鉴定。此外还有使用更为先进的非均相液相催化氢化生产工艺的，其中万华化学（宁波）有限公司拥有目前世界上单套产能最大的苯胺联产 MDI 装置，2016 年宁波万华苯胺的年生产能力为 72 万 $t \cdot a^{-1}$，占我国苯胺年产总量的 1/5。

在非均相气相催化氢化的连续流化床硝基苯反应系统中，包括氢气的压缩及循环系统、有机物汽化系统、预热装置、非均相气相催化氢化反应器以及冷凝系统和分离系统等。所采用的催化剂 Cu / 硅胶催化剂具有成本低、选择性好等优点，粒度为 0.2 ～ 0.5mm。但是这种催化剂的缺点是抗毒性差，原料硝基苯中微量的有机硫化物极易引起催化剂中毒，所以工业生产常以脱硫石油苯为原料制硝基苯或在硝基苯进入反应系统前进行一次精馏以去除 S 等杂质。现代研究表明，在上述 Cu / 硅胶催化剂中加入 Cr_2O_3 和 MoO_3 可提高 Cu 在载体上的分散度，从而提升催化剂的活性和抗聚结能力，并增加其热稳定性。

流化床法的生产过程：硝基苯经预热后进入硝基苯蒸发器，用预热的 H_2 使硝基苯汽化，并保持 H_2/ 硝基苯的摩尔比约为 9 ∶ 1（理论上只需 3 ∶ 1）。混合气体经换热器预热后通过多孔分配盘进入装有 Cu / 硅胶催化剂的流化床反应器底部，并使催化剂处于流化状态。在 0.2MPa、220 ～ 280℃的条件下反应生成苯胺。产物从流化床反应器的顶部逸出后经催化剂沉淀槽、分离器、粗馏塔和精馏塔分离，所得苯胺的含量≥ 99.5%。硝基苯的转化率≥ 99.5%、选择性在 99% 以上，过量 H_2 循环套用。工艺流程简图详见图 2-6。

催化氢化是一个强放热的反应，通常采用热交换器（通入水或其他流体）及利用过量的 H_2 带走反应热以控制反应温度并防止催化剂表面积炭。

为了防止细小颗粒的催化剂被从下往上流动的气液两相的物料“吹”走，在流化床反应器的出口必须接多孔不锈钢过滤管或旋风分离器。气、液分离器 3 和 6 中分出的 H_2 循环套用。8 号精馏塔中分离出来的水要用硝基苯来萃取其中的微量苯胺（废水中含苯胺不超过 500mg • L^{-1}），有机相循环套用，而萃取后分离出的水和 4 号分离器萃取后的水一起合并，然后送往污水车间进行二级生化处理，以防 COD 含量超标。

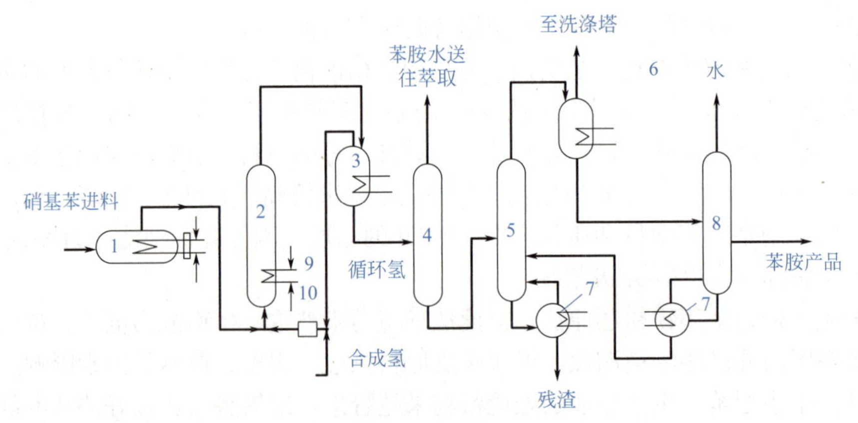

图 2-6　非均相气相催化氢化（连续流化床）法由硝基苯生产苯胺的工艺流程简图

1—汽化器；2—流化床反应器；3，6—气、液分离器；4—分离器；5—粗馏塔；7—再沸器；8—精馏塔；9—冷却器；10—压缩机

2. 非均相液相催化氢化

液相催化加氢是指将 H_2 鼓泡到含有催化剂的液相反应物中进行加氢的操作。常用于一些不易汽化的高沸点原料（如油脂、脂肪羧酸及其酯、二硝基物等）。其特点是避免了采用大量过量 H_2 使反应物汽化的预蒸发过程，经济上较合理，在工业生产中用途广泛。非均相液相催化氢化实际上是气 - 液 - 固三相反应。

（1）非均相液相催化氢化反应器　液相加氢反应系统中有三个相态，H_2 为气相、反应物料为液相、催化剂为固相，反应发生在催化剂的表面。反应过程为：首先 H_2 溶解于液相反应物料中，然后扩散到催化剂表面进行反应。增加 H_2 压力和增强扩散效率可加速反应。因此，提高氢压和强化搅拌是加速反应的最有效的措施。对于非均相液相催化氢化反应器，应尽可能满足上述条件和反应传热要求。

非均相液相催化氢化反应器按结构和材料所能承受的压力及使用范围不同，可分为：常压加氢反应器、中压加氢反应器、高压加氢反应釜（即高压釜）三类。常压催化加氢所使用的反应器只适用于常压或稍高于常压的催化反应。使用常压催化反应器须使用钯、铂等贵金属催化剂，而且催化反应速率较慢，所以常压催化反应器应用范围不广；中压催化反应器多用不锈钢或不锈钢衬套来合成。常用的催化剂为钯、铂等贵金属或高活性的骨架镍，中压催化反应器应用范围广，效率也较高；高压催化反应器多为高压釜。它由厚壁不锈钢或不锈钢衬套来合成，具有耐高强度及良好的耐腐蚀性能，但使用时必须注意安全。

非均相液相催化氢化反应器按催化剂状态的不同分为：泥浆型反应器、固定床反应器、流化床反应器。

（2）非均相液相催化氢化工艺实例

① 苯胺的生产。上面所介绍的采用非均相气相催化氢化法由硝基苯生产苯胺的工艺，其特点是操作压力低、副反应少、催化剂积炭少，但氢油比大，流化床对催化剂的磨损大且能耗高。当年产量≥ 10 万吨时，则设备体积庞大及产品质量下降问题突出。而近年来由美国杜邦（DuPont）公司率先开发出的非均相液相催化氢化由硝基苯生产苯胺的生产工艺则备受人们关注。此工艺具有原料硝基苯转化率高、催化剂使用寿命长、能耗低、设备生产能力大等优点，缺点是反应压力高、反应物与催化剂及溶剂必须进行分离、设备操作费用高等。

下面介绍某浙江企业于 2012 年建成投产的一套年产 36 万吨（年操作时间 7200h）硝基苯液相加氢制苯胺装置的生产工艺。工艺操作软件包由美国工程公司 KBR（Kellogg Brown & Root LLC）提供。流程框图详见图 2-7。

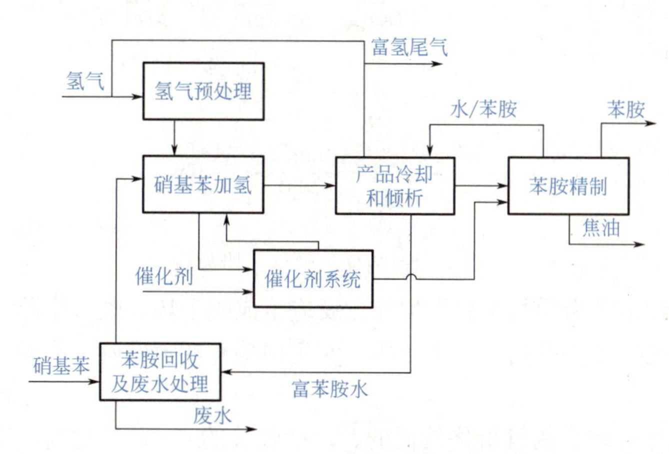

图 2-7　非均相液相催化氢化法由硝基苯生产苯胺的生产流程框图

H_2 经过预热、去除 CO 和 CO_2 等易使催化剂中毒的杂质之后，通入事先装有催化剂的加氢反应器。其中，催化剂为 Pt（4.5%）- Pd（0.5%）- Fe（5%）/ C。其中，Pt 和 Pd 是活性组分，Fe 为抑制剂，活性炭为载体。硝基苯在进反应器之前先经过一个萃取装置，回收上一批反应生成水中溶解的少量苯胺，然后再经过预热，从立式催化加氢反应器的底部进料。控制 H_2/ 硝基苯的摩尔比约为 4 ：1（理论上为 3 ：1）。H_2、硝基苯和催化剂颗粒在反应器中充分混合后在压力为 1.6 ～ 1.7MPa、温度为 95 ～ 225℃的条件下发生氢化反应生成苯胺和水。为了补充反应器中催化剂的微量流失和失活，催化剂系统需往反应器内部不断添加新鲜的催化剂，以维持催化剂的浓度在 0.5% ～ 1.5% 之间。

从反应器顶部出来的粗苯胺气体、水汽和过量 H_2 等冷却后进入气液分离器，H_2 从水 / 苯胺混合液中分离出来之后返回 H_2 预处理装置进行回收套用。水 / 粗苯胺混合液送至倾析器分离，其中含水的粗苯胺输送至脱水塔、粗馏塔和精馏塔得到成品苯胺，塔釜的焦油送至焚烧系统。溶有苯胺的废水送至苯胺回收及废水处理装置，用硝基苯萃取之后回收套用，萃取后的废水中苯胺含量可降至 $10mg \cdot L^{-1}$ 左右，然后再送往污水车间进行生化处理，达标后排放。

该法属气 - 液 - 固三相反应，所得苯胺的纯度≥ 99.9%（其中杂质硝基苯的含量≤ 0.001%），高纯度的苯胺为后续获得高质量 MDI 产品打下了坚实的基础。整个反应硝基苯的转化率将近 100%、选择性≥ 99.5%。

② 1,4- 丁二醇的生产。顺酐是顺丁烯二酸酐的简称。目前世界上顺酐生产能力较大的公司有马来西亚的 BASF Petrona 公司、江苏常州亚邦化学有限公司和比利时的 BASF 公司等，其中亚邦化学的年产量为 12 万吨，规模居亚洲第一。由英国的 Kvaerner 公司开发出了一种以顺酐为原料通过酯化 - 氢化法生产 1,4- 丁二醇（同时获得少量副产 *γ*- 丁内酯和四氢呋喃）的生产工艺，其中氢化这一步使用的就是非均相液相催化氢化反应。主产物 1,4- 丁二醇（BDO）是聚对苯二甲酸丁二醇酯（PBT）等工程塑料的原料，被应用于医药、化工、纺织和日用化工等领域；副产物 *γ*- 丁内酯可用于生产 2- 吡咯烷酮和 *N*- 甲基吡咯烷酮等化学品，被应用于农药、医药和化妆品等领域；而副产物四氢呋喃也是一种使用广泛的

优良溶剂。

主反应：顺酐 $\xrightarrow[-H_2O]{2CH_3OH}$ 顺丁烯二酸二甲酯 $\xrightarrow[-2CH_3OH]{+5H_2}$ 1,4-丁二醇 （2-25）

副反应：顺酐 $\xrightarrow{+H_2}$ γ-丁内酯 $\xrightarrow[-2H_2O]{+4H_2}$ 四氢呋喃 （2-26）

该反应以顺酐和甲醇为原料首先发生酯化反应生成顺丁烯二酸二甲酯，然后再经过非均相液相催化氢化和脱醇环合得到 1,4- 丁二醇、γ- 丁内酯和四氢呋喃。在脱醇环合时分解出来的甲醇可循环套用。

此法采用了选择性较高的且价格较低的、寿命较长的 Cu 系催化剂，反应温度可降低至 150 ～ 240℃、H_2 压力可降至 2.5 ～ 5MPa，所以操作条件温和，对设备的材质要求不高。另外，还可通过改变温度和压力来调节三种产物的生成比例。因此，此法目前在 1,4- 丁二醇的生产工艺中占主导地位。

二、均相催化氢化的生产工艺

在使用金属进行催化氢化反应中采用可溶性过渡金属配合物进行均相催化氢化是较常见的一类反应，如 $(Ph_3P)_3$—RhCl（氯化三（三苯基膦）合铑，简称 TTC），$(Ph_3P)_3$—RuClH（氯氢化三（三苯基膦）合钌）和 $(Ph_3P)_3$—IrH（氢化三（三苯基膦）合铱）等，可用于烯烃、芳烃、醛、酮和硝基化合物的加氢。均相催化氢化催化剂能溶于有机溶剂，可用于烯、炔的反式加氢（非均相催化氢化由于催化剂都是固体，所以烯烃和炔烃只能发生顺式加氢）。这类催化剂具有反应活性高、选择性好、反应条件温和、不易中毒等优点。但由于均相过渡金属配合物催化剂价格昂贵，且和反应物均处于液相，不易分离，因此至今这类工艺在工业上尚未大规模使用，主要还处于实验室研究阶段。人们正在研究将这些均相过渡金属配合物连接在高分子聚合物上制成有机载体型金属配合物催化剂，以弥补其在液相中不易分离的缺陷。

$C_6H_5C{\equiv}CC_6H_5 \xrightarrow[Pt/C]{H_2}$ 顺式加氢产物，$C_6H_5C{\equiv}CC_6H_5 \xrightarrow[C_6H_6]{H_2,\ TTC}$ 反式加氢产物 （2-27）

三、化学还原法生产实例

奥美拉唑（别名奥克），是一种用于治疗胃溃疡和十二指肠溃疡等疾病的药物。它能缓解胃灼热和胃疼痛，和阿莫西林以及克林霉素或与甲硝唑、克拉霉素合用可以用来杀灭胃部的幽门螺杆菌。奥美拉唑的外观为白色结晶性粉末，其化学名称为 5- 甲氧基 -2-[[(4- 甲氧基 -3,5- 二甲基 -2- 吡啶基）甲基］亚磺酰基］-1H- 苯并咪唑，结构简式如下。

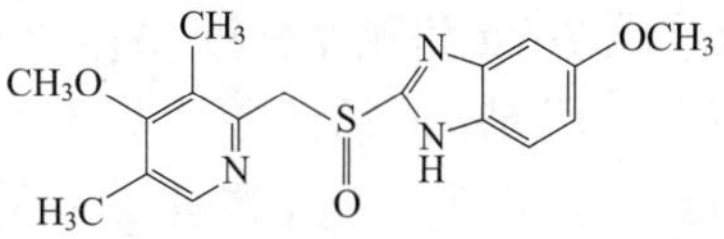

(2-28)

奥美拉唑

该药物于 1988 年由瑞典的 Astra 公司首次研发成功，因其疗效显著，至 1999 年已在 26 个国家和地区被广泛使用。国内生产厂家有江苏省的常州四药制药有限公司和无锡的阿斯利康制药有限公司等。

1. 合成路线

可以对氯硝基苯为原料，经烷基化、还原（化学还原）、酰基化、硝化、酸性水解、还原（催化加氢）等单元反应合成奥美拉唑。合成路线如下。

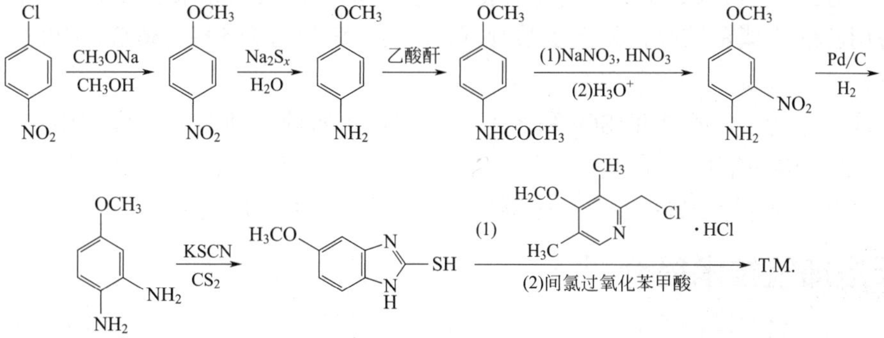

(2-29)

2. 工艺过程与控制

（1）合成对甲氧基硝基苯　在 50L 反应釜中，用油浴加热，在 20r • min^{-1} 转速的搅拌下投入甲醇 20kg 和甲醇钠 1kg，然后缓慢投入对氯硝基苯 10kg。加完后在 110℃下回流 6h。然后冷却至室温，边搅拌边倒入碎冰，用浓氨水 10kg 中和。离心机甩滤、干燥，得浅黄色粉末状固体 8kg，熔点 124℃。

（2）合成对甲氧基苯胺（化学还原法）　在 50L 反应釜中，搅拌下投入水 25kg、对甲氧基硝基苯 8kg 和多硫化钠 2kg，反应约 6.5h。然后密闭继续反应 24h。离心机甩滤、干燥，得黄色粉末状固体 7kg，熔点 112℃。

（3）合成对甲氧基乙酰苯胺　在 50L 反应釜中，搅拌下投入无水甲醇 25kg、对甲氧基苯胺 7kg 和乙酸酐 5kg，加热至 55℃下保持回流 8h。将溶液蒸除溶剂后经水洗、抽滤和干燥，得白色结晶 8kg，熔点 132℃，HPLC（高效液相色谱）检测其含量≥ 95%。

（4）合成 2- 硝基 -4- 甲氧基苯胺　在 50L 反应釜中，搅拌下投入对甲氧基乙酰苯胺 8kg 和硝酸钠 1.3kg，然后滴加发烟硝酸 1.5kg，反应 2h 之后升温至 60℃继续反应 5h。出料后水洗、冷冻、离心机甩滤，得 6.1kg 粗品。然后加入 50% 硫酸水解 30min，冷冻过滤得到产品 5kg，熔点 160℃，HPLC 检测其含量≥ 95%。

（5）合成 4- 甲氧基邻苯二胺（催化加氢法）　在事先用 N_2 置换过 3 次、再用 H_2 置换过 3 次的 20L 高压反应釜中投入乙醇 13kg 、2- 硝基 -4- 甲氧基苯胺 5kg 和催化剂（5% 的钯碳）0.2kg，氢气加压至 2MPa，转速控制在 200r • min^{-1}，还原反应 8h。之后用二氯甲烷 20kg 萃取，水洗，干燥、蒸干溶剂，得固体 4.6kg，熔点 52℃。

（6）合成 2- 巯基 -5- 甲氧基苯并咪唑　在 50L 反应釜中，搅拌下投入 4- 甲氧基邻苯二胺 4.6kg，在氮气保护下加入二硫化碳 20kg 和硫氰酸钾 2kg，以 1℃ • min^{-1} 的速度将釜温升至 75℃之后反应 8h。然后冷到室温，用 5% 的稀硫酸调节体系的 pH = 4。析出的晶体经水洗、干燥后，用甲醇 - 水溶液做重结晶，得到无色结晶 4kg，熔点 261℃。

（7） 合成奥美拉唑 在 50L 反应釜中投入无水乙醇 30kg 、2- 巯基 -5- 甲氧基苯并咪唑 4kg 和 2- 氯甲基 -3,5- 二甲基 -4- 甲氧基吡啶盐酸盐 4kg，加热至 60℃搅拌反应 2h。稍冷后减压浓缩，残余物加入 2L 饱和碳酸氢钠溶液，搅拌至油状物变为固体。以氯仿提取，提取液用无水硫酸钠干燥、减压蒸干、离心机甩滤，得类白色产物 2-[2-（3,5- 二甲基 -4- 甲氧基）吡啶基甲硫基]-5- 甲氧基苯并咪唑 6kg，熔点 154 ～ 155℃，HPLC 检测其含量≥ 95%。

将上述产物 3.8kg 搅拌下溶于 20kg 的氯仿中，然后缓慢加入间氯过氧化苯甲酸 5kg 并反应 10h。反应结束后投入 5% 碳酸氢钾溶液，把分出的氯仿层用无水硫酸钠干燥后减压蒸干，残余物用乙酸乙酯重结晶，得奥美拉唑成品 3kg，熔程为 155 ～ 156℃，HPLC 检测其含量≥ 99%。

上述合成工艺中，所产生的 SO_2 和 NH_3 等废气用水吸收；所产生的废液中二氯甲烷、甲醇、乙醇、氯仿等废溶剂经重新蒸馏后回收套用；其余残液、废渣等集中收集后送至具有资质的危废处理场所进行处置；少量废钯碳催化剂可回收后循环使用。

四、微反应加氢技术简介

由于催化加氢存在操作烦琐、资金投入大、反应过程危险性大等缺陷，2015 年起清华大学材料学院、浙江大学化学工程与生物工程院和沈阳化工研究院等机构对此开展深入探索。2018 年清华大学的研究团队在原料药的合成行业成功应用，其微反应加氢技术已经能达到 500 t • a^{-1} 的产能，达到国际领先水平。

下面介绍一项沈阳化工研究院于 2019 年研究成功的一项成果。间氨基苯磺酸钠是一种医药及染料中间体，可用于制造偶氮染料及医药中间体，活性、酸性、硫化及其他染料。传统的生产工艺为以间硝基苯磺酸钠为原料，通过铁屑还原法得到间氨基苯磺酸钠，此法“三废”严重，现已被淘汰。现采用微反应技术进行催化加氢反应，做到了清洁化生产。反应式如下。

$$NO_2\text{-}C_6H_4\text{-}SO_3Na \xrightarrow[120℃,\ 1.0MPa]{Pd/C} NH_2\text{-}C_6H_4\text{-}SO_3Na + H_2O \tag{2-30}$$

生产过程为：用气体质量流量计把纯度为 99.99%H_2 的流速控制在 50mL • min^{-1}，用高压恒流泵调节 10% 间硝基苯磺酸钠水溶液的流速为 5mL • min^{-1}，然后分别把 H_2 和间硝基苯磺酸钠水溶液同时通入微混合器中进行分散混合。加热微通道反应器至 120℃反应，控制反应压力在 1.0MPa 左右，将上述已分散混合了的气 - 液流体通入填充有平均直径为 0.1mm Pd/C 催化剂（填充 0.5%Pd/C，Pd 含量为 3% ～ 10%）的微通道反应器内进行加氢还原反应。几分钟后将所得反应混合物引入延时反应管道中再停留 1min，再把产物通入气液分离罐进行气液相分离。过量 H_2 从气液分离罐的上出口经背压阀流出，经处理后循环利用。

从气液分离罐下出口分离出的即为间氨基苯磺酸钠，产率≥99%。工艺流程简图如图2-8所示。

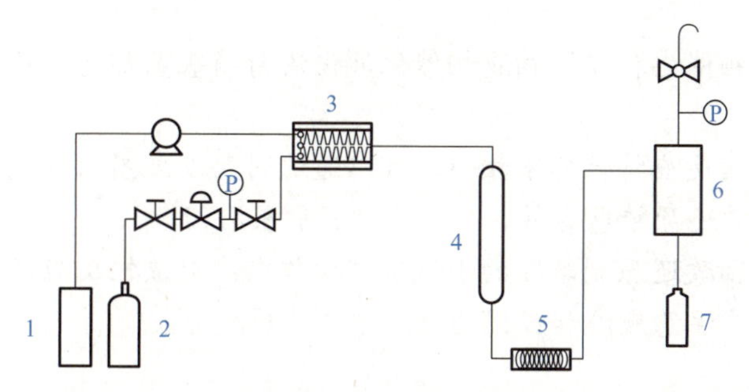

图2-8　采用微反应加氢技术生产间氨基苯磺酸钠的工艺流程简图

1—间硝基苯磺酸钠的储罐；2—H_2压力钢瓶；3—微混合器；4—微通道反应器；5—延时反应管道；6—气液分离罐；7—产品间氨基苯磺酸钠的储罐

练习测试

1. 简要叙述以硝基苯为原料采用非均相气相催化氢化法生产苯胺的基本过程，并说明在反应中应怎样才能防止催化剂中毒以延长其使用寿命。

2. 通过查阅相关资料，对比非均相气相催化氢化法由硝基苯生产苯胺和非均相液相催化氢化法由硝基苯生产苯胺这两种生产工艺的异同，并且画出非均相液相催化氢化由硝基苯生产苯胺生产工艺的流程简图（注意，不是框图）。

任务小结Ⅲ

工业上应用较为广泛的非均相催化氢化分为非均相气相催化氢化和非均相液相催化氢化两种。反应器分别有釜式反应器、塔式反应器和环形反应器等类型，反应器分别有固定床和流化床等操作方式。

【学习活动八】　讨论总结与评价

五、讨论总结与思考评价

任务总结

1. 还原反应在精细化学品的生产中应用范围广泛。目前最具发展前景的是催化氢化法。化学还原法的生存空间仅限于其选择性高的优点，能使某些特定的官能团发生还原反应，而使原料中其他也有可能被还原的官能团保持不变。电解还原的工业化应用范围有待突破。

2. 催化剂的组成和制造方法是催化氢化法生产工艺中的关键。近年来人们一直致力于研究开发一些选择性高、操作条件温和、寿命长、价格相对低廉的催化剂。

3. 由于催化氢化反应大多反应条件为高温、高压状态，并使用易燃易爆的H_2作还原剂，因此在生产装置中应设置自动控制系统、联锁系统和报警系统，设置紧急切断、紧急终止反应和紧急冷却等控制设施，并设置爆破片和安全阀等泄放设施，操作人员远程通过仪表操控生产设备。

4. 采用非均相气相催化和非均相液相催化氢化法由硝基苯都能生产苯胺，这两种生产工艺各有特点。

5. 化学还原试剂的反应特性各不相同，可以通过列表或画图的方式进行总结。在制药行业中，催化氢化和化学还原特色各异、各有千秋、取长补短。

6. 在硝基苯铁粉稀酸还原制苯胺的小试实训操作中，应该把反应装置搭稳，这样搅拌分散的效果会比较好；应注意废液和废固的处理方式。

拓展阅读

一生献给科学——黄鸣龙

黄鸣龙先生，1898 年 7 月 3 日出生于江苏省扬州市。1920 年于浙江医药专科学校（现浙江医科大学）毕业后即赴瑞士，在苏黎世大学学习。1922 年去德国，在柏林大学深造，1924 年获哲学博士学位，同年回国。他历任浙江省卫生试验所化验室主任、卫生署技正与化学科主任、浙江省立医药专科学校药科教授等职。1934 年他再度赴德国，先在柏林用了一年时间补做有机合成和分析方面的实验并学习有关的新技术，后于 1935 年入德国维次堡大学化学研究所进修，在著名生物碱化学专家 Bruchausen 教授指导下，研究中药延胡索、细辛的有效化学成分。1938 年至 1940 年期间，他先是在德国先灵药厂研究甾体化学合成，后又在英国密得塞斯医院的医学院生物化学研究所研究女性激素。在改造胆甾醇结构合成女性激素时，他所在的团队首先发现了甾体化合物中双烯酮 - 酚的移位反应。

1940 年，黄鸣龙先生取道英国返回祖国，在昆明某研究院化学研究所任研究员，并在西南联合大学兼任教授。在当时科研条件极差、实验设备与化学试剂奇缺的情况下，他仍能想方设法就地取材。他从药房买回驱蛔虫药山道年，用仅有的盐酸、氢氧化钠、酒精等试剂，在频繁的空袭警报干扰下，进行了山道年及其一类物的立体化学的研究，发现了变质山道年的四个立体异构体可在酸碱作用下成圈地转变，并由此推断出山道年和四个变质山道年的相对构型。这一发现，为以后解决山道年及其一类物的绝对构型和全合成提供了理论依据。

1945 年，黄鸣龙先生应美国著名的甾体化学家 L.F.Fieser 教授的邀请去哈佛大学化学系做研究工作。一次，在做 Wolff-Kishner 还原反应时出现了意外情况，但他并未弃之不顾，而是继续做下去，结果得到出乎意料的好产率。于是他仔细分析原因，又通过一系列反应条件实验，终于对羰基还原为次甲基的方法进行了创造性的改进。现此法简称黄鸣龙还原法，在国际上已被广泛采用，并被写入各国有机化学教科书中。此方法的发现虽有其偶然性，但与黄鸣龙一贯严格的科学态度和严谨的治学精神是分不开的。1949 年至 1952 年期间，他在美国默克药厂从事副肾皮激素人工合成的研究。1952 年 10 月，他携妻女及一些仪器，经过许多周折和风险，终于离美绕道欧洲回到了祖国。

黄鸣龙先生回国后在军事医学科学院任化学系主任，继续从事甾体激素的合成研究和甾体植物资源的调查。1956 年，他领导的研究室转到中国科学院上海有机化学研究所。在研究工作中，他十分重视理论联系实际，他说："一方面，科学院应该做基础性的科研工作，不应目光短浅，忽视暂时应用价值不显著的学术性研究。但另一方面，对于国家急需的建设项目，应根据自己所长协助有关部门共同解决，不可偏废，更不应将此两者相互对立起来。”他还以甾体化学研究为例，说明联系实际还可以发现许多新的研究课题，从而促进理论的进展和科学水平的提高。1958 年，在他领导下研究以国产薯蓣皂苷元为原料合成可的松的先进方法获得成功，并协助工业部门很快投入了生产，使这项国家原来安排在第三个五年计划进行的项目提前数年实现了。中国的甾体激素药物也从进口一跃为出口。1959 年 10 月，醋酸可的松获国家创造发明奖。与此同时，他还亲自开课系统地讲授甾体化学，培养出一批熟悉甾体化学的专门人才。

1964 年，黄鸣龙先生出席第三届人大会议，周恩来总理在政府工作报告中展示的“四化”宏图使他受到很大鼓舞。当听到有关计划生育工作的重要性时，就联想到不久前国外文献上有关甾体激素可作为口服避孕药的研究报道，决心在计划生育科研方面做出新的贡献。考虑到这是一个多学科的综合性课题，需要组织全国范围内的大协作，他向国家科委提出了组织全国范围大协作的建议。这一建议受到国家科委领导的重视，于 1965 年成立了国家科委计划生育专业组，黄鸣龙先生担任副组长。该项工作进展非常迅速，不到一年时间，几种主要的甾体避孕药很快投入了生产，并陆续在全国推广使用，受到了广大群众的欢迎。1978 年全国科学大会上，由于他为祖国甾体药物作出的突出贡献，他被选为中国科学院先进代表。1982 年，黄鸣龙等的“甾体激素的合成与甾体反应的研究”获国家自然科学奖二等奖。

1979 年 7 月 1 日，黄鸣龙先生因病离开了人世。美国纽约《美洲华侨日报》报道了他奋斗的一生，对他为人类作出的卓越贡献表示崇高的敬意。在半个世纪的科学生涯中，他始终忘我地战斗在科研第一线，值得人们永远敬仰和怀念。

《苯胺小试产品生产方案报告单》

项目组别：__________ 项目组成员：______________________________

<table>
<tr><td colspan="2">一、小试实训草案</td></tr>
<tr><td colspan="2">（一）合成路线的选择</td></tr>
<tr><td>完成者：</td><td>1. 现有合成路线及生产方法（各方法的简介、特点、技术的归属单位以及使用厂家等信息）</td></tr>
<tr><td>完成者：</td><td>2. 各方法的产率、原料消耗量、生产成本比较及估算（利用网络查找，注意数据的时效性）</td></tr>
<tr><td>完成者：</td><td>3. 各方法的生产原料厂家的供应情况及生产产品厂家的年销售量，原料和产品的安全性、毒性的相关数据，中毒急救方式及防护措施</td></tr>
<tr><td colspan="2">4. 合成路线选择、改进的理由及结果（分别从可行性、实用性、安全性、经济性、环保性等方面展开评价，是全组讨论的结果，包括主、副反应式）</td></tr>
</table>

项目二

续表

（二）产品的用途以及原料、中间体、主产物和副产物的理化常数指标

完成者：

产品的用途：

化学品的理化常数

名称	外观	分子量	溶解性	熔程 /℃	沸程 /℃	折射率 /20℃	相对密度	$LD_{50}/(mg \cdot kg^{-1})$

（三）主、副反应的各类影响因素（即关键生产工艺参数）及其控制实施草案（是全组讨论的结果）

完成者：

（四）原料、中间体及产品的分析测试草案（查找相关国标，并根据实训室现状确定合适的检测项目、选择合适的检测方法，并列出所需仪器和设备）

完成者：

（五）产品粗品分离提纯的草案（就所选定的合成路线，分析反应体系中的有机物种类及性质，确定分离提纯方法）

（六）小试产品生产方案（写出详细的小试产品生产方案，是全组讨论的结果）

二、小试产品生产方案的修改及完善之处（是全组讨论的结果）

项目组长（签字）：　　　　年　　月　　日

《苯胺小试产品合成实训报告单》

实训日期：______年___月___日　　　　　　　　　　　　　天气：____　室温：___℃　相对湿度：___%

实训记录者：_______　　　实训参加者：______________________________

一、实训项目名称

二、实训目的和意义

三、实训准备材料

1. 药品（试剂名称、纯度级别、生产厂家或来源等）

2. 设备（名称、型号等）

3. 其他

四、小试合成反应主、副反应式

五、小试装置示意图（用铅笔绘图）

六、实训操作过程

时间	反应条件	操作过程及相关操作数据	现 象	解 释

续表

七、所得数据及数据处理过程（需写出计算过程）

八、实训结果及产品展示

<table>
<tr><td rowspan="4">用手机对着产品拍照后打印（5×5）cm 左右的图片贴于此处，注意图片的清晰程度</td><td></td><td>外观</td><td>质量或体积 /（g 或 mL）</td><td>产率（以　计）/%</td></tr>
<tr><td>粗品</td><td></td><td></td><td></td></tr>
<tr><td>精制品</td><td></td><td></td><td></td></tr>
<tr><td colspan="4">样品留样数量：　g（或　mL）；编号：　；存放地点：</td></tr>
</table>

九、样品的分析测试结果

十、实训结论及改进方案（实训结果理想的需及时总结并提出改进方案，实训结果不理想的应深入分析探讨其原因，为后续进一步开展研究活动奠定基础）

十一、假设此小试工艺经逐级经验放大法之后可以成功用于工业化大生产，请画出鉴于此小试生产工艺放大之后的工业化大生产工艺流程简图（用铅笔或用 Auto CAD 绘图）

十二、参考文献［书写格式需符合《信息与文献 参考文献著录规则》（GB/T 7714—2015）的规定］

项目组长（签字）：　　　　年　月　日

讨论思考

1. 用锌粉将 Ar—SO_2Cl 还原成 Ar—SO_2H 时，为何要在低温下反应？在不加酸的情况下如何控制 pH？

2. 写出常用的几种化学还原剂及其作用。

3. 指出邻氯硝基苯、间氯硝基苯和对氯硝基苯分别与多硫化钠作用后的产物结构，并写出反应方程式。

4. 写出以氯苯为原料合成 5- 硝基 -2- 甲氧基苯胺的合成路线和工艺过程。以下还原过程，请罗列出所有的具体的还原方法及手段。

(1) 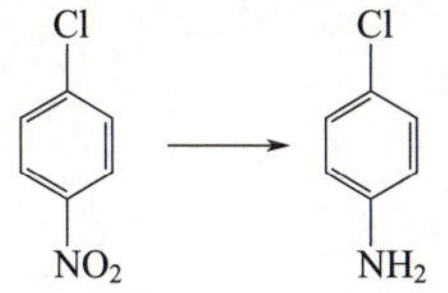 Cl, NO_2 → Cl, NH_2

(2) Cl, NO_2 → Cl, NH_2

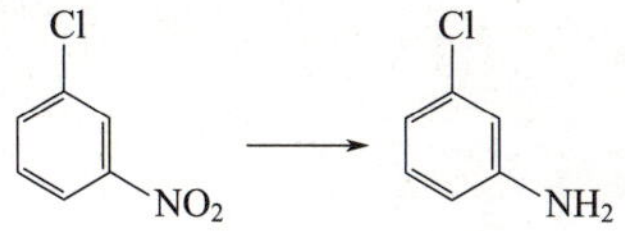

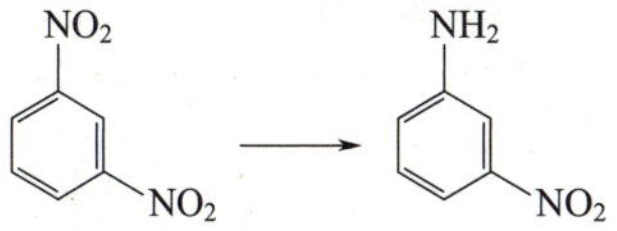

(3) NO_2, NO_2 → NH_2, NO_2

(5) NO_2 → NH_2

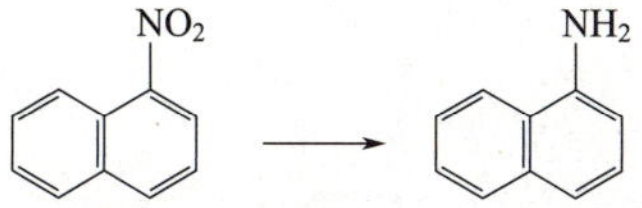

5. 硝基苯液相催化加氢制苯胺时，为何使用骨架镍催化剂而不用钯碳催化剂？

6. 在硝基苯的液相催化加氢 - 重排制取对氨基苯酚的生产工艺中，请通过查阅相关资料回答下列问题：①反应步骤；②如何使主反应顺利进行；③如何减少副反应；④应采用何种反应器。

7. 采用非均相气相催化氢化法由硝基苯制苯胺时，请写出：①催化剂的合成方法；②失活催化剂的活化方法；③反应热是如何移除的；④如何防止粉状催化剂被带出反应器。

8. 通过查阅相关资料，列举出苯胺的几种典型工业化生产方法并加以评价。

9. 本次实训中，为什么能使用水蒸气蒸馏法来提纯苯胺？还有其他分离提纯的方法吗？

10. 如果在最后制得的苯胺中发现还有少量硝基苯，这时又应该使用哪些分离提纯方法？请分别画出框图解释。

11. 导致苯胺产率偏低的原因有哪些？

12. 本次实训，在讨论过程中团队成员观点出现的较大分歧在哪里？后来是如何解决的？

班级： 姓名： 学号：

记录笔记

记录
笔记

项目三
医药中间体乙酰苯胺的生产

【学习活动一】 接受工作任务，明确完成目标

任务单

振鹏精细化工有限公司总部下达的任务单，其内容如表3-1所示。

表3-1 振鹏精细化工有限公司 任务单 编号：003

任务下达部门	总经理办公室	任务接受部门	技术部
一、任务简述			
公司于4月1日和上海中化国际贸易有限公司签订了500公斤的医药中间体乙酰苯胺（CAS登录号：959-66-0）的供货合同，供货周期：2个月。由技术部前期负责打通小试生产工艺，后期协作生产部和物流部分别完成中试、放大、生产和货物运输。			
二、经费预算			
预计下拨人民币10.0万元研发费用，请技术部负责人于4月3日前提交经费使用计划，并上报周例会进行讨论。			
三、完成结果			
1. 在5月12日之前提供一套乙酰苯胺的小试生产工艺相关技术文件； 2. 同时提供乙酰苯胺的小试产品样品一份（10.0g），其品质符合国标的相关要求。			
四、其他			
有需要其他部门协作的，由技术部提交申请，总经理办公室负责统筹和协调。			

下达部门：总经理办公室 负责人：（签名） 日期： 年 月 日
接受部门：技术部 负责人：（签名） 日期： 年 月 日
抄送部门：生产部、物流部
注：本单一式五份，分别由总经理办公室、财务部、技术部、生产部和物流部留存。

任务目标

在项目一和项目二的学习过程中，我们学会了以苯为原料通过硝化反应生产出硝基苯的反应原理以及小试和工业化生产的方法，还有以硝基苯为原料通过还原反应生产出苯胺的反应原理以及小试和工业化生产的方法。现在，将继续完成生产对位红第三阶段任务的学

习——如何以苯胺为原料通过酰化反应生产出乙酰苯胺的反应原理、小试以及工业化生产的方法。

本项目学习中，将以完成乙酰苯胺的生产任务为契机，开展学习一系列需通过酰基化手段制造出精细化学品的生产工艺，如对乙酰氨基酚（商品名为扑热息痛，一种常用的解热镇痛药），2,4- 二氯 -5- 氟苯乙酮（一种医药中间体，可用于生产抗菌药物环丙沙星）和邻苯二甲酸二辛酯（一种常用的塑料添加剂）等。

◆ 完成目标

通过查阅相关资料，经团队讨论后确定乙酰苯胺小试实训方案并予以实施，获得合格产品和一套小试产品的生产工艺技术文件。

能力目标

能根据产物的特性、酰化反应的基本规律及生产要求选择合适的酰基化试剂及酰基化方法；通过学习对乙酰氨基酚、2,4- 二氯 -5- 氟苯乙酮和邻苯二甲酸二辛酯等精细化学品的生产工艺，学会分析出常见酰化反应的影响因素，进而寻求适宜的工艺条件；能通过找寻合理的反应条件指导酰化反应实验的顺利进行；能根据产品的特性确定产品的分离精制方案。

知识目标

掌握酰化反应的种类；理解其基本反应规律及影响因素；掌握典型酰化产品工艺条件的确定及工艺过程的组织；掌握有机合成常规仪器设备的使用，熟悉实验室防火防爆措施，强化重结晶操作技术。

素质目标

培养学生对易腐蚀品、易燃易爆化学品的安全规范使用意识，增强对化工生产流程质量控制意识，逐步形成安全生产、节能环保的职业意识和遵章守规的职业操守，并培养团队合作精神。

思政目标

养成科学的世界观。

任务一　确定乙酰苯胺的小试生产方案

【学习活动二】　选择合成方法

为了确定乙酰苯胺的小试生产方案，下面将系统提供与之相关的理论基础知识参考资料供大家选用。

乙酰水杨酸的结构

含氧羧酸去掉—OH 之后剩余的部分基团称为酰基。如，$H_3C-\overset{\overset{O}{\|}}{C}-OH$ 在去掉—OH 之后的基团为 $H_3C-\overset{\overset{O}{\|}}{C}-$，即乙酰基。

酰基化（酰化）反应指的是有机化合物分子中与 C 原子、N 原子、O

原子或S原子相连的H被酰基所取代的反应。氨基中N原子上的H被酰基所取代的反应叫作*N*-酰化反应，生成的产物是酰胺；C原子上的H被酰基所取代的反应叫作*C*-酰化反应，生成的产物是醛、酮或羧酸。芳香族化合物在催化剂作用下发生的*C*-酰基化反应，由于最初是在1877年由巴黎的法国化学家傅列德尔（Friedel）和美国化学家克拉夫茨（Crafts）两人发现的，因此又被称为傅列德尔-克拉夫茨（Friedel-Crafts）酰基化反应，简称为傅氏酰基化反应；羟基O原子上的H被酰基取代的反应叫作*O*-酰化反应，由于生成的产物是酯，因此也叫作酯化反应。

由于—NH_2或—OH等官能团与酰化剂作用可以转变为酰胺或酯，所以引入酰基后可以改变原化合物的功能。如染料分子中氨基或羟基在酰化前后，其色光、染色性能和牢度指标均有所改变；有些酚类用不同羧酸酯化后会产生不同的香气；在医药分子中引入酰基可以改变其药性。

酰基化的另一作用是提高游离氨基的化学稳定性或反应中的定位性能，满足合成工艺的要求。如有的氨基物在反应条件下容易被氧化，酰化后可以增强其抗氧性；有些芳氨在进行硝化、氯磺化、氧化或部分烷基化之前常常要把氨基进行“暂时保护”性酰化，反应完成后再将酰基水解掉（想一想，如果芳胺在发生氧化反应之前不保护氨基，将会如何）。如：

$$p\text{-}CH_3C_6H_4NH_2 \xrightarrow{\text{酰基化}} p\text{-}CH_3C_6H_4NHCOCH_3 \xrightarrow{\text{氧化}} p\text{-}HOOCC_6H_4NHCOCH_3 \xrightarrow{\text{水解}} p\text{-}HOOCC_6H_4NH_2 \tag{3-1}$$

一、酰基化试剂

常用的酰化剂主要有：①酰氯。如乙酰氯、苯甲酰氯、对甲苯磺酰氯、光气、三氯化磷、三聚氯氰等。②酸酐。如乙酸酐、顺丁烯二酸酐、邻苯二甲酸酐等。③羧酸。如甲酸、乙酸、草酸等。④酰胺。如尿素和*N,N*-二甲基甲酰胺等；⑤羧酸酯 。如氯乙酸乙酯和乙酰乙酸乙酯等。⑥其他。如乙烯酮、双乙烯酮、二硫化碳等。最常用的酰化剂是酰氯、酸酐和羧酸这三种。

二、*N*-酰基化方法

N-酰化是制备酰胺的重要方法。被酰化的物质可以是脂肪胺，也可以是芳胺。*N*-酰化属于酰化剂对氨基上氢的亲电取代反应，反应的难易与酰化剂的亲电性及被酰化氨基上孤对电子的活性有关。

1. 用羧酸的*N*-酰化

羧酸是最廉价的酰化剂，用羧酸酰化是可逆过程。

$$RNH_2 + R'COOH \rightleftharpoons RNHCOR' + H_2O \tag{3-2}$$

$$ROH + R'COOH \rightleftharpoons ROCOR' + H_2O \tag{3-3}$$

为了使酰化反应尽可能完全，并使用过量不太多的羧酸，必须除去反应生成的水。如果反应物和生成物都是难挥发物，则可以不断地将反应生成的水蒸出；如果反应物能与水形成共沸混合物，冷凝后又可与水分层，则可以采用共沸蒸馏，冷凝后使有机层返回反应器。也可以加苯或甲苯等与水形成共沸混合物帮助脱水。少数情况可以加入化学脱水剂如 P_2O_5 和 PCl_3 等。

乙酰化，不论是永久性还是暂时保护性目的，都是最常见的酰化反应过程。由于反应是可逆的，一般要加入过量的乙酸，当反应达到平衡以后逐渐蒸出过量的乙酸，并将水分带出。如合成乙酰苯胺时将苯胺与过量 10% ～ 50% 的乙酸混合，在 120℃（标准状态下乙酸的沸点为 118℃）回流一段时间，使反应达到平衡，然后停止回流，逐渐蒸出过量的乙酸和生成水，即可使反应趋于完全。

$$CH_3COOH + H_2NC_6H_5 \rightleftharpoons CH_3CONHC_6H_5 + H_2O \quad (3\text{-}4)$$

邻位或对位甲基苯胺，以及邻位或对位烷氧基苯胺，也可以用类似的方法酰化。甲酸在暂时保护性酰化时常常使用，用过量的甲酸与芳胺作用。

$$ArNH_2 + HCOOH \rightleftharpoons ArNHCHO + H_2O \quad (3\text{-}5)$$

反应是在保温一段时间以后，真空下在 150℃把生成水全部蒸出，反应即可完成。

合成苯甲酰苯胺时，由于反应物沸点都较高，可以采用高温加热除水的方法。

$$C_6H_5NH_2 + HOOCC_6H_5 \xrightarrow{180\sim190℃} C_6H_5NHCOC_6H_5 + H_2O \quad (3\text{-}6)$$

2. 用酸酐的 *N*- 酰化

酸酐是比酸活性高的酰化剂，但比酸贵，多用于活性较低的氨基或羟基的酰化。常用的酸酐是乙酸酐和邻苯二甲酸酐。用乙酸酐的 *N*- 酰化反应如下：

$$(CH_3CO)_2O + HN(R_1)(R_2) \longrightarrow CH_3\overset{O}{\overset{\|}{C}}-\underset{}{\overset{R_1}{\overset{|}{N}}}-R_2 + CH_3\overset{O}{\overset{\|}{C}}-OH \quad (3\text{-}7)$$

式中，R_1 可以是氢、烷基或芳基；R_2 可以是氢或烷基。由于反应不生成水，因此是不可逆的。乙酸酐比较活泼，酰化反应温度一般控制在 20 ～ 90℃。乙酸酐的用量一般只需过量 5% ～ 10% 即可。

在胺类发生酰化反应时可用硫酸或盐酸作催化剂，碱性较强的胺酰化时一般不需要加催化剂。伯胺和仲胺都能与乙酸酐反应，脂肪族伯胺与乙酸酐反应时主产物是 *N, N*- 二乙酰胺；芳香族伯胺与乙酸酐反应的主产物是一酰化物，芳胺长时间与乙酸酐作用也可以得到二乙酰化物，但它在水中不稳定，容易水解脱去一个酰基。

苯胺与水混合物在常温下滴加乙酸酐即可进行酰化反应并放出热量，物料搅拌冷却后即可析出乙酰苯胺。

间苯二胺与等物质的量的盐酸作用，生成间苯二胺的单盐酸盐，然后控制在 40℃以下加入过量 5% 的乙酸酐，将得到间乙酰氨基苯胺的盐酸盐。

$$C_6H_4(NH_2)_2 + HCl \rightleftharpoons C_6H_4(NH_2\cdot HCl)(NH_2) \xrightleftharpoons{(CH_3CO)_2O} C_6H_4(NH_2\cdot HCl)(NHCOCH_3) \quad (3\text{-}8)$$

将 *H*- 酸悬浮在水中，用 NaOH 调节 pH 为 6.7 ～ 7.1，在 30 ～ 50℃滴加稍过量的乙酸酐可以制得 *N*- 乙酰基 -*H*- 酸。

$$\text{(3-9): 8-amino-1-naphthol-3,6-disulfonate (OH, } NH_2\text{, } NaO_3S\text{, } SO_3Na) \xrightarrow{(CH_3CO)_2O} \text{(OH, } NHCOCH_3\text{, } NaO_3S\text{, } SO_3Na) \quad (3\text{-}9)$$

酚类用酸酐酰化可以用酸催化，或在碱性水溶液中以酚盐形式参加酰化，也可以在无催化剂的情况下反应。水杨酸用乙酸酐酰化可以不加催化剂，将水杨酸与过量10%左右的乙酸酐，在60～70℃反应后，用上一批酰化反应后的乙酸母液稀释冷却后，析出结晶，过滤后用乙酸洗去未反应的水杨酸，干燥后即得粗产品乙酰水杨酸（阿司匹林，化学名称为邻乙酰氧基苯甲酸）。

$$C_6H_4(OH)COOH + (CH_3CO)_2O \longrightarrow C_6H_4(OCOCH_3)COOH + CH_3COOH \quad (3\text{-}10)$$

对甲酚在磷酸催化下与乙酸酐作用得乙酸对甲基苯酯。反应后蒸出乙酸，用氯仿萃取并用稀碱洗出未反应的甲酚，蒸出氯仿后，减压蒸馏，取83～84℃/0.8～0.9kPa的馏分，产率为90%～94%。

$$CH_3C_6H_4OH \xrightarrow{(CH_3CO)_2O} CH_3C_6H_4OCOCH_3 + CH_3COOH \quad (3\text{-}11)$$

β-萘酚用乙酸酐进行乙酰化时，可以在碱性水溶液中进行。

$$C_{10}H_7OH \xrightarrow[H_2O]{NaOH} C_{10}H_7ONa \xrightarrow[\text{室温}]{(CH_3CO)_2O} C_{10}H_7OCOCH_3 \quad (3\text{-}12)$$

3. 用酰氯的*N*-酰化

酰氯是最强的酰化剂，适用于活性低的氨基或羟基的酰化。常用的酰氯有长碳链脂肪酸酰氯、芳羧酰氯、芳磺酰氯、光气等。用酰氯进行*N*-酰化的反应通式如下：

$$R—NH_2 + Ac—Cl \longrightarrow R—NH—Ac + HCl \quad (3\text{-}13)$$

上式中的R表示烷基或芳基，Ac表示各种酰基，此类反应是不可逆的。

酰氯都是相当活泼的酰化剂，其用量一般只需稍微超过理论量即可。酰化的温度也不需太高，有时甚至要在0℃或更低的温度下反应。

另外，酰化产物通常是固态，所以用酰氯的*N*-酰化反应必须在适当的介质中进行。如果酰氯的*N*-酰化速度比酰氯的水解速度快得多，反应可在水介质中进行。如果酰氯较易水解，则需要使用惰性有机溶剂，如苯、甲苯、氯苯、乙酸、氯仿、二氯乙烷等。

由于酰化时生成的氯化氢与游离氨结合成盐，降低了*N*-酰化反应的速度，因此在反应过程中一般要加入缚酸剂来中和生成的氯化氢，使介质保持中性或弱碱性，并使氨保持游离状态，以提高酰化反应速度和酰化产物的产率。但是，介质的碱性太强，会使酰氯水解，同时耗用量也增加。常用的缚酸剂有：氢氧化钠、碳酸钠、碳酸氢钠、乙酸钠及三乙胺等有机叔胺。但是，酰氯与氨或易挥发的低碳脂肪胺反应时，则可以用过量的氨或胺作为缚酸剂。在少数情况下，也可以不用缚酸剂而在高温下进行气相反应。

4. 用其他酰化剂的 ***N*-**酰化

（1）用三聚氯氰酰化　三聚氯氰可以看作是三聚氰酸的酰氯，也可以看作是芳香杂环的氯代物。三聚氯氰分子中与氯原子相连的碳原子都有酰化能力，可以置换氨基、羟基、巯基等官能团上的氢原子，可以合成大量具有功能性的精细化学品，它们的结构通式可表示如下：

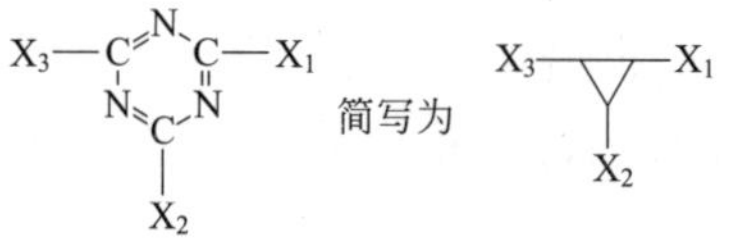

$$X_3—C(=N—C(—X_1)=N—C(—X_2)=N—) \quad 简写为 \quad X_3—\triangledown—X_1\ (—X_2) \tag{3-14}$$

X_1、X_2、X_3 可分别代表—OH、—SH、—NH_2 和—SR 等官能团，这些精细化学品包括活性染料、水溶性荧光增白剂、表面活性剂及农药等，随着三聚氯氰生产技术的进步，其下游精细化工产品数量不断增加。

三聚氯氰分子上的三个—Cl 都可参加反应，但它们的反应活性不同，因为它们连在共轭体系中。第一个—Cl 被亲核试剂取代后，其余两个—Cl 的反应活性将明显下降，同理，两个—Cl 被取代后，第三个—Cl 的反应活性将进一步下降。利用此规律，控制适当的条件，可以用三种不同的亲核试剂置换分子中三个—Cl。

三个—Cl 被逐个取代主要是通过控制反应温度来实现的。实践证明，在水介质中反应活性表现在温度上的差异是：第一个—Cl 在 0 ～ 5℃就可以反应，第二个—Cl 在 40 ～ 45℃比较合适，第三个—Cl 则在 90 ～ 95℃才能反应。在某些有机溶剂中反应温度可以提高。

三聚氯氰在水中溶解度较小，多数反应是将三聚氯氰悬浮在水介质中参加反应，必要时还可以加入表面活性剂或相转移催化剂。也可以在有机溶剂中进行，如丙酮 - 水、氯仿 - 水等。

在水介质中酰化将遇到酰化剂的水解问题，因为水也是亲核试剂。三聚氯氰在中性介质中性质比较稳定，随着介质酸度和碱度的增加，氯的反应活性增加，水解速度也要增加。碱度增加使羟基负离子增加，从而加快了水解。酸度对反应活性的促进是由于质子与环上氮原子结合，增加了氮原子的吸电子性，从而增加了碳原子上的部分正电荷，使反应活性增加。

因此，正确地控制介质的 pH 是提高产品质量和产率的关键，缚酸剂多使用氢氧化钠或碳酸钠水溶液，也可以使用碳酸氢钠或氨水。

（2）用光气酰化　光气是碳酸的酰氯，由于羰基的作用使得两个氯都比较活泼，既可以和氨基作用，也可以和羟基作用，它与两个氨基作用可以得到脲衍生物。

$$2RNH_2 + COCl_2 \longrightarrow RNHCONHR + 2HCl \tag{3-15}$$

光气与一分子胺或酚作用得到相应的甲酰氯 RNHCOCl 或 ArOCOCl。得到的取代的甲酰氯与第二分子胺或酚作用则得到不对称的光气衍生物。

用光气作酰化剂制造的产品有三类，一是脲衍生物，二是氨基甲酸衍生物，三是异氰酸酯类。

在水溶液中，于较低温度下向芳胺中通入光气，可得脲衍生物（猩红酸）。它是常用的染料中间体。

$$\text{NaO}_3\text{S-(4-hydroxy-7-amino-2-naphthyl)-NH}_2 + COCl_2 \xrightarrow[\substack{30\sim40℃ \\ Na_2CO_3}]{pH=6\sim7} \text{NaO}_3\text{S-(OH)C}_{10}\text{H}_5\text{-NHCONH-C}_{10}\text{H}_5\text{(OH)-SO}_3\text{Na} \tag{3-16}$$

低温下在有机溶剂中光气与胺类或酚类反应得到取代的甲酰氯，如芳胺在甲苯或氯苯中低温通入光气则发生以下反应：

$$ArNH_2 + COCl_2 \xrightarrow[ArCl]{0℃} ArNHCOCl + HCl \tag{3-17}$$

胺类气体在较高温度下，短时间内与光气作用然后快速冷却或用冷的溶剂吸收也可以得到氨基甲酰氯。

$$CH_3NH_2 + COCl_2 \xrightarrow{250\sim300℃} CH_3NHCOCl + HCl \tag{3-18}$$

合成异氰酸酯是将胺类溶在有机溶剂中，先在较低温度下通入光气，再在较高温度下脱除氯化氢。例如，在 80℃将光气通入十八胺与氯苯混合物中，然后在 130℃左右脱除氯化氢。

$$C_{18}H_{37}NH_2 + COCl_2 \longrightarrow C_{18}H_{37}NHCOCl \xrightarrow[\triangle]{130℃} C_{18}H_{37}NCO \tag{3-19}$$

2,4- 二氨基甲苯首先在有机溶剂中与光气作用，然后加热脱除氯化氢得到甲苯二异氰酸酯。它是合成黏合剂及塑料的重要原料。

$$CH_3C_6H_3(NH_2)_2 + COCl_2 \xrightarrow[\text{氯苯}]{35\sim135℃} CH_3C_6H_3(NCO)_2 \tag{3-20}$$

（3）用二乙烯酮酰化　二乙烯酮也叫双乙烯酮，室温下为无色透明液体，具有强烈的刺激性，其蒸气催泪性极强。它是由乙酸在 700 ～ 800℃的高温下裂解为乙烯酮，再在 -15℃下用二乙烯酮吸收、室温下双聚合而制得。它成本低、反应活性高，可在低温水介质中使用；酰化时间短、产率高、产品质量好。如：

$$ArNH_2 + \begin{matrix} CH_2{=}C{-}CH_2 \\ | \quad\; | \\ O{-}C{=}O \end{matrix} \xrightarrow[\text{水介质}]{0\sim20℃} ArNHCOCH_2COCH_3 \tag{3-21}$$

反应中二乙烯酮的用量为理论用量的 1.05 倍，产率高于 95%。

5. 酰基的水解

酰胺基可以在酸或碱催化下水解，这是暂时保护性酰化的后续工序。

$$ArNHCOR + H_2O \xrightarrow{\text{酸或碱}} ArNH_2 + RCOOH \tag{3-22}$$

酰化物既可以在稀酸中水解，也可以在稀碱中水解。它们各有优缺点，碱性水解对设备的腐蚀性小，但生成的胺类和酚类在碱性介质中高温下容易被氧化，不如在酸中稳定。而稀酸对设备的腐蚀性要比碱严重得多，在较浓的酸中腐蚀性较小。

练习测试

在苯胺上引入硝基时，我们一般认为用苯胺与混酸发生亲电取代反应即可。但是苯胺非常容易被氧化，甚至空气中的氧气就能将无色透明的苯胺液体在几个小时内氧化成黑色的苯醌染料。另外，混酸更是一种强氧化剂，所以必须先将氨基保护起来才能用混酸硝化。请问，如何保护氨基不被氧化？

三、*C*- 酰基化方法

酰基化反应过程

C- 酰化反应指的是碳原子上的氢被酰基所取代的反应。而傅氏酰基化反应主要用于制备芳酮、芳醛以及羟基芳酸。

1. 用羧酸酐的 *C*- 酰化反应

用邻苯二甲酸酐进行环化的 *C*- 酰化反应是精细有机合成的一类重要反应。酰化产物经脱水闭环制成蒽醌、2- 甲基蒽醌、2- 氯蒽醌等中间体。邻苯甲酰基苯甲酸的合成反应如下：

无水 $AlCl_3$，55～60℃ —OH (3-23)

首先将邻苯二甲酸酐与 $AlCl_3$ 在过量 6 ～ 7 倍的苯作溶剂下反应，然后将反应物慢慢加到水和稀硫酸中进行水解，用水蒸气蒸出过量的苯。冷却后过滤、干燥，得到邻苯甲酰基苯甲酸。然后将邻苯甲酰基苯甲酸在 130 ～ 140℃浓硫酸中脱水闭环得到蒽醌。

2. 用酰氯的 *C*- 酰化反应

萘在催化剂 $AlCl_3$ 作用下，用苯甲酰氯进行 *C*- 酰化反应，其反应式为：

Cl 无水 $AlCl_3$ O=C C=O (3-24)

在上述反应中过量的苯甲酰氯既作酰化剂又作溶剂。*C*- 酰化反应生成的芳酮与三氯化铝的配合物需用水分解，才能分离出芳酮，水解会释放出大量热量，所以将酰化物放入水中时，要特别小心以防局部过热。

3. 用其他酰化剂的 *C*- 酰化反应

如果芳环上含有羟基、甲氧基、二烷氨基、酰氨基，在 *C*- 酰化时会发生副反应。为了避免副反应的发生，通常选用温和的催化剂，例如无水氯化锌，有时也选用聚磷酸等。如间苯二酚与乙酸的反应：

OH OH + $CH_3C(=O)—OH$ 无水 $ZnCl_2$，115～120℃ OH OH $COCH_3$ + H_2O (3-25)

生成的2,4-二羟基苯乙酮是制备医药的中间体。

四、*O*-酰基化方法

O-酰基化反应形成的产物为酯，因此又称为酯化方法。工业上制造羧酸酯的方法主要有两类，即醇（或酚）与各种酰化剂的反应的酯化法和羧酸与醇、酸、酯等反应的酯交换法。

1. 以醇（或酚）为原料，与各种酰化剂反应的酯化法

此类反应常用酰化剂有：羧酸、酸酐、酰卤、酰胺、腈、醛、酮等。其反应通式为：

$$R'OH + RCOZ \rightleftharpoons RCOOR' + HZ \tag{3-26}$$

R′可以是脂肪族或芳香族烃基，即R′OH可以是醇或酚；RCOZ为酰化剂，可根据实际需要选择；R和R′可以是相同的或者是不同的烃基。

（1）酰氯法　酰氯和醇（或酚）反应生成酯的反应通式为：

$$RCOCl + R'OH \longrightarrow RCOOR' + HCl \tag{3-27}$$

酰氯与醇（或酚）的酯化具有如下特点：①酰氯的反应活性比相应的酸酐强，远高于相应的羧酸，可以用来制备某些羧酸或酸酐难以生成的酯，特别是与一些空间位阻较大的叔醇进行酯化。②酰氯与醇（或酚）的酯化是不可逆反应，一般不需要加催化剂，反应可在十分缓和的条件下进行，酯化产物的分离也比较简便。③反应中通常需使用缚酸剂以中和酯化反应所生成的氯化氢。因为氯化氢不仅对设备有腐蚀，而且还可能与活泼性醇（如叔醇）发生诸如取代、脱水和异构化等副反应。

常用于酯化的酰氯有有机酰氯和无机酰氯两类。常用的有机酰氯有：长碳脂肪酰氯、芳羧酰氯、芳磺酰氯、光气、氨基甲酰氯和三聚氯氰等，常用的无机酰氯主要为磷酰氯，如$POCl_3$、$PSCl_3$、PCl_3、PCl_5等。用酰氯的酯化需在缚酸剂存在下进行。常用的缚酸剂有碳酸钠、乙酸钠、吡啶、三乙胺或*N*, *N*-二甲基苯胺等。为避免酰氯在碱存在下分解，缚酸剂通常采用分批加入或低温反应的方法，脂肪族酰氯活泼性较强，容易发生水解。因此，当酯化反应需要溶剂时，应采用苯、二氯甲烷等非水溶剂。

用各种磷酰氯制备酚酯时，可不加缚酸剂，允许氯化氢存在，而制取烷基酯时就需要加入缚酸剂，防止氯代烷的生成，加快反应速度。

由于酰氯的成本远高于羧酸，通常只有在特殊需要的情况下，才用酰氯合成酯。

（2）酸酐法　羧酸酐是比羧酸强的酰化剂，适用于较难反应的酚类化合物及空间位阻较大的叔羟基衍生物的直接酯化，此法也是酯类的重要合成方法之一，其反应过程为：

$$(RCO)_2O + R'OH \longrightarrow RCOOR' + RCOOH \tag{3-28}$$

反应中生成的羧酸不会使酯发生水解，所以这种酯化反应可以进行完全。羧酸酐可与叔醇、酚类、多元醇、糖类、纤维素及长碳链不饱和醇（沉香醇、香叶草醇）等进行酯化反应，例如乙酸纤维素酯及乙酰水杨酸（阿司匹林）就是用乙酸酐进行酯化大量生产的。

常用的酸酐有乙酸酐、丙酸酐、邻苯二甲酸酐、顺丁烯二酸酐等。

用酸酐酯化时可用酸性或碱性催化剂加速反应。如硫酸、高氯酸、氯化锌、三氯化铁、吡啶、无水乙酸钠、对甲苯磺酸或叔胺等。酸性催化剂的作用比碱性催化剂强。目前工业上使用最多的是浓硫酸。

项目三

在用酸酐对醇进行酯化时，反应分为两个阶段，第一步生成物为1mol酯（单酯）及1mol酸，反应是不可逆的；第二步则由1mol酸再与醇脱水生成酯（双酯），反应与一般的羧酸酯化一样，为可逆反应，需要催化剂及较高的反应温度，并不断地去除反应生成的水。

目前，工业上广泛采用苯酐与各类醇反应，以制备各种邻苯二甲酸酯。邻苯二甲酸酯类是塑料工业广泛使用的增塑剂。例如，邻苯二甲酸二丁酯（DBP）的合成：

$$\text{苯酐} + C_4H_9OH \xrightarrow{\text{稍过热}} C_6H_4(COOC_4H_9)(COOH) \tag{3-29}$$

$$C_6H_4(COOC_4H_9)(COOH) + C_4H_9OH \xrightarrow[150℃]{H_2SO_4} C_6H_4(COOC_4H_9)_2 + H_2O \tag{3-30}$$

当双酯的两个烷基不同时，应使苯酐先与较高级的醇直接酯化生成单酯，然后再与较低级的醇在硫酸催化下生成双酯。

（3）羧酸法　又称直接酯化法，用羧酸和醇反应。由于所用的原料醇与羧酸均较容易获得，所以是合成酯类最重要的方法。羧酸法中最简单的反应是一元酸与一元醇在酸催化下的酯化，得到羧酸酯和水，这是一个可逆反应。

$$RCOOH + R'OH \rightleftharpoons RCOOR' + H_2O \tag{3-31}$$

一般常用的酯化催化剂为：硫酸、盐酸、芳磺酸等。采用催化剂后，反应温度在70～150℃即可顺利发生酯化。也可采用非均相酸性催化剂，例如活性氧化铝、固体酸等，一般都在气相下进行酯化。

酯化反应也可不用催化剂，但为了加速反应的进行，必须采用200～300℃的高温。如果在生产工艺过程对产品纯度要求极高，而采用催化剂时又分离不净，则宜采用高温无催化剂酯化工艺。

（4）腈醇解法　此法特别适用于制备多官能团的酯，工业上较为常用。

$$RCN + R'OH + H_2O \xrightarrow{H_2SO_4} RCOOR' + NH_3 \tag{3-32}$$

有机玻璃单体甲基丙烯酸甲酯就是由羟基腈用甲醇和浓硫酸处理，同时发生脱水、水解、酯化而得的。

$$CH_3-C(OH)(CH_3)-CN \xrightarrow[H_2SO_4]{CH_3OH} CH_2=C(CH_3)-COOCH_3 \tag{3-33}$$

2. 以羧酸酯为原料，与醇、酸、酯等反应生成另一种羧酸酯的酯交换法

该法是原料酯与醇、酸或其他酯分子中的烷氧基或烷基进行交换，生成新的酯的反应。此法有醇解法、酸解法和互换法三类。当用酸对醇进行直接酯化不易取得良好效果时，常采用酯交换法。

（1）醇解法　也称作酯醇交换法。一般此法总是将酯分子中的伯醇基由另一较高沸点的伯醇基或仲醇基所替代。反应用酸作催化剂。

$$RCOOR' + R''OH \rightleftharpoons RCOOR'' + R'OH \quad (3\text{-}34)$$

（2）酸解法　也称作酯酸交换法。此法常用于合成二元羧酸单酯和羧酸乙烯酯等。

$$RCOOR' + R''COOH \rightleftharpoons RCOOR'' + R'COOH \quad (3\text{-}35)$$

（3）互换法　也称为酯酯交换法。此法要求所生成的新酯与旧酯的沸点差足够大，以便于采用蒸馏的方法分离。

$$RCOOR' + R''COOR''' \rightleftharpoons RCOOR''' + R''COOR' \quad (3\text{-}36)$$

这三种类型的酯交换都是利用反应的可逆性实现的，其中以互换法应用最为广泛。一个最典型的工业过程是用甲酸与天然油脂进行醇解以制得脂肪酸甲酯。后者是制取脂肪酸和表面活性剂的重要原料。

3. 其他成酯方法

除上述方法外，酯化还有加成酯化法、羧酸盐与卤代烷反应成酯、羧酸与重氮甲烷反应形成甲酯等方法。

（1）加成酯化法　包括烯酮与醇的加成酯化和烯、炔与羧酸的加成酯化。

① 烯酮与醇的加成酯化。乙烯酮是由乙酸在高温下热裂解脱水而成。它的反应活性极高，与醇类反应可以顺利制得乙酸酯。

$$CH_2{=}C{=}O + ROH \longrightarrow CH_2{=}C(OH)OR \longrightarrow CH_3COOR \quad (3\text{-}37)$$

对于某些活性较差的叔醇或酚类，可用此法制得相应的乙酸酯；含有氢的醛或酮也能与乙烯酮反应生成烯醇酯。如：

$$CH_2{=}C{=}O + (CH_3)_3COH \xrightarrow[0℃]{H_2SO_4} CH_3COOC(CH_3)_3 \quad (3\text{-}38)$$

工业上还可用二乙烯酮与乙醇加成反应制得乙酰乙酸乙酯。

$$\begin{array}{l} CH_2{=}C{-}CH_2 \\ \quad\ \ |\qquad | \\ \quad\ \ O{-}C{=}O \end{array} + C_2H_5OH \xrightarrow{H_2SO_4} CH_3COCH_2COOC_2H_5 \quad (3\text{-}39)$$

② 烯、炔与酸加成酯化。烯烃与羧酸的加成反应如下：

$$R'{-}CH{=}CH_2 + RCOOH \xrightarrow{H_2SO_4} RCOOCH_2CH_2R' \quad (3\text{-}40)$$

羧酸按马氏规则加成，烯烃反应次序为：$(CH_3)_2C{=}CH_2 > CH_3CH{=}CH_2 > CH_2{=}CH_2$。

$$CH{\equiv}CH + CH_3COOH \xrightarrow{Hg^{2+}} CH_3COOCH{=}CH_2 \quad (3\text{-}41)$$

炔烃也能与羧酸加成生成相应的羧酸烯酯，如乙炔与乙酸加成酯化可得到乙酸乙烯酯。

（2）羧酸盐与卤代烷反应成酯　将羧酸的钠盐与卤代烷反应也可生成酯，此法常用于苄型卤化物的成酯。如：

$$C_6H_5{-}\overset{-}{COO}\overset{+}{Na} + ClCH_2{-}C_6H_5 \xrightarrow[110℃,\ 1h]{Et_3N} C_6H_5{-}COOCH_2{-}C_6H_5 \quad (3\text{-}42)$$

【学习活动三】 寻找关键工艺参数，确定操作方法

五、*N*- 酰基化反应影响因素

1. 酰化剂的活性的影响

酰化剂的反应活性取决于羰基碳上部分正电荷的大小，正电荷越大反应活性越强。对于R相同的羧酸衍生物，离去基团X的吸电子能力越强，酰基上部分正电荷越大。其反应活性为：酰氯 > 酸酐 > 羧酸。

芳香族羧酸由于芳环的共轭效应使酰基碳上部分正电荷被减弱，当离去基团相同时，脂肪羧酸的反应活性大于芳香族羧酸，低碳羧酸的反应活性大于高碳羧酸。

2. 胺类结构的影响

胺类被酰化的反应活性是：伯胺＞仲胺，无位阻胺＞有位阻胺，脂肪胺＞芳胺。即氨基氮原子上电子云密度越高，碱性越强，空间位阻越小，胺被酰化的反应性越强。对于芳胺，当环上有给电子基时，碱性增强，芳胺的反应活性增强。反之，当环上有吸电子基时，碱性减弱，反应活性降低。

通常对于活泼的胺，可以采用弱酰化剂。对于不活泼的胺，则必须使用活泼的酰化剂。

六、*C*- 酰基化反应影响因素

影响 *C*- 酰化反应的因素主要有：被酰化物的结构，酰化剂的结构，催化剂和溶剂性质。

1. 被酰化物的结构

芳环上的 *C*- 酰化反应，即傅列德尔 - 克拉夫茨（Friedel-Crafts）酰基化反应，该反应属于亲电取代反应。因此，当芳环上连有给电子基（如$—CH_3$、—OH、—OR、$—NR_2$、—NHAc 等）时反应容易进行。因为酰基的空间位阻比较大，所以酰基主要进入芳环上已有取代基的对位，当对位已被占据时才进入邻位。氨基虽然也是活化基，但是它容易发生 *N*-酰化，因此在 *C*- 酰化以前应该先对氨基进行过渡性 *N*- 酰化加以保护。

芳环上有吸电子基（—Cl、$—NO_2$、$—SO_3H$、—COR）时，*C*- 酰化反应难以进行。因此，当芳环上引入一个酰基后，芳环被钝化，不易发生多酰化、脱酰基和分子重排等副反应。但是，对于 1,3,5- 三甲苯和萘等活泼的化合物，在一定条件下可以引入两个酰基。硝基使芳环强烈钝化，因此硝基苯不能被 *C*- 酰化，有时甚至因其不参与反应可用作 *C*- 酰化反应时的溶剂。

2. 酰化剂的结构

C- 酰化反应的难易与酰化剂的亲电性有关。这是由于 *C*- 酰化是亲电取代反应，酰化剂是以亲电质点参加反应的。酰化剂的反应活性取决于羰基碳上部分正电荷的大小，正电荷越大反应活性越强。烷基相同的羧酸衍生物，离去基团的吸电子能力越强，酰基上部分正电荷越大。反应活性为：酰氯 > 酸酐 > 羧酸。

芳香族羧酸由于芳环的共轭效应，使酰基碳上部分正电荷被减弱。当离去基团相同时，脂肪羧酸的反应活性大于芳香羧酸，高碳羧酸的反应活性低于低碳羧酸。

3. 催化剂

催化剂的作用是通过增强酰基上碳原子的正电荷，来增强进攻质点的反应能力。由于芳环上碳原子的给电子能力比氨基氮原子和羟基氧原子弱，所以 *C*- 酰化通常需要使用强酸作为催化剂。

路易斯酸与质子酸都可用作 *C*- 酰化反应的催化剂。其催化活性大小次序为：

路易斯酸：$AlBr_3 > AlCl_3 > FeCl_3 > BF_3 > ZnCl_2 > SnCl_4 > SbCl_5 > CuCl_2$

质子酸：$HF > H_2SO_4 > (P_2O_5)_2 > H_3PO_4$

路易斯酸的催化作用一般要强于质子酸。常用的催化剂是无水三氯化铝，其优点是价廉易得，催化活性高，技术成熟。缺点是产生大量含铝盐废液，活泼的芳香族化合物在 *C*- 酰化时容易引起副反应。用 $AlCl_3$ 作催化剂的 *C*- 酰化一般可以在不太高的温度下进行反应，温度太高会引起副反应甚至会生成结构不明的焦油物。$AlCl_3$ 的用量一般要过量 10% ～ 50%，过量太多将会生成焦油状化合物。

由于 *C*- 酰化时生成的芳酮 - 三氯化铝配合物遇水会放出大量的热，因此将 *C*- 酰化反应物放入水中进行水解时需要特别小心。

对于活泼的芳香族化合物和杂环化合物，在 *C*- 酰化时如果用三氯化铝作催化剂，则容易引起副反应，常常需要使用温和的催化剂，如无水氯化锌、磷酸、多聚磷酸和三氟化硼等。例如：在间苯二酚进行 *C*- 酰化反应时，为了避免活泼酚羟基的 *O*- 酰化副反应，可用相应的羧酸作酰化剂，并用无水氯化锌作催化剂。如间苯二酚和已酸在路易斯酸无水氯化锌催化下生成医药中间体 2,4- 二羟基苯基已酮。

$$C_6H_4(OH)_2 + CH_3(CH_2)_4COOH \xrightarrow[120℃]{无水ZnCl_2} (HO)_2C_6H_3CO(CH_2)_4CH_3 \tag{3-43}$$

4. 溶剂性质

在傅氏酰基化反应中，芳酮 - 三氯化铝配合物大部分都是固体或黏稠的液体，为了使反应物具有良好的流动性，反应能够顺利进行，常常需要使用有机溶剂。溶剂的选择有以下三种情况：

（1）用过量的低沸点芳烃作溶剂　例如在由邻苯二甲酸酐与苯制取邻苯甲酰基苯甲酸时，可用过量 6 ～ 7 倍的苯作溶剂，因为苯易于回收使用。用类似的方法可以从苯酐和过量的氯苯制得邻 -（对氯苯甲酰基）- 苯甲酸，从苯酐与过量的甲苯制得邻 -（对甲基苯甲酰基）- 苯甲酸。它们均是染料中间体。

（2）用过量的酰化剂作溶剂　例如 3,5- 二甲基特丁苯在用乙酸酐酰化时可以用冰醋酸作溶剂。这是由于特丁基的空间位阻，使其只能在两个甲基之间引入一个乙酸酰基，因此可以使用与乙酸酐相应的冰醋酸作溶剂。

（3）另外加入适当的溶剂　当不宜采用某种过量的反应组分作溶剂时，就需要加入另外的适当溶剂。常用的有机溶剂有硝基苯、二氯乙烷、四氯化碳、二硫化碳和石油醚等。

硝基苯能与三氯化铝形成配合物，该配合物易溶于硝基苯而呈均相。但该配合物的活性低，所以只用于对 $AlCl_3$ 催化作用敏感的反应。二硫化碳不能溶解三氯化铝，属非均相反应。另外，二硫化碳不稳定而且常含有其他的硫化物而有恶臭，因此只用于需要温和条件的反应。石油醚虽然不能溶解三氯化铝但它较稳定，可用作由异丁苯与乙酰氯制取对异丁基苯乙酮的溶剂。二氯乙烷也不能溶解三氯化铝，但是能够溶解 $AlCl_3$ 与酰氯形成的配合物，因此是均相反应。但应该注意在较高温度下，它可能参与芳环上的取代反应。

溶剂还会影响酰基进入芳环的位置。例如，从萘和乙酐制取 α- 萘乙酮要用非极性溶剂二氯乙烷。而由萘和乙酰氯制 β- 萘乙酮则需要使用强极性溶剂硝基苯。上述反应如果使用二硫化碳或石油醚作溶剂，则得到 α- 萘乙酮和 β- 萘乙酮的混合物。

七、*O*- 酰基化反应影响因素

反应物结构和反应条件对酯化反应平衡有重要影响。

1. 醇或酚的结构

醇或酚的结构对酯化平衡常数的影响较为显著。表 3-2 中是乙酸与各种醇的酯化反应转化率及平衡常数。由表中数据可以表明，伯醇的酯化平衡常数最大，反应速度也最快，其中又以甲醇为最；仲醇、烯丙醇以及苯甲醇的平衡常数次之，反应速度也较慢；叔醇和酚的平衡常数最小，反应速度最慢。

酚与羧酸酯化困难的原因是：酚羟基氧原子上的未共享电子与苯环存在共轭效应，亲核能力很弱，且空间位阻较大。叔醇与羧酸直接酯化非常困难、产率很低的原因有：首先，空间位阻大；其次，叔醇羟基在反应中极易与质子结合，继而脱水生成烯烃，因而得不到酯类产物；再者，叔醇与羧酸的酯化是按烷氧键断裂的单分子历程进行的，由于反应体系中已有水存在，而且水的亲核性强于羧酸，所以水与叔碳正离子反应生成原来的叔醇的倾向大于生成酯的倾向。因此，叔醇或酚的酯化通常要选用活泼的酸酐或酸氯等酰化剂。另外，伯醇中的苄醇、烯丙醇虽不是叔醇，但因为易于脱羟基形成较稳定的碳正离子，所以表现出与叔醇相类似的性质。

表 3-2　乙酸与各种醇的酯化反应转化率、平衡常数（等物质的量之比，155℃）

序号	醇或酚	转化率 /%		平衡常数 K_c	序号	醇或酚	转化率 /%		平衡常数 K_c
		1h 后	极限				1h 后	极限	
1	CH_3OH	55.59	69.59	5.24	9	$(C_2H_5)_2CHOH$	16.93	58.66	2.01
2	C_2H_5OH	46.95	66.57	3.96	10	$(CH_3)(C_6H_{13})CHOH$	21.19	62.03	2.67
3	C_3H_7OH	46.92	66.85	4.07	11	$(CH_2{=}CHCH_2)_2CHOH$	10.31	50.12	1.01
4	C_4H_9OH	46.85	67.30	4.24	12	$(CH_3)_3COH$	1.43	6.59	0.0049
5	$CH_2{=}CHCH_2OH$	35.72	59.41	2.18	13	$(CH_3)_2(C_2H_5)COH$	0.81	2.53	0.00067
6	$C_6H_5CH_2OH$	38.64	60.75	2.39	14	$(CH_3)_2(C_3H_7)COH$	2.15	0.83	—
7	$(CH_3)_2CHOH$	26.53	60.52	2.35	15	C_6H_5OH	1.45	8.64	0.0089
8	$(CH_3)(C_2H_5)CHOH$	22.59	59.28	2.12	16	$(CH_3)(C_3H_7)C_6H_3OH$	0.55	9.46	0.0192

2. 羧酸的结构

羧酸的结构对平衡常数的影响并不显著。一般来说，其影响规律与醇有相反倾向，即平衡常数随羧酸分子中碳链的增长或支链度的增加而增加，但酯化反应速度随空间位阻的增加而明显下降。芳香族羧酸一般比脂肪族羧酸酯化困难，主要是空间位阻的影响。如表 3-3 所示。

表 3-3 异丁醇与各种羧酸的酯化反应转化率、平衡常数（等物质的量之比，155℃）

序号	羧 酸	转化率 /%（1h 后）	平衡常数 K_c	序号	羧 酸	转化率 /%（1h 后）	平衡常数 K_c
1	$HCOOH$	61.69	3.22	8	$(CH_3)_2(C_2H_5)CCOOH$	3.45	8.23
2	CH_3COOH	44.36	4.27	9	$(C_6H_5)CH_2COOH$	48.82	7.99
3	C_2H_5COOH	41.18	4.82	10	$(C_6H_5)C_2H_4COOH$	40.26	7.60
4	C_3H_7COOH	33.25	5.20	11	$(C_6H_5)CH{=}CHCOOH$	11.55	8.63
5	$(CH_3)_2CHCOOH$	29.03	5.20	12	C_6H_5COOH	8.62	7.00
6	$(CH_3)(C_2H_5)CHCOOH$	21.50	7.88	13	p-$(CH_3)C_6H_4COOH$	6.64	10.62
7	$(CH_3)_3CCOOH$	8.28	7.06				

3. 反应温度

羧酸与醇在液相中进行酯化时几乎不吸收或放出热，因此平衡常数与温度基本无关，但在气相中进行的酯化反应为放热反应，此时平衡常数与温度有一定的关系。如在制取乙酸乙酯时，150℃的平衡常数为 30，而在 300℃下降为 9；当用酰氯或酸酐作酰化剂时，也是放热反应，温度对平衡常数同样有影响。

4. 催化剂

在羧酸与醇反应生成酯的过程中，催化剂起着十分重要的作用，它可降低反应活化能，加快反应的速度。可以用作酯化催化剂的物质很多，目前采用的催化剂主要有六类：无机酸、有机酸及其盐，杂多酸及固载杂多酸，强酸性阳离子交换树脂，固体超强酸，分子筛，非酸性催化剂。不同的酯化反应应选用不同的催化剂，在选择催化剂时应考虑到醇和酸的种类和结构、酯化温度、设备耐腐蚀情况、成本、催化剂来源及是否易于分离等。下面介绍几种工业上常用催化剂。

（1）无机酸、有机酸及其盐　常用的无机酸催化剂有硫酸、盐酸、磷酸等。其中，硫酸的活性最强，因此也是应用最广泛的酯化催化剂。盐酸则容易发生氯置换醇中的羟基而生成氯烷。磷酸的反应速度较慢。以硫酸作催化剂的优点是硫酸可溶于反应体系中，使酯化在均相条件下进行、反应条件较温和、催化效果好、性质稳定、吸水性强及价格低廉等。但缺点是具有氧化性，易使反应物发生磺化、碳化或聚合等副反应，对设备腐蚀严重，后处理麻烦，产品色泽较深等。因此，一些大吨位产品如邻苯二甲酸二辛酯（DOP）的工艺中，无机酸催化剂已逐步被其他催化剂替代。此外，不饱和酸、羟基酸、甲酸、草酸和丙酮酸等的酯化，不宜用硫酸催化，因为它能引起加成、脱水或脱羧等副反应；碳链较长、分子量较大的羧酸和醇的酯化，因为反应温度较高也不宜用硫酸作催化剂。

常用的有机酸催化剂有：甲磺酸、苯磺酸、对甲苯磺酸等。它们较硫酸的活性低，但无氧化性，其中对甲苯磺酸最为常用。对甲苯磺酸具有浓硫酸的一切优点，而且无氧化性，碳化作用较弱，但价格较高。对甲苯磺酸常用于反应温度较高及浓硫酸不能使用的场合，如长碳链脂肪酸和芳香酸的酯化。

硫酸盐也可作为酯化催化剂。如用硫酸锆为催化剂合成丁酸乙酯。硫酸氢盐与硫酸盐有相似的催化性能，但能使产品的色泽变浅。

（2）强酸性离子交换树脂　强酸性离子交换树脂能解离出 H^+ 而成为酯化催化剂。用离子交换树脂作酯化催化剂的主要优点有：反应条件温和，选择性好；产物后处理简单，无须中和及水洗；树脂可循环使用，并可进行连续化生产；对设备无腐蚀以及减少废水排放量。由于上述优点，强酸性离子交换树脂已广泛用于酯化反应，其中最常用的有酚磺酸树脂及磺化苯乙烯树脂。离子交换树脂目前已商品化，可由商品牌号查得该树脂的性质及组成。

（3）杂多酸及固载杂多酸　杂多酸（HPA）是一类具有确定组成的含氧桥多核配合物，具有酸性和氧化还原性。杂多酸的种类繁多，如磷钨酸 $H_3PW_{12}O_{40}\cdot 28H_2O$（简称 PW12）、硅钨酸 $H_4SiW_{12}O_{40}\cdot 24H_2O$（简称 SiW12）、磷钼酸 $H_3PMo_{12}O_{40}\cdot 19H_2O$（简称 PMo12）和硅钼酸 $H_4SiMo_{12}O_{40}\cdot 23H_2O$（简称 SiMo12），其中以 PW12 最为常用。研究表明，PW12 具有较高的催化活性。PW12 的用量为反应混合液的 1% ～ 2%，反应温度略低于硫酸催化。采用 PW12 或 SiW12 进行对羟基苯甲酸的酯化，效果良好。杂多酸作为酯化催化剂存在回收较为困难的问题。其改进方案是将杂多酸负载在载体上，形成固载杂多酸，在完成酯化反应后，可通过过滤直接回收套用。可用作杂多酸的载体很多，如活性炭、Al_2O_3、SiO_2、HZSM-5 分子筛、阳离子交换树脂、膨润土等。当载体上吸附了杂多酸其固体表面有一定的酸度，可在酯化中起酸催化的作用。

（4）非酸性催化剂　这类催化剂为近年发展起来的一个新方向，已在邻苯二甲酸酯增塑剂生产中应用。其主要优点是腐蚀性小、产品的品质好、色泽浅、副反应少。这类催化剂均为金属氧化物及其酯类，如 Al_2O_3、SiO_2、ZnO、MgO、SnO、TiO_2，以及钛酸四异丙酯［$Ti(OC_3H_7)_4$］和钛酸四丁酯［$Ti(OC_4H_9)_4$］等；其中较为常用的是钛、铝和锡的化合物，它们可单独使用，也可制成复合催化剂，它们的活性稍低，反应温度一般较硫酸为高，需在 180 ～ 250℃下进行。

任务小结 I

1. 酰化反应是能把酰基引入有机化合物的反应，根据酰基引入的原子不同，分为 *N*-酰化、*C*-酰化和 *O*-酰化（即酯化）等，在染料、荧光增白剂、表面活性剂及农药等精细化学品的生产中被广泛使用。

2. 常用的酰化剂有：酰卤、酸酐和羧酸等，其中酰卤的活性最强，酸酐次之，羧酸的活性最弱。

3. *N*-酰化反应属于酰化剂对官能团上H的亲电取代反应，*C*-酰化反应属于亲电取代（或加成）反应，其反应影响因素有被酰化物结构、酰化剂的结构、催化剂以及溶剂等。

4. 可用羧酸、酰氯、酸酐、三聚氯氰和光气等进行 *N*- 酰化反应，分“永久性”酰化与“保护性”酰化。对保护性酰化，完成指定的反应后需将酰基水解还原氨基；*C*- 酰化可用羧酸、酰氯、酸酐等酰化。

5. *O*- 酰化（酯化）的常用方法有：酰氯法、酸酐法、羧酸法、腈醇解法、酯交换法、加成成酯、羧酸盐与卤代烷反应成酯等，其中，羧酸法是最典型也是最重要的成酯方法；酸酐法适用于较难反应的酚类化合物及空间位阻较大的叔羟基衍生物的直接酯化。

6. 羧酸酯化为典型的可逆反应，可根据原料与产品酯的性质、化学热力学和反应装置结构等方面采取措施以提高平衡转化率。

【学习活动四】 制定、汇报小试实训草案

八、制定并汇报小试实训草案

实训草案中的查阅其他资料的方法，详见项目一任务一中的“八、查阅其他资料的方法”。

“汇报小试实训草案”部分工作的开展过程，详见项目一任务一中的“九、汇报小试实训草案”。

【学习活动五】 修正实训草案，完成生产方案报告单

九、修正小试实训草案

关于乙酰苯胺的制备，可以采用乙酸法（用乙酸作为酰基化试剂），也可以采用乙酸酐法（用乙酸酐作为酰基化试剂）。下面主要学习的是采用乙酸酐法制备乙酰苯胺的实训过程。

通过项目组各成员之间的讨论以及倾听技术总监给予的提示，参考图 3-1 中的思维导图以及酰基化单元操作相关理论知识文献资料，结合本组的小试实训草案，经讨论及修正和完善之后，完成《乙酰苯胺小试产品生产方案报告单》，并交给项目技术总监审核。

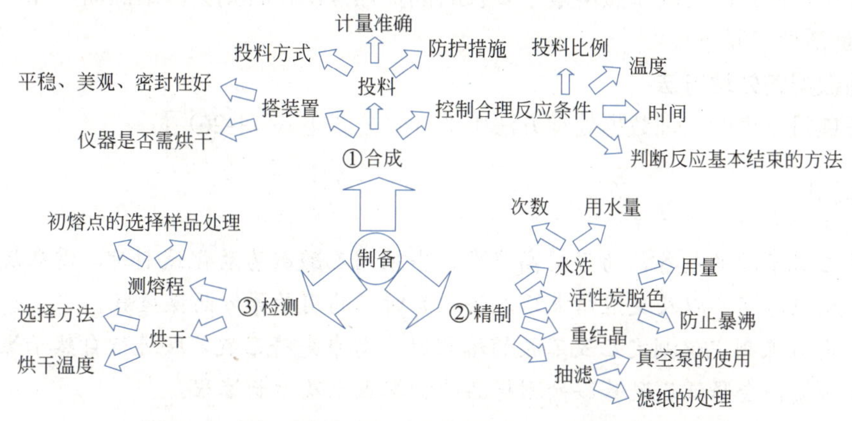

图 3-1 确定乙酰苯胺的制备实训实施方案时的思维导图

任务二　合成乙酰苯胺的小试产品

每 2 人一组的小组成员，合作完成合成乙酰苯胺的小试产品这一工作任务，并分别填写《乙酰苯胺小试产品合成实训报告单》。

【学习活动六】　获得合格产品，完成实训任务

实训注意事项

1. 原料投料量

本次实训所使用药品的种类、规格及投料量如表 3-4 所示。

表 3-4　乙酰苯胺的合成实训操作原料种类、规格及其投料量

名 称	苯胺	乙酸酐	锌粉
规格	CP	CP	CP
每二人组的用量	10.0mL	15.0mL	0.1g

2. 关于原料的品质

(1) 久置的苯胺因其易氧化生成醌类杂质导致颜色变深会影响乙酰苯胺的品质，需蒸馏后使用。

(2) 久置的乙酸酐因其易吸收空气中的水分生成乙酸，会影响酰基化反应的活性，因此要使用瓶口密封完好的、在保质期内的合格品。

3. 安全注意事项

(1) 乙酸酐具有一定的毒性，实验时应避免皮肤接触。如果碰到了皮肤，用大量清水冲净即可。

(2) 苯胺的防护措施详见本书项目二任务二中相关内容的描述。

4. 关于粗品的提纯

产品乙酰苯胺的外观应为白色晶体，如果粗品显现出杂色，则需要选择适当的溶剂进行重结晶操作。操作时乙酰苯胺溶液不宜长时间加热煮沸，否则会因结焦而加深产品的颜色（补救措施是活性炭脱色）。

5. 实训数据的处理方法

可参考项目一里的实训数据处理方法中的计算公式［式（1-26）］。

任务小结Ⅱ

1. 关于乙酰苯胺的制备，为了提高产率，当采用乙酸酐为酰化试剂时，需从反应器是否洁净干燥、反应时间，以及反应结束后洗涤粗品时水的用量等方面操控好。

2. 在使用熔点测定仪测定乙酰苯胺的熔程时，需事先将乙酰苯胺进行自然干燥处理。否则水分作为杂质，会降低乙酰苯胺检测样品的初熔点以及拉长熔程。

任务三　制作《乙酰苯胺小试产品的生产工艺》的技术文件

【学习活动七】　引入工程观念，完成合成实训报告单

为了引入化学工程观念，落实乙酰苯胺中试、放大和工业化生产中的安全生产、清洁生产相关措施，还有需要继续改进生产工艺、正确处理生产过程中可能出现的异常情况等问题，下面将学习酰基化反应工业化大生产方面的内容。

一、*N*-酰基化反应生产实例

对乙酰氨基酚的商品名称有扑热息痛、泰诺、百服宁和必理通等，是一种常用的抗炎、解热、镇痛的非处方药，主要用于治疗普通感冒或流行性感冒引起的发热，也可用于缓解疼痛如头痛、关节痛、偏头痛、牙痛、肌肉痛、神经痛和痛经等症状。它具有口服吸收快而安全、对胃肠道刺激小、极少有过敏反应等特点，国内的生产企业有上海强生制药有限公司、太极集团西南药业股份有限公司、山东新华制药股份有限公司和福州海王福药制药有限公司等。其合成反应式如下：

$$HO-C_6H_4-NH_2 + CH_3COOH \xrightarrow[130\sim140℃,\ 5\sim6h]{120\sim126℃,\ 4\sim5h} HO-C_6H_4-NHCOCH_3 + H_2O \quad (3\text{-}44)$$

下面，我们来学习对乙酰氨基酚的生产工艺操作规程：

1. 酰基化反应工段

(1) 关闭酰化釜上的排气阀、出料阀以及冷凝器上的回流阀，开启酰化釜上的真空阀、开启冰乙酸进料阀，将塑胶管插入冰乙酸桶中，将80kg的冰乙酸吸入酰化釜中（若冰乙酸在气温较低的情况下冻结，则打开解冻间水暖汀蒸汽阀使冰乙酸解冻之后再抽吸）。然后，关闭冰乙酸的进料阀，关真空阀，开排气阀和冷凝器的回流阀。

(2) 开启乙酸计量罐真空阀及进料阀，关闭排气阀，开启稀酸贮槽出料阀，向计量罐中吸进96kg的稀酸母液（其中含酸60%）。关真空阀，开排气阀，开放料阀将稀酸母液放入酰化釜内，关放料阀。

(3) 开启酰化釜搅拌，打开酰化釜投料盖，搅拌下投入80kg的对氨基苯酚，关闭投料盖。

(4) 开启酰化釜冷凝器的进水阀、出水阀、回流阀和排气阀，关冷凝器出酸阀。

(5) 开启酰化釜夹套的蒸汽阀和排气阀，至有蒸汽排出时关闭此排气阀，加热至釜内温度升至100℃左右使对氨基苯酚完全溶解。

(6) 继续加热至釜内料液开始出现回流现象，此时关酰化釜冷凝器的回流阀并且开冷凝器出酸阀开始出酸，控制釜夹套压力0.12～0.15MPa。通过控制夹套压力和回流比保持出酸速度恒定，每小时出酸的量在5～10L，8h后将釜夹套压力调至0.2MPa左右，每小时出

项目三

酸的量升至10～15L。待酰化釜内温度升至125～130℃时，关蒸汽阀和排气阀，停止搅拌后微微打开真空阀，使釜内在存有一定真空度的情况下打开投料孔盖，迅速取样后关投料孔盖，开搅拌，开排气阀。

(7) 取样送化验室检查，对氨基苯酚残留量应≤2.5%时达到反应终点。如未达到，则应根据对氨基苯酚的残留量和乙酸的浓度决定是继续反应一段时间还是需要补充一定量冰乙酸，再反应一段时间之后取样检验，直至对氨基苯酚的残留量指标合格为止。

(8) 关酰化釜夹套蒸汽阀，开排气阀，将60%的稀乙酸50L投入酰化釜中，开启搅拌，开釜夹套冷却进水阀和排水阀进冷却水，使酰化釜内料液冷却后结晶。

(9) 当酰化釜内的温度降至室温即可出料，将全自动离心机的布袋浸湿后在机内铺好，开放料总管蒸汽阀，用蒸汽冲开釜底结晶，关蒸汽阀，开通风机，开启全自动离心机，开放料总管阀，物料放到离心机内进行甩滤，母液集中到酸母液槽中，在离心机全速甩干10min后关闭；开自来水阀用自来水浇洗粗产品，开启全自动离心机，至洗水基本无酸味，洗涤用水流入污水处理池中进行集中处理之后达标排放。全速开全自动离心机20min之后关闭。将粗品贮于容器中，称重，取样化验合格后送下一道粗品精制工段。生产对乙酰氨基酚酰基化反应工段的工艺流程操作框图如图3-2所示。

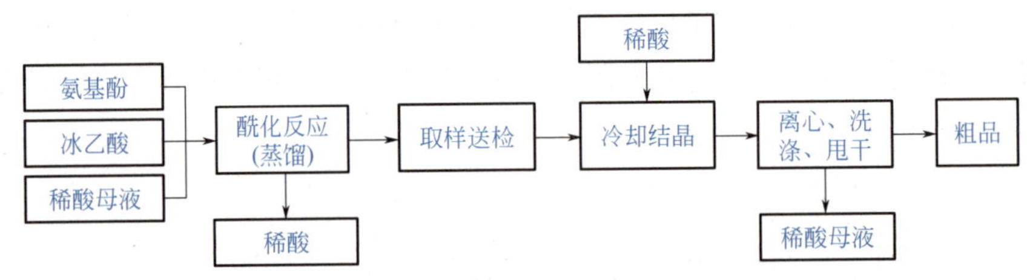

图3-2 生产对乙酰氨基酚酰基化反应工段的工艺流程操作框图

2. 粗品精制工段

(1) 打开脱色釜的进水阀投入40L的纯水，加入1kg的活性炭和0.64kg的重亚硫酸钠，搅拌5min使重亚硫酸钠全部溶于水之后开启脱色釜上的压缩空气阀和出料底阀，将重亚硫酸钠水溶液通过过滤器滤除活性炭之后压入结晶釜中。关压缩空气进气阀，开排气阀。

(2) 打开脱色釜的进水阀投入360 L的纯水，在搅拌下投入10.2kg活性炭。

(3) 打开脱色釜的加料盖，将0.08kg的无水硫酸钠和80kg的对乙酰氨基酚粗品一起投入脱色釜中，盖上加料孔后开启脱色釜夹套的进气阀和排气阀，加热至沸腾使粗品全部溶解。

(4) 关闭脱色釜排气阀，开结晶釜的排气阀和压缩空气阀，将料液经过滤器滤除活性炭后压入结晶釜。

(5) 开启结晶釜夹套冷却水的进水阀和排水阀、将料液冷却到室温之后开启釜底阀，将结晶液放入全自动离心机的布袋内。开启离心机将滤液甩干后放入30 L纯水浸泡滤饼之后再开动离心机甩干。甩干后的结晶体分装在洁净的塑料桶中，取样化验，合格后移送干燥岗位。收集滤液，送至精制母液回收工段。

(6) 把甩干后的结晶体装入布袋中之后放入专用烘盘铺平，控制物料的厚度为1.5～2cm。调节烘箱的干燥温度为75～80℃，烘3～4h，烘干后把物料收入专用装料桶中，送入内包装间称重，并填写申请检验单，由质保部取样后，按包装规格分装至洁净塑料袋中密封，然后放入外包装桶中送至仓库贮存。

生产对乙酰氨基酚粗品精制工段的工艺流程操作框图如图 3-3 所示。

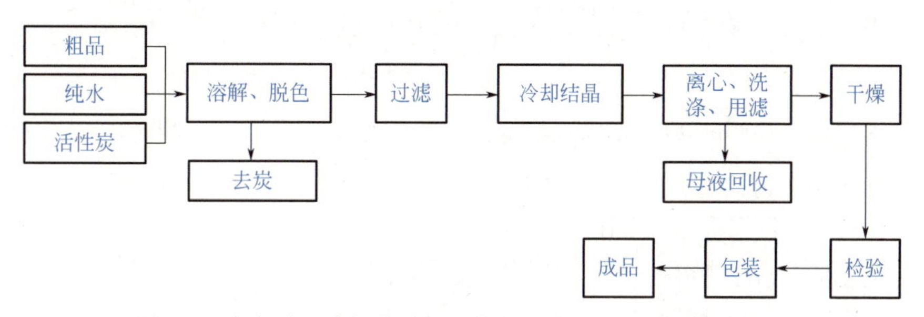

图 3-3　生产对乙酰氨基酚粗品精制工段的工艺流程操作框图

3. 母液回收工段

（1）开启回收釜的真空阀和进料阀，将上一工段（粗品精制工段）所产生的母液吸进回收釜内，抽至釜内体积至 2/3 处时关闭真空阀和进料阀，开启回收釜冷凝器的冷却水阀和回收釜的蒸汽阀。当母液加热浓缩至体积剩 1/3 时，开真空阀和进料阀，将剩余的母液再次注入釜中至体积至 2/3 时关闭真空阀和进料阀，继续加热浓缩至体积剩 1/3 时，停止加热，关蒸汽阀，开搅拌，开启回收釜夹套的冷却水阀，将回收釜内的料液冷却至室温时出料。

（2）将料液引入结晶釜内降温结晶。开结晶釜釜底阀将结晶液放入全自动离心机的布袋内，开启离心机将结晶液甩干。由离心机甩出的液体作为二次母液可再浓缩一次，三次母液则集中处理后达标排放；由离心机甩干的晶体可以当作对乙酰氨基酚的粗品，和经过酰基化反应之后所得的粗品混合之后精制得成品。

生产对乙酰氨基酚精制母液回收工段的工艺流程操作框图如图 3-4 所示。

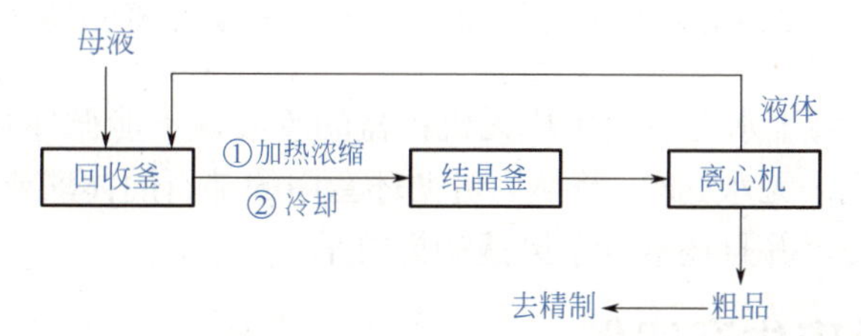

图 3-4　生产对乙酰氨基酚精制母液回收工段的工艺流程操作框图

二、*C*-酰基化反应生产实例

环丙沙星（Ciprofloxacin）是一种喹诺酮类的广谱抗菌药物，其化学名称为 1- 环丙基 -6- 氟 -1,4- 二氢 -4- 氧代 -7（1- 哌嗪基）-3- 喹啉羧酸。它的抗菌活性比诺氟沙星强几倍，对肠杆菌、绿脓杆菌、流感嗜血杆菌、淋球菌、链球菌、军团菌和金黄色葡萄球菌等等都具有较强的抗菌作用，临床上用于呼吸道、泌尿道、肠道等系统感染后的治疗。环丙沙星由德国拜尔公司于 20 世纪 80 年代首先研发成功，在 2010 年它的全球销售额就已急速上升至 18 亿美元。目前，环丙沙星已在 40 多个国家上市，其销售量在喹诺酮类抗菌类药物中高居首位且利润增长速度也占各类抗菌药物之首。我国环丙沙星的产量约为 $200t \cdot a^{-1}$，主要生产企业有天津市中央药业有限公司、浙江医药股份有限公司新昌制药厂和武汉制药有限公司等。其合成路线如式（3-45）所示。

$$\xrightarrow[(2)CuCl,\ HCl]{(1)NaNO_2,\ HCl} \quad \xrightarrow[\text{无水}AlCl_3]{CH_3COCl} \quad \text{2,4-二氯-5-氟苯乙酮} \quad \xrightarrow[CO(OEt)_2]{NaH}$$

$$\xrightarrow[(2)H_2N-\triangleright]{(1)CH(OEt)_3,\ (CH_3CO)_2O} \qquad (3\text{-}45)$$

$$\xrightarrow[(2)KOH,\ H_2O\ (3)H_3O^+]{(1)NaH,\ \text{二氧六环}} \quad \xrightarrow[DMF]{\text{哌嗪}} \quad \text{环丙沙星}$$

下面我们来学习环丙沙星生产过程中的一步——以 2,4- 二氯氟苯为原料，通过 *C*- 酰化反应得到环丙沙星的关键中间体 2,4- 二氯 -5- 氟苯乙酮的生产工艺过程。

将经检验合格的原料 2,4- 二氯氟苯、乙酰氯和催化剂无水三氯化铝投至酰化釜中，搅拌下升温至 135 ～ 140℃，反应 1h 后降温。将反应物用冰进行水解后静置分层，水相用甲苯萃取 3 次之后用甲苯层合并入油相。油相经干燥后，在 0. 67kPa 下减压蒸馏并收集 110 ～ 120℃的馏分得 2,4- 二氯 -5- 氟苯乙酮，产率约为 80%（以 2,4- 二氯氟苯计）。工艺流程操作框图如图 3-5 所示。

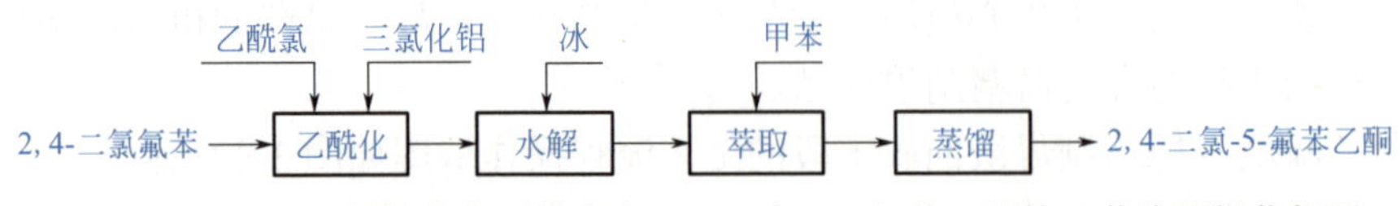

图 3-5　以 2,4- 二氯氟苯为原料生产 2,4- 二氯 -5- 氟苯乙酮的工艺流程操作框图

由于反应中 $AlCl_3$ 溶于水之后会生成无机铝盐的废液，不能循环利用，因此目前有企业进行技术改造，把催化剂无水 $AlCl_3$ 替换为可循环套用的沸石固体酸或固体杂多酸型催化剂，使后处理过程变得简便，并且还减少了废液的排放量。

三、*O*-酰基化反应生产实例

邻苯二甲酸酯类化合物是一类使用较为广泛的增塑剂，约占整个增塑剂市场的 80%，其中产量最大的增塑剂是邻苯二甲酸二辛酯（Dioctyl phthalate，英文缩写为 DOP）。由于它和塑料之间的相溶性较好、挥发性和抽出性较低、对光和热相对稳定，因此被广泛用于制造聚氯乙烯树脂、薄膜、人造革、合成橡胶、电缆和医疗器械等，2015 年我国的年产量约为 150 万 t。国内 DOP 生产装置规模在 10 万 t 以上的企业主要有山东齐鲁增塑剂股份有限公司、山东宏信化工有限公司和中石化金陵石油化工有限责任公司等，技术主要是从德国 BASF（巴斯夫）公司、美国 Exxon（埃克森）公司和日本 Chisso（窒素）公司等引进，其中山东齐鲁和金陵石化从 BASF 引进了两套全连续式 DCS 控制生产装置。

采用邻苯二甲酸酐与 2- 乙基己醇发生酯化反应得到 DOP，其反应过程如式（3-46）所示。

$$\text{C}_6\text{H}_4(\text{CO})_2\text{O} + \text{CH}_3(\text{CH}_2)_3\text{CH}(\text{C}_2\text{H}_5)\text{CH}_2\text{OH} \xrightarrow{130\sim150℃} \text{C}_6\text{H}_4\begin{cases}\text{COOCH}_2(\text{C}_2\text{H}_5)\text{CH}(\text{CH}_2)_3\text{CH}_3\\ \text{COOH}\end{cases}$$

$$\xrightleftharpoons[\text{钛酸四异丙酯，}180\sim230℃]{\text{CH}_3(\text{CH}_2)_3\text{CH}(\text{C}_2\text{H}_5)\text{CH}_2\text{OH}} \text{C}_6\text{H}_4\begin{cases}\text{COOCH}_2(\text{C}_2\text{H}_5)\text{CH}(\text{CH}_2)_3\text{CH}_3\\ \text{COOCH}_2(\text{C}_2\text{H}_5)\text{CH}(\text{CH}_2)_3\text{CH}_3\end{cases} + \text{H}_2\text{O} \quad (3\text{-}46)$$

关于 DOP 的生产工艺，一般有非酸性催化剂连续生产法和酸性催化剂间歇生产法两种。其中，非酸性催化剂连续生产法采用的是管式反应器或串联阶梯式酯化釜进行连续化生产；而酸性催化剂间歇生产法采用的是间歇式酯化釜进行间歇式生产。非酸性催化剂连续生产法生产 DOP 的工艺和酸性催化剂间歇生产法的相比，具有单酯转化率高、副反应少、简化了中和水洗工序、废水量较少、产品质量稳定、原料及能量消耗低和生产能力大等特点，适合于大吨位的生产。目前国内外企业如德国 BASF 等公司大多采用此法生产 DOP。工艺过程分为酯化、脱醇、中和水洗、汽提和过滤等几个工段，其工艺流程简图如图 3-6 所示。

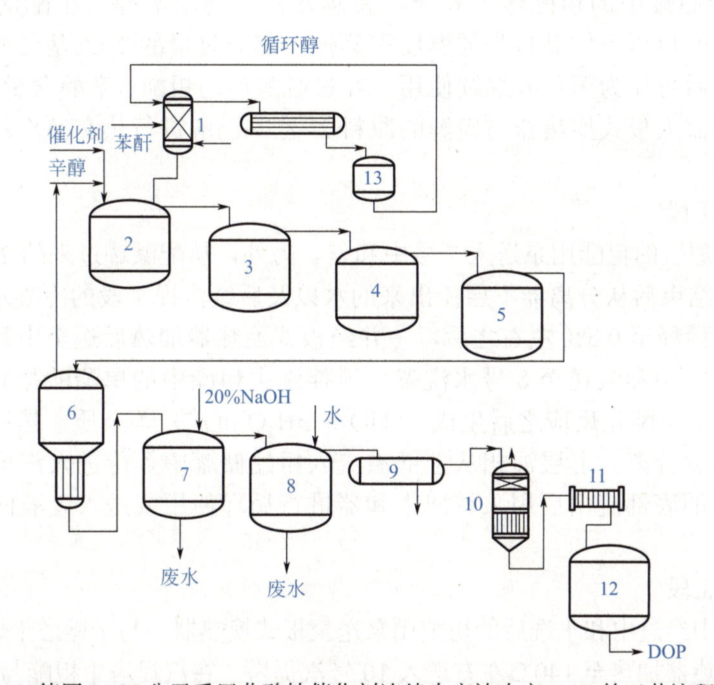

图 3-6 德国 BASF 公司采用非酸性催化剂连续生产法生产 DOP 的工艺流程简图

1—单酯反应器；2 ～ 5—串联阶梯式酯化反应器；6—降膜蒸发器；7—中和釜；8—水洗釜；9—分离器；10—汽提塔；11—吸附脱色搅拌器；12—成品储罐；13—蒸馏釜

由于该工艺采用了先脱醇、后中和水洗、再汽提的方法，因此能避免在中和过程中酯 - 醇、醇 - 水所发生的乳化作用，提升了产品的品质。近年来国内新建的大型连续化生产装置也都是采用这种生产工艺。

1. 酯化工段

将 2- 乙基己醇（又名辛醇）先经板式换热器与来自降膜蒸发器的粗酯进行热交换，再经加热器加热至 175 ～ 180℃送入 1 号单酯反应器，搅拌下将邻苯二甲酸酐直接投入单酯反应器。控制反应器的釜温使两种物料在 130 ～ 150℃时发生酯化反应迅速生成单酯。然后将单酯依次溢流入经预热的 2 ～ 5 号四个串联阶梯式酯化反应器，继续发生酯化反应生成 DOP 双酯粗品。其中，在第一级（即第一个）酯化反应器里通过催化剂计量泵输入一定量的催化剂钛酸四异丙酯。第一级酯化反应器温度控制不低于 180℃，第二、三级反应器内的温度依次提升，至第四级的酯化反应器温度控制在 220 ～ 230℃。反应过程中需向这四个反应器中补加一定量的 2- 乙基己醇，邻苯二甲酸酐和 2- 乙基己醇总的投料摩尔比控制在 1 ：（2.2 ～ 2.5）。为了防止物料在高温下氧化后颜色变深影响到产品的外观，在各酯化反应器的底部都通入高纯度的 N_2 防止物料氧化。各级酯化釜中反应所生成的水与原料 2- 乙基己醇形成的共沸物经釜顶冷凝器冷凝后流入分离器静置分离，上层的醇返回至酯化釜继续反应，下层的水送入废液回收池等待集中处理。经过了四级串联阶梯式酯化器内发生的酯化反应，邻苯二甲酸辛醇单酯生成 DOP 粗品双酯的含量在 82% 左右，由第四级酯化反应器出料后通过泵打入粗酯储罐中暂时贮存，然后由粗酯储罐中经泵送入脱醇工段。

2. 脱醇工段

用泵将粗酯储罐中的粗酯输入 6 号降膜蒸发器，利用辛醇与粗酯的沸点不同，在 3.12 ～ 2.67 kPa 的负压下依靠自身的温度闪蒸掉一部分过量的 2- 乙基己醇，这些醇流入收集罐经蒸馏之后可作为循环醇继续使用。经过脱醇后的粗酯（辛醇含量≤ 2.0%）从降膜蒸发器的底部流入板式换热器与新鲜的原料 2- 乙基己醇进行热交换冷却后送至中和水洗工段。

3. 中和水洗工段

经过脱醇处理后的粗酯用泵送入 7 号中和釜。另外，从配碱罐过来的 20% NaOH 水溶液，和酯化工段结束后从分离器下层流出来的水以及后续汽提工段的冷凝水等在管道中汇合，将碱液浓度稀释至 0.3% 左右之后，一并经板式换热器加热后送至中和釜和粗酯搅拌发生中和反应。将中和液送至 8 号水洗釜，搅拌洗去粗酯中的单酯酸盐和氧化钛（催化剂钛酸四异丙酯发生酯化反应之后生成了 $TiO_2 \cdot nH_2O$ 沉淀）等杂质，然后将混合液溢流入 9 号分离器静置分离。上层油相从上部溢流入粗酯储罐中等待进入汽提干燥工段，下层水相从分离器的底部流出后用泵打回中和器进行循环使用或送入废液回收池之后等待集中处理。

4. 汽提干燥工段

把粗酯储罐中经过中和水洗后的粗酯用泵送至板式换热器，与干燥塔干燥后的热酯进行热交换，再经加热器加热至 140℃左右送入 10 号汽提塔。在汽提塔中粗酯与 2.0MPa 的蒸汽直接逆流接触、在 4.0kPa 下进行汽提闪蒸，去除大部分水分、低沸物杂质和少量辛醇，然后由泵输出送至精酯储罐中暂时贮存等待进入过滤工段。收集闪蒸后所生成的冷凝水送至中和釜循环套用。

5. 过滤工段

从精酯储罐中用泵把精酯送入 11 号吸附脱色搅拌器用活性炭搅拌脱色，然后将混合物送入过滤器中滤除活性炭和其他固体机械杂质，将过滤后的酯冷却到 50℃左右送入 12 号成品储罐中，最终获得高品质的邻苯二甲酸二辛酯。其产率≥ 99.0%（以邻苯二甲酸酐计）。

酯化釜中蒸出的辛醇进入 13 号蒸馏釜中经蒸馏之后循环使用。

下面来看“三废”的处理方式。

①“废液”的处理。在以上各工段的生产过程中，在酯化工段所生成的水是 DOP 整个

生产过程中所产生工业废水的主要来源，另外还有经中和水洗之后含有单酯钠盐等杂质的碱性废水、洗涤粗酯用的水，以及脱醇时汽提的冷凝水等。上述废液的处理方法主要是通过分离提纯后进行循环套用。至于对于无法套用的少量废液，则使用活性污泥进行生化处理之后达标排放。

②“废气”的处理。在酯化工段、脱醇工段和汽提干燥工段所排出的废气，经填料式洗涤器过滤、洗涤之后再排入大气。

③“废固”的处理。废固主要是酯化工段、脱醇工段以及回收醇的蒸馏釜所产生的高沸物，另外还有过滤工段所产生的废活性炭等，可送至有资质的固废处理单位统一进行焚烧处理。

任务小结Ⅲ

学习典型酰化产品（如乙酰苯胺、乙酰水杨酸、2,4- 二氯 -5- 氟苯乙酮和邻苯二甲酸二辛酯等）的生产工艺，包括生产过程、合成工艺条件分析与工艺参数的确定等。

【学习活动八】 讨论总结与评价

四、讨论总结与思考评价

任务总结

1. 用具有特定酸性、稳定性且高效的固体酸催化剂（如沸石分子筛、杂多酸和固体超强酸等）来替代传统的路易斯酸或质子酸催化剂对各种酰基化反应进行催化，由于其具有可循环使用的特点，较少产生酸性废液，因此是今后酰基化反应实现工业化生产的发展方向之一。

2. 在乙酰苯胺的制备过程中，也可以选择乙酸法还制备乙酰苯胺。此时，为了提高原料苯胺的转化率，需选择使用分馏柱以便及时脱去反应所生成的水，从而使化学平衡向正反应方向移动。

拓展阅读

阿司匹林的“前世今生”

阿司匹林（又名乙酰水杨酸）是一种白色结晶或结晶性粉末，无臭或微带醋酸臭，微溶于水，易溶于乙醇，可溶于乙醚、氯仿，水溶液呈酸性。它是水杨酸的衍生物，经过了近百年的临床应用，证明了它对缓解轻度或中度疼痛，如牙痛、头痛、神经痛、肌肉酸痛及痛经效果较好，也可用于感冒、流感等发热疾病的退热，治疗风湿痛等。近年来，人们还发现阿司匹林对血小板聚集有抑制作用，能阻止血栓形成，因此临床上用于预防短暂脑缺血、心肌梗死、人工心脏瓣膜等心脑血管疾病的发作以及静脉瘘或其他手术后血栓的形成。至今，阿司匹林已应用百年，成为医药史上三大经典药物（阿司匹林、青霉素和安定）之一，目前它仍是世界上应用最广泛的解热、镇痛和抗炎药，也是作为比较和评价其他药物的标准制剂。

关于阿司匹林这种“医坛常青药”，它的“前世今生”耐人寻味。

1862 年 1 月 20 日，美国人埃德温·史密斯从两个埃及盗墓人手中买下了两卷外观不佳的纸草书，作价 12 英镑。或许他当时并没有意识到，这两本极其古老的纸草书中会蕴含着医学史上最重要的发现之一。前一卷就以他自己的姓氏命名为《史密斯外科纸草书》，而后一卷则卖给了一位德国教授，被这位教授命名为《埃伯斯纸草书》。

《埃伯斯纸草书》究竟是何人所写，现已不可考。但是上面所记载的医药知识却世代传承下来。医书中有三处提到了柳树，指出这种树可用于强身保健、也可用于消炎止痛。时隔 1000 多年，古希腊的医师仍将“柳”作为一味药。素有古希腊“医学之父”之称的希波克拉底在《希波克拉底文集》中也曾提到了用柳树皮给病人止痛的方法。

1763 年 4 月 25 日，英国牧师爱德华·斯通给英国皇家学会会长麦克莱斯菲尔德伯爵寄去了一封长信，信中提到了他对于柳树皮的相关研究想法。他发现柳树皮的味道极为苦涩，由此联想到了秘鲁树树皮的功效。他猜想这种树由于喜潮湿，因此可能对治疗寒热病有效。于是，他将柳树皮烘干之后磨成粉给寒热病人服用之后，果然病人的寒热症状有了明显的消退，剂量加大时甚至能治愈寒热症。他前后给 50 个病人服用过柳树皮的粉末，结果均安全有效。这封有关柳树皮能治疗寒热病症信件中的主要内容被发表在了《自然科学会报》上。后来这篇文章启发了欧洲新型化学实验室中后辈们，使他们持续展开对于柳树皮的研究。

19 世纪以来，许多实验室竞相开展从柳树皮中分离药用成分的工作。1828 年，德国慕尼黑大学的药剂学教授约瑟夫·布赫纳从柳树皮中提取出少量带有苦味的黄色晶体，将之称为“柳苷”；1829 年，法国化学家亨利·勒鲁改进了提纯方法，从 1000 克左右的干柳树皮中得到了大约 25 克柳苷晶体；1838 年，意大利人拉法莱埃·皮里亚又前进了一步，从柳苷中得到了一种相当强的有机酸，他将这种物质命名为“水杨酸”；就在亨利·勒鲁提炼出柳苷后不久，瑞士的一位药剂师约翰·帕根施特歇尔另辟蹊径，从绣线菊中也提取出来了水杨酸。

同时，他们也发现了水杨酸虽然对寒热病症有疗效，但是病人服用了之后普遍反映胃部不适。另外从树皮中提取的这种生产方法也使水杨酸的产量严重受限。1897 年，德国拜耳的药物化学家菲利克斯·霍夫曼（Felix Hoffman）为了解除父亲服用水杨酸胃疼的痛苦，查阅了大量资料，对水杨酸的提取工艺进行了精心的改进，在 1898 年 8 月 10 日合成出了乙酰水杨酸（Aspirin，即阿司匹林）。实验表明，乙酰水杨酸可明显减轻因水杨酸的酸性所导致患者出现的胃疼等症状。

1899 年 7 月，阿司匹林开始投产。自此，阿司匹林“忠心耿耿”，伴随着人类穿越了两次世界大战的炮火硝烟，共同经历了 1918 年危及全球的大流感，始终显示出强大的解热、镇痛、抗炎之功效。

为什么柳树皮中的提取物能治疗寒热症呢？关于这个问题科学家们一直在努力求解。英国牛津大学的药物化学家约翰·罗伯特·范恩（John Robert Vane）及其研究团队通过动物实验开始对阿司匹林进行药理学研究，他们终于发现了阿司匹林对生物体的作用机制：由于阿司匹林能抑制环加氧酶、继而阻滞前列腺素的生物合成，因此能缓解患者的发热、炎症和疼痛等症状。1971 年 6 月 23 日，在《Nature》杂志上，约翰·罗伯特·范恩和他的助手普里西拉·派珀联合发表了论文《阿司匹林类药物阻滞前列腺素合成的机制》，很快，他们的论文就被同行们频繁地引用从而成了科学史上较为有名的高被引论文。由于他们所做出的巨大贡献，1982 年约翰·罗伯特·范恩获得了诺贝尔奖。

由于人们对健康生活品质的持续需求，药物化学因此被持续推动而不断发展。后来虽然在长达一个多世纪的时间里，阿司匹林一直垄断着止痛药的市场，但是其他不断新生出来的止痛药的效力也不容小视，如对乙酰氨基酚（1878 年合成成功）、泰诺（20 世纪 70 年代起开始出售）和布洛芬（20 世纪 80 年代起开始出售）等。

1950 年，美国医生劳伦斯 • 克雷文（Lawrence L. Craven）观察到了他的患者在接受扁桃体手术之后，由于嚼服含有阿司匹林的口香糖而出现了伤口渗血不止的情况；后来在 20 世纪 80 年代，美国的流行病学家查尔斯 • 海尼肯斯同样也发现了阿司匹林能够预防血栓性疾病的生成。

科学上的重大突破在很多情况下都是一个人又一个人接着别人的脚步前行，各自以自己的小小成就，最后拼接成宏大全图的过程。纵观阿司匹林的前世与今生，当是合适的诠释。

从数千年前古埃及神秘的纸草书中记载的药方，到英国牧师所品尝的苦涩的柳树皮，再到工业化社会乙酰水杨酸的大量合成；从最初的抗炎、抗风湿到后来的解热、镇痛；从破解机制之谜到预防血栓形成、甚至到预防癌瘤的形成。这一路走来，阿司匹林经历了太多的传奇。即便是现如今已进入 21 世纪，这个百年老药依然焕发着勃勃生机。

《乙酰苯胺小试产品生产方案报告单》

项目组别：__________ 项目组成员：______________________________

一、小试实训草案	
（一）合成路线的选择	
完成者：	1. 现有合成路线及生产方法（各方法的简介、特点、技术的归属单位以及使用厂家等信息）
完成者：	2. 各方法的产率、原料消耗量、生产成本比较及估算（利用网络查找，注意数据的时效性）
完成者：	3. 各方法的生产原料厂家的供应情况及生产产品厂家的年销售量，原料和产品的安全性、毒性的相关数据，中毒急救方式及防护措施
4. 合成路线选择、改进的理由及结果（分别从可行性、实用性、安全性、经济性、环保性等方面展开评价，是全组讨论的结果，包括主、副反应式）	

续表

（二）产品的用途以及原料、中间体、主产物和副产物的理化常数指标
完成者： 产品的用途：

化学品的理化常数

名称	外观	分子量	溶解性	熔程 /℃	沸程 /℃	折射率 /20℃	相对密度	$LD_{50}/(mg \cdot kg^{-1})$

（三）主、副反应的各类影响因素（即关键生产工艺参数）及其控制实施草案（是全组讨论的结果）
完成者： （四）原料、中间体及产品的分析测试草案（查找相关国标，并根据实训室现状确定合适的检测项目、选择合适的检测方法，并列出所需仪器和设备）
完成者： （五）产品粗品分离提纯的草案（就所选定的合成路线，分析反应体系中的有机物种类及性质，确定分离提纯方法）
（六）小试产品生产方案（写出详细的小试产品生产方案，是全组讨论的结果）
二、小试产品生产方案的修改及完善之处（是全组讨论的结果）

项目组长（签字）： 年 月 日

《乙酰苯胺小试产品合成实训报告单》

实训日期：______年___月___日　　　　　　　　　　天气：____　室温：___℃　相对湿度：___%

实训记录者：_______　　　实训参加者：__________________________________

一、实训项目名称

二、实训目的和意义

三、实训准备材料

1. 药品（试剂名称、纯度级别、生产厂家或来源等）

2. 设备（名称、型号等）

3. 其他

四、小试合成反应主、副反应式

五、小试装置示意图（用铅笔绘图）

六、实训操作过程

时间	反应条件	操作过程及相关操作数据	现象	解释

项目三

续表

七、所得数据及数据处理过程（需写出计算过程）

八、实训结果及产品展示

<table>
<tr><td rowspan="4">用手机对着产品拍照后打印（5×5)cm 左右的图片贴于此处，注意图片的清晰程度</td><td></td><td>外观</td><td>质量或体积 /（g 或 mL）</td><td>产率（以　计）/%</td></tr>
<tr><td>粗品</td><td></td><td></td><td></td></tr>
<tr><td>精制品</td><td></td><td></td><td></td></tr>
<tr><td colspan="4">样品留样数量：　g（或　mL）；编号：　；存放地点：</td></tr>
</table>

九、样品的分析测试结果

十、实训结论及改进方案（实训结果理想的需及时总结并提出改进方案，实训结果不理想的应深入分析探讨其原因，为后续进一步开展研究活动奠定基础）

十一、假设此小试工艺经逐级经验放大法之后可以成功用于工业化大生产，请画出鉴于此小试生产工艺放大之后的工业化大生产工艺流程简图（用铅笔或用 Auto CAD 绘图）

十二、参考文献［书写格式需符合《信息与文献 参考文献著录规则》（GB/T 7714—2015）的规定］

项目组长（签字）：　　　　年　　月　　日

讨论思考

1. 酰化反应的主要类型有哪些？请举例说明。

2. 影响酰化反应的主要因素有哪些？

3. 举例说明酰化剂的种类有哪些，并根据活性高低进行排序。

4. 乙酸酐分别与苯胺或甲苯作用，可得到哪些产物？请用反应式说明。

5. 苯甲酰氯分别与苯胺或氯苯作用，可发生哪些反应？可制取哪些产品？并列出主要反应条件。

6. 光气分别与苯胺或 *N,N*- 二甲基苯胺作用可发生哪些反应？可制取哪些产品？列出主要反应条件。

7. 简述乙酰苯胺的合成路线和主要工艺过程。

8. 简述对乙酰氨基酚（扑热息痛）的合成方法，并写出合成路线。

9. 简述 2,4- 二氯 -5- 氟苯乙酮的合成工艺及方法。

10. 写出邻苯二甲酸二辛酯的合成路线，并简述采用非酸性催化剂连续生产法生产 DOP 的工艺过程。

11. 写出 *C*- 酰化常用的催化剂种类及其对反应的影响。

12. 简要说明工业上常用的酯化方法及其适用范围。

13. 酯化反应的平衡常数主要受哪些因素影响？工业上一般采用哪些方法促进化学反应平衡右移以提高化学平衡的转化率？

14. 比较伯醇、仲醇、叔醇、烯丙醇、苯甲醇以及苯酚酯化的难易程度，并简要说明理由。

15. 氯化苄与乙酸钠的酯化制乙酸苄酯时采用的是什么催化剂？它起什么作用？

16. 写出制备下列产品的合成路线和各步反应的名称和大致条件，以及所用各种反应试剂。

(1) OH，O—C(=O)—CH_3，C(=O)—OCH_3

(2) O，O，O，C(=O)—OC_4H_9，C(=O)—$OCH_2C_6H_5$

(3) OH，OH，$(CH_3)_3C$—，—$C(CH_3)_3$，$CH_2CH_2COOC_{18}H_{35}$

17. 除了用水作溶剂重结晶提纯乙酸苯胺外，还可用其他什么溶剂？重结晶过程的操作要点有哪些？

18. 本实训采取了哪些措施来提高乙酰苯胺的产率？

19. 请分别对比采用乙酸法和乙酸酐法制备乙酰苯胺各有什么优缺点？除此之外，还可以选择哪些乙酰化试剂？

20. 在完成本次实训任务过程中，团队成员在讨论时观点出现的较大分歧在哪里？后来是如何解决的？

班级：　　　　　　　　姓名：　　　　　　　　学号：

记录
笔记

记录
笔记

项目四

染料对位红的生产

【学习活动一】 接受工作任务，明确完成目标

任务单

振鹏精细化工有限公司总部下达的任务单，其内容如表 4-1 所示。

表 4-1 振鹏精细化工有限公司 任务单 编号：004

任务下达部门	总经理办公室	任务接受部门	技术部
一、任务简述			
公司于 4 月 15 日和上海中化国际贸易有限公司签订了 500 公斤的染料对位红（CAS 登录号：6410-10-2）的供货合同，供货周期：2 个月。由技术部前期负责打通小试生产工艺，后期协作生产部和物流部分别完成中试、放大、生产和货物运输。			
二、经费预算			
预计下拨人民币 10.0 万元研发费用，请技术部负责人于 4 月 18 日前提交经费使用计划，并上报周例会进行讨论。			
三、完成结果			
1. 在 5 月 27 日之前提供一套对位红的小试生产工艺相关技术文件； 2. 同时提供对位红的小试产品样品一份（10.0g），其品质符合国标的相关要求。			
四、其他			
有需要其他部门协作的，由技术部提交申请，总经理办公室负责统筹和协调。			

下达部门：总经理办公室　　负责人：　（签名）　　日期：　年　月　日
接受部门：技术部　　负责人：　（签名）　　日期：　年　月　日
抄送部门：生产部、物流部
注：本单一式五份，分别由总经理办公室、财务部、技术部、生产部和物流部留存。

任务目标

在前期项目的学习过程中，我们分别学会了通过硝化反应以苯为原料生产出硝基苯、通过还原反应把硝基苯生成苯胺、再通过酰基化反应把苯胺生成乙酰苯胺的反应原理以及小试和工业化生产的方法。现在，将完成生产对位红生产的第四个阶段，也是之后一个阶段任务

的学习——如何以对硝基乙酰苯胺为原料通过重氮化和偶合反应生产出染料对位红的反应原理以及小试和工业化生产的方法。由于本书篇幅有限，将略去由乙酰苯胺通过硝化和水解得到对硝基苯胺这两步，请通过查阅相关资料自学。

NO_2 NH_2 NHCOCH$_3$ NHCOCH$_3$

硝化 还原 酰基化 硝化 水解

NO_2

NH_2 N_2Cl OH

重氮化 偶合 NO_2—N=N— (4-1)

NO_2 NO_2 OH

染料对位红

本项目学习中，将以完成染料对位红的生产任务为契机，开展学习系列需通过重氮化和偶合反应等手段生产出的产品，如分散染料分散紫 93 ：1、医药中间体 2- 氟 -4- 硝基苯甲腈和愈创木酚等精细化学品的生产工艺。其中，分散紫 93 ：1，即 *N*-[2-[(2- 氯 -4,6- 二硝基苯基) 偶氮]-5-(二乙氨基) 苯基] 乙酰胺，是一种染料，主要用于聚酯纤维及涤纶纤维及其混纺织物的染色和印花。2- 氟 -4- 硝基苯甲腈，是一种可治疗Ⅱ型糖尿病新药的中间体，也是一种可治疗动脉粥样硬化新药的中间体。愈创木酚，即邻甲氧基苯酚，可用于制造香料香兰素和人造麝香，也是一种止咳药物愈创木酚磺酸钙的原料，还是食品行业中的一种抗氧化剂。

◆ 完成目标

通过查阅相关资料，经团队讨论后确定对位红小试实训方案并予以实施，获得合格产品和一套小试产品的生产工艺技术文件。

能力目标

能根据重氮化、偶合和重氮盐的转化等反应的原理，依据反应底物的特性和基本规律，合理设计典型相关中间体和产品（如偶氮染料和卤代芳烃衍生物等）的合成路线；能通过分析常见重氮化和偶合反应的影响因素，进而寻求典型产品生产的适宜的工艺条件；学会分散紫 93 ：1、2- 氟 -4- 硝基苯甲腈和愈创木酚等精细化学品的安全、高效、清洁化生产工艺；能通过找寻的合理反应条件使得重氮化和偶合反应实验能够顺利进行；学会常用低温操作的方法与手段。

知识目标

了解通过重氮化、偶合和重氮盐的转化等反应所得产物的使用范围；掌握重氮化、偶合和重氮基置换等反应规律，理解重氮化、偶合和重氮盐的转化等反应的原理和特点，理解因生产中各操作条件变化时对产品品质所带来的影响；学习常见重氮化及偶合反应和重氮盐置换等反应（如分散紫 93 ：1、2- 氟 -4- 硝基苯甲腈和愈创木酚等）的清洁化生产工艺；了解工业上重氮化、偶合及重氮盐置换等反应常见的“三废”处理的方法与手段；学习使用重氮化和偶合反应制备出染料对位红的小试操作方法，强化低温合成等操作技术。

素质目标

培养学生化工清洁生产意识、安全生产意识和质量控制意识；培养学生的团队合作精神。

思政目标

遵循“实践是检验真理的唯一标准”的原则，尊重自然、尊重科学。

任务一　确定对位红的小试生产方案

【学习活动二】　选择合成方法

为了确定对位红的小试生产方案，下面将系统提供与对位红合成相关的理论基础知识参考资料供选用。

重氮化是芳香族伯胺与亚硝酸作用生成的重氮化合物的化学过程。重氮化合物可与酚类、芳胺等物质发生偶合反应生成偶氮染料等精细化学品。在有机合成反应中，重氮基还可以被其他取代基所置换，转化成合成所需要的官能团，用于制备多种重要的精细化学品的中间体。

重氮化合物的官能团为—N═N—或写成$—N^+≡N—$的形式，偶氮化合物的官能团也同样被写成—N═N—。二者区别在于，和重氮基中N_2基团两端相连的，一边是C原子，另一边是其他种类的原子；而和偶氮基中N_2基团的两端相连的都是C原子。如：

$$C_6H_5—\overset{+}{N}≡N—Cl^- \qquad C_6H_5—N═N—C_6H_4—Cl \tag{4-2}$$

氯化重氮苯　　　　对氯偶氮苯

重氮基和偶氮基这两种官能团虽然写法一样，但是二者的化学性质完全不同。下面我们将重点讨论重氮化反应、偶合反应及重氮基的置换这三种反应。

一、重氮化反应特点

重氮化反应

（一）重氮化合物的由来

含有伯氨基的有机化合物在无机酸的存在下在0～5℃时与亚硝酸作用生成重氮化合物：

$$Ar—NH_2 + NaNO_2 + 2\,HX \longrightarrow Ar—N_2^+X^- + NaX + 2H_2O \tag{4-3}$$

反应式（4-3）中的X为Cl^-、Br^-、NO_3^-和HSO_4^-等，其中常用的是Cl^-和HSO_4^-。$C_6H_5—N^+≡N—Cl^-$称为氯化重氮苯，$C_6H_5—N^+≡N—HSO_4^-$称为重氮苯硫酸氢盐。

在上述反应中亚硝酸钠和氢卤酸先生成亚硝酸，再和含有伯氨基的化合物发生反应生成重氮化合物：

$$NaNO_2 + HCl \longrightarrow HNO_2 + NaCl \tag{4-4}$$

由于亚硝酸的化学性质很活泼极易分解，因此市场上没有这种原料供应，都是现制现用。

反应式（4-3）中的—Ar包含芳环和芳杂环，不包含脂肪链和脂环链。由于脂肪族伯胺生成的重氮化合物极不稳定，易分解放出氮气而转变成碳正离子R^+，且所生成的碳正离子

R^+ 稳定性也很差，容易发生取代、重排、异构化和消除等反应之后得到成分复杂的产物，因此没有实用价值。

$C_6H_5—N^+\equiv N—BF_4^-$ 称为重氮苯氟硼酸盐，其制法如式 4-5 所示，反应温度同样为 0 ～ 5℃的低温条件。

$$C_6H_5—N^+\equiv N—Cl^- + HBF_4 \longrightarrow C_6H_5—N\equiv N^+—BF_4^- \tag{4-5}$$

由芳环伯胺和芳杂环伯胺的重氮化合物转变成的重氮正离子和强酸负离子生成的物质 $Ar—N_2^+X^-$ 在酸性溶液中相对稳定且易溶于水，在水溶液中以离子的状态存在，具有无机盐的性质，因此又被称为重氮盐。但重氮盐对光不稳定、在光照下易分解，因此可用作感光材料，特别是作为感光复印纸里面的添加剂。

由于重氮盐易溶于水，因此所制备的重氮盐混合液是否澄清透明，常作为衡量生成重氮化合物的反应正常发生的标志之一。重氮盐在低温水溶液中一般比较稳定，但仍具有很高的反应活性。工业生产中通常不必分离出重氮盐结晶，而是用其水溶液进行下一步偶合反应或加氢还原反应等。

（二）重氮化合物的应用

重氮盐能发生置换、还原、偶合、加成等多种反应。因此通过重氮盐可以进行许多有价值的转化反应。

1. 生产偶氮染料

重氮盐经偶合反应制得的偶氮染料，其品种居现代合成染料之首。它包括了适用于各种用途的几乎全部色谱。例如：对氨基苯磺酸重氮化后得到的重氮盐与 2- 萘酚 -6- 磺酸钠偶合，得到食用色素黄 6。

$$HO_3S—C_6H_4—NH_2 \xrightarrow[HCl,\ 0\sim5℃]{NaNO_2} HO_3S—C_6H_4—N_2^+Cl^- \xrightarrow[0\sim5℃]{NaO_3S—C_{10}H_6—OH} HO_3S—C_6H_4—N{=}N—C_{10}H_5(OH)(SO_3Na) \tag{4-6}$$

食用色素黄6

2. 生产药物中间体

例如，重氮盐还原制备芳肼类化合物：

$$C_6H_5—NH_2 \xrightarrow[0\sim5℃]{NaNO_2/HCl} C_6H_5—N_2^+Cl^- \xrightarrow[②\ H_3O^+]{①\ (NH_4)_2SO_3/NH_4HSO_3} C_6H_5—NH—NH_2 \tag{4-7}$$

芳肼类化合物的生产可以采用连续化生产方式，产率较高，接近理论量。

又如，重氮盐置换得对氯甲苯中间体：

$$CH_3—C_6H_4—NH_2 \xrightarrow[0\sim5℃]{NaNO_2/HCl} CH_3—C_6H_4—N_2^+Cl^- \xrightarrow{CuCl/HCl} CH_3—C_6H_4—Cl\ \ 75\% \tag{4-8}$$

若用甲苯直接氯化，产物为邻氯甲苯（沸点 159℃）和对氯甲苯（沸点 160℃）的混合物。二者物理性质相近很难分离。

由此可见，利用重氮盐的活性，可转化成许多重要的、用其他方法难以制得的产品或中间体，这也是在精细有机合成中重氮化反应被广泛应用的原因。

练习测试 

1. 你学过哪几种重氮盐？分别写出结构、名称以及它们的合成方法。

2. 以苯胺为原料和亚硝酸钠的盐酸水溶液发生重氮化反应，请写出所有可能发生的主、副反应方程式并标明反应条件。

二、偶合反应特点

以芳香族重氮盐为原料所发生的偶合反应可分为两类：一类是重氮盐和芳胺或酚通过发生偶合反应转化为偶氮基或通过还原反应生成肼基，反应过程中氮原子不脱落，因此又称为保留氮反应；另一类是重氮盐和 CuX、CuCN、乙醇等发生反应，重氮基被其他如卤原子、腈基、羟基等的基团所置换，同时脱落两个氮原子放出氮气的反应，又称为放氮反应。下面先来学习偶合反应中的保留氮反应。

1. 偶合反应的过程

反应式（4-6）中的第二步、反应式（4-32）、反应式（4-33）和反应式（4-41）中的第二步，所发生的均为偶合反应。芳香族重氮盐和酚类化合物发生偶合反应的方程式如下：

$$O_2N-C_6H_4-N_2^+Cl^- + HO-C_6H_4-NO_2 \xrightarrow{0\sim5℃} O_2N-C_6H_4-N{=}N-C_6H_3(OH)-NO_2 + HCl \quad (4\text{-}9)$$

反应式中的芳香族重氮化合物称为重氮组分，酚或芳胺称为偶合组分。常用的偶合组分有酚类（如苯酚、萘酚及其衍生物），芳胺类（如苯胺、萘胺及其衍生物），氨基萘酚磺酸类［如 H 酸、J 酸、γ 酸等，结构如式（4-10）所示］，活泼亚甲基化合物（如乙酰基苯胺）等。

偶合反应过程

H 酸、J 酸和 γ 酸都是生产染料的重要原料，可生产酸性大红 G、活性橙、直接深棕 M 等各色染料。

(4-10)

1-氨基-8-萘酚-3, 6-二磺酸（又称H酸）

2-氨基-5-萘酚-7-磺酸（又称J酸）

2-氨基-8-萘酚-6-磺酸（又称γ酸）

2. 偶合反应终点的判断

偶合反应进行时要不断检查反应液中重氮组分和偶合组分存在的情况。一般要求在反应终点重氮组分消失，剩余微量的偶合组分。如，判断苯胺的氯化重氮盐和 G 盐［2- 萘酚 -6,8- 二磺酸二钾，属于酚类，为偶合组分，其结构如图 4-1（a）所示］发生的偶合反应是否已经到了反应终点的方法，如图 4-1（b）所示：用玻璃棒蘸取反应液滴在白色滤纸上，染料沉淀洇湿滤纸出现一个无色润圈，其中溶有重氮组分或偶合组分；用对硝基苯胺重氮盐溶液在润圈边滴上1滴，也生成润圈，若反应液中仍有G盐（即偶合组分）存在，则两润圈相交处出现橙色，若没有G盐存在则不显色；同样以H酸溶液在润圈的另一边也滴1滴来检查，若两润圈相交处出现红色，则表示反应液中还有苯胺的重氮盐组分存在，若没有则也不显色。

如此每隔数分钟检查一次，直至反应液中重氮盐组分完全消失（即滴H酸试液在两润圈处不显色）且仅余微量偶合组分（即滴对硝基苯胺重氮盐试液后两润圈相交处显橙色）为止。

有时重氮盐本身的颜色较深，溶解度不大，偶合速率很慢，在这种情况下，如果用一般指示剂效果并不明显，需要采用更活泼的偶合组分如间苯二酚或间苯二胺作指示剂。

偶合反应生成的染料溶解度如果太小，滴在滤纸上不能得到无色润圈，在这种情况下可以先在滤纸上放一小堆食盐，将反应液滴在食盐上，染料就会沉淀生成无色润圈了；也可以取出少量反应液置于小烧杯中，加入食盐或乙酸钠盐析，然后进行点滴试验，就可得到明确指示。

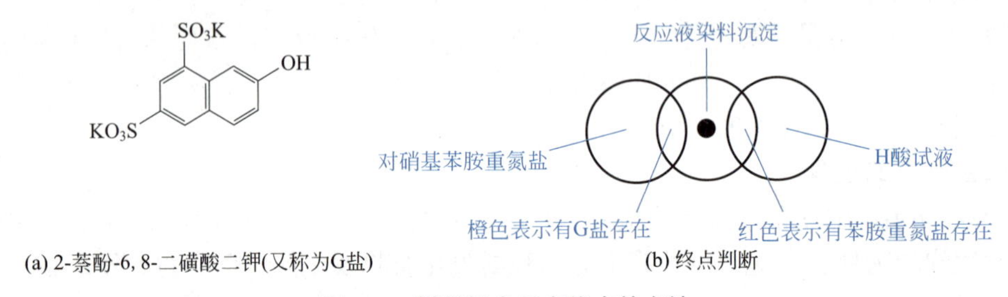

图4-1　判断偶合反应终点的方法

练习测试

1. 写出对氨基苯磺酸和亚硝酸钠的盐酸溶液在低温下所生成重氮盐的结构，并写出该重氮盐和苯酚在低温下继续发生偶合反应的方程式。

2. 请解释分别用对硝基苯胺重氮盐溶液和H酸溶液来判断苯胺的氯化重氮盐和G盐（2-萘酚-6,8-二磺酸二钾）所发生的偶合反应是否已经到了反应终点的原因，并写出各步的反应方程式。

三、重氮基的置换

重氮盐性质活泼，本身的使用价值并不高，干燥时还容易爆炸，但是重氮盐在一定条件下可被其他基团取代生成一些有使用价值的化合物，同时释放出氮气。常见的是将重氮基置换为—X（包括—F、—Cl、—Br、—I）、—CN、—OH、—H、—SH（巯基）等。

通过此法可用来合成其结构和苯环上发生亲电取代反应时定位规律相悖的（当芳环上已有邻、对位定位基时，要求所引入的基团是在其间位；或者当芳环上已有间定位基时，要求所引入的基团偏偏要在它的邻位或对位），或者是采用其他方法很难引入某种取代基的化合物，在药物中间体的合成中具有重要意义。但是应该指出的是，重氮盐转化反应的产率一般都不太高，产率一般在40%～80%，主要是因为重氮盐的化学性质太活泼、副反应太多。

（一）重氮基置换成卤代基

芳伯胺经重氮化和卤素置换反应后，$—NH_2$ 即转化为—X。用此法可把卤原子引入芳环中的指定位置，没有其他异构体或多卤化物等副产物。重氮基置换成不同卤原子时，所采用的方法各不相同。

1. 重氮基置换成—Cl 和—Br

芳伯胺的氯化重氮盐在 Cu^+ 的催化作用下，$—N_2^+Cl^-$ 置换成—Cl、—Br 和—CN 的反应称为桑德迈尔（Sandmeyer）反应。具有实际意义的例子是碱性染料中间体 2,6- 二氯甲苯的制备。

$$\text{3-氯-2-甲基苯胺}\ (Cl,\ CH_3,\ NH_2)\xrightarrow[0\sim5℃]{NaNO_2,\ HCl}\ (Cl,\ CH_3,\ N_2Cl)\xrightarrow[HCl]{CuCl}\ (Cl,\ CH_3,\ Cl)\tag{4-11}$$

将重氮盐溶液加到氯化亚铜盐酸溶液中，控制反应温度在 40 ～ 60℃，反应完毕，蒸出二氯甲苯，分出水层，将油层用硫酸洗、水洗和碱洗后得粗品，再进行分馏得到 2,6- 二氯甲苯成品。

如果不用上述路线生产 2,6- 二氯甲苯，比较容易想到的是以下两种合成路线：①烷基甲苯氯化法。以甲苯为原料经氯化反应获得 2,6- 二氯甲苯。但是此法容易生成对氯甲苯、2,4- 二氯甲苯、2,3- 二氯甲苯、2,5- 二氯甲苯和 3,4- 二氯甲苯等多种副产，由于它们沸点接近，需要用高效精密精馏、冷冻、吸收等特殊方法分离，因此成本高、产率低、副产多。②甲苯连续氯化法。如果以对叔丁基甲苯或对异丁基甲苯为原料进行氯化，氯原子被引入甲基的两个邻位上得到 2,6- 二氯甲苯，但是脱叔丁基或脱异丁基反应这一步所使用的催化剂存在寿命短的问题且反应条件相对苛刻。

另外，还有使用对甲苯磺酰氯定向氯化法等合成 2,6- 二氯甲苯的路线，但是都存在生产成本高、“三废”量大、副反应多等缺陷。综合评判下来，还是式（4-11）的合成路线最具实用价值。

2. 重氮基置换成—I

由重氮盐置换成碘代芳烃，可直接用碘化钾或碘和重氮盐在酸性溶液中加热即可。用碘置换的重氮盐制备一般在稀硫酸中进行，如式（4-12）所示。若用盐酸则其中的部分—Cl 会取代重氮基生成氯化副产。

$$\text{间二硝基苯}\ (NO_2,\ NO_2)\xrightarrow[\triangle,\ P]{[H]}\ (NH_2,\ NH_2)\xrightarrow[0\sim5℃]{NaNO_2,\ H_2SO_4}\ (N_2^+HSO_4^-,\ N_2^+HSO_4^-)\xrightarrow[回流]{KI}\ (I,\ I)\tag{4-12}$$

3. 重氮基置换成—F

氟化物在药物生产中应用广泛，如广谱抗菌药诺氟沙星和氟康唑，以及治疗关节炎的药物氟比洛芬等，还有杀蚊剂四氟甲醚菊酯的结构式里面也含有氟原子。

重氮盐与氟硼酸盐反应，或芳伯胺直接与亚硝酸钠和氟硼酸进行重氮化反应，均能生成不溶于水的重氮氟硼酸盐（复盐）。此重氮盐性质稳定，过滤干燥后，再经加热分解（有时在氟化钠或铜盐存在下加热），可得氟代芳烃。此反应称为希曼（Schiemann）反应。

$$H_2N-C_6H_4-Br \xrightarrow[HCl]{NaNO_2} Cl^-\overset{+}{N_2}-C_6H_4-Br \xrightarrow{NH_4BF_4} BF_4^-\overset{+}{N_2}-C_6H_4-Br \xrightarrow{\triangle} F-C_6H_4-Br \qquad (4\text{-}13)$$

重氮氟硼酸盐的热分解必须在无水的条件下进行，否则易生成酚类副产。但是，干燥的重氮盐又容易爆炸，细思恐极。所以希曼反应在工业化大生产中的应用价值不大，仅用于实验室小试研究。工业上需要得到大量的氟化物时，一般是以氯化或溴化物为原料，和KF等氟化试剂发生取代反应后得到（详见“项目七 医药中间体正溴丁烷的生产”中相关内容）。

（二）重氮基置换成氰基

重氮盐与氰化亚铜的复盐反应，重氮基可被氰基（—CN）置换，生成芳腈。如一种可用于治疗Ⅱ型糖尿病新药的中间体2-氟-4-硝基苯甲腈的合成。

$$\text{2-F-4-}NO_2\text{-}C_6H_3NH_2 \xrightarrow[H_2SO_4]{NaNO_2} \text{2-F-4-}NO_2\text{-}C_6H_3N_2^+HSO_4^- \xrightarrow[HBr]{CuBr} \text{2-F-4-}NO_2\text{-}C_6H_3Br \xrightarrow[NMP]{CuCN} \text{2-F-4-}NO_2\text{-}C_6H_3CN \qquad (4\text{-}14)$$

关于2-氟-4-硝基苯甲腈的合成路线，一般有以下几条：①以2-氟-4-硝基甲苯为原料经氧化后生成2-氟-4-硝基苯甲酸，由2-氟-4-硝基苯甲酸继续发生酰基化和脱水反应生成2-氟-4-硝基苯甲腈。该方法使用了毒性较强、价格较贵的草酰氯、正己烷、三氟乙酸酐等原料。②以2-氟-4-硝基苯甲酸先转化成酰氯，然后再和氯化铵、三氯氧磷等反应生成2-氟-4-硝基苯甲腈。这种方法所选用的原料2-氟-4-硝基苯甲酸不易得到。③以2-氯-4-硝基苯甲腈为原料，与KF以DMF为溶剂发生氟取代反应生成2-氟-4-硝基苯甲腈。这种方法同样存在原料2-氯-4-硝基苯甲酸不易购得的缺陷。④以溴苯为原料，先硝化生成2,4-二硝基溴苯，然后发生氰化反应生成2,4-二硝基苯甲腈，最后与KF以TMAF为相转移催化剂发生氟取代反应生成2-氟-4-硝基苯甲腈。这种方法原料的转化率相当低，大约只有60%，且还有少量的2,4-二氟苯甲腈副产物生成。反应式（4-14）所示的合成路线具有工艺设备简单、反应条件温和、产品纯度好、使用的大多数原料毒性较低、操作简便、生产成本低和适合推广应用等特点，适合工业化生产。

（三）重氮基置换成羟基

重氮基被羟基置换的反应称为重氮盐的水解反应。其反应属于S_N1历程，当将重氮盐在酸性水溶液中加热煮沸时，重氮盐首先分解为芳正离子，后者受到水的亲核进攻，而在芳环上引入羟基。

$$2\ \text{2-}OCH_3\text{-}C_6H_4NH_2 + 2NaNO_2 + 3H_2SO_4 \xrightarrow{0\sim15℃} 2\ \text{2-}OCH_3\text{-}C_6H_4\overset{+}{N}\equiv NHSO_4^- + Na_2SO_4 + 4H_2O \qquad (4\text{-}15)$$

$$\text{2-}OCH_3\text{-}C_6H_4\overset{+}{N}\equiv NHSO_4^- + H_2O \xrightarrow[105℃]{CuSO_4} \text{2-}OCH_3\text{-}C_6H_4OH + N_2\uparrow + H_2SO_4 \qquad (4\text{-}16)$$

邻甲氧基苯酚(俗称愈创木酚)

由于芳正离子非常活泼，可与反应液中其他亲核试剂相反应，为避免生成氯化副产物，芳伯胺重氮化要在稀硫酸介质中进行。为避免芳正离子与生成的酚氧负离子反应生成二芳基醚等副产物，最好将生成的可挥发性酚，立即用水蒸气蒸出，或向反应液中加入氯苯等惰性溶剂，使生成的酚立即转入到有机相中。

为避免重氮盐与水解生成的酚发生偶合反应生成羟基偶氮染料，水解反应要在 40% ～ 50% 的硫酸中进行。通常是将冷的重氮盐水溶液滴加到沸腾的稀硫酸中。温度一般在 102 ～ 145℃。

以反应式（4-15）中的起始邻甲氧基苯胺为原料生产邻甲氧基苯酚时，还会发生以下副反应：

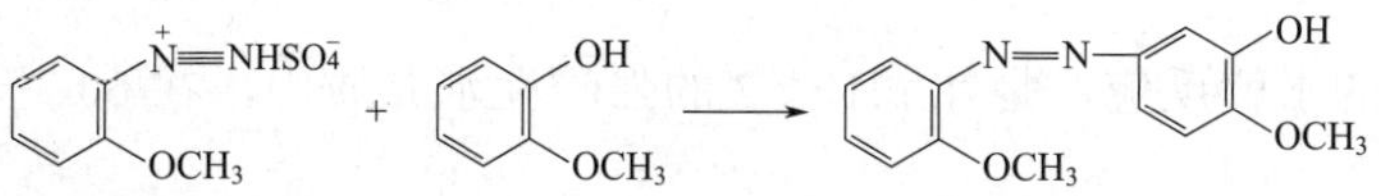

(4-17)

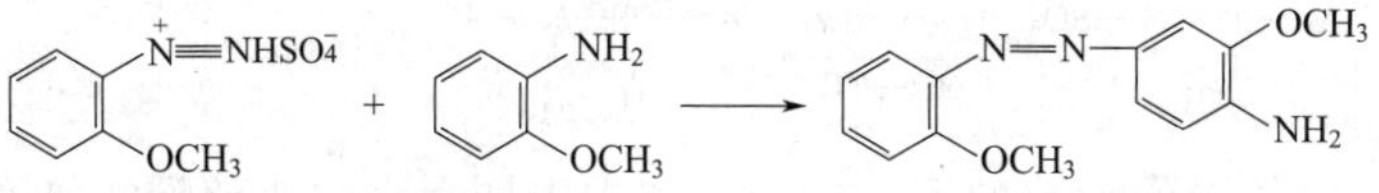

(4-18)

（四）重氮基置换成 H 原子

将重氮盐用适当的温和的还原剂进行还原时，可使重氮基置换成—H（脱氨基反应）并放出氮气。比较常用的还原剂是乙醇、次磷酸（H_3PO_2）和异丙醇等，用 Cu^+ 或 Cu^{2+} 作催化剂。

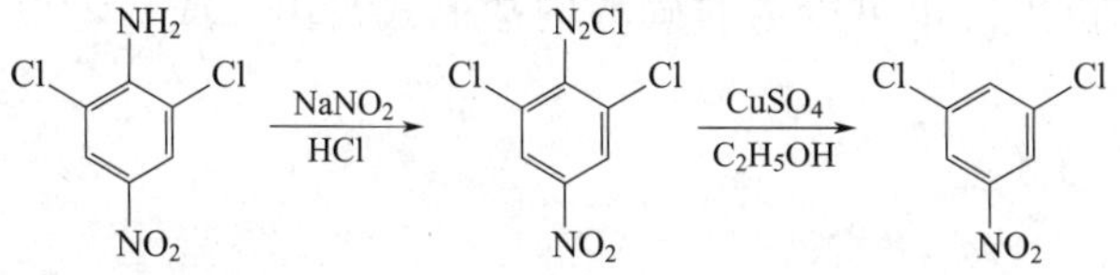

$\xrightarrow[HCl]{NaNO_2}$ $\xrightarrow[C_2H_5OH]{CuSO_4}$ (4-19)

（五）重氮基置换成巯基

重氮盐与一些低价含硫化合物相作用可使重氮基被巯基置换。将冷的重氮酸盐水溶液倒入 40 ～ 45℃的乙基磺原酸钠水溶液中，分离出的乙基磺原酸芳基酯在氢氧化钠水溶液中或稀硫酸中水解即得到相应的硫酚。

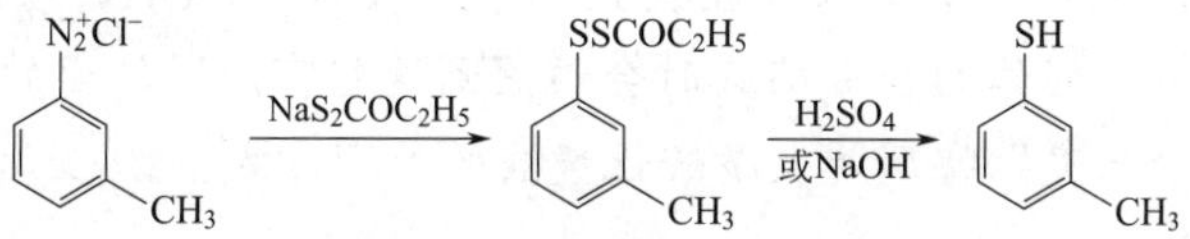

$\xrightarrow{NaS_2COC_2H_5}$ $\xrightarrow[\text{或}NaOH]{H_2SO_4}$ (4-20)

另一种方法是将冷重氮盐酸盐水溶液倒入冷的 Na_2S_2-NaOH 水溶液中，然后将生成的二硫化物 Ar—S—S—Ar 进行还原，也可制得相应的硫酚。

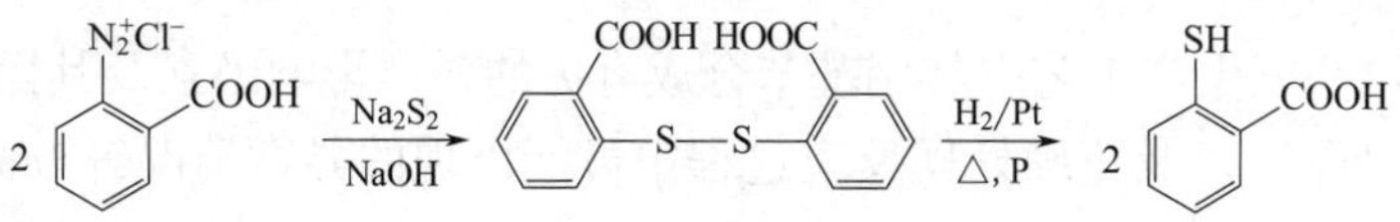

$\xrightarrow[NaOH]{Na_2S_2}$ $\xrightarrow[\triangle, P]{H_2/Pt}$ (4-21)

四、重氮基的还原

对重氮盐中的两个氮原子进行还原可制得芳肼化合物。方法是将芳伯胺制成重氮盐后，用亚硫酸盐［$(NH_4)_2SO_3$］及亚硫酸氢盐（NH_4HSO_3）1 ∶ 1 的混合液进行还原，然后进行酸性水解而得芳肼盐类。芳肼化合物在药物合成和染料合成中有较广泛的用途。

此法实际是亚硫酸盐的硫原子上一对孤对电子向氮正离子的亲核进攻，生成偶氮磺酸盐，该反应在较低温度即可很快进行，故称冷还原。

$$\mathrm{Ar-\overset{+}{N}\equiv N \rightleftharpoons Ar-N=\overset{+}{N} \xrightarrow[30\sim40^{\circ}C]{:SO_3^{2-}} Ar-N=N-SO_3^-} \tag{4-22}$$

随后，偶氮磺酸盐与亚硫酸氢盐进行亲核加成而得芳肼二磺酸盐。此步反应温度较高，称为热还原。

$$\mathrm{Ar-N=N-SO_3^- + HSO_3^- \xrightarrow{70^{\circ}C} Ar-\underset{SO_3^-}{\underset{|}{N}}-\underset{H}{\underset{|}{N}}-SO_3^-} \tag{4-23}$$

芳肼二磺酸盐的水解反应，是在 pH ＜ 2 的强酸性水介质中，在 60 ～ 90℃加热数小时完成。

$$\mathrm{Ar-\underset{SO_3^-}{\underset{|}{N}}-\underset{H}{\underset{|}{N}}-SO_3^- \xrightarrow[60\sim90^{\circ}C]{H_2SO_4/H_2O} Ar-\underset{H}{\underset{|}{N}}-\underset{H}{\underset{|}{N}}-H \cdot 1/2\,H_2SO_4} \tag{4-24}$$

重氮盐还原成芳肼的操作大致如下：在反应器中先加入水、亚硫酸氢钠和碳酸钠的混合液，保持 pH = 6 ～ 8，在一定温度下向其中加入重氮盐的酸性水溶液、酸性水悬浮液或湿滤饼，保持一定的 pH 值；然后逐渐升温至一定温度，保持一定时间；最后加入浓盐酸或硫酸，再升至一定温度，保持一定时间，进行水解 - 脱磺基反应，即可得芳肼。芳肼可以盐酸盐或硫酸盐的形式析出，也可以芳肼磺酸内盐形式析出，或二者以水溶液形式直接进行下一步反应。

任务小结 I

1. 重氮化和偶合反应可用来生产多种染料、药物等精细化学品。特别是能用来合成其结构和苯环上发生亲电取代反应时定位规律相悖的化合物，在药物中间体和染料中间体的生产中具有重要意义。

2. 重氮化反应是一种强放热的反应，一般在低温条件下进行。偶合反应属亲电取代反应。

3. 在重氮盐的转化反应中，重氮基可置换成—X、—CN、—OH、—H、—SH 等，在设计某些药物中间体和染料中间体的合成路线时会运用到这些官能团转变的方法，但是产率不高，且工业上需要注意“三废”特别是大量酸性废液的处理方式。

【学习活动三】 寻找关键工艺参数，确定操作方法

为了确定对位红小试生产工艺中与硝基苯合成有关的各类影响因素及其操控方法、合理解释反应过程中的现象，以及正确处理反应过程中可能出现的异常情况等方面相关的信息，下面我们将一一展开学习。

五、重氮化反应影响因素及操作方法

（一）重氮化反应的影响因素

1. 原料芳伯胺的碱性

芳伯胺的重氮化是靠活泼质点（NO^+）对芳伯胺氮原子孤对电子的进攻来完成的。当氮原子上的部分负电荷越高（芳伯胺的碱性越强）时，重氮化反应速度就越快，反之则越慢。

从芳伯胺的结构来看，当芳环上连有供电子基团时，芳伯胺碱性增强，反应速度加快；当连有吸电子基团时则反之。

2. 原料无机酸的种类

芳伯胺重氮化的反应速度主要取决于重氮化活泼质点的种类和活性，即无机酸的种类起决定性作用。

在稀盐酸中进行重氮化时，主要活泼质点是亚硝酰氯（ON—Cl），按以下反应生成。

$$NaNO_2 + HCl \longrightarrow ON{-}OH + NaCl \tag{4-25}$$

$$ON{-}OH + HCl \rightleftharpoons ON{-}Cl + H_2O \tag{4-26}$$

在稀硫酸中进行重氮化时，主要活泼质点是亚硝酸酐（即三氧化二氮 $ON{-}NO_2$），按以下反应式生成。

$$2ON{-}OH \rightleftharpoons ON{-}NO_2 + H_2O \tag{4-27}$$

在浓硫酸中进行重氮化时，主要的活泼质点是亚硝酰正离子（NO^+），按以下反应生成。

$$ON{-}OH + 2H_2SO_4 \rightleftharpoons ON^+ + 2HSO_4^- + H_3O^+ \tag{4-28}$$

上述各种重氮化活泼质点的活性次序是：

$$ON^+ > ON{-}Br > ON{-}Cl > ON{-}NO_2 > ON{-}OH \tag{4-29}$$

显然，越活泼的质点其发生重氮化反应的速度越快，如：用 HBr 作用的速率较用 HCl 快 50 倍。

3. 原料无机酸的用量

理论上，无机酸的摩尔用量为芳伯胺的 2 倍。但实际上为了反应的顺利进行，无机酸必须是过量的，一般情况下，芳胺与无机酸的摩尔比达到 1∶(3～4) 甚至更高。过量的无机酸对反应有以下好处：

(1) 可加速重氮化反应速率，又能使重氮化合物以盐的形式存在而不易发生分解。

$$Ar{-}NH_2 + HX \longrightarrow Ar{-}NH_2 \cdot HX \tag{4-30}$$

(2) 保持反应液酸性，抑制亚硝酸离子化，可防止重氮盐分解，阻止发生偶合副反应。

$$HNO_2 \rightleftharpoons H^+ + NO_2^- \tag{4-31}$$

$$Ar{-}N_2X + Ar'{-}NH_2 \underset{pH \leqslant 2}{\overset{pH \geqslant 4}{\rightleftharpoons}} Ar{-}N{=}N{-}Ar'{-}NH_2 + HX \tag{4-32}$$

对于碱性较强的芳伯胺，酸可以少过量一些，碱性较弱的芳伯胺需要多用一些无机酸。过量的无机酸在去除无机盐之后可循环套用。

4. 原料无机酸的浓度

无机酸的浓度较低时原料芳伯胺发生中和反应生成的铵盐易溶解，也易水解成游离胺，因此有利于重氮化反应的进行。酸的浓度越高则重氮化反应的速率越快。但是，无机酸的浓度过高会降低游离胺的浓度，从而会影响重氮化反应的速率。一般情况下，如果使用的是 HCl，在反应体系中其浓度控制在不超过 20%。

5. 原料亚硝酸钠的用量以及重氮化反应终点的判断方法

重氮化反应中亚硝酸钠和底物芳伯胺的投料摩尔比是 1 ∶ 1。如果亚硝酸钠不能保持微过量或加入其水溶液速度过慢即底物芳伯胺过量，则重氮盐会和芳伯胺发生偶合反应生成重氮氨基化合物副产。如对硝基苯胺重氮化时会生成黄色的重氮氨基化合物沉淀。分别如式（4-32）和式（4-33）所示。

$$O_2N-C_6H_4-N_2^+Cl^- + H_2N-C_6H_4-NO_2 \longrightarrow O_2N-C_6H_4-N=N-NH-C_6H_4-NO_2\downarrow \quad (4\text{-}33)$$

所以当重氮化反应结束时，原料芳伯胺应该是基本转化完全所剩无几，但是亚硝酸钠一定要微过量。为此，需用白色的淀粉 -KI 试纸进行检测。检测的原理是：过量的亚硝酸可以将试纸中的 KI 发生氧化反应生成单质 I_2，而 I_2 遇到淀粉能发生变色反应使试纸变为蓝色。反应式如式（4-34）所示：

$$2HNO_2 + 2KI + 2HCl \longrightarrow I_2 + 2KCl + 2NO + 2H_2O \quad (4\text{-}34)$$

在重氮化反应完成之后，常加入尿素或氨基磺酸将过量的 $NaNO_2$ 分解掉。

$$H_2N-CO-NH_2 + 2HNO_2 \longrightarrow CO_2\uparrow + 2N_2\uparrow + 3H_2O \quad (4\text{-}35)$$

$$H_2N-SO_3H + HNO_2 \longrightarrow H_2SO_4 + N_2\uparrow + H_2O \quad (4\text{-}36)$$

过多的亚硝酸钠会导致重氮盐缓慢分解。因此亚硝酸钠保持微过量即可，如亚硝酸钠和底物芳伯胺的投料摩尔比控制在（1.02 ～ 1.05）∶ 1 较合适。过多地加入尿素或氨基磺酸，有时会把重氮盐分解变回原料芳伯胺。

$$Ar-N^+\equiv N-Cl^- + H_2N-SO_3H + H_2O \longrightarrow Ar-NH_2 + N_2\uparrow + H_2SO_4 + HCl \quad (4\text{-}37)$$

因此，加尿素或氨基磺酸的过程中，一要搅拌混匀；二要不断用淀粉 -KI 试纸检测，及时查看试纸变色情况。

6. 亚硝酸钠水溶液的加料速度

亚硝酸钠在水中溶解度很大，在稀盐酸或稀硫酸中进行重氮化时，一般可配成 30% ～ 40% 的水溶液。亚硝酸钠水溶液的加料进度取决于重氮化反应速度的快慢，主要是为了保证整个反应过程自始至终都不缺少亚硝酸钠，以防止产生重氮氨基化合物黄色沉淀副产。但亚硝酸钠水溶液如果加料太快，亚硝酸的生成速度超过重氮化反应对其消耗速度时，会使此部分亚硝酸分解溢出 NO_2 气体造成损失，导致原料芳伯胺过量又会发生式（4-32）和式（4-33）的副反应。

NO_2 气体为黄棕色，俗称“冒黄烟”。亚硝酸钠水溶液加料过快，不仅浪费原料，而且产生有毒、有刺激性气体造成环境污染，还腐蚀设备，见反应式（4-38）。因此，必须对亚硝酸钠的加料速度进行控制。

$$3HNO_2 \longrightarrow NO_2 + 2NO + H_2O$$

$$2NO + O_2 \longrightarrow 2NO_2\text{（“冒黄烟”）} \quad (4\text{-}38)$$

冒出的“黄烟”可以用水吸收生成硝酸：

$$NO_2 + H_2O \longrightarrow HNO_3 \quad (4\text{-}39)$$

7. 反应的温度

重氮化反应是典型的放热反应，反应过程中需及时移出反应热，一般控制在 0 ～ 5℃，

过高的温度会加快 HNO_2 和重氮化合物的分解。为保持此适宜温度范围，通常在稀盐酸或稀硫酸介质中重氮化时，可采取直接加冰冷却法；在浓硫酸介质中重氮化时，则需要用冷冻氯化钙水溶液或冷冻盐水间接冷却。

一般芳伯胺的碱性越强，重氮化的适宜温度则越低。若生成的重氮盐较稳定，也可在较高的温度下进行重氮化。对于某些比较稳定的重氮盐的制备，重氮化反应可以在 30 ～ 40℃的条件下进行。

（二）重氮化反应的操作方法

原料芳伯胺化学结构不同，所生成的重氮盐性质不同，重氮化生产操作的方法也不同。

1. 碱性较强的芳伯胺的重氮化——正重氮化法

碱性较强的芳伯胺包含不含其他取代基的芳伯胺如苯胺，芳环上含有给电子基（如—OCH_3 等）的芳伯胺如对甲基苯胺，芳环上只含有一个卤代基的芳伯胺如间氯苯胺，以及 2- 氨基噻唑等芳杂环伯胺等。这些芳伯胺的特点是在稀盐酸或稀硫酸中生成的铵盐易溶于水，铵盐主要以铵合氢正离子的形式存在，游离胺的浓度很低，因此重氮化反应的速度相对较慢，另外，生成的重氮盐不易与尚未重氮化的游离胺相作用。

重氮化操作方法通常是室温下将芳伯胺溶解于过量的稀盐酸或稀硫酸中，降温，然后先快后慢地（反应刚开始时，芳伯胺浓度高，反应速率快，后面随着反应进行其浓度慢慢降低，因此反应速率也慢了下来）加入亚硝酸钠水溶液，直到亚硝酸钠微过量为止。此法通常称作正重氮化法，应用最为普遍。

反应温度一般在 0 ～ 10℃。盐酸用量一般为芳伯胺的 3 ～ 4 倍（物质的量）。水量一般应控制在到反应结束时，反应液总体积为原料芳伯胺量的 10 ～ 12 倍。操作时应控制亚硝酸钠水溶液的加料速度，以抑制副反应的进行。

工业上以重氮盐为合成中间体时多采用这种正重氮化法。由于反应过程的连续性，可提高重氮化反应的温度以增加反应速率。重氮化反应一般在低温下进行，目的是为避免生成的重氮盐发生分解和破坏。采用连续化操作时，可使生成的重氮盐立即进入下步反应系统中，而转变为较稳定的化合物。这种转化反应的速度常大于重氮盐的分解速度。连续操作可以利用反应产生的热量提高温度，加快反应速度，缩短反应时间，适合于大规模生产。例如，由苯胺制备苯肼就是采用连续重氮化法，重氮化温度可提高到 50 ～ 60℃。

$$C_6H_5NH_2 \xrightarrow[55℃]{NaNO_2/HCl} C_6H_5\overset{+}{N_2}Cl^- \xrightarrow[30℃]{(NH_4)_2SO_3} C_6H_5N{=}NSO_3NH_4 \xrightarrow[70℃]{NH_4HSO_3}$$

$$C_6H_5N(SO_3NH_4){-}N{-}SO_3NH_4 \xrightarrow[(2)NH_3/pH=2.5]{(1)H_2SO_4/H_2O} C_6H_5NHNH_2\cdot 1/2\ H_2SO_4 \quad (4\text{-}40)$$

又如：对氨基偶氮苯的生产中，由于苯胺重氮化反应及产物与苯胺进行偶合反应相继进行，可使重氮化反应的温度提高到 90℃左右而不至引起重氮盐的分解，大大提高生产效率。

$$C_6H_5NH_2 \xrightarrow[90℃]{NaNO_2/HCl} C_6H_5\overset{+}{N_2}Cl^- \xrightarrow{C_6H_5NH_2} C_6H_5{-}N{=}N{-}C_6H_4{-}NH_2 \quad (4\text{-}41)$$

2. 碱性较弱的芳伯胺的重氮化——快速正重氮化法

碱性较弱的芳伯胺包括芳环上有强吸电子基（如—NO_2 等）的芳伯胺和芳环上含有两个

以上卤代基的芳伯胺等。这类芳伯胺的特点是在稀盐酸或稀硫酸中生成的铵盐溶解度较小，已溶解的铵盐有相当一部分以游离胺的形式存在，因此重氮化反应速度较快。但是生成的重氮盐容易与尚未重氮化的游离芳伯胺作用。

其重氮化操作方法通常是先将这类芳伯胺溶解于过量较多、浓度较高的热盐酸中，然后加冷却剂（如冰块）快速稀释并降温至反应温度，使大部分铵盐以很细的沉淀析出，再迅速加入稍过量的亚硝酸钠水溶液，以避免生成重氮氨基化合物副产。当芳伯胺完全重氮化之后，再加入适量尿素或氨基磺酸，将过量的亚硝酸破坏掉。必要时应将制得的重氮盐溶液过滤一遍，以除去副产重氮氨基化合物的沉淀。

为了避免加热溶解，也可以将粉状的芳伯胺原料用适量冰水搅拌打浆或在砂磨机中打浆（必要时可加入少量表面活性剂），然后向其中加入适量浓盐酸，再加入亚硝酸钠水溶液进行重氮化。

3. 碱性很弱的芳伯胺的重氮化——浓酸法

碱性很弱的芳伯胺有 2,4- 二硝基苯胺、2- 氰基 -4- 硝基苯胺和 2- 氨基苯并噻唑等。这类芳伯胺的特点是碱性很弱，不溶于稀盐酸和稀硫酸，但能溶于浓硫酸。它们的浓硫酸溶液不能用水稀释，因为它们的酸性硫酸盐在稀硫酸中会转变成游离胺析出。这类芳伯胺在浓硫酸中并未完全转变为酸性硫酸盐，仍然有一部分是游离胺，所以在浓硫酸中很容易发生重氮化反应，而且生成的重氮盐也不会与尚未重氮化的芳伯胺相互作用生成重氮氨基化合物副产。

其重氮化操作方法通常是先将芳伯胺溶解于 4 ～ 5 倍质量的浓硫酸中，然后在一定温度下加入微过量的亚硝酰硫酸溶液。为了节省硫酸的用量、简化工艺，也可以向芳伯胺的浓硫酸溶液中直接加入干燥的粉状亚硝酸钠。

4. 氨基芳磺酸和氨基芳羧酸的重氮化——反重氮化法

属于氨基芳磺酸和氨基芳羧酸的芳伯胺有苯系和萘系的单氨基单磺酸、联苯胺 -2,2′- 二磺酸和 1- 氨基萘 -8- 甲酸等。这类芳伯胺的特点是它们在稀无机酸中所生成的内盐在水中溶解度很小，但它们的钠盐或铵盐则极易溶于水。

其重氮化操作方法通常是先将胺类悬浮在水中，加入微过量的氢氧化钠或氨水，使氨基芳磺酸盐转变成钠盐或铵盐而溶解。然后加入稀盐酸或稀硫酸，使氨基芳磺酸以很细的颗粒沉淀析出，接着立即加入微过量的亚硝酸钠水溶液（必要时可加入少量胶体保护剂如二丁基萘磺酸钠等）。

另一种重氮化操作方法是先将氨基芳磺酸的钠盐在微碱性条件下与微过量的亚硝酸钠配成混合水溶液，然后放到冷的稀无机酸中。这种重氮化方法称作反重氮化法。得到的芳重氮盐单磺酸通常都形成内盐，不溶于水，可将过滤出来的湿滤饼作下一步处理。

苯系和萘系的单氨基多磺酸和苯系单氨基单羧酸一般易溶于 $SO_3^-—C_6H_4—N≡N^+$ 的稀盐酸和稀硫酸溶液，可采用通常的正重氮化法。

5. 二胺类化合物的重氮化

二胺类的重氮化指的是在一个苯环上有两个氨基的化合物所发生的重氮化。

邻二胺类化合物和亚硝酸钠作用时，一个氨基先重氮化，生成的重氮基和剩下的未反应的氨基作用，生成不具有偶合能力的三氮化合物。

$$\text{C}_6\text{H}_4(\text{NH}_2)_2 \xrightarrow[\text{HCl, 0}\sim 5^\circ\text{C}]{\text{NaNO}_2} \text{C}_6\text{H}_4(\text{NH}_2)(\text{N}_2\text{Cl}) \longrightarrow \text{C}_6\text{H}_5\text{N}_3 + \text{HCl} \qquad (4\text{-}42)$$

间二胺类化合物的特点是它特别容易与生成的重氮盐发生偶合反应生成偶氮化合物副产。为了避免发生偶合副反应，要先将间苯二胺在弱碱性到中性的条件下与稍过量的亚硝酸钠配成混合溶液，然后将混合液快速地放入过量较多的稀盐酸中进行重氮化。

对二胺类化合物的特点是用一般方法进行重氮化时容易被亚硝酸氧化成对苯二醌使反应复杂化。因此，当需要用对位二胺类化合物为原料发生重氮化及偶合反应生产偶氮染料时，常改用对乙酰氨基芳伯胺或对硝基芳伯胺为起始原料，用正重氮化法或快速正重氮化法进行反应。

（三）重氮化操作中的注意事项

重氮化反应进行速率快、副反应多，副产也比较多。操作不当还会发生冒酸性尾气、冲料等非正常情况。为了安全、高效地生产出高品质的产品，应注意以下几个方面：

(1) 重氮化反应所用原料应纯净且不含异构体　若原料颜色过深或含树脂状物，说明原料中含较多氧化物或已部分分解，在使用前应先进行精制（如蒸馏、重结晶等）。原料中含无机盐，如氯化钠，一般不会产生有害影响，但在计量时必须扣除。

(2) 重氮化反应的终点控制要准确　由于重氮化反应是定量进行的，亚硝酸钠用量不足或过量均严重影响产品质量。因此事先必须进行纯度分析，并精确计算用量，以确保终点的准确。

(3) 反应设备要有良好的传热措施　由于重氮化是放热反应，无论是间歇法还是连续法，强烈的搅拌都是必需的，以利于传质和传热。同时设备应有足够的传热面积和良好的移热措施，以确保反应安全进行。

(4) 重氮化合物对热和光都极不稳定，反应过程必须注意生产安全　由于干燥的重氮盐易爆炸，故保存在其酸性水溶液中，一般是一旦生成重氮盐则立即转化为下游的产物。需防止重氮化合物受热和强光照射，并需要保持生产环境的潮湿。真空或通风管道中若残留干燥的原料芳伯胺，遇氮的氧化物也能发生重氮化并自动发热而自燃，因此要经常清理、冲刷真空和通风管道。

(5) 重氮化反应中所使用的酸有较强腐蚀性，特别是浓硫酸　生产操作时应严格按工艺规程操作，避免化学灼伤、腐蚀等人身伤害的发生。

(6) 亚硝酸钠应适量　重氮化反应中，过量亚硝酸钠会使反应系统逸出 NO、NO_2 和 Cl_2 等有毒有害的刺激性气体。反应所用的原料芳伯胺也具有一定的毒性，特别是活泼的芳伯胺毒性更强。所以，反应设备应密闭，要求设备、环境、通风要有保证，以保障生产和环境的安全。

六、偶合反应的影响因素

偶合反应的机理属于亲电取代反应。芳香族重氮盐为亲电进攻试剂。反应过程中，重氮盐正离子进攻偶合剂芳环上电子云密度较高的碳原子，从而生成偶氮化合物。反应的难易与重氮组分和偶合组分的化学结构以及反应介质的 pH 值等因素有关。

1. 偶合组分的结构

偶合组分主要是酚类和芳伯胺类。由于偶合反应的机理属于亲电取代反应，芳香族重氮盐为亲电进攻试剂，所以当芳环上连有吸电子基时，反应不易进行；相反当连有给电子基时，可增加芳环上的电子云密度，使偶合反应容易进行。

由于位阻效应的影响，重氮盐的偶合位置主要在酚—OH 或—NH_2 的对位。若对位已被占据，则反应发生在邻位。对于多—OH 的酚类或多—NH_2 的化合物，可进行多偶合取代反应。分子中兼有—OH 以及—NH_2 的，可根据 pH 值的不同进行选择性偶合。

2. 重氮组分的结构

根据亲电取代反应机理，在重氮盐分子中芳环上连有吸电子基时，能增加重氮盐的正电荷从而增加其亲电进攻性，使反应活性增大；反之当重氮盐分子中的芳环上连有给电子基时，抵消了部分重氮盐的正电荷从而减弱了重氮盐的亲电进攻性，使反应活性降低。

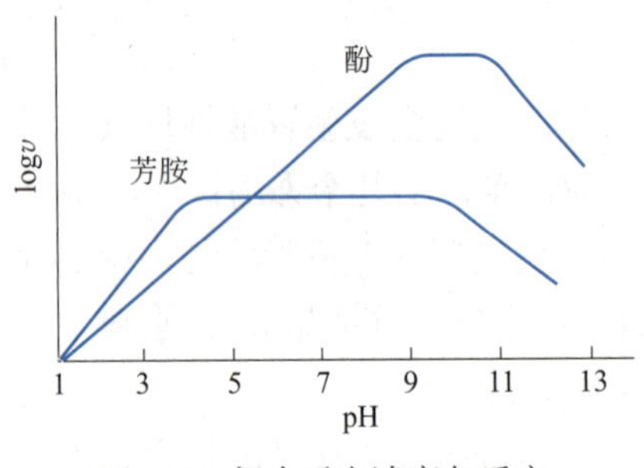

图 4-2 偶合反应速率与反应介质 pH 的关系

3. 反应介质的 pH

根据偶合反应动力学研究表明，酚和芳胺类偶合组分的偶合反应速率和反应介质 pH 之间的关系如图 4-2 所示。对于酚类偶合组分，当反应介质的酸度较大时，反应速率和 pH 呈线性关系。pH 升高，偶合反应速率直线上升，当 pH = 9 时，偶合反应的速率达到最大值。当 pH ＞ 9 时偶合反应速率先稳定后下降，最佳 pH 应为 9 ～ 11。因此，重氮组分与酚类的所发生偶合反应，通常在弱碱性介质（碳酸钠溶液，pH = 9 ～ 10）中进行。

对于芳胺类偶合组分，在 pH = 4 ～ 9 的范围内偶合反应速率和介质的 pH 无关。只有在 pH ＜ 4 和 pH ＞ 9 时，反应速率才分别随 pH 的升高而下降，其最佳 pH 为 4 ～ 9。芳胺在弱碱性条件下与重氮组分反应容易生成重氮氨基化合物而影响偶合反应的进行。因此，与芳胺类偶合的反应常在弱酸性介质（乙酸溶液）中进行。如，间氨基苯磺酸重氮盐与 α- 萘胺需在弱酸性溶液中进行偶合，而联苯胺重氮盐与水杨酸却需要在碳酸钠的弱碱性介质中进行偶合。

$$—N_2^+Cl^- + (COOH, OH) \xrightarrow[pH=9\sim11]{Na_2CO_3} —N=N— (COOH, OH) \quad (4\text{-}43)$$

$$[NaO_3S—N\equiv N]^+ Cl^- + —NH_2 \xrightarrow[pH=4\sim7]{CH_3COOH} NaO_3S—N=N—NH_2 \quad (4\text{-}44)$$

4. 反应温度

偶合反应温度的高低和反应物的活性、重氮组分的稳定性及反应介质的 pH 等因素有关，一般为 0 ～ 15℃。在确定合适的反应温度时需考虑：因重氮盐极易分解，故在偶合反应同时必然伴有重氮盐分解的副反应发生，若反应温度偏高，则会使重氮盐的分解速率大于偶合反应速率，易生成焦油状物质。偶合反应的活化能是 59.36 ～ 71.89kJ • mol^{-1}，重氮盐分解成焦油的是 95.30 ～ 138.78kJ • mol^{-1}。因此，偶合反应温度每升高 10℃则反应速率增加 2 ～ 2.4 倍，分解成焦油的副反应速率增加 3.1 ～ 5.3 倍。所以温度升高显然不利于偶合主反应的发生。

【学习活动四】 制定、汇报小试实训草案

七、制定并汇报小试实训草案

实训草案中的查阅其他资料的方法，详见项目一中的“八、查阅其他资料的方法”。

“汇报小试实训草案”部分工作的开展过程，详见项目一中的“九、汇报小试实训草案”。

【学习活动五】 修正实训草案，完成生产方案报告单

八、修正小试实训草案

对位红是一种染料，也称为红颜料 PR-1（Pigment red 1），常温下呈固态，在染料索引中归入有机颜料中，其编号为 CI pigment Red 1#。它可将纺织物的纤维染成明亮的红色，但是染色牢度不高，主要应用于机油、蜡、油彩、汽油等工业产品的着色。对位红的合成路线详见反应式（4-1）。

在项目三中，我们学会了如何以苯胺为原料经过酰基化反应得到乙酰苯胺，而乙酰苯胺需经过硝化反应和水解反应之后才能得到对硝基苯胺。关于硝化反应的操作，和我们之前做过的类似；而关于水解反应的操作，由于本书的篇幅有限，请大家通过查阅相关资料进行了解。在这里，我们将直接从对硝基苯胺开始，以它为原料，经过重氮化反应之后，再和 *β*-萘酚发生偶合反应，最后完成制备染料对位红的任务。

项目组各组成员参考图 4-3 中的思维导图以及重氮化和偶合单元操作相关理论知识文献资料，结合本组的小试实训草案，经讨论及修正和完善之后，完成《对位红小试产品生产方案报告单》，并交给项目技术总监审核。

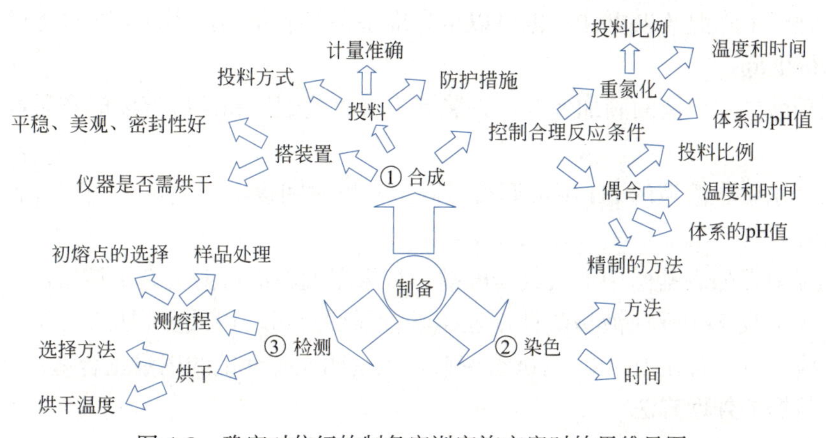

图 4-3 确定对位红的制备实训实施方案时的思维导图

任务二　合成对位红的小试产品

每2人一组的小组成员，合作完成合成对位红的小试产品这一工作任务，并分别填写《对位红小试产品合成实训报告单》。

【学习活动六】　获得合格产品，完成实训任务

实训注意事项

1. 原料投料量

本次实训所使用药品的种类、规格及投料量如表4-2所示。

表4-2　对位红的制备实训操作原料种类、规格及其投料量

名称	对硝基苯胺	盐酸	亚硝酸钠	β-萘酚	氢氧化钠	白色棉布	冰块	乳胶手套
规格	CP	CP	CP	CP	CP	—	—	—
每二人组的用量	2.8g	16.0mL	1.6g	3.0g	5.0g	1块	1袋	2副

2. 安全注意事项

（1）亚硝酸钠具有一定的毒性，实验时应避免皮肤接触。如果碰到了皮肤，用大量清水冲净即可。

（2）盐酸具有一定的刺激性和挥发性，称量和取用时都应在通风橱内戴好乳胶手套进行操作。

（3）对位红染料沾在皮肤和衣服上很难清洗干净，全程需戴好乳胶手套。

3. 操作注意事项

（1）反应中所用的玻璃仪器要干燥洁净，以避免产生有色杂质。

（2）重氮化和偶合反应的温度均应控制在5℃以下，产物以对位红为主。如果温度过高，邻位副产物和多取代产物将增加。

（3）为了高效利用冰块，需等到反应装置搭好、料全部投好之后再到冰柜中拿取冰块，现拿现用，砸碎了降温效果更佳。也可以事先准备一些氯化钠，用冰-盐水浴可以把反应体系的温度降得更低。

（4）亚硝酸钠水溶液的滴加速度，以装置不冒“黄烟”和反应温度能有效控制在合理范围之内为宜。

（5）碱性水解中溶液的pH不可调得过高，水解时间也不能太长，否则对硝基乙酰苯胺也会部分水解。

（6）对硝基苯胺在盐酸中形成其盐酸盐，如果温度较低可能会有沉淀析出。

（7）重氮化反应中反应液呈酸性，亚硝酸钠需微过量，以减少副反应。用白色的淀粉-碘化钾试纸检验时，若在15~20s内试纸变蓝，则说明亚硝酸钠的用量正合适。

4. 实训数据的处理方法

可参考项目一里的实训数据处理方法中的计算公式［式（1-26）］。

任务小结Ⅱ

1. 关于采用重氮化和偶合法制备染料对位红，为了得到高产率、高纯度的产品，应该把对硝基苯胺和亚硝酸钠的用量、溶剂水的用量、亚硝酸钠水溶液的滴加速度、反应温度和反应体系的 pH 值等方面控制好。

2. 操作中应特别注意重氮化反应终点和偶合的控制。另外，酸性废液应用碱液中和至 pH 为中性之后才能倒入废液收集桶里。

任务三　制作《对位红小试产品的生产工艺》的技术文件

【学习活动七】　引入工程观念，完成合成实训报告单

为了引入化学工程观念，落实对位红中试、放大和工业化生产中的安全生产、清洁生产相关措施，还有需要继续改进生产工艺、正确处理生产过程中可能出现的异常情况等问题，下面我们将学习重氮化、偶合等反应的工业化大生产方面的相关内容。

一、重氮化偶合反应生产实例

（一）重氮化反应的操作设备

1. 间歇操作时——间歇搅拌釜式反应器

重氮化在 20 世纪 70 年代左右一般采用间歇操作，选择搅拌釜式反应器。因重氮化水溶液体积很大，反应器的容积可达 10 ～ 20m^3。某些金属或金属盐，如 Fe、Cu、Zn、Ni 等能加速重氮盐分解，因此重氮反应器不宜直接使用金属材料。大型重氮反应器通常为内衬耐酸砖的钢槽或直接选用塑料制反应器。小型重氮设备通常为钢制加内衬。用稀硫酸重氮化时，可用搪铅设备，其原因是铅与硫酸可形成硫酸铅保护膜；若用浓硫酸，可用钢制反应器；若用盐酸，因其对金属腐蚀性较强，一般用搪玻璃设备。

2. 连续操作时——管式反应器和微通道反应器

由于安全、节能等因素，近年来间歇搅拌釜式反应器被连续式反应器［如管式反应器（图 4-4）和微通道反应器等］所替代的趋势越来越明显，特别是对于反应体系中固体粒径≤ 0.5mm 的反应。

连续重氮化反应器可以采用串联反应器组或槽式 - 管式串联法，其优点是反应物停留时间短，可在 10 ～ 30℃进行重氮化，也适用于悬浮液的重氮化。对于难溶的芳伯胺原料可以在砂磨机中进行连续重氮化。BASF 公司曾经开发成功在绝热条件下进行连续重氮化的生产工艺，反应热可使最后重氮盐的温度升高到 60 ～ 100℃，但反应时间只有 0.1 ～ 0.3s，流出的重氮液立即进行下一步反应。

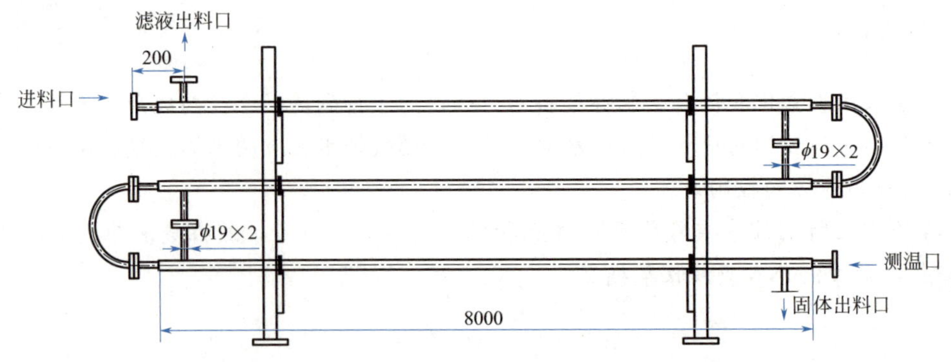

图 4-4　重氮化反应时所使用的管式反应器结构图

微通道反应器的比表面积通常在 5000 ～ 50000$m^2 \cdot m^{-3}$ 之间，而在间歇搅拌釜式反应器中，比表面积只有 100 ～ 500$m^2 \cdot m^{-3}$，因此微通道反应器的换热能力比间歇搅拌釜式反应器要好得多。对于强放热反应来说，由于微通道反应器的比表面积大、热交换效率高，瞬间可将反应释放的大量反应热及时移除，因此能有效抑制飞温等危险情况的发生。另外，由于反应液能瞬间混合均匀，因此可避免局部过量而导致的系列副反应的发生，所以反应效果较好。

但是，微通道反应器不适用于产生大量沉淀的重氮化和偶合反应，因为大量不溶性固体颗粒会堵塞微通道，使模块内压力升高，导致料液跑、冒、滴、漏等，甚至会发生爆炸。

（二）重氮化及偶合反应的生产实例

染料行业是精细化学工业的重要行业之一。国际上老牌的大公司有美国的 Huntsman（亨斯迈）和瑞士的 Archroma（昂高）等，我国大型染料生产企业主要集中在浙江和江苏（如浙江龙盛集团股份有限公司、浙江闰土股份有限公司和位于江苏省常州市的江苏亚邦染料股份有限公司等），这两省的年产量和年出口量占到了全国的 90%，而我国的年产量又占了全世界的 2/3。

人工合成的染料有分散染料、活性染料、直接染料、酸性染料、碱性染料和还原染料等多个品种，其中分散染料和活性染料的产量最大，约占国内染料总产量的 80%。分散染料微溶于水，主要应用于聚酯纤维和聚酰胺纤维及其混纺织物的染色和印花，分散染料按其结构分为偶氮类、蒽醌类和杂环类三种。

下面来学习浙江某企业年产 5000t 偶氮类分散染料分散紫 93 ：1 的生产工艺。分散紫 93 ：1 的中文别名为：*N*-[2-[(2- 氯 -4,6- 二硝基苯基）偶氮]-5-（二乙氨基）苯基] 乙酰胺，其合成路线为：

$$\text{2-Cl-4-}O_2N\text{-6-}O_2N\text{-}C_6H_2\text{-}NH_2 \xrightarrow[H_2SO_4]{NaNO_2} \text{2-Cl-4-}O_2N\text{-6-}O_2N\text{-}C_6H_2\text{-}N_2^+HSO_4^-$$

$$\xrightarrow{H_3C-\overset{O}{\overset{\|}{C}}-HN-C_6H_4-N(C_2H_5)_2} O_2N\text{-}C_6H_2(Cl)(NO_2)\text{-}N{=}N\text{-}C_6H_3(NHCOCH_3)\text{-}N(C_2H_5)_2 \tag{4-45}$$

分散紫93∶1

下面先学习 2016 年起被广泛推广使用的一种自动连续化生产工艺，然后再学习另一种传统的间歇式生产工艺，最后把两者做个对比。

1. 分散紫 93 ：1 的自动连续化生产实例

此工艺包括：将重氮化反应的原料按配比投入配料釜，物料经溢流口流入带有夹套的管式重氮化反应器，通过在线检测装置检测重氮化反应完成的状态，将所得重氮盐连续出料与偶合组分一起供入配料釜，再进入管式偶合反应器，通过在线检测装置检测偶合反应完成的状态，偶合料供入转晶釜，经升温转晶、压滤、烘干、粉碎后得成品，滤饼母液水和洗涤循环水再次用于配制偶合组分。具体流程如图 4-5 所示。

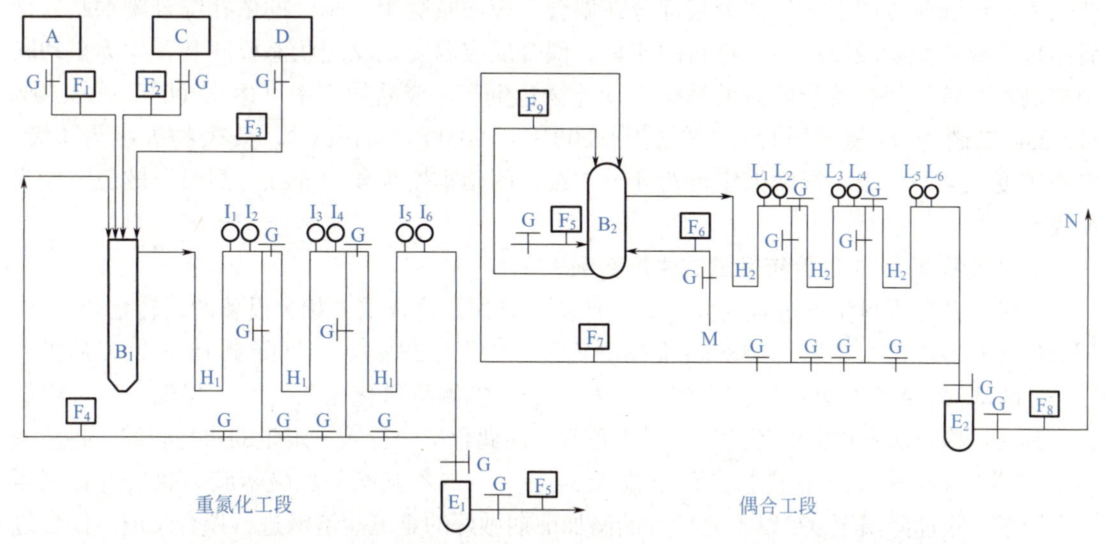

图 4-5　采用自动连续化生产分散紫 93：1 的重氮化和偶合反应阶段的生产流程示意简图

A—固体进料装置；B_1—重氮配料釜；C，D—液体计量槽；F_1—固体计量装置；F_2 ～ F_5—泵或计量泵；I_1 ～ I_6—极性电压控制系统的检测装置；G—阀门；H_1—重氮化管式反应器（管道有外夹套，内部有若干列管式冷凝器）；E_1—重氮成品釜；B_2—偶合配料釜（釜体有若干侧搅拌均匀分布）；F_6 ～ F_9—泵或计量泵；L_1 ～ L_6—检测装置（电位测定控制系统）；H_2—管式偶合反应器（管道有外夹套，内部有若干列管式冷凝器）；E_2—中转釜；M—偶合组分水溶液；N—转晶釜

（1）重氮化工段　向配料釜 B_1 中加入定量的亚硝酰硫酸（由亚硝酸钠和硫酸反应而得）和定量的 2,4- 二硝基 -6- 氯苯胺（引发剂），然后开启制冷系统调节冷冻盐水阀门以控制釜内的温度，通过计量装置控制 2,4- 二硝基 -6- 氯苯胺和亚硝酰硫酸的流量分别为 1050kg • h^{-1} 和 500kg • h^{-1} 连续进料，混合物料溢流至管式反应器 H_1 中进行重氮化反应。2 ～ 10min 通过 I_1 ～ I_6 极性电压控制系统检测重氮化反应完成后，连续出料至成品釜 E_1 得到重氮化合物溶液（若反应未完成且配料正常，则反应物料进入下游管式反应器 H_1 中继续进行重氮化反应；若反应未完成且配料异常，则立即停止进料并通过泵 F_4 将反应物料返回至配料釜 B_1 中重新配料，然后再按特定比例连续进料）。此套装置中采用了冷却夹套式的连续管式反应器，通过自动精确控制 2,4- 二硝基 -6- 氯苯胺和亚硝酰硫酸的进料比例，使管式反应器每段的反应物料比恒定；同时另外在反应器上设置多个反应状态检测装置，通过多点自动控制使反应完全的料液连续出料，有效控制了重氮化的温度，提高了传热效率，避免了温度过高所导致的重氮盐的分解，实现了重氮盐的精确自动连续化生产。

（2）偶合工段　由重氮成品釜 E_1 中流出的重氮化合物溶液与偶合组分 3-(*N*,*N*)- 二乙基氨基乙酰苯胺水溶液（固含量为 8%）分别以 1550kg • h^{-1} 和 6150kg • h^{-1} 的流速连续进料至配料釜 B_2 中，同时用泵 F_9 混匀釜内物料，然后将物料溢流至管式偶合反应器 H_2 中进行偶合反应，经温度检测器在线检测并自动调节管道夹套及管内列管式冷凝器冷冻盐水调节阀的开度从而精准控制偶合反应温度。10 ～ 30min 通过 L_1 ～ L_6 电位测定控制系统检测偶合反应完成后，产物连续出料至中转釜 E_2（若反应未完成且配料正常，则物料进入下游管式反应器 H_2 中继续进行偶合反应；若反应未完成且配料异常，则立即停止进料并通过泵 F_7 将反应物料返回至配料釜 B_2 中重新配料后再按特定比例连续进料）。中转釜 E_2 中的物料经泵 F_8 打入转晶釜 N 中控制温度升温转晶，之后经压滤、水洗、烘干和粉碎之后成品包装入库。压滤阶段产生的母液废液部分在偶合工段回收套用，剩余的依托综合废水站处理后达标排放。此阶段反应中，物料的流量、偶合反应温度及反应状态检测装置均为自动联锁控制，实现了偶合反应阶段的精确自动连续化生产。成品的产率可达 93.00% ～ 93.50%（以 2,4- 二硝基 -6- 氯苯胺计），含量为 88.00% ～ 90.00%（HPLC），残余物等级为 4 级，皂洗牢度为 4 ～ 5 级，湿摩擦牢度为 4 ～ 5 级，耐晒牢度为 4 ～ 5 级，高温分散稳定性为 A 级。

2. 分散紫 93 ：1 的传统间歇式生产实例

传统的分散染料生产过程为间歇式生产法。首先，检查重氮相关设备的运转是否正常，开动搅拌和冷冻盐水，加入 4380kg 亚硝酰硫酸（浓度为 28%），温度降至 15 ～ 20℃后投入 2,4- 二硝基 -6- 氯苯胺 2000kg，保温反应 6 ～ 8h，检测重氮化是否完全，保温，结束待偶合；其次，检查偶合相关设备的运转是否正常，向偶合釜中打入一定量的水与硫酸，将硫酸的浓度调至 4% ～ 6%，在搅拌条件下投入 3-（*N*,*N*）- 二乙基氨基乙酰苯胺 2000kg，打浆至完全溶解，投冰降温至 0℃以下之后开始滴加前期做好的重氮盐溶液进行偶合反应。偶合过程中通过不断投加碎冰来控制反应温度，整个反应过程温度控制在 0℃以下并保持 8 ～ 10h。待反应完成后，开蒸汽升温，经转晶后经固液分离、水洗、烘干和粉碎之后成品包装入库。成品的产率为 91.00% ～ 91.50%（以 2,4- 二硝基 -6- 氯苯胺计），含量为 87.50% ～ 89.50%（HPLC），残余物等级较高，为 3 ～ 4 级，皂洗牢度和湿摩擦牢度等指标和采用自动连续化生产工艺的产品的差别不大。

3. 对比分散紫 93 ：1 的两种生产工艺

根据上述内容可知，传统的间歇式分散染料生产偶合反应过程是通过不断地加入冰块来降低反应温度，增加了压滤过程中所产生的母液废水。而在自动连续化生产过程中，冷却降温和保温均采用冷冻盐水自动控制系统，减少了染料合成产生的母液废水；此外，母液废水储存后还可回收套用二次利用，采用自动连续化新工艺生产 1 万吨分散染料 93 ：1 可节约废水处理成本约 820 万元人民币（2016 年的数据）。

另外，传统间歇式生产工艺相对落后，设备占地面积大，车间生产环境差且自动化程度低，工人劳动强度大，不同釜的反应温度、原料配比等工艺参数易波动，操作还比较繁杂，使得染料品质不稳定、生产效率低，成品的染料需要标明缸号，即只能保证同一缸的成品染料的品质是一模一样的，不同缸号之间存在细微区别。与此相对应的是，在自动连续化的生产过程中，各物料配比、流量、反应体系的 pH 值、反应的温度和时间和反应完成状态的检测装置等都是自动联锁控制的。还有，管式反应器的使用避免了釜内温度不匀现象，提高了传质传热效率，从而提高了自动连续化生产的染料成品的品质。

自动连续化生产工艺实现了染料生产的自动化，降低了工人的劳动强度，使生产控制更加稳定与精密，大幅度减少了废水排放，能得到品质连续稳定的产品，并减少了生产过程中可能发生事故的概率。

综上所述，分散染料使用管式反应器的自动连续化生产工艺是一种高效、清洁、安全、环保的生产工艺，未来将全面取代传统的间歇式生产工艺。

二、重氮基置换的生产实例

（一）2- 氟 -4- 硝基苯甲腈的生产

医药中间体 2- 氟 -4- 硝基苯甲腈（2-Fluoro-4-nitrobenzonitrile）是一种可用于治疗动脉粥样硬化和Ⅱ型糖尿病的新药中间体，其合成路线详见反应式（4-14）。其生产操作过程分为以下几个阶段：

1. 重氮化溴代工段

把事先配制好的亚硝酸钠水溶液由储罐 V-101 经泵 P-101 输送至高位槽 V-106，把氢溴酸由酸储罐 V-103 经泵 P-103 输送至高位槽 V-104，把正庚烷由储罐 V-102 经泵 P-102 输送至高位槽 V-105。

开动搅拌，控制转速在 65 ～ 70r • min^{-1}。打开 V-104 的阀门将物料放入溴化反应釜 R-101，并将计量好的铜粉在 0.5h 之内分批投入溴化反应釜 R-101，升温至 80 ～ 90℃左右保温 2 ～ 3h 以后降温到 50 ～ 60℃。打开 V-105 的阀门，并将自来水经计量后一起输送至溴化反应釜 R-101，同时在 0.5h 之内分批投入计量好的 2- 氟 -4- 硝基苯胺，在 50 ～ 60℃保温 2h 后打开 V-106 的阀门通过流量计缓慢放入反应釜，通过控制其流量从而控制反应釜内温度为 50 ～ 60℃，全部放完后继续保温 2 ～ 3h，其间每隔 30min 取样一次，GC 检测至 2- 氟 -4- 硝基苯胺含量≤ 1.0% 或 4- 溴 -3- 氟硝基苯 ≥ 95.0% 之后，降至室温并停止搅拌，静置过夜。

通过玻璃视镜观察分液面，控制溴化反应釜 R-101 的放料阀，分别将底部的油层放至萃取釜 R-103，上层的水层放至萃取釜 R-102。通过储罐 V-102 往萃取釜 R-102 里放入计量好的二氯乙烷，搅拌 0.5h 后停止搅拌，静置分液。通过玻璃视镜观察分液面，控制萃取釜 R-102 的放料阀，分别将其下层油层放至萃取釜 R-103，上层水层废酸经计量后，其中的 2/3 被吸入高位槽 V-104 作为原料酸循环使用，剩余的 1/3 水层废酸输送至废液吸附预处理装置。

开动搅拌并往萃取釜 R-103 中投入计量好的干燥剂，搅拌 0.5 h 后停止搅拌，静置 1 ～ 2h。放料至离心机 X-101 甩滤去除干燥剂，滤液去蒸馏釜 R-104 进行减压蒸馏去除溶剂二氯乙烷进行回收套用，气相经换热器 E-102 冷却。剩余液继续送至重结晶釜 R-105 用事先计量好的甲苯为溶剂加热至 80 ～ 90℃搅拌溶解 1 ～ 1.5h 后降温至 10℃以下，静置 10h 以上进行重结晶。放料至离心机 X-102，得滤饼 4- 溴 -3- 氟硝基苯粗品，取样 GC 检测，称重，备用。离心机 X-101 甩滤所得废渣送至焚烧系统，离心机 X-102 甩滤所得滤液输送至精馏塔 T-201。

2. 氰化工段

开动搅拌，控制转速在 60 ～ 70r • min^{-1}，向氰化反应釜 R-201 内分别吸入计量好的 NMP 和甲苯，在 0.5h 之内分批投入氰化亚铜，升温到 145 ～ 160℃保持 2 ～ 3h 用油水分离器 V-201 脱去水分和甲苯后，降温到 140 ～ 150℃在 2 ～ 3h 之内分批均匀投入计量好的 4- 溴 -3- 氟硝基苯粗品，在 150 ～ 160℃保温 10 ～ 12 h，其间每隔 30min 取样一次，GC 检测至 4- 溴 -3- 氟硝基苯 ≤ 1.0% 或 2- 氟 -4- 硝基苯甲腈 ≥ 95.0% 之后降至室温。

3. 精、烘、包工段

向装有上述混合物料的氰化釜 R-201 中分别吸入计量好的乙酸乙酯和水，搅拌 0.5 ～ 1h 之后打开放料阀放料至板框式压滤机 M-201，收集滤液经泵 P-201 输送至干燥釜 R-202。开动搅拌往干燥釜 R-202 中投入计量好的干燥剂，搅拌 0.5h 后停止搅拌并静置 1 ～ 2 h，放料至板框式压滤机 M-202，滤液取样水分检测≤ 1.00%。收集滤液经泵 P-202 输送至蒸馏釜 R-203，回收溶剂乙酸乙酯，气相经换热器 E-203 冷却。打开蒸馏釜 R-203 的放料阀，经泵 P-203 将料液输送至重结晶釜 R-204。用事先计量好的甲苯为溶剂加热至 80 ～ 90℃、搅拌溶解 1 ～ 1.5 h 后降温至 10℃以下静置 10h 以上进行重结晶。放料至离心机 X-201，滤饼送烘箱 X-202 烘干 4 ～ 6 h，得黄色结晶 2- 氟 -4- 硝基苯甲腈产品，取样测熔程 3 次以上，GC 检测，水分检测，合格后称重、包装、入库。

油水分离器 V-201 分离以及离心机 X-201 甩滤所得料液，均送至精馏塔 T-201。板框式压滤机 M-201 和 M-202 所得废渣，均送至焚烧系统。

重氮化溴代工段和氰化工段的工艺流程图分别详见图 4-6 和图 4-7。

4. 各工段所产生的“三废”及其处理方法

以 2- 氟 -4- 硝基苯胺为主原料，生产 100kg 含量≥ 99.0%（GC）的 2- 氟 -4- 硝基苯甲腈，会产生废气 5 ～ 8kg，废液 600 ～ 800L（其中，溴化工段产生 500 ～ 700L，氰化工段产生 60 ～ 90L），废渣 35 ～ 40kg（主要成分为干燥剂）。这些数据是未进行“三废”处理之前的量。

（1）废气处理　废气主要是溴化工段所产生的 NO_2 酸性气体。其处理方法为：在反应器上方接一套填置专门吸附酸性气体的 SDG- Ⅱ型吸附剂的 WSJ-3A 型吸附净化器进行干法吸收酸性废气的操作，初始净化效率可≥ 95%。

（2）废液处理

① 溴化工段的废液。以 2- 氟 -4- 硝基苯胺为主原料，生产 100kg 含量≥ 99.0%（GC）的 2- 氟 -4- 硝基苯甲腈，该工段会同时产生酸性废液 500 ～ 800L，其主要成分为含有氢溴酸和溴化钠的酸性废水。具体的处理方法如下：

a. 去除有机物。采用粉末状活性炭吸附柱对酸性废液进行预处理吸附去除废液中的有机物。其较佳工艺条件是：吸附温度为 15 ～ 25℃，废酸流速 80L • h^{-1}，批处理量为 520L；脱附温度为 30 ～ 40℃，流速为 20L • h^{-1}，脱附剂为 5%NaOH-60% 乙醇，批处理用量为 40L。酸性废液通过预处理吸附装置之后有机物的去除率≥ 95%，废酸 COD 值可从 2500mg • L^{-1} 左右降至 300mg • L^{-1} 左右。

b. 去除溴化钠，浓缩氢溴酸并循环套用。采用双极膜电渗析法分离经预处理后废酸中的溴化钠和氢溴酸并浓缩氢溴酸后进行循环套用。使用国产 EDI 特种分离膜（阴膜和阳膜，阴膜对 Na^+ 选择性屏蔽分离，阳膜对 Br^- 选择性屏蔽分离），双极膜的有效面积为 1.28m^2，采用平板电极多室平行封装，错流运行，操作电压为 20V。通过该装置，将待处理废液中氢溴酸的浓度由原来的 20% ～ 26% 降至 5% ～ 9%（处理过程中使用了纯水作为介质起到了稀释的作用），再经浓缩将其浓度提升至 35% 以上之后进行循环套用。同时，该装置能使废液中溴化钠的浓度由 170 ～ 190kg • m^{-3} 降至 22 ～ 30kg • m^{-3}。经处理后的废水其 COD 可降至≤ 250mg • L^{-1}。

c. 进行生化处理。送去生化处理装置处理，其 COD 可降至≤ 100mg • L^{-1}，达标排放。

对于溴化工段所使用的溶剂二氯乙烷和甲苯，则采用精馏的手段回收套用。

综上所述，处理废液分别经历了以下四步：一是使用活性炭吸附柱去除有机物；二是采用双极膜电渗析法分离废酸中的溴化钠和氢溴酸；三是浓缩氢溴酸循环套用，经过如此处理，将废水排放量缩减为原来的 1/4，COD 也降至 $250mg \cdot L^{-1}$ 以下；四是送生化处理装置，最后废液达标排放。

② 氰化工段的废液。氰化反应的废液其主要成分是甲苯、乙酸乙酯和 NMP 等溶剂，主要采用精馏的手段回收套用溶剂。

对于含有氰化物的废水，首先用氰化钠与其反应使氰化工段生成的溴化亚铜副产转化成氰化亚铜并回收利用，然后再使用硫代硫酸钠溶液破坏剩余的微量的 CN^-，最终达到较为理想的去除效果。

(3) 废固处理　废固主要是溴化反应和精馏溶剂后的残留物，主要是树脂状高聚物，可采用焚烧的方法进行无害化处理。

生产各阶段所产生的废气、废液和废固的处理方式详见图 4-8。

(二) 愈创木酚 (邻甲氧基苯酚) 的生产

吉化集团公司香兰素厂从 20 世纪 70 年代开始生产香料中间体及医药中间体——愈创木酚。当时是为了年产 1500t 的香料香兰素而配置了两条分别是 $1500t \cdot a^{-1}$ 愈创木酚的生产线。当年采用的是重氮化水解法生产工艺，该工艺属间歇操作方式，热导性差、物料分散不均、副反应多、生产效率低、自动化程度低，劳动强度大，催化剂还浪费得厉害。主反应式如式 (4-15) 和式 (4-16) 所示，副反应式如式 (4-17) 和式 (4-18) 所示。

2008 年该企业建成了国内第一套采用乙醛酸法生产工艺的年产 2000 t 香兰素的生产装置，同时对愈创木酚的老工艺进行了升级改造，使用了先进的连续化反应方式的管式重氮化反应器，在安全、高效生产等方面有了大幅改善。下面来学习某企业从 2012 年以来不断改进至今的 $3000t \cdot a^{-1}$ 愈创木酚的生产工艺，装置年操作时间为 8000h。

1. 重氮化工段

用泵将 1680kg 的 93% 的硫酸打入硫酸计量罐中 (每天需硫酸 13500kg)，用泵把 1400kg 的邻氨基苯甲醚打入邻氨基苯甲醚计量罐中 (每天需邻氨基苯甲醚 10800kg)。打开进水阀门，向釜中加水 3990kg，投入亚硝酸钠 510kg，搅拌 30min 之后将配制好的溶液用泵打入高位槽备用。打开进水阀门，向釜中加水 3500kg，开动搅拌，打开硫酸计量罐的罐底阀门，向成盐釜中缓慢滴加 93% 的硫酸 875kg；然后再打开邻氨基苯甲醚计量罐的罐底阀门，向成盐釜中缓慢滴加邻氨基苯甲醚 700kg。发生酸碱中和反应时，控制釜温不超过 32℃。将配制好的邻氨基苯甲醚的硫酸盐溶液用泵打入高位槽备用。

将亚硝酸钠水溶液以 $1095kg \cdot h^{-1}$ 的速度放进连续重氮化的管式反应器 (其构造如图 4-4 所示)，同时将邻氨基苯甲醚硫酸盐溶液以 $1630kg \cdot h^{-1}$ 的速度放入反应器。两种物料在管式反应器内充分混合后即发生重氮化反应。控制反应温度在 15℃以下，物料在反应器内的停留时间在 4 ～ 6min。用淀粉 -KI 试纸检测是否达到重氮化反应终点，如果没到终点则对亚硝酸钠水溶液或邻氨基苯甲醚硫酸盐溶液的进料流量进行调整。重氮化反应完成后，把料液用泵打入有保温装置的重氮液高位槽备用。重氮化反应释放出的酸性尾气其主要成分为 NO_2、NO 和 SO_3 等，经碱液吸收至符合《大气污染物综合排放标准》的规定之后排空。

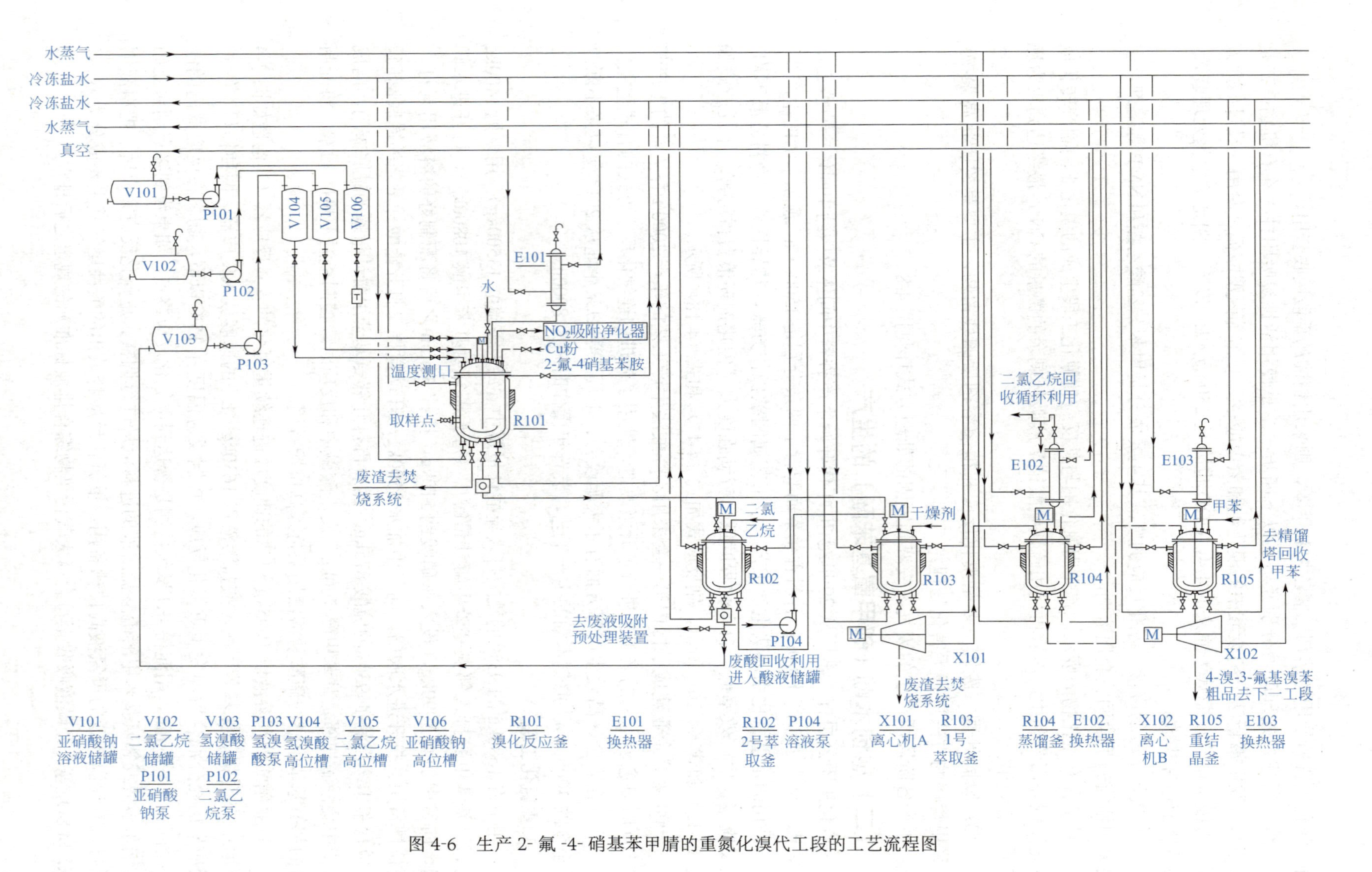

图 4-6 生产 2- 氟 -4- 硝基苯甲腈的重氮化溴代工段的工艺流程图

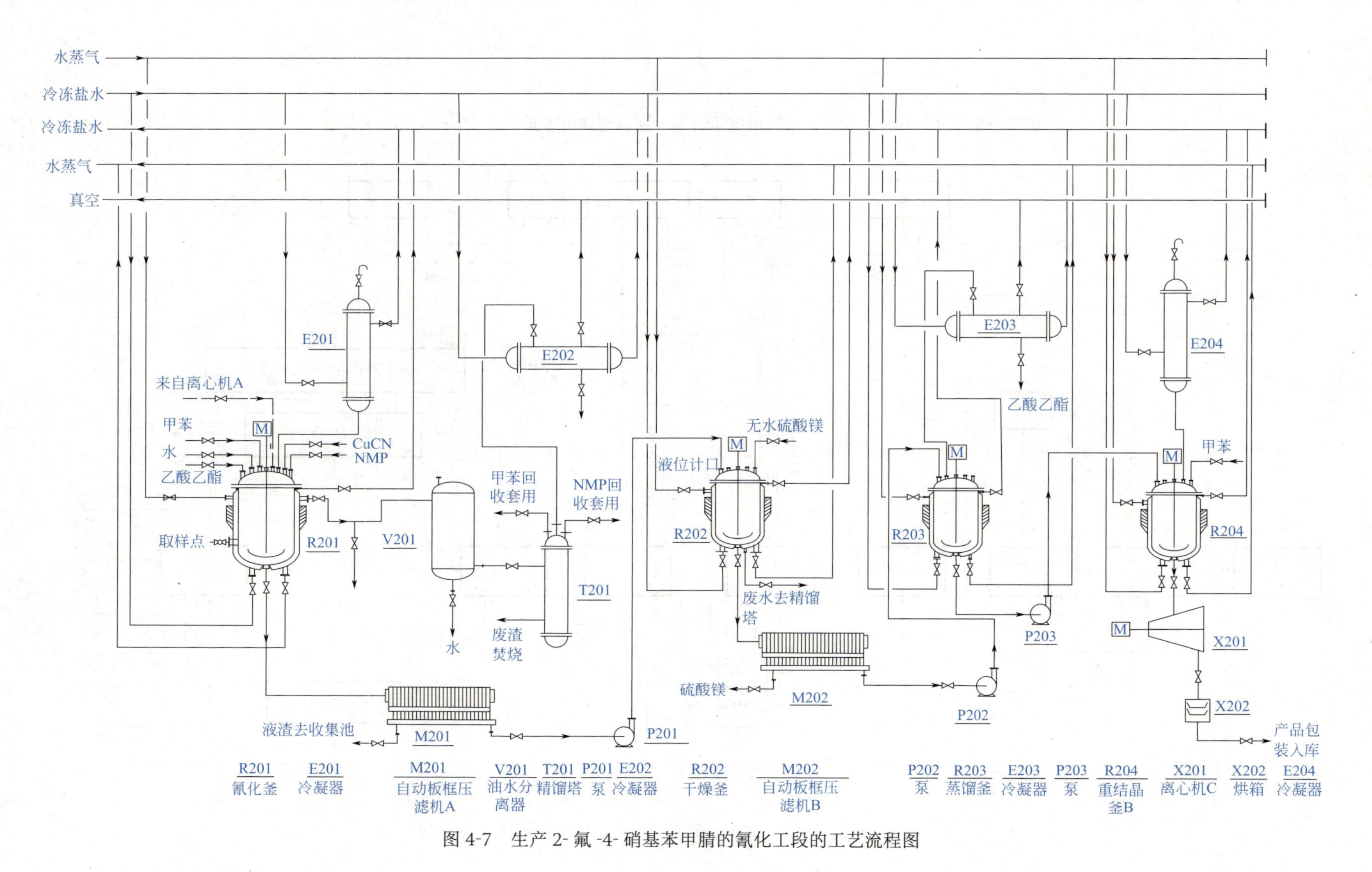

图 4-7　生产 2- 氟 -4- 硝基苯甲腈的氰化工段的工艺流程图

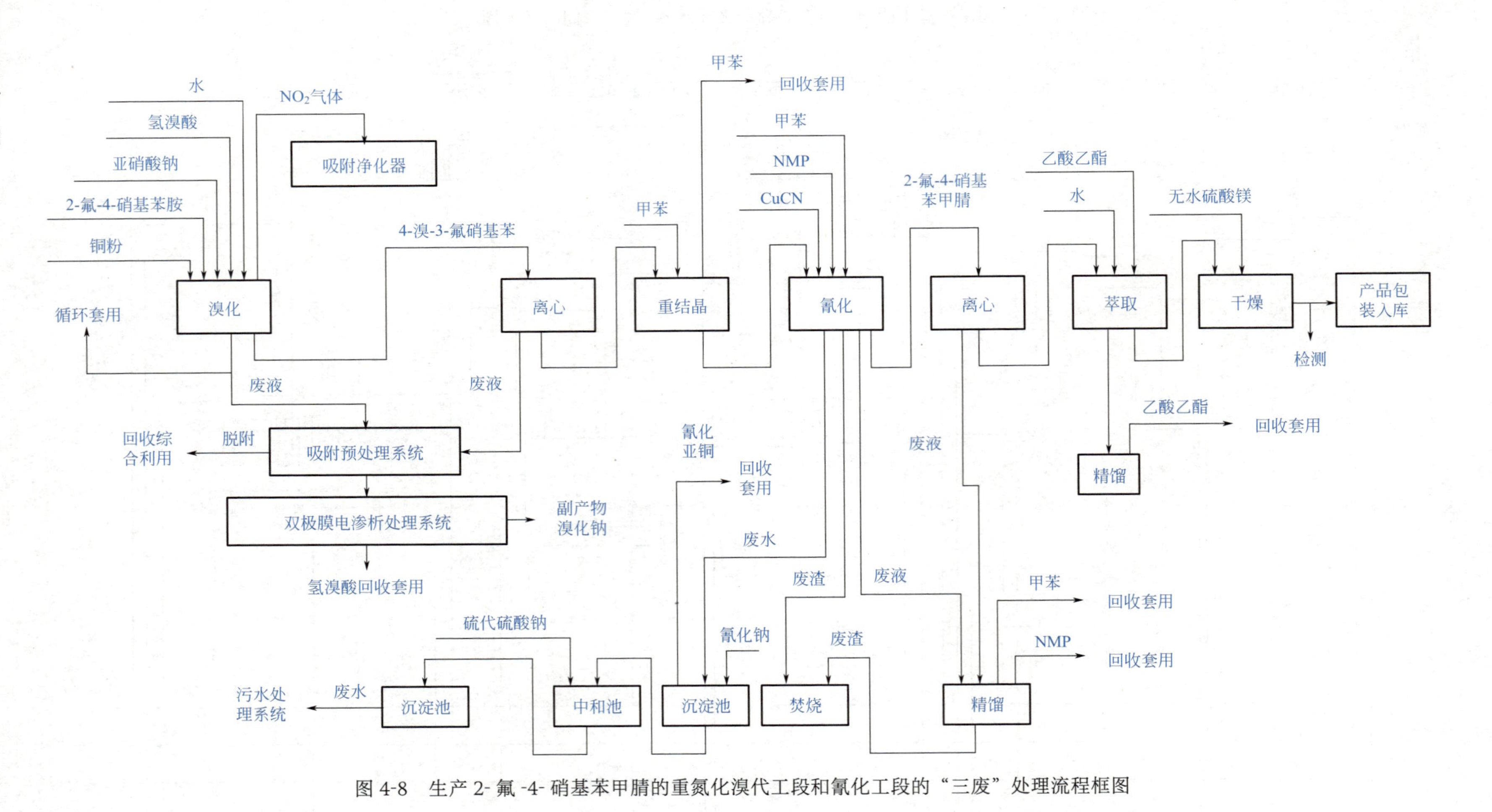

图4-8　生产2-氟-4-硝基苯甲腈的重氮化溴代工段和氰化工段的“三废”处理流程框图

管式反应器管程通入循环冷冻盐水、壳程通入反应液体物料，壳程内加装分程隔板使反应液体物料得到充分冷却。反应器外形规格为400mm×5000mm，材质为316L。

2. 水解工段

向水解釜内加入硫酸铜600kg，然后封闭加料口，控制水解釜温度在105℃左右，以455kg • h^{-1} 的速度向水解釜中滴加上一道工序做好了的重氮液进行水解反应，用GC（气相色谱）在线跟踪检测至反应完全。反应所蒸出的水和邻甲氧基苯酚（即愈创木酚）通过冷凝器冷却后进入酚 - 水分离器中分层，上层为酚 - 水混合液，下层为粗邻甲氧基苯酚。酚 - 水混合液打入酚 - 水储罐。用真空将粗邻甲氧基苯酚抽入粗酚储罐。观察水解釜内的情况，当釜内物料很难蒸出时，则停止滴加重氮液。水解反应释放出的尾气其主要成分为 N_2 和 SO_3 等，处理方式同重氮化工段。

3. 精制工段

控制酚 - 水混合液进入涡轮萃取塔的流速为100～130L • h^{-1}，萃取剂苯的流速也是100～130L • h^{-1}，酚 - 水混合物与苯的进料比例为1 ∶ 1，萃取温度控制在50～55℃。调节萃取塔变频电机的转速在160～180r • min^{-1} 以保持酚 - 水混合液和苯的液面相平衡，并使萃取塔的液体流入量与流出量相等。此时萃取率可达99%左右，酸性含酚废水的COD值为2000～2500mg • L^{-1}。从涡轮萃取塔流出的液体进入膜式蒸发器，在80～85℃时进行蒸发浓缩，将蒸发后所得粗酚抽入粗酚储罐。溶剂苯经脱水干燥、精馏之后回收套用。酸性含酚废水经碱液中和，活性炭吸附，大孔树脂（型号为LS-100，是一种芳香族有机化合物专用吸附剂，由陕西蓝深特种树脂公司制造）吸附以及生化处理等措施，COD值降至≤100mg • L^{-1} 之后达标排放。

将粗酚储罐里的粗酚7450kg运送至预热器，经预热之后送入脱轻塔脱去轻组分（约430kg，打回萃取塔循环套用），再进入精馏塔得到成品邻甲氧基苯酚6480kg，产率达86.2%（以邻氨基苯甲醚的质量计）。同时产生焦油约540kg，焦油送至园区的固废处理站统一进行无害化处理。

所得的成品邻甲氧基苯酚，可再往下游生产加工即可获得香料香兰素等其他精细化学品。

练习测试

1. 请设计以苯为起始原料合成间氯苯酚的合成路线。

2. 以2- 氟 -4- 硝基苯甲腈的生产过程为例，请分别简述在重氮化溴代工段和氰化工段所产生的废气、废液和废固的主要成分及其合理的处理方式。

3. 根据愈创木酚的生产工艺简介，画出其生产工艺流程简图。

任务小结Ⅲ

1. 重氮化反应的主要影响因素有原料芳伯胺的结构，原料无机酸的种类、用量和浓度，原料亚硝酸钠的用量，亚硝酸钠水溶液的加料速度和反应温度等。

2. 工业上根据原料芳伯胺的结构特点可分别选择正重氮化法、快速正重氮化法、反重氮化法和浓酸法等多种重氮化生产操作方法。

3. 偶合反应中，重氮组分和偶合组分的结构、反应介质的pH值和反应温度等是影响偶合反应的主要因素。

4. 自动连续化生产工艺与传统的间歇式生产工艺相比，具有工人劳动强度低、生产控制更加稳定与精密、废液少量、产品品质稳定等优点。传统的间歇式生产工艺将越来越多地被自动连续化生产工艺所替代，间歇搅拌釜式反应器将被连续式反应器如管式反应器和微通道反应器等所替代。

【学习活动八】 讨论总结与评价

三、讨论总结与思考评价

任务总结

1. 芳伯胺在无机酸存在下与亚硝酸作用，生成重氮盐的反应称为重氮化反应。重氮化合物可与酚类、芳胺等发生偶合反应或被其他取代基所置换转化为所需要的官能团。

2. 重氮化是放热反应，一般在0～5℃的低温下操作，有效移除反应热维持低温操作是重要的工艺措施之一。

3. 重氮化反应的主要影响因素有原料芳伯胺的结构，原料无机酸的种类、用量和浓度，原料亚硝酸钠的用量，亚硝酸钠水溶液的加料速度和反应温度等。

4. 工业上根据原料芳伯胺的结构特点可分别选择正重氮化法、快速正重氮化法、反重氮化法和浓酸法等多种重氮化生产操作方法。

5. 重氮盐与酚类、芳胺或活泼亚甲基化合物的作用，生成偶氮化合物的反应，在药物和染料中间体的合成方面具有重要意义。偶合反应的主要影响因素有：重氮组分和偶合组分的结构、介质酸碱度和反应温度等。

6. 在一定条件下，重氮盐可被其他取代基置换并释放氮气，置换的基团主要有卤素、羟基、氰基和巯基等。通过重氮基的置换可制备多种芳香族化合物。

7. 请重点关注连续化操作的重氮化、偶合和重氮盐被转化的生产工艺（采用管式反应器或微通道反应器的），而间歇化的生产工艺由于在安全、节能和环保等方面均存在致命缺陷，现已渐渐被淘汰。

8. 在重氮盐水溶液中加入适当还原剂，可使重氮基被还原成肼基，这是工业制芳肼的主要方法。

9. 在对位红的制备实训中，应注意控制低温操作的方法，并注意酸性尾气和酸性废液的处理方式。

10. 至此，经过了项目一、二、三和四的学习，我们已完成了以苯为原料，分别历经硝化、还原、酰基化和重氮化偶合等单元反应获得染料对位红的生产任务。请以团队为单位，根据各阶段的小试过程，采用逐级经验放大法，经过查阅相关资料和团队讨论，拟定出一份染料对位红的工业化生产方案，其中包括：①生产操作过程；②关键工艺参数；③生产操作注意事项；④“三废”及其处理方法；⑤工业化生产的工艺流程简图等内容，并对本团队和其他团队所拟定的方案进行综合评价。

拓展阅读

有机化工专家——钱旭红

钱旭红（1962年出生），江苏省宝应人，有机化工专家，教授，中国工程院院士。1982年毕业于华东化工学院（现华东理工大学），1988年于该校获工学博士学位。1989～1991年，先后为美国拉玛大学副研究员、德国维尔兹堡大学洪堡基金博士后。2011年当选中国工程院院士。

他曾经先后入选或获得国家百万千万人才工程、国家杰出青年基金、国家“973”计划项目首席科学家、上海市科技精英等。现为中国化工学会副理事长、英国皇家化学会会士、英国巴斯大学名誉教授、英国女王大学荣誉博士；担任《Chinese Chemical Letters》主编，J. Agr. Food Chem.，Pestic. Biochem. Phys.，J. Pestc. Sci. 等国际期刊顾问编委；曾经兼任国家自然科学基金化学部咨询委员会委员、德国洪堡基金会学术大使等。

钱院士和他的团队主要从事绿色农药及功能染料研究及应用开发。近年来团队主要的贡献有：①开发了沙星类药物核心中间体多氟芳酸等的绿色高效制备关键技术；②创制了新机制、性能独特的顺硝烯杂环类烟碱杀虫剂和多氟烷氧类植物健康激活剂等绿色农药，三个创制品种（哌虫啶、环氧虫啶、氟唑活化酯）获得登记；③创制了分子识别传感和检测分离一体化的萘酰亚胺等芳杂环类荧光染料；④提出并实施了化学生物技术与工程的概念和方法。

另外，钱院士作为第一完成人，获得了教育部科技进步一等奖3项，上海市自然科学一等奖1项和国家科技进步二等奖1项；作为第一、第二发明人，获得了中国发明专利授权20余项，获得了美、欧、日等外国专利授权15项；发表论文350余篇，他引8000余次，其中的10篇代表论文他引高达2500余次。

下面，让我们追寻着钱院士的脚印，来看看这位学术“大咖”是如何成长起来的。

现如今信奉“道法自然”的钱院士，自小就表现出了好奇、不服输和好挑战的性格。在江苏洪泽湖、宝应湖边长大的他因为没人看管，自小被作为教师的妈妈带去上课、边玩边听，9岁读小学时就直接上了二年级。起初他很是痴迷连环画，后来识字了之后他好奇地发现家中隐藏的秘密：家中角落里有一块大布，底下藏了一大堆书。于是，十来岁的小钱旭红整天就沉浸在家中这堆书中。很多场合，钱旭红都会说：“我的智商并不高，但有我有毅力、有勇气，早点接受磨难，就会早点吸取教训、尽早进入角色。”

1977年“文革”结束后传来了高考的消息，他所在的江苏省宝应中学选拔了11位尖子生组成高考冲刺团。当时成绩并不拔尖的他一开始并不在其中，但是他不服气，于是自己找了整套的高中教材，白天挖完山芋后晚上打着手电苦读。功夫不负有心人，在模拟考后他跻身于4位高考增补生之列。在临考前半个月，学校为这15位学生进行了军事化封闭式管理，但是调皮的他那时还拿砖头砸伤了同学。后来高考时这15人全军覆没。但是，前期的积累还是有效果的，钱旭红在大半年后的78级高考中表现优异、如愿拿到了华东化工学院（华东理工大学的前身，下简称“华理”）这所重点大学的录取通知书。

读大三时学校挑选一批学生复习考研，名单里还是没有钱旭红。不甘心的他没有听课证

项目四

就自带凳子旁听，结果考得比别人都好。看到自己努力后的潜力，“有机会有能力，就该鼓足劲往前冲”这个信念一直支撑着他。一转眼硕士毕业到准备考博那年，他所报考的华理的精细化工专业只招一人，而第二名的他只能望榜兴叹。他撕了去到江苏省常州市某单位报到的硕士生毕业报到证毅然决定“二战”，第二年终于如愿。

从 1978 年到 1988 年间，他在华理求学的经历可谓是丰富多彩。他不服输的天性屡次被凸显在了考试的逆袭上，他好奇的天性则体现在了看各种“奇书”“怪书”上，图书馆角落里的《张国焘传》四年内只有他一人借读了。而 1980 年第一次翻看《培根论人生》后，他仿佛被击中了一般，书中所展示了文艺复兴以来欧洲古典人文主义价值观和政治理念，再加上优美文笔和金句迭出，无一不让他陶醉。他又兴冲冲找来了《培根论述文集》，一旦有困惑便到专章里去寻找答案。

西方的哲学家有培根，那中国古代的哲学家又有谁呢？1982 年他读硕期间阅读老子的《道德经》，大多读不懂。他的硕士导师任绳武是染料颜料化学领域的权威，他的博士导师朱正华是杰出的理论染料化学领域学者，也是华理的第二任校长。“我的硕导任先生为人宽厚善良，家境富裕却能承受各种运动的任何折磨，科研中主动选择工业中的卡脖子技术；而我的博导朱先生虽然没有留过学，但得益于竺可桢那一代师辈的教育传承，有着宽阔的国际视野。他们两位老师的共同特点是严谨。”

戏剧性的是，从小学直到读本科期间都不曾担任过班干部的他，在读硕期间因为能写会画成了研究生会的宣传部部长，而且从此是一发不可收拾，1985 年读博期间担任了研究生会主席，1986 年博士毕业留校工作之后由学生身份转为教师身份并担任所在系的党支部副书记负责学生工作。“你想想，一个博士生，忽然要召集全系的党员老师，还要协调学生……能力就被逼出来了。”此话虽然轻描淡写，却足以留给我们想象的空间。

从 1988 年出国做博士后到 2000 年起在大连理工大学任教，钱旭红的人生仿佛被按下了快捷键，将海归留学生、青年科学家、副校长、教授的角色体验了一圈。他对何谓“科学精神”也有了进一步的理解。

1992 年 4 月，钱旭红婉拒海外导师的挽留，毅然回到母校华理。因为学校的要求他转向陌生的农药化学领域。当时中国正在进行关贸总协定的谈判，农药及医药是谈判的要点，工业上需要突破多项卡脖子技术，国家急需创新农药品种和关键生产工艺。2003 年他被科技部聘为首席科学家。在此后的十多年间，中国农药创新集体发力、进入国际视野。“凡事要有超前主动性”也成了钱旭红以后的人生信条。

本科读的是石油化工，硕博读的是染料化学，出国后研究的是杂环化学，现在搞的是染料和农药化学。“专业方向的不断调整，最初让我害怕，但最终让我欢喜，如此不同领域的涉猎可以保持科研的敏锐度。”

质疑，意味着要有对前人研究的全面了解并科学否定，还意味着要有所创新，而不是把那些调皮但有创新者人为地隔绝在被淘汰之列。在 2011 年钱旭红当选中国工程院院士时，院士群体中“思维独特，性格独特”的特点给他留下了深刻印象。院士们开会时几乎听不到人云亦云的相同声音。院士们虽然个性独特，但都比较豁达，对成败均有很强的忍受力，对异端也都有较大的宽容。

质疑，更意味着要始终站在最新的科技发展前沿。2003 年他受聘担任国家“973”计划项目的首席科学家，“相当于首席技术官，虽然自己是擅长某一领域的专家，但更多的任务则是需要协调全国关联领域内的科研力量，有时甚至要协调50个性格迥异不同机构的科学家。”在2015年至2017年卸任华理校长后，他被中国工程院聘为院刊“Engineering”的执行主编以及“全球工程前沿”战略项目的开拓者和总负责，通过分析调研判断全球各国的工程科技的研究前沿和开发前沿，从而为我国10年、20年后的科技战略制定把关。

这一路走来，钱旭红院士深感一个人的性格中“好奇”“不服输”“质疑”的重要性，“中国现在和未来亟需一批多思寡言并善行善言和行思严谨的首席技术官群体，他们的使命是能冲向科技前沿并能转化催生出国家的竞争力。”

《对位红小试产品生产方案报告单》

项目组别：__________ 项目组成员：______________________________

<table>
<tr><td colspan="2">一、小试实训草案</td></tr>
<tr><td colspan="2">（一）合成路线的选择</td></tr>
<tr><td>完成者：</td><td>1. 现有合成路线及生产方法（各方法的简介、特点、技术的归属单位以及使用厂家等信息）</td></tr>
<tr><td>完成者：</td><td>2. 各方法的产率、原料消耗量、生产成本比较及估算（利用网络查找，注意数据的时效性）</td></tr>
<tr><td>完成者：</td><td>3. 各方法的生产原料厂家的供应情况及生产产品厂家的年销售量，原料和产品的安全性、毒性的相关数据，中毒急救方式及防护措施</td></tr>
<tr><td colspan="2">4. 合成路线选择、改进的理由及结果（分别从可行性、实用性、安全性、经济性、环保性等方面展开评价，是全组讨论的结果，包括主、副反应式）</td></tr>
</table>

项目四

续表

（二）产品的用途以及原料、中间体、主产物和副产物的理化常数指标

完成者：

产品的用途：

化学品的理化常数

名称	外观	分子量	溶解性	熔程 /℃	沸程 /℃	折射率 /20℃	相对密度	$LD_{50}/(mg \cdot kg^{-1})$

（三）主、副反应的各类影响因素（即关键生产工艺参数）及其控制实施草案（是全组讨论的结果）

完成者：

（四）原料、中间体及产品的分析测试草案（查找相关国标，并根据实训室现状确定合适的检测项目、选择合适的检测方法，并列出所需仪器和设备）

完成者：

（五）产品粗品分离提纯的草案（就所选定的合成路线，分析反应体系中的有机物种类及性质，确定分离提纯方法）

（六）小试产品生产方案（写出详细的小试产品生产方案，是全组讨论的结果）

二、小试产品生产方案的修改及完善之处（是全组讨论的结果）

项目组长（签字）：　　　　年　　月　　日

《对位红小试产品合成实训报告单》

实训日期：______年___月___日　　天气：____　室温：___℃　相对湿度：___%

实训记录者：_______　实训参加者：________________

一、实训项目名称

二、实训目的和意义

三、实训准备材料

1. 药品（试剂名称、纯度级别、生产厂家或来源等）

2. 设备（名称、型号等）

3. 其他

四、小试合成反应主、副反应式

五、小试装置示意图（用铅笔绘图）

六、实训操作过程

时间	反应条件	操作过程及相关操作数据	现象	解释

续表

七、所得数据及数据处理过程（需写出计算过程）

八、实训结果及产品展示

<table>
<tr><td rowspan="4">用手机对着产品拍照后打印（5×5）cm左右的图片贴于此处，注意图片的清晰程度</td><td></td><td>外观</td><td>质量或体积 /（g 或 mL）</td><td>产率（以　　计）/%</td></tr>
<tr><td>粗品</td><td></td><td></td><td></td></tr>
<tr><td>精制品</td><td></td><td></td><td></td></tr>
<tr><td colspan="4">样品留样数量：　g（或　mL）；编号：　；存放地点：</td></tr>
</table>

九、样品的分析测试结果

十、实训结论及改进方案（实训结果理想的需及时总结并提出改进方案，实训结果不理想的应深入分析探讨其原因，为后续进一步开展研究活动奠定基础）

十一、假设此小试工艺经逐级经验放大法之后可以成功用于工业化大生产，请画出鉴于此小试生产工艺放大之后的工业化大生产工艺流程简图（用铅笔或用 Auto CAD 绘图）

十二、参考文献［书写格式需符合《信息与文献　参考文献著录规则》（GB/T 7714—2015）的规定］

项目组长（签字）：　　　　年　　月　　日

讨论思考

1. 何谓重氮化反应？重氮化反应终点如何控制？

2. 重氮盐为何多在低温下制备？高温连续重氮化反应的原理是什么？

3. 重氮化反应的影响因素有哪些？怎样控制重氮化反应？

4. 重氮化反应有哪几种操作方法？适用范围及操作方法有何特点？

5. 重氮盐的置换反应各有何特点？举例说明各自在合成中的应用。

6. 何谓偶合反应？哪些因素会对偶合反应产生影响？

7. 指出制备以下产物的实用合成路线、各步反应名称和大致反应条件。

(1) 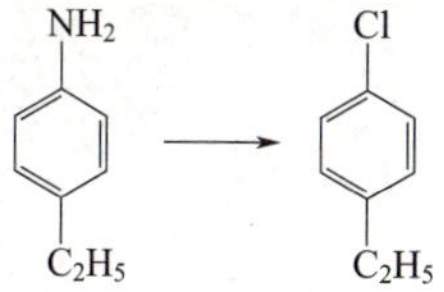 NH_2, C_2H_5 → Cl, C_2H_5

(2) → $NHNH_2$, Cl, Cl, SO_3H

(3) CH_3, CH_3 → CH_3, H_2N, CH_3

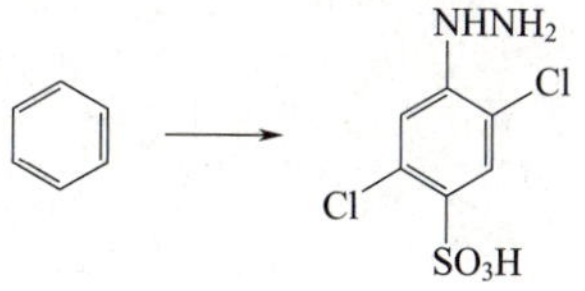

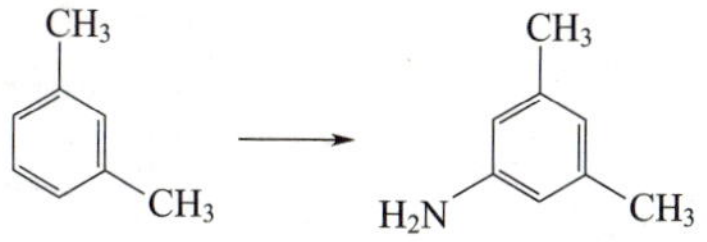

(4) 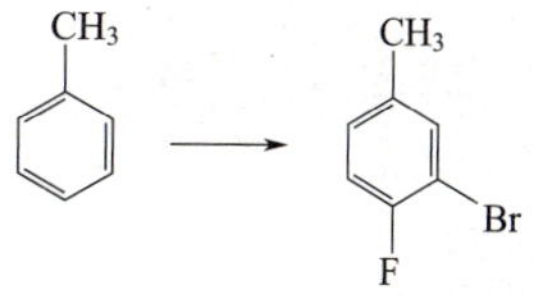 CH_3 → CH_3, Br, F

(5) 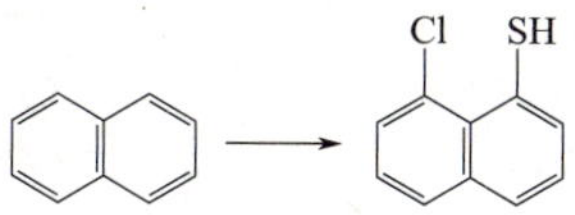 → Cl, SH

(6) 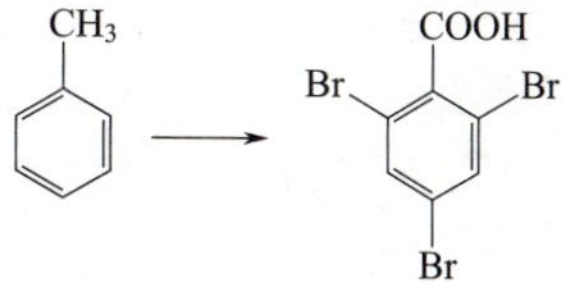 CH_3 → COOH, Br, Br, Br

(7) 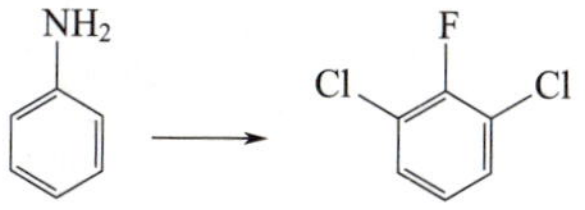 NH_2 → F, Cl, Cl

(8) 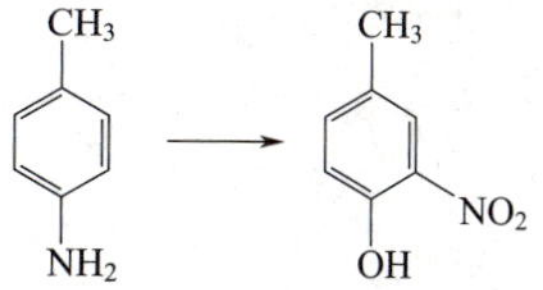 CH_3, NH_2 → CH_3, NO_2, OH

(9) 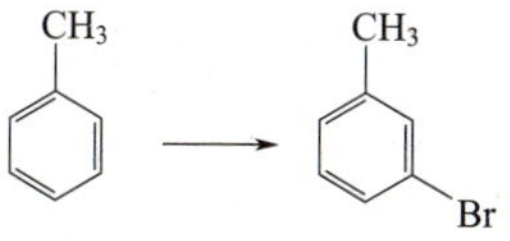 CH_3 → CH_3, Br

(10) 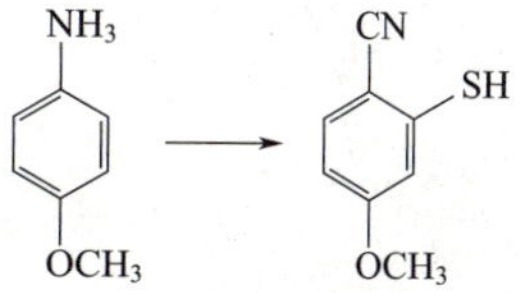 NH_3, OCH_3 → CN, SH, OCH_3

8. 写出由间氨基苯酚制备间氯苯酚时所用重氮化方法，在反应液中加入氯化钠或硫酸钠有什么作用？

9. 由重氮盐的水溶液制备芳肼时，用什么方法控制所要求的 pH 值？

10. 重氮盐水溶液在用亚铜盐催化分解时可制得哪些类型的产物？各用什么重氮方法？分解的反应剂和大致条件是什么？

11. 若重氮化反应所用无机酸分别为稀硫酸、浓硫酸、盐酸，最适宜选择何种材质的生产设备？

12. 为什么重氮化反应和偶合反应都必须在低温下进行？

13. 重氮化反应中，如果经检测发现亚硝酸钠投料过量了，应该怎么办？

14. 本实训中的偶合反应为何要在碱性介质中进行？

15. 对位红可把白色棉布染成鲜红色，但有时可能会出现颜色较暗或带有黄色等现象。如果合成出来粗品的颜色偏褐色，是哪些原因造成的？

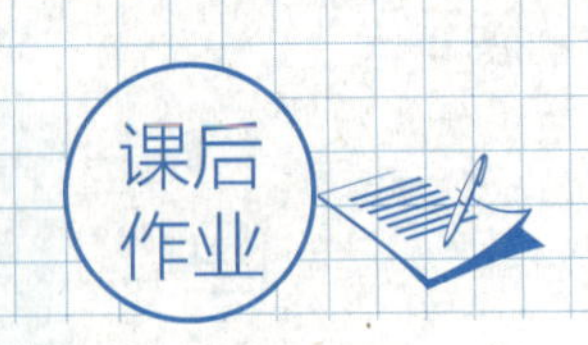

班级：　　　　　　　　姓名：　　　　　　　　学号：

记录
笔记

记录
笔记

项目五

香料 β- 萘乙醚的生产

【学习活动一】 接受工作任务，明确完成目标

任务单

振鹏精细化工有限公司总部下达的任务单，其内容如表 5-1 所示。

表 5-1　振鹏精细化工有限公司　任务单　　编号：005

任务下达部门	总经理办公室	任务接受部门	技术部
一、任务简述			
公司于5月6日和上海中化国际贸易有限公司签订了500公斤的香料β-萘乙醚（CAS登录号：93-18-5）的供货合同，供货周期：2个月。由技术部前期负责打通小试生产工艺，后期协作生产部和物流部分别完成中试、放大、生产和货物运输。			
二、经费预算			
预计下拨人民币 10.0 万元研发费用，请技术部负责人于 5 月 10 日前提交经费使用计划，并上报周例会进行讨论。			
三、完成结果			
1. 在 6 月 25 日之前提供一套 β- 萘乙醚的小试生产工艺相关技术文件； 2. 同时提供 β- 萘乙醚的小试产品样品一份（10.0g），其品质符合国标的相关要求。			
四、其他			
有需要其他部门协作的，由技术部提交申请，总经理办公室负责统筹和协调。			

下达部门：总经理办公室　　负责人：　（签名）　　日期：　年　月　日
接受部门：技术部　　负责人：　（签名）　　日期：　年　月　日
抄送部门：生产部、物流部
注：本单一式五份，分别由总经理办公室、财务部、技术部、生产部和物流部留存。

任务目标

◆ 完成目标

通过查阅相关资料，经团队讨论后确定 β- 萘乙醚小试实训方案并予以实施，获得合格

产品和一套小试产品的生产工艺技术文件。

能力目标

学习烷基化反应的反应历程和常见 *C*- 烷基化反应催化剂的习性；学习 *C*- 烷基化、*N*- 烷基化和 *O*- 烷基化反应的特点；能正确选择 *β*- 萘乙醚的生产工艺路线。

知识目标

理解烷基化反应的原理、烷基化生产方法；理解各烷基化反应的基本反应理论和反应规律及各种工艺因素对烷基化反应的影响；了解典型的烷基化合成方法。

素质目标

通过选用适当实验保护用具在实验时避免遭受侵害，培养自我防护的意识；通过符合实验 5S 现场管理要求的训练，培养遵循实验室规范管理的理念。

思政目标

遵循“实践是检验真理的唯一标准”的原则，尊重自然、尊重科学。

任务一　确定 *β*- 萘乙醚的小试生产方案

【学习活动二】　选择合成方法

为确定 *β*- 萘乙醚的小试生产方案，下面将系统提供与 *β*- 萘乙醚合成相关的理论基础知识参考资料。

烷基化反应系指向有机化合物分子中的 C、N、O 等原子上引入烃基的反应。所引入的烃基包括烷基、烯基、炔基、芳基等，其中以引入烷基（如甲基、乙基和异丙基等）最为重要。另外，还包括引入羟甲基（$—CH_2OH$）、氯甲基（$—CH_2Cl$）和氰乙基（$—CH_2CH_2CN$）等基团。

根据烃基引入到底物中的原子种类不同，烷基化反应可分为 *C*- 烷基化、*N*- 烷基化和 *O*- 烷基化反应三种。如，以异丁烷为原料和异丁烯发生 *C*- 烷基化反应可获得高辛烷值汽油组分。

$$(CH_3)_3CH + (CH_3)_2C{=}CH_2 \longrightarrow (CH_3)_2C—CH_2—C(CH_3)_3 \quad (5\text{-}1)$$

再如，以苯酚为原料和 1,5- 二溴乙烷发生 *O*- 烷基化反应之后，和二甲胺发生 *N*- 烷基化反应，再和正溴十二烷在碱催化下继续发生 *N*- 烷基化反应，得到一种消毒防腐用的阳离子表面活性剂——度米芬（Domiphen bromide）。

$$C_6H_5OH \xrightarrow[O\text{-烷基化反应}]{110℃,\ 6h,\ BrCH_2CH_2Br} C_6H_5OCH_2CH_2Br \xrightarrow[N\text{-烷基化反应}]{85℃,\ 8h,\ (CH_3)_2NH}$$

$$C_6H_5OCH_2CH_2N(CH_3)_2 \xrightarrow[N\text{-烷基化反应}]{80\sim90℃,\ 8h,\ CH_3(CH_2)_{11}Br} C_6H_5OCH_2CH_2N^{+}(CH_3)_2—(CH_2)_{11}CH_3Br^{-} \quad (5\text{-}2)$$

度米芬

烷基化反应在精细有机合成中是较为常见的一类反应，应用较为广泛，其产品涉及诸多领域。最早的烷基化反应是芳香族化合物（如苯和萘及其同系物等）在催化剂的作用下，和卤代烷和烯烃等烷基化试剂发生反应将烷基引入芳环上，属于 *C*- 烷基化反应，可合成苯乙烯、乙苯、异丙苯、十二烷基苯等化合物，这些都是塑料、医药、溶剂和合成洗涤剂的重要原料；通过 *O*- 烷基化反应所合成的醚类化合物可以作为溶剂、表面活性剂、香料和药物等精细化学品，如以醇或酚为原料和环氧乙烷等烷基化试剂反应后可制得聚乙二醇型非离子表面活性剂；通过 *N*- 烷基化反应所制得的烷基胺类化合物同样也是药物、农药和表面活性剂等精细化学品，如上述式（5-2）中所示的度米芬。

β- 萘乙醚又称橙花素，是一种具有柔和花香和持久橙花香韵的香料，它是以 *β*- 萘酚和溴乙烷为原料通过 *O*- 烷基化反应制得的。在本项目的学习过程中，将以完成香料 *β*- 萘乙醚的生产任务为契机，开展学习一系列需通过烷基化单元手段制造出 *N*,*N*- 二甲基苯胺和 AEO-9（一种非离子型表面活性剂）等精细化学品的通用的生产工艺。

一、*C*- 烷基化反应

芳香族化合物在催化剂作用下，用卤代烷、烯烃等烷基化剂可以直接将烷基接到芳环上，称为 *C*- 烷基化反应。该反应最初是在 1877 年由巴黎的法国化学家傅列德尔（Friedel）和美国化学家克拉夫茨（Crafts）两人发现的，因此又被称傅列德尔 - 克拉夫茨（Friedel-Crafts）烷基化反应，简称傅氏烷基化反应。当时他们在苯和氯甲烷中加入无水 $AlCl_3$ 便发生强烈的反应，从反应混合物中分离出甲苯。

（一）*C*- 烷基化剂

C- 烷基化反应中常用的烷基化剂有卤代烷（包括卤化苄）、烯烃和醇、醛、酮类等。实验表明，当卤代烷中的卤素原子相同而烷基不同时，存在下列反应活性的顺序：

$$C_6H_5CH_2X > R_3CX > R_2CHX > RCH_2X > CH_3X \tag{5-3}$$

卤化苄的活性最大，只需少量不活泼的催化剂如氯化锌，甚至用铝或锌即可与芳环发生烷基化反应。

另外，卤代烷的结构对反应影响较大，当卤代烷中的烷基相同而卤素原子不同时，其反应活性的次序为：

$$R—I > R—Br > R—Cl \tag{5-4}$$

卤代烷是一种常用的、活性较好的烷基化试剂，经常和无水 $AlCl_3$ 等催化剂匹配使用。工业上常用的卤代烷是价格低廉的氯代烷，如果活性不够则使用价格稍贵的溴代烷替代，而碘代烷的价格最贵，一般用于某些特定结构医药中间体的生产以及实验室研究。

但是必须强调的是，不能用卤代芳烃（如氯苯或溴苯）来代替卤代烷作烷基化试剂。因为连接在芳环上的 C—X 键能较大，很难离解断裂（想一想，为什么），因此不能作为烷基化反应的原料来使用。

烯烃也是较为常用的烷基化剂，如乙烯、丙烯和异丁烯等，一般也可匹配使用 $AlCl_3$ 作催化剂，也有用 BF_3 或 HF 的，效果也很好。

醇类也可作烷基化剂，但催化剂选用硫酸、氯化锌较多，且醇活性不如氯化苄、卤代烷和烯烃的强。其他的烷基化试剂如醛、酮等，虽然也可参与烷基化反应，但因其活性较弱应用较少。

（二）催化剂

芳香族化合物 *C*- 烷基化反应最初用的催化剂是无水 $AlCl_3$，后来研究证明其他许多催化剂也有同样的催化作用。现经常采用的有路易斯酸、质子酸、酸性氧化物和烷基铝等几种。路易斯酸和质子酸催化活性排序如下：

路易斯酸：$AlCl_3 > FeCl_3 > SbCl_5 > SnCl_4 > BF_3 > TiCl_4 > ZnCl_2$；

质子酸：$HF > H_2SO_4 > P_2O_5 > H_3PO_4 \approx$ 阳离子交换树脂。

1. 路易斯酸

路易斯酸中最重要的是 $AlCl_3$、$ZnCl_2$ 和 BF_3。路易斯酸催化剂分子的共同特点是都有一个缺电子的中心原子，例如 $AlCl_3$ 分子中的铝原子只有 6 个外层电子，能够接受电子形成带负电荷的碱性试剂，同时形成活泼的亲电质点。$AlCl_3$ 使卤代烷转变为活泼的亲电质点即烷基正离子。

$$R—Cl + AlCl_3 \rightleftharpoons \underset{\text{分子配合物}}{[R—Cl]^+ : [AlCl_3]^-} \rightleftharpoons \underset{\text{离子对或离子配合物}}{R^+ \cdots AlCl_4^-} \quad (5\text{-}5)$$

此外，在液态烃溶剂中，$AlCl_3$ 能与 HCl 作用生成配合物，这配合物又能与烯烃反应形成活泼的亲电质点——烷基碳正离子。

$$HCl\text{（g）} + AlCl_3\text{（s）} \rightleftharpoons H^+—Cl^-[AlCl_3]\text{（溶液）}$$

$$R—CH=CH_2 + H^+—Cl^-[AlCl_3] \rightleftharpoons [R—CH—CH_3]^+ \cdot AlCl_4^- \quad (5\text{-}6)$$

（1）无水三氯化铝（$AlCl_3$）　无水 $AlCl_3$ 是各种付氏反应中使用得最广泛的催化剂。其优点是价廉易得、催化活性好；缺点是有铝盐废液生成，有时由于副反应而不适用于活泼芳香族化合物（如酚、芳胺类）的烷基化反应。无水 $AlCl_3$ 的熔点为 192.0℃，180℃开始升华。在一般使用温度下 $AlCl_3$ 是以二聚体的形式存在的。

$$\begin{array}{ccccc} Cl & & Cl & & Cl \\ & \diagdown\;\diagup & & \searrow\;\diagup & \\ & Al & & Al & \\ & \diagup\;\nwarrow & & \diagdown & \\ Cl & & Cl & & Cl \end{array} \quad (5\text{-}7)$$

由上式可见，四面体的铝原子靠氯原子搭桥形成二聚体，二聚体失去缺电子性，因而本身没有催化活性。但是在反应条件下，二聚体又能离解为单体 $AlCl_3$，并与反应试剂或溶剂形成配合物从而显示出良好的催化活性。应该指出，新鲜合成的升华无水 $AlCl_3$ 是几乎不溶于烃类的，并且对用烯烃的 *C*- 烷基化反应没有催化活性，必须在有少量水分或者氯化氢存在的情况下才能显示出催化活性。空气中的水汽就会使少量 $AlCl_3$ 水解，所以普通的无水 $AlCl_3$ 中总是含有少量的气态氯化氢。

无水 $AlCl_3$ 能溶于大多数的液态氯烷中并生成烷基正离子。它也能溶于许多给电子型溶剂中形成配合物。这类的无机溶剂有二氧化硫、碳酰氯和二硫化碳等，有机溶剂有硝基苯和二氯乙烷等。许多可溶性的 $AlCl_3$ 溶剂配合物可用作傅氏反应的催化剂。而无水 $AlCl_3$ 虽能溶于醇、醚或酮，但所形成的配合物对傅氏反应并没有催化作用或者催化作用很弱。

工业上生产烷基苯时通常使用的是 $AlCl_3$ 氯化氢配合物催化剂溶液，它由无水 $AlCl_3$、多烷基苯和少量水配制而成，其色较深，俗称红油。它不溶于烷基化产物。反应后经静置分离，能循环使用。烷基化时使用这种配合物催化剂比直接使用 $AlCl_3$ 要好，其副反应少，尤其适合于大规模的连续化工业烷基化过程，只要不断补充少量 $AlCl_3$ 就能保持稳定的催化活性。

用氯代烷作为烷基化试剂时也可以直接用金属铝作催化剂，而不必用无水 $AlCl_3$，因为烷基化反应中生成的氯化氢能与金属铝作用生成 $AlCl_3$ 配合物。在分批操作时常用铝丝，连续操作时可用铝锭或铝球。

无水 $AlCl_3$ 能与氯化钠形成复盐（$AlCl_3 \cdot NaCl$），熔点为 185℃，在 141℃开始流体化。若需要较高的烷基化温度（140 ～ 250℃）时也可使用这种复盐。无水 $AlCl_3$ 具有很强的吸水性，遇水会立即分解放出氯化氢和大量热，严重时甚至会爆炸。它与空气接触也会潮解并逐渐结块。如果使用这种部分潮解结块的 $AlCl_3$，即使提高温度也很难顺利进行反应。因此，应装在隔绝空气和耐腐蚀的密闭容器中，使用时也要注意保持干燥，并要求其他原料和溶剂以及反应器都是干燥无水的。此外，含硫化合物会影响 $AlCl_3$ 的催化活性，所以应严格控制有机原料的含硫量。工业生产时通常选用适当粒度的无水 $AlCl_3$，而不宜使用粉状的，因为粒状 $AlCl_3$ 在贮存和使用时不易吸湿变质且加料方便，反应初期不致过于激烈且温度容易控制。

（2）三氟化硼（BF_3） 它是一种活泼的催化剂。其沸点为 -101℃，容易从反应物中蒸出，可循环使用。BF_3 的优点是可以同醇、醚或酚等形成具有催化活性的配合物且副反应少。当用烯烃或醇类作烷基化剂时，还可以用 BF_3 作为 H_2SO_4、H_3PO_4 和 HF 等催化剂的促进剂。BF_3 不易水解，在水中也仅部分地水解为羟基硼氟酸（$HBF_3^+OH^-$ 或 $BF_3.H_2O$），后者也是烷基化和脱烷基化的有效催化剂。但是 BF_3 的价格较贵，因此应用范围受到限制。

（3）其他路易斯酸 $FeCl_3$、$TiCl_4$ 及 $ZnCl_2$ 等都是比 $AlCl_3$ 温和的催化剂。当反应物较活泼、用无水 $AlCl_3$ 会引起副反应时，则可以选用这些温和催化剂。尤其是 $ZnCl_2$ 被广泛应用于氯甲基化反应。

项目五

2. 质子酸

质子酸其中最重要的是 H_2SO_4、HF 和 H_3PO_4 或多磷酸，这些强质子酸的作用是使烯烃、醛或酮质子化，成为活泼的亲电质点。

$$R-CH=CH_2 + H^+ \rightleftharpoons [R-\overset{+}{C}H-CH_3]$$

$$R-\underset{\underset{O}{\|}}{C}-H + H^+ \rightleftharpoons R-\underset{\underset{OH}{|}}{\overset{+}{C}}-H$$

$$R-\underset{\underset{O}{\|}}{C}-R' + H^+ \rightleftharpoons R-\underset{\underset{OH}{|}}{\overset{+}{C}}-R' \quad (5\text{-}8)$$

（1）硫酸（H_2SO_4） 以烯烃、醇、醛和酮等为烷基化剂的烷基化反应中，广泛应用硫酸作催化剂。为了避免芳烃的磺化，烷基化剂的聚合、酯化、脱水和氧化等副反应，必须选择适宜的硫酸浓度。例如对于异丁烯，若用 85% ～ 90% 的硫酸，这时除发生烷基化反应外还会有酯化反应；如果用的是 80% 的硫酸，则不会发生烷基化反应而有聚合反应和酯化反应；

用 70% 的硫酸，则主要发生酯化反应而不发生烷基化和聚合反应。对于丙烯要用 90% 以上的硫酸。对于乙烯要用 98% 硫酸，但这种浓度的硫酸足以引起苯和烷基苯的磺化反应，因此苯用乙烯进行乙基化时不能采用硫酸作催化剂。

(2) 氢氟酸（HF） 氢氟酸的沸点为 19.5℃，凝固点为 -83℃，可用于各种类型的付氏反应。其主要优点第一是对含氧、氮和硫的有机物的溶解度较大，对烃类也有一定的溶解度，因此它在液态时既是催化剂又是溶剂；第二是不易引起副反应，尤其是当用 $AlCl_3$ 或硫酸会有副反应时，采用氢氟酸是较好的；第三是沸点低，反应后烃类与氢氟酸可静置分层回收，残留在烃类中的氢氟酸又容易蒸出，可循环利用，氢氟酸的消耗损失少；第四是凝固点低，允许在很低的温度下进行烷基化反应。氢氟酸和三氟化硼的配合物氟硼酸（HBF_4）也是良好的催化剂。氢氟酸虽有许多优点，但价格较贵，腐蚀性强。如反应温度高于它的沸点，则要在压力下进行操作，目前工业上主要用于十二烷基苯的合成。

(3) 磷酸（H_3PO_4）或多磷酸 这是烯烃烷基化的良好催化剂，又是烯烃聚合和闭环的催化剂。无水磷酸（H_3PO_4）的凝固点为 42.4℃，在室温下是固体，因此通常使用的都是液体状态的含水磷酸（85% ～ 89%）或多磷酸。多磷酸是各种磷酸多聚物的混合物，其结构简式为：

$$HO\left[\begin{array}{c}O\\ \|\\ P-O\\ |\\ OH\end{array}\right]_n H \qquad n=1\sim7 \tag{5-9}$$

多磷酸是液体，对许多类型的有机物还是良好的溶剂。H_3PO_4—BF_3 是效果更好的催化剂。使用磷酸或多磷酸的优点是烷基化时没有氧化副反应，也不会发生芳环上类似磺化的取代反应。尤其是当芳烃分子中含有敏感性基团（如—OH）时，用磷酸或多磷酸比用 $AlCl_3$、硫酸的效果要好。但是由于磷酸或多磷酸的价格比 $AlCl_3$、硫酸贵得多，因此限制了它的应用。工业上常将磷酸负载在载体上制成固体磷酸催化剂，用于烯烃的气相催化烷基化。载体可以是硅藻土、二氧化硅或 γ-Al_2O_3 等酸性氧化物。固体磷酸催化剂中的活性组分是焦磷酸（$H_4P_2O_7$）。磷酸也有一些催化活性，而偏磷酸（HPO_3）则没有催化活性。磷酸 200℃时大部分脱水为焦磷酸，在 300℃时大部分脱水为偏磷酸，偏磷酸遇水又会水合为焦磷酸或磷酸。

$$2H_3PO_4 \underset{+H_2O}{\overset{-H_2O}{\rightleftharpoons}} H_4P_2O_7 \underset{+H_2O}{\overset{-H_2O}{\rightleftharpoons}} 2HPO_3 \tag{5-10}$$

由于气相催化烷基化的反应温度较高，磷酸容易脱水成偏磷酸失去催化活性，因此常在烷基化反应的原料中添加微量水分（0.001% ～ 0.01%），但是如果水分过多又会使固体催化剂破碎、结块或软化成泥状而失去活性，并造成固体催化剂床层的堵塞。

(4) 阳离子交换树脂 其中最重要的是苯乙烯 - 二乙烯苯共聚物的磺化物。这些阳离子交换树脂是用烯烃、卤代烷或醇进行苯酚烷基化反应的有效催化剂。其优点是副反应少，催化剂通常不会与任何反应物或产物形成配合物，所以反应后可用简单的过滤方法回收固体阳离子交换树脂循环使用；其缺点是使用温度不能过高，芳烃类有机物能使固体阳离子交换树脂发生溶胀，而且离子交换树脂催化剂失效后不易再生。

3. 酸性氧化物

这类催化剂往往用于气相催化烷基化反应。SiO_2 对傅氏反应的催化活性很弱。Al_2O_3 虽比 SiO_2 好一些，但仍不是良好的催化剂，而以适当比例配合的 SiO_2-Al_2O_3 则具有良好的催化活性，不仅可用于烯烃与芳烃的烷基化，还能用于脱烷基化、转移烷基化、酮的合成和脱水闭环等反应。硅铝催化剂可以是天然的，如沸石、硅藻土、膨润土、铝矾土等，也可以是合成的。近年来研究开发较多的是分子筛催化剂，是结晶型的硅铝酸盐，随硅铝比不同，有 A、X、Y 以及 ZSM 等型号。工业硅铝催化剂通常含有三氧化二铝 10% ～ 15% 及二氧化硅 85% ～ 90%。催化剂的活性与催化剂表面水合或吸附质子密切相关。一般认为是活性的 $HAlSiO_4$ 负载在非活性的二氧化硅上，只有表面上的 H^+ 才是有效的催化活性中心。

4. 烷基铝（AlR_3）

这是用烯烃作烷基化剂时的一种催化剂，其特点是能使烷基选择性进入芳环上氨基或羟基的邻位。烷基铝与 $AlCl_3$ 相似，其中的铝原子也是缺电子的。酚铝［$Al(OC_6H_5)_3$］是苯酚邻位烷基化的催化剂，是由铝屑在苯酚中加热而制得的。苯胺铝［$Al(NHC_6H_5)_3$］是苯胺邻位烷基化的催化剂，是由铝屑在苯胺中加热而制得的。此外，也可用脂肪族的烷基铝（AlR_3）或烷基氯化铝（AlR_2Cl），但其中的烷基必须和要引入的烷基相同。

（三）*C*- 烷基化反应历程

芳香族与芳杂环化合物都能进行 *C*- 烷基化反应。芳香族化合物中的并环与稠环体系如萘、蒽、芘等更容易进行烷基化反应。杂环中的呋喃系、吡咯系等虽对酸较敏感，但在适当的情况下也能进行烷基化反应。

工业上傅氏烷基化反应最常用的烷基化剂是卤代烷和烯烃，其次是醇、醛和酮。催化剂的作用是使烷基化剂强烈极化成为活泼的亲电质点，这种亲电质点进攻芳环生成 σ- 配合物，再脱去质子而变为最终产物，其反应机理属于亲电取代反应。

在学习相关反应历程之前，先来回顾一下与碳正离子稳定性有关的知识：碳正离子周围的基团越多，则正电荷越分散，碳正离子的结构越稳定。由于苄基和烯丙基碳正离子的基团中存在 p-π 共轭和 σ-π 超共轭效应，因此正电荷被分散的程度比叔碳正离子的更均匀。所以，一些碳正离子的稳定性排序为：

$$C_6H_5\overset{+}{C}H_2 \approx H_2C{=}\overset{+}{C}H{-}CH_2 > R_3\overset{+}{C} > R_2\overset{+}{C}H > R\overset{+}{C}H_2 > \overset{+}{C}H_3 \tag{5-11}$$

苄基碳正离子　烯丙基碳正离子　叔碳正离子　仲碳正离子　伯碳正离子　甲烷碳正离子

1. 用卤代烷作烷基化试剂时的反应历程

用卤代烷发生烷基化反应的机理是亲电取代反应。首先由卤代烷生成活泼的亲电质点，然后进攻苯环上的大 π 键电子云发生取代反应。其反应历程为：

$$R{-}Cl + AlCl_3 \rightleftharpoons \overset{+}{R}\cdots AlCl_4^-$$

$$C_6H_6 + \overset{+}{R}\cdots AlCl_4^- \xrightleftharpoons{慢} [C_6H_6R]^+ \cdot AlCl_4^- \xrightleftharpoons{快} C_6H_5{-}R + \overset{+}{H}{-}\overset{-}{Cl}[AlCl_3] \tag{5-12}$$

一般认为，当 R 为苄基、烯丙基、叔烷基或仲烷基时，反应比较容易发生；而当 R 为伯烷基时，往往不容易生成 R^+ 发生反应（想一想，这是为什么），如果一定要发生烷基化反应的，则必须和活性较强的催化剂相匹配使用。另外，在上述反应式中，$H^+—Cl^-[AlCl_3]$ 能重新生成 $AlCl_3$，可再次成为催化烷基化反应的催化剂循环使用，因此理论上并不消耗 $AlCl_3$。所以当用卤代烷或烯烃进行芳烃的烷基化反应，只要用少量 $AlCl_3$ 作催化剂。如，由苯烷基化制烷基苯时，每 100kg 的苯只需要消耗 1kg $AlCl_3$。

另外，由于碳正离子有自动发生重排生成稳定碳正离子的趋势，因此伯碳正离子会自发地重排成比它稳定的仲碳正离子（如 $H_3C—CH_2—\overset{+}{C}H_2$ 重排成 $H_3C—\overset{+}{C}H—CH_3$），仲碳正离子会重排成更稳定的叔碳正离子结构。所以，当使用烷基中碳原子数为 3 个及以上的卤代烷作烷基化试剂时，主要生成碳正离子被重排了的支链芳烃，如苯和 1- 氯丙烷反应主要生成异丙苯、苯和异丁基氯反应主要生成叔丁苯等。

$$CH_3CH_2CH_2—Cl + AlCl_3 \rightleftharpoons \underset{\text{伯碳正离子}}{CH_3CH_2\overset{+}{C}H_2 \cdots AlCl_4^-} \xrightarrow{\text{重排}} \underset{\text{仲碳正离子}}{CH_3\overset{+}{C}HCH_3 \cdots AlCl_4^-}$$

$$\xrightarrow[AlCl_3]{C_6H_6} \underset{70\%}{C_6H_5CH(CH_3)_2} + \underset{30\%}{C_6H_5CH_2CH_2CH_3} \tag{5-13}$$

2. 用烯烃作烷基化试剂时的反应历程

用烯烃烷基化在用 $AlCl_3$ 作催化剂时，还必须有能提供 H^+ 的共催化剂如氯化氢的存在才能进行烷基化反应。其反应历程为：烯烃和卤化氢等先生成活泼的亲电质点，然后进攻芳环发生反应。具体过程为：

$$R—CH{=}CH_2 \underset{AlCl_3}{\overset{HCl}{\rightleftharpoons}} [R—\overset{+}{C}H—CH_3] \cdots AlCl_4^- \xrightleftharpoons[\text{慢}]{C_6H_6} \left\{ \sigma\text{-络合物 } (H,\ CH(R)—CH_3) \right\} \cdot AlCl_4^- \tag{5-14}$$

$$\xrightleftharpoons{\text{快}} C_6H_5—\underset{}{CH(R)}—CH_3 + H^+—\bar{C}l[AlCl_3]$$

$AlCl_3$ 与氯化氢生成配合物后，其质子与烯烃的加成遵循马尔科夫尼科夫规则，即 H^+ 总是加成到烯烃双键中含氢较多的碳原子上，从而得到结构相对稳定的碳正离子。例如：

$$H_3C—CH{=}CH_2 + H^+ \longrightarrow H_3C—\overset{+}{C}H—CH_3$$

$$H_3C—\underset{CH_3}{\underset{|}{C}}{=}CH_2 + H^+ \longrightarrow H_3C—\underset{CH_3}{\underset{|}{\overset{+}{C}}}—CH_3 \tag{5-15}$$

所以在使用烯烃作烷基化剂时，只有乙烯和苯能生成乙苯；而使用碳原子数为 3 个及以上的烯烃时，碳正离子照样也会发生重排，主要生成带支链的芳烃，如丙烯和苯生成异丙苯、异丁烯和苯生成叔丁苯等。

3. 用醇作烷基化试剂时的反应历程

用醇发生烷基化反应时，如果以质子酸作为催化剂，则醇和 H^+ 首先结合生成质子化醇，然后再离解成烷基正离子和水。

$$ROH + H^+ \rightleftharpoons R\overset{+}{O}H_2 \rightleftharpoons \overset{+}{R} + H_2O \tag{5-16}$$

若使用无水 $AlCl_3$ 作催化剂，则因醇烷基化时所生成的水会分解 $AlCl_3$，所以需用与醇

等物质的量的比的 $AlCl_3$。

$$ArH + ROH + AlCl_3 \rightleftharpoons ArR + Al(OH)Cl_2 + HCl \tag{5-17}$$

烷基化反应的活泼质点是按下面途径生成的：

$$ROH + AlCl_3 \xrightleftharpoons{-HCl} ROAlCl_2 \rightleftharpoons R^+ + Al\bar{O}Cl_2 \tag{5-18}$$

（四）*C*－烷基化反应的特点

C- 烷基化反应具有下列特点：

1. ***C*－烷基化是连串反应**

（1）连串反应产物的生成和反应速率与其反应历程（机理）有关　芳环上所连基团的电子效应作用对 *C*- 烷基化反应的速率影响较大。由于其反应机理属于亲电取代反应，当芳环上连有烷基等给电子基团时，芳环的电子云密度会比原先的高，根据芳环上 *C*- 烷基化的相关反应历程所述，给电子基团的存在能加快亲电质点进攻芳环上电子云的速率，因此有利于反应的进行。如，在苯分子中引入乙基或异丙基后，它们进一步烷基化的速率要比苯快 1.5 ～ 3.0 倍。因此，苯在烷基化时，生成的单烷基苯很容易进一步烷基化成为二烷基苯或多烷基苯；同理，当环上有卤原子、羰基和羧基等吸电子基时，则 *C*- 烷基化反进行的速率较慢，即不利于反应的进行，此时必须选用多量的强催化剂和提高反应温度才能进行烷基化反应。注意：当芳环上有硝基时，烷基化反应不是不容易进行，而是不能进行！但是，由于硝基苯能溶解芳烃和 $AlCl_3$，因此它可以用作烷基化反应的溶剂。

（2）连串反应产物的生成和反应速率与位阻效应有关　但是随着烷基数目增多，烷基所占空间的位阻效应也会相应增加，这会使进一步的烷基化速率减慢，所以烷基苯的继续烷基化反应的速率是变快还是变慢，是给电子基团的促进作用和基团所占空间的位阻效应的阻碍作用这两种因素相互博弈的结果。另外，苯在烷基化时到底是生成单烷基苯还是多烷基苯居多，还与所用的催化剂种类也有关。

一般而言，单烷基苯的烷基化速率比苯快，当苯环上取代的烷基数目增多后，由于受到空间位阻影响，实际上四元以上烷基苯的生成量是很少的。

（3）单烷基化产物的生成与催化剂以及反应条件的选择有关　在生成单烷基苯的反应时为了控制二烷基苯、多烷基苯等副产生成，需选择合适的催化剂和反应条件，其中最重要的是控制反应原料苯和烷基化剂的用量比，常使苯过量较多，在反应完成与产物分离之后再循环利用。

2. ***C*－烷基化是可逆反应**

烷基苯在强酸催化剂存在下能发生烷基的转移和歧化，即苯环上的烷基可从一个位置转移到另一个位置，或者烷基可从一个分子转移至另一个分子上。当苯的量不足时有利于二烷基苯或多烷基苯的生成；当苯过量时则有利于发生烷基的转移，使多烷基苯向单烷基苯转化。因此在合成单烷基苯过程中，可利用此特性，使反应生成的多烷基苯与未反应的过量苯发生烷基转移成为单烷基苯以增加单烷基苯的总产率，如：

$$C_6H_6 + C_6H_4R_2 \xrightarrow{Cat} 2\,C_6H_5R \tag{5-19}$$

项目五

3. 烷基可能发生重排

C-烷基化反应中的烷基正离子可能重排成较为稳定形式的烷基正离子，如伯碳正离子能重排成结构更稳定的仲碳正离子。其原因在介绍 *C*-烷基化反应历程时已有解释，不再赘述。

练习测试

1. 将下列碳正离子的稳定性进行排序：(1) $H_3C-\overset{+}{C}H-CH_3$；(2) $(CH_3)_3C^+$；(3) $H_3C-\overset{+}{C}H_2$。

2. 完成下列反应式。

(1) 甲苯 $\xrightarrow[-HCl]{CH_3Cl,\ AlCl_3}$

(2) 苯 + $CH_3CH_2CH_2OH$ $\xrightarrow[\triangle,\ P]{H_2SO_4}$

(3) 间二甲苯 + $CH_3CH=CH_2$ $\xrightarrow[\triangle,\ P]{H_3PO_4}$

3. 判断下列 A、B、C、D 四个反应速率的快慢并说明理由。

苯 + CH_3Cl $\xrightarrow[-HCl]{AlCl_3}$（A）甲苯 $\xrightarrow[-HCl]{CH_3Cl,\ AlCl_3}$（B）对二甲苯 $\xrightarrow[-HCl]{CH_3Cl,\ AlCl_3}$（C）1,2,4-三甲苯

氯苯 + CH_3Cl $\xrightarrow[-HCl]{AlCl_3}$（D）邻氯甲苯

二、*N*-烷基化反应

氨、脂肪族或芳香族胺类—NH_2 中的 H 原子被烷基取代，或者通过直接加成在 N 原子上引入烷基的反应都称为 *N*-烷基化反应。这是制取各种脂肪族和芳香族伯胺、仲胺、叔胺的主要方法，在工业上应用十分广泛。氨基是合成染料重要的助色基团，而 *N*-烷基化反应具有深色效应。氨基化合物是比较重要的医药、农药中间体。此外，制造表面活性剂及纺织印染助剂时也常用到各类伯胺、仲胺或叔胺的中间体。其反应通式为：

$$
\begin{aligned}
NH_3 + R-Z &\longrightarrow RNH_2 + HZ \\
R'NH_2 + R-Z &\longrightarrow R'NHR + HZ \qquad (5\text{-}20) \\
R'NHR + R-Z &\longrightarrow R'NH_2 + HZ
\end{aligned}
$$

其中 R—Z 代表烷基化剂，如醇、卤代烷和酯等；R 代表烷基，Z 则代表—OH、—Cl、—OSO_3H 等基团。此外还有用烯烃、环氧化合物、醛和酮类作烷基化剂的。氨基是合成染料分子中重要的助色团，而 *N*-烷基化具有深色效应。此外制造医药、表面活性剂及纺织印染助剂时也常要用各种伯胺、仲胺或叔胺类中间体。引入的烷基简单的有甲基、乙基、羟乙基和氯乙基等，此外还有苄基以及脂肪族长碳链烷基（C_8 ~ C_{18}）。

1. *N*- 烷基化剂

N- 烷基化剂的种类很多，常用的有：①卤代烷（如氯甲烷、碘甲烷、氯乙烷、溴乙烷、氯化苄、氯乙酸和氯乙醇等）；②醇和醚（如甲醇、乙醇、甲醚、乙醚、异丙醇和丁醇等）；③酯（如硫酸二甲酯、硫酸二乙酯、磷酸三甲酯和对甲苯磺酸甲酯等）；④环氧化合物（如环氧乙烷和环氧氯丙烷等）；⑤烯烃衍生物（如丙烯腈、丙烯酸和丙烯酸甲酯等）；⑥醛和酮（如各种脂肪族和芳香族的醛和酮）等。

在这几类烷基化剂中，反应活性最强的是硫酸中性酯（如硫酸二甲酯等），其次是卤代烷和环氧化合物，而醇、醚、烯烃衍生物、醛、酮等的活性较弱，必须用强酸催化或在高温、高压等条件下才能反应。但是由于硫酸中性酯的毒性较大，目前已被限制使用。因此，最常用的 *N*- 烷基化剂是卤代烷和环氧化合物。

2. *N*- 烷基化反应类型

在上述六类 *N*- 烷基化试剂中，第①、②和③类烷基化剂与氮上的 H 原子发生的是取代型 *N*- 烷基化反应；第④和第⑤类烷基化剂则是加成到 N 原子上的加成型 *N*- 烷基化反应；而第⑥类烷基化剂则先与氨基发生亲核加成、再消除、最后还原成胺的反应，因此又被称为是缩合 - 还原型 *N*- 烷基化反应。

（一）用卤代烷的 *N*- 烷基化

1. 各种结构卤代烷的活性情况

卤代烷是 *N*- 烷基化最常用的烷基化剂，其反应活性较醇、醚、醛、酮等强。当需要引入长碳链的烷基时，由于醇类的反应活性随碳链的增长而减弱，此时就需选用卤代烷作烷基化剂。此外，对于较难烷基化的胺类，如芳胺的磺酸或硝基衍生物，也要求采用卤代烷作烷基化剂。分子量小的卤代烷的反应活性比分子量大的卤代烷更强些。如果烷基相同，则不同卤代烷的反应活性由强到弱的顺序如式（5-4）所示。

为了在胺中引入长碳链烷基，有时就要选用溴代烷作烷基化试剂而不用价格相对便宜得多的氯代烷。碘代烷的价格较贵，只限于实验室使用，工业化缺乏实用价值。芳香族卤代烃的反应活性较卤代烷要差，烷基化反应较难进行，往往要在强烈的反应条件（高温、高压及催化剂）下或在芳香环上有其他活化取代基存在时方能顺利进行。此时常用的催化剂是铜盐，如甲胺用氯苯烷基化的反应是在高温和高压下进行。

$$2\,CH_3NH_2 + C_6H_5\text{—}Cl \xrightarrow[\text{高温，高压}]{\text{铜盐催化剂}} C_6H_5\text{—}NHCH_3 + CH_3NH_2\cdot HCl \qquad (5\text{-}21)$$

当芳香族卤代烷中—X 的邻或对位有强烈吸电子取代基时，*N*- 烷基化反应较易发生（想一想，为什么）。

综上所述，卤代烷的活性由强到弱的排序次序除了式（5-4）以外，还存在以下几个规律：

分子量小的卤代烷 ＞ 分子量大的卤代烷　　脂肪族卤代烷 ＞ 芳香族卤代烷

芳卤烷中卤原子的邻或对位有强烈吸电子取代基 ＞ 芳卤烷中卤原子的邻或对位有给电子取代基

2. 反应情况

用卤代烷进行的胺类烷基化反应是不可逆的，反应中还有卤化氢释放出，它会使胺类形成盐，难以继续烷基化（这一点和芳环上 *C*- 烷基化是连串反应的特点有所不同），所以在反

项目五

应时要加入一定量的碱性试剂（如氢氧化钠、碳酸钠、氢氧化钙等）作为缚酸剂以中和反应所生成的 HX，使胺类能充分反应。

卤代烷的烷基化反应可在水介质中进行，工业上采用水和醇混合溶剂作溶剂以防止卤代烷水解。如：

$$NaO_3S-C_6H_4-NH_2 + 2C_2H_5Cl \xrightarrow[C_2H_5OH]{H_2O} NaO_3S-C_6H_4-N(C_2H_5)_2\ (96\%) + 2HCl \quad (5\text{-}22)$$

烷基化反应生成的大多是仲胺与叔胺的混合物。为了合成仲胺，则必须使用大大过量的伯胺以抑制叔胺的生成。如，溴烷与苯胺以摩尔比为 1 ：(2.5 ～ 4.0)，共热 6 ～ 12h，便可制得相应的 *N*- 丙基苯胺、*N*- 异丙基苯胺或 *N*- 异丁基苯胺。烷基化产物中伯胺与仲胺的分离可通过下述方法完成，加入过量的 50% 氯化锌水溶液，苯胺与氯化锌生成难溶的加成产物，而烷基苯胺则在水溶液中不与氯化锌反应。难溶物再用氢氧化钠溶液处理以分解加成产物并回收过量的未反应苯胺。

合成 *N*,*N*- 二烷基芳胺时可使用定量的苯胺和氯乙烷，加入装有氢氧化钠溶液的高压釜中，当压力为 1.2 MPa 时，升温至 120℃，靠反应热可自行升温至 210 ～ 230℃，在压力 4.5 ～ 5.5MPa 的状态下反应 3h。

$$C_6H_5-NH_2 + 2C_2H_5Cl \xrightarrow[120\sim220℃]{NaOH} C_6H_5-N(C_2H_5)_2 + 2HCl \quad (5\text{-}23)$$

通过长碳链卤代烷与胺类反应也能制取仲胺或叔胺。如用长碳链氯烷使二甲胺烷基化，就能制取叔胺。

$$RCl + NH(CH_3)_2 \xrightarrow[130\sim140℃]{NaOH} RN(CH_3)_2 + HCl \quad (5\text{-}24)$$

反应生成的 HCl 可用尾气吸收装置回收生成副产盐酸。

作为一种反应活性较高、价廉的烷基化试剂，卤代烷在工业上被大量应用。但是，尾气 HCl 对设备的腐蚀性较大，且低沸点卤代烷（如一氯甲烷、溴乙烷等）的 *N*- 烷基化反应需要在高压釜中进行，操作不便。

（二）用环氧乙烷的 *N*- 烷基化

环氧乙烷是一种活性较强的烷基化剂，其分子具有三元环结构，很容易开环发生加成反应生成含羟乙基的产物，因此环氧乙烷又被称为羟乙基化试剂（想一想，羟甲基化试剂是什么）。环氧乙烷能和分子中有活性 H 的化合物（如水、醇、氨、胺、羧酸及酚等）发生加成反应。碱性或酸性催化剂均能加速这类加成反应。在较高温度及压力条件下，宜选用无机酸或酸性离子交换树脂等酸性催化剂。在环氧乙烷的一次加成产物中，由于引入的是羟乙基—CH_2CH_2OH，其中仍含有活性氢，因此可与环氧乙烷分子再次加成，如此逐步生成含两个、三个至更多个羟乙基的加成产物。如聚氧乙烯型非离子表面活性剂的合成。

$$\text{环氧乙烷} \xrightarrow{RNH_2} R-NH-CH_2CH_2OH \xrightarrow{\text{环氧乙烷}} R-N(CH_2CH_2OH)-CH_2CH_2OH \xrightarrow{2(n-1)\ \text{环氧乙烷}} R-N[(CH_2CH_2O)_nH]-(CH_2CH_2O)_nH \quad (5\text{-}25)$$

如需要得到只含一个羟乙基的主产物，则环氧乙烷的用量应控制在远低于化学计算量。如：

$$C_{18}H_{37}-N(CH_3)_2 \xrightarrow[45\sim55^\circ C]{HNO_3,\text{异丙醇溶剂}} \left[C_{18}H_{37}-N(CH_3)_2-H\right]^+ NO_3^- \xrightarrow[5\sim15^\circ C,\ 0.3MPa]{\text{环氧乙烷},\text{异丙醇溶剂}} \left[C_{18}H_{37}-N(CH_3)_2-CH_2CH_2OH\right]^+ NO_3^- \quad (5\text{-}26)$$

上述反应式所得的季铵盐类的产品，是合成纤维和塑料的静电消除剂和聚丙烯腈纤维的染色匀染剂。

注意：由于环氧乙烷的沸点较低（10.7℃）且爆炸浓度范围很宽（和空气混合的浓度在3% ～ 98% 之间），所以在通环氧乙烷前后，务必用 N_2 置换容器内的气体，操作三次赶尽空气以保证操作的安全。

（三）用醇或醚的 *N*- 烷基化

醇的烷基化活性较弱，所以反应需在较强烈的条件下（强酸性催化剂、高温、高压）才能进行，但某些低级醇（如甲醇或乙醇）因价格便宜、供应量大，工业上仍常选用作为活泼胺类的烷基化剂。醇烷基化常用强酸（如浓硫酸）作催化剂，其催化作用是由于强酸离解出的质子，能与醇反应生成活泼的烷基正离子 R^+。烷基正离子与氨的氮原子上的未共有电子对能形成中间配合物，然后脱去质子成为伯胺。

$$H-\ddot{N}H_2 + R^+ \rightleftharpoons \left[H-NH_2-R\right]^+ \rightleftharpoons R-\ddot{N}H_2 + H^+ \quad (5\text{-}27)$$

由于伯胺的氮原子上还有未共有电子对，能和烷基正离子继续反应生成仲胺。同理，再可以由仲胺进一步烷基化成为叔胺，最后由叔胺生成季铵离子。

苯胺进行烷基化时若主产物是一烷基化的仲胺，则醇的用量仅稍大于理论量；若主产物是二烷基化的叔胺（即 *N, N*- 二甲基苯胺，DMA），则醇用量为理论量 140% ～ 160%。DMA 是一种常用有机化工原料，为淡黄色油状，有特殊气味液体，熔点为 2.5℃，沸点为 193℃，难溶于水，易溶于有机溶剂，可应用于盐基性染料、橡胶硫化促进剂、炸药、塑料等生产制造行业。它以苯胺和甲醇为原料制得，主反应方程式为：

$$C_6H_5NH_2 + 2CH_3OH \xrightarrow[\triangle]{\text{催化剂}} C_6H_5N(CH_3)_2 + 2H_2O \quad (5\text{-}28)$$

副反应方程式为：

$$2\,CH_3OH \longrightarrow H_3C-O-CH_3 + H_2O \quad (5\text{-}29)$$

$$C_6H_5-NH_2 + CH_3OH \longrightarrow C_6H_5-NHCH_3 + H_2O \quad (5\text{-}30)$$

DMA 的生产工艺主要有液相法和气相法两类。其中，液相法由于采用硫酸等强酸为催化剂，对设备的腐蚀严重且酸性废液处理的负担较重，反应条件需高温高压，较为苛刻。近年来，工业上主要采用的是由印度开发成功的气相法生产 DMA 的工艺。气相法和液相法相比，具有原料苯胺转化完全、催化剂的催化效率高（主产物 DMA 的选择性≥ 94%）、催化剂可循环使用且寿命长、反应无需高压等优点，被广泛使用。

采用气相法生产 DMA 的生产工艺流程简图如图 5-1 所示。其生产过程简述如下：

原料苯胺和甲醇按 1 ：3 的摩尔比投料送入混合器混合均匀，经由泵送入气化炉中汽化，预热后进入管式反应器，反应器内装负载型纳米固体酸催化剂，在常压、250 ～ 300℃下发生 *N*- 烷基化反应连续生产，获得包括 *N*, *N*- 二甲基苯胺、水、副产二甲醚、副产 *N* - 甲基苯胺和其他高沸点组分的粗品。粗品直接送一级精馏塔分离。从一级精馏塔顶馏出副产二甲醚、水以及未反应掉的原料甲醇，塔底出含有 DMA、副产 *N*- 甲基苯胺和其他高沸点组分的混合物。二甲醚、水以及未反应掉的甲醇经二级精馏塔以及真空干燥器吸水之后分离出甲醇回收循环使用，同时得到副产二甲醚（也是一种重要的化工原料，可用作冷冻剂、发泡剂、溶剂、浸出剂、萃取剂、麻醉药、燃料、民用复合乙醇及氟利昂气溶胶的代用品）；一级精馏塔的塔釜含有 DMA、*N*- 甲基苯胺和其他高沸点组分的混合物，经离心分离出另一种副产 *N*- 甲基苯胺之后，DMA 粗品送入三级精馏塔中，塔顶馏出物即为 DMA 成品，产率≥ 96%（以苯胺计）。

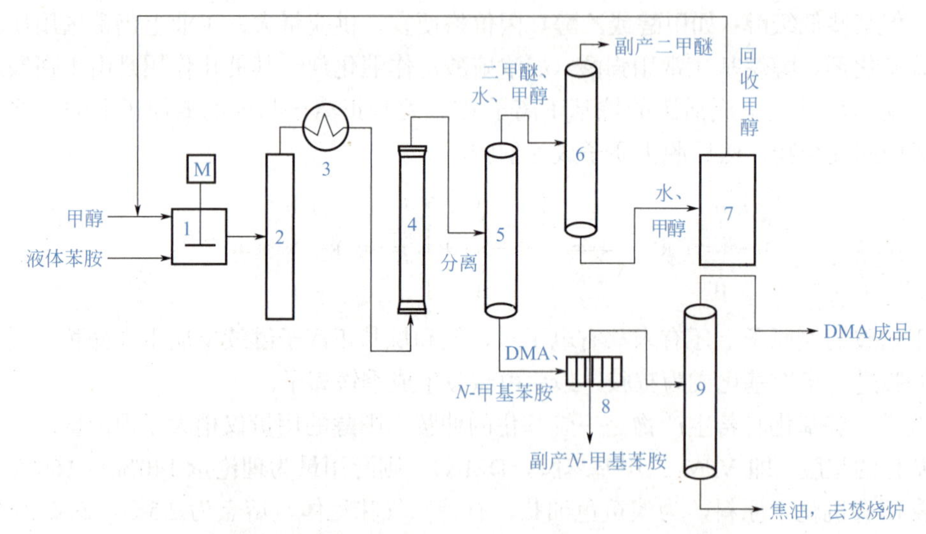

图 5-1　气相法生产 *N*, *N*- 二甲基苯胺的工艺流程简图

1—混合器；2—气化炉；3—预热器；4—管式反应器；5—一级精馏塔；6—二级精馏塔；7—真空干燥器；8—离心分离器；9—三级精馏塔

此工艺所产生的废液，其主要成分为甲醇和胺类，可通过稀释后利用活性污泥进行生化处理和沉降分离，待其 COD 含量达标后排放。

（四）用酯的 *N*- 烷基化

硫酸酯、磷酸酯和芳磺酸酯都是很强的烷基化剂，它们的沸点较高，反应可在常压下进行。由于酯类的价格比醇和卤代烷都高，所以其实际应用不如醇或卤代烷广泛。硫酸酯与胺类烷基化的反应通式如下。

$$R'NH_2 + ROSO_2OR \longrightarrow R'NHR + ROSO_2OH$$

$$R'NH_2 + ROSO_2Na \longrightarrow R'NHR + NaHSO_4 \qquad (5\text{-}31)$$

硫酸酯中最常用的是硫酸二甲酯，但它的毒性极大，能通过呼吸道及皮肤接触使人体中毒，使用时应十分注意。用硫酸酯烷基化时需加碱中和所生成的酸。选用硫酸二甲酯为烷基化剂的优点是：烷基化能力强，并且如果条件控制适当，可以只在氨基上发生烷基化，不会影响到芳环上的羟基。但其致命的缺陷是毒性较大，现已被控制使用。

此外，用磷酸酯与苯胺或其他芳香胺反应可以得到产率好、纯度高的 *N*, *N*- 二烷基芳胺，反应式为：

$$3ArNH_2 + 2(RO)_3PO \longrightarrow 3ArNR_2 + 2H_3PO_4 \quad (5\text{-}32)$$

芳磺酸酯也是一种强烷基化剂，用于芳胺烷基化的反应通式为：

$$ArNH_2 + ROSO_2Na \longrightarrow ArNHR + NaHSO_3 \quad (5\text{-}33)$$

烷基化用的芳磺酸酯应在反应前预先合成，由芳磺酰氯与相应的醇在氢氧化钠存在下于低温反应，即成为芳磺酸酯。取 1mol 由丙醇以上的醇类所制得的芳磺酸酯与 2mol 的芳胺共热到 110 ～ 125℃，可得到产率良好的仲胺。芳胺用量比理论量多一倍，这是为了中和反应中生成的芳磺酸。如果改变反应物的用量，按伯胺：对甲苯磺酸酯：氢氧化钾的摩尔比为 1 ：2 ：2，共同加热到较高温度也可以生成叔胺。

三、*O*- 烷基化反应

O- 烷基化反应指的是醇、酚或羧酸的 O 原子上引入烷基生成醚类化合物的反应。引入的烷基可以是饱和的、不饱和的、脂肪的以及芳香的等各种类型。常用的烷基化试剂是卤代烷、环氧烷、硫酸酯、醇和烯烃等。如，以 *β*- 萘酚和溴乙烷为原料，在碱性条件下通过 *O*- 烷基化反应可以合成香料 *β*- 萘乙醚。此外，通过发生 *O*- 烷基化反应生成化学性质相对惰性的醚，也是保护羟基的一种方法。

在合成芳环上含有羧甲氧基（$—OCH_2COOH$）或苄氧基（$—OCH_2C_6H_5$）的化合物时，应采用酚类与氯乙酸（或氯化苄）为原料，而不是采用芳环（苯或萘）与羟基乙酸（或苄醇）为原料进行合成反应。原因是：①氯乙酸（或氯化苄）比羟基乙酸（或苄醇）容易获得，而且是活泼的烷基化剂；②芳环上所连的 H 和酚羟基上的 H 相比其活性不够，C—H 键能较大所以 H 原子不容易脱落，要想脱落下来被其他基团所取代，其反应条件需为高温、高压催化剂。

$$C_6H_5OH + ClCH_2COOH \xrightarrow{NaOH} C_6H_5O—CH_2COOH + NaCl + H_2O \quad (5\text{-}34)$$

$$C_6H_6 + HOCH_2COOH \xrightarrow{OH^-} \text{很难发生反应} \quad (5\text{-}35)$$

当需要在芳环上的酚羟基上引入烷基时，一般使用较为活泼的烷基化剂与之相匹配使得反应能够顺利进行，如氯甲烷、氯乙烷、氯乙酸、氯化苄、环氧乙烷、对甲苯磺酸酯和硫酸酯等，只有在极少数情况下才使用甲醇和乙醇等弱烷基化剂。

1. 用卤代烷的 *O*- 烷基化

此类反应较易进行，一般将酚先溶解于稍过量的苛性钠水溶液中使它形成酚钠盐，然后在不太高的温度下加入适量卤代烷即可得到良好的结果。当使用沸点较低的卤代烷时，则需要在高压釜中进行反应。

$$\text{HO-}C_6H_4\text{-OH} \xrightarrow[-2H_2O,\ 35℃]{2NaOH} \text{NaO-}C_6H_4\text{-ONa} \xrightarrow[70\sim120℃,\ 0.6MPa]{2CH_3Cl,\ NaOH} CH_3O\text{-}C_6H_4\text{-}OCH_3 + 2NaCl \tag{5-36}$$

在高压釜中投入 NaOH 水溶液和对苯二酚，压入氯甲烷气体，密闭，升温至 120℃，压力为 0.6MPa，保温约 3h，直到压力下降至 0.22MPa 左右为止。产品对苯二甲醚的产率可达 83% 左右（以对苯二酚计）。

另外，在用卤代烷发生 *O*- 烷基化反应，为了避免使用高压釜或者为了使反应在相对温和的条件下进行，常常改用活性比氯甲烷强的碘甲烷（沸点为 42.5℃）作 *O*- 烷基化试剂。

对于某些活泼的酚类，也可以用醇类作烷基化剂。

$$C_6H_5OH + C_2H_5OH \xrightarrow{H_2SO_4} C_6H_5OC_2H_5 + H_2O \tag{5-37}$$

2. 用环氧乙烷的 *O*- 烷基化

醇或酚用环氧乙烷发生 *O*- 烷基化反应，在醇或酚羟基的 O 原子上引入一个或多个 —CH_2CH_2OH（羟乙基），其产物主要是非离子型表面活性剂等。反应可在酸或碱催化剂作用下完成，但生成的产物往往不同。

$$\underset{\text{(环氧)}}{RCH\!-\!CH_2\text{-}O} \xrightarrow{H^+} [R\overset{+}{C}HCH_2OH] \xrightarrow{R'OH} RCH(OR')CH_2OH + H^+ \tag{5-38}$$

$$\underset{\text{(环氧)}}{RCH\!-\!CH_2\text{-}O} \xrightarrow{R'O^-} [RCH(O^-)CH_2OR'] \xrightarrow{R'OH} RCH(OH)CH_2OR' + R'O^- \tag{5-39}$$

由低碳醇（$C_1 \sim C_6$）与环氧乙烷作用可生成各种乙二醇醚，这些产品都是重要的溶剂。可根据市场需要，调整醇和环氧乙烷的摩尔比，来控制产物组成。反应常用的催化剂是 BF_3-乙醚或烷基铝。

$$ROH + \underset{O}{CH_2\!-\!CH_2} \longrightarrow ROCH_2CH_2OH \tag{5-40}$$

高级脂肪醇或烷基酚与环氧乙烷加成可生成聚醚类产物，它们均是重要的非离子型表面活性剂，反应一般用碱催化。由于各种羟乙基化产物的沸点都很高，不宜用减压蒸馏法分离。因此，为保证产品质量，控制产品的分子量分布在适当范围，就必须优选反应条件。例如用十二醇为原料，通过控制环氧乙烷的用量以控制聚合度为 20 ～ 22 的聚醚生成。产品是一种优良的非离子型表面活性剂，商品名为乳化剂 O 或匀染剂 O。

$$C_{12}H_{25}OH + n\ \underset{O}{CH_2\!-\!CH_2} \xrightarrow{NaOH} C_{12}H_{25}O(CH_2CH_2O)_nH \quad n=20\sim22 \tag{5-41}$$

将辛基酚与其质量分数为 1% 的氢氧化钠水溶液混合，真空脱水，N_2 置换，于 160 ～ 180℃通入环氧乙烷，经中和漂白，得到聚醚产品，其商品名为 OP 型乳化剂。

$$C_8H_{17}\text{-}C_6H_4\text{-}OH + n\ \underset{O}{CH_2\!-\!CH_2} \xrightarrow{NaOH} C_8H_{17}\text{-}C_6H_4\text{-}O(CH_2CH_2O)_nH \tag{5-42}$$

3. 用无机酯的 *O*- 烷基化

硫酸酯及磺酸酯均是良好的烷基化剂，活性较强。在碱性催化剂存在下，硫酸酯与酚、醇能顺利反应，生成醚类化合物且产率较高。如消炎镇痛药萘普生的中间体的合成。

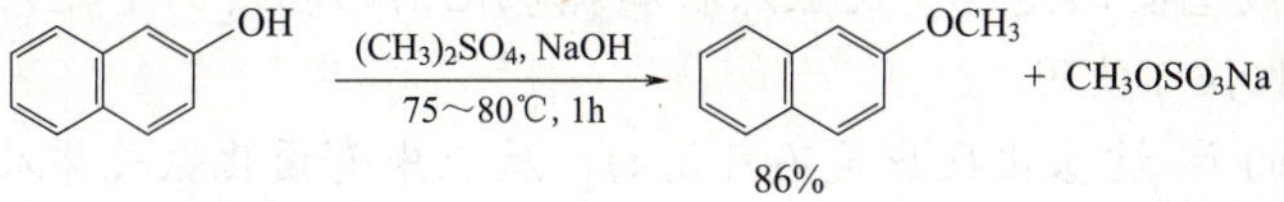

$$\text{2-萘酚(OH)} \xrightarrow[75\sim80^{\circ}C,\ 1h]{(CH_3)_2SO_4,\ NaOH} \underset{86\%}{\text{2-甲氧基萘}(OCH_3)} + CH_3OSO_3Na \tag{5-43}$$

再如治疗精神病类疾病的药物曲美托嗪中间体的合成。

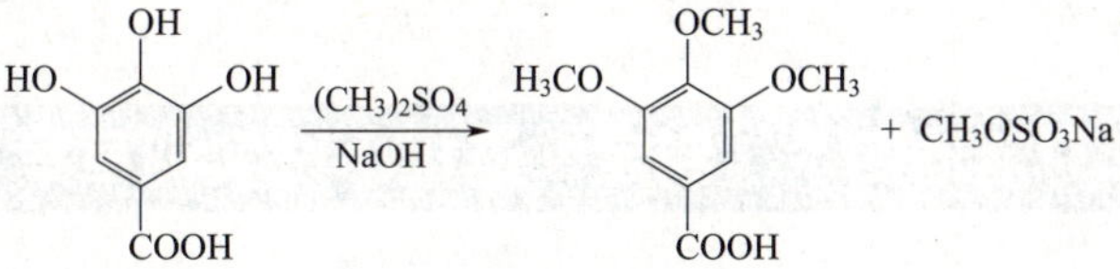

$$\text{3,4,5-三羟基苯甲酸(HO, OH, OH, COOH)} \xrightarrow[NaOH]{(CH_3)_2SO_4} \text{3,4,5-三甲氧基苯甲酸}(H_3CO, OCH_3, OCH_3, COOH) + CH_3OSO_3Na \tag{5-44}$$

由于硫酸二甲酯的毒性较大，现尝试采用碳酸二甲酯作为代替。若用碳酸二乙酯作烷基化剂，则可不需碱性催化剂，但碳酸二乙酯同样也存在毒性较大的问题，应谨慎使用，并注意安全防范措施到位。

4. 用醇或酚直接脱水成醚

醇或酚的脱水是合成对称醚的通用方法。醇的脱水反应通常在酸性催化剂存在下进行，常用的酸性催化剂有浓硫酸、浓盐酸、磷酸、对甲苯磺酸、高岭土（硅酸铝）等。如：将间甲酚和甲醇按 1 ∶ 4 的摩尔比配成混合溶液，在 225℃下流经高岭土（硅酸铝）催化剂，间甲酚的转化率可达 65% 左右，间甲基苯甲醚的选择性可达 90%。

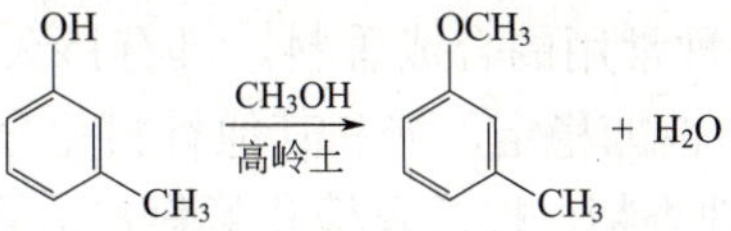

$$\text{间甲酚(OH, CH}_3) \xrightarrow[\text{高岭土}]{CH_3OH} \text{间甲基苯甲醚}(OCH_3, CH_3) + H_2O \tag{5-45}$$

再如：将对苯二酚、甲醇、硫酸和碘化氢分别以 1 ∶ 13.6 ∶ 0.22 ∶ 0.01 的摩尔比回流 4h，在反应过程中滴加 0.13mol 的过氧化氢，对苯二酚的转化率可达 69%，对羟基苯甲醚的选择性可达 94%。而对苯二酚如果用硫酸二甲酯进行单甲基化，则产品的产率只有 48%（以对苯二酚计）。

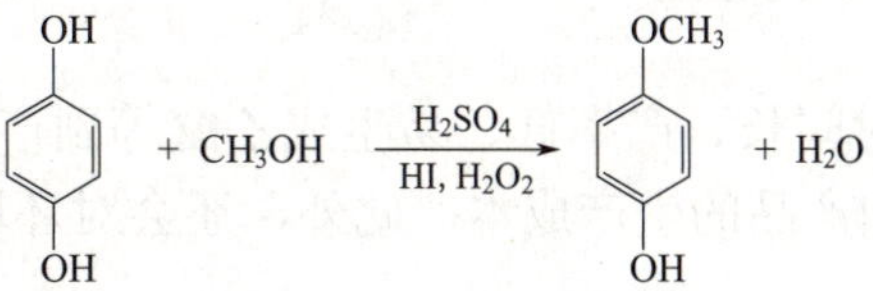

$$\text{对苯二酚(OH, OH)} + CH_3OH \xrightarrow[HI,\ H_2O_2]{H_2SO_4} \text{对羟基苯甲醚}(OCH_3, OH) + H_2O \tag{5-46}$$

【学习活动三】 寻找关键工艺参数，确定操作方法

四、烷基化反应影响因素

通过查阅相关资料，分别从烷基化试剂的活性、反应底物的结构、反应温度、反应压力、搅拌速率以及使用催化剂等方面来讨论关于烷基化反应的生产操作影响因素。

项目五

任务小结 I

1. *C*- 烷基化反应属于连串反应，为控制烷基苯和多烷基苯的生成量需选择适宜的催化剂和反应条件，其中最重要的是控制反应原料和烷基化剂的物质的量之比，常使苯过量较多，反应后再加以回收循环使用。

2. 用卤代烷进行的 *N*- 烷基化反应是不可逆的，反应中有卤化氢气体放出，为使反应顺利进行，常向反应系统中加入一定的碱（氢氧化钠、碳酸钠、氢氧化钙等）作为缚酸剂，以中和卤化氢。

【学习活动四】 制定、汇报小试实训草案

五、制定并汇报小试实训草案

实训草案中的查阅其他资料的方法，详见项目一中的“八、查阅其他资料的方法”。

“汇报小试实训草案”部分工作的开展过程，详见项目一中的“九、汇报小试实训草案”。

【学习活动五】 修正实训草案，完成生产方案报告单

六、修定小试实训草案

β- 萘乙醚又称橙花素，是一种常用的合成香料，具有持久的橙花和洋槐花的香韵，比β- 萘甲醚温和、幽雅，在空气中性能稳定，能和其他香料化合物调合使用，被广泛应用于肥皂和化妆品中。它还可用作玫瑰香精、柠檬香精和茉莉香精等的定香剂，以减缓香料的挥发速度，使产品在较长时间内保持香味。

关于 *β*- 萘乙醚的合成路线，根据所查阅的相关文献资料总结为以下几种。

1. ***β***- 萘酚与乙醇反应（醚化法）

$$C_{10}H_7OH + C_2H_5OH \longrightarrow C_{10}H_7OC_2H_5 + H_2O \qquad (5\text{-}47)$$

此法反应温度高、反应时间长、产率低、易生成乙醚等副产物，而且设备腐蚀严重，造成设备维护更新频繁，增加产品的生产成本。此外，还会对环境产生污染。因此不建议选用。

2. ***β***- 萘酚与卤乙烷反应（乙基化法）

$$C_{10}H_7OH + C_2H_5X \longrightarrow C_{10}H_7OC_2H_5 + HX \qquad (5\text{-}48)$$

X=Cl、Br、I

此法又称为威廉姆森（Williamson）合成法。此法具有操作简单，合成过程对设备腐蚀小，生产成本低等优点；但其存在着反应温度高、反应时间长、生产效率低、产率低等缺点，这在某种程度上也限制了其工业化的生产效益。但是在实验室合成中是一种常用的

方法。

常见的卤乙烷有氯乙烷、溴乙烷和碘乙烷。其中，氯乙烷在常温常压下为气体，低温或压缩时为无色低黏度易挥发液体，极易燃烧，具有类似醚的气味，干燥的氯乙烷稳定，无腐蚀性，但在水和碱存在下会水解成醇，氯原子易发生取代反应，热稳定性好，类似氯甲烷。溴乙烷是无色或微黄色透明液体，气味似乙醚，沸点为 37 ～ 40℃，化学性质活泼，能发生亲核取代反应，也用作溶剂和制冷剂。碘乙烷是无色至淡黄色液体，久置变红，沸点为 72℃，溶于乙醇、乙醚，能与大多数有机溶剂混溶，微溶于水并逐渐分解，遇水和蒸汽能产生有毒有腐蚀性烟气，与氧化剂能发生剧烈反应，遇明火能燃烧。

以上三种卤代烷中，溴乙烷的活性较好，它在常温常压下为液体，操作方便，且具有更好的经济性，因此常选择溴乙烷作为乙基化试剂。

3. *β*- 萘酚与硫酸二乙酯反应（硫酸二乙酯法）

$$C_{10}H_7OH + (C_2H_5)_2SO_4 \longrightarrow C_{10}H_7OC_2H_5 \qquad (5\text{-}49)$$

由于使用了毒性较强的硫酸二乙酯，因此实验室合成不建议选用此法。

项目组各组成员参考图 5-2 中的思维导图以及相关理论知识文献资料，结合本组的小试实训草案，经讨论及修正和完善之后，完成《*β*- 萘乙醚小试产品生产方案报告单》，并交给项目技术总监审核。

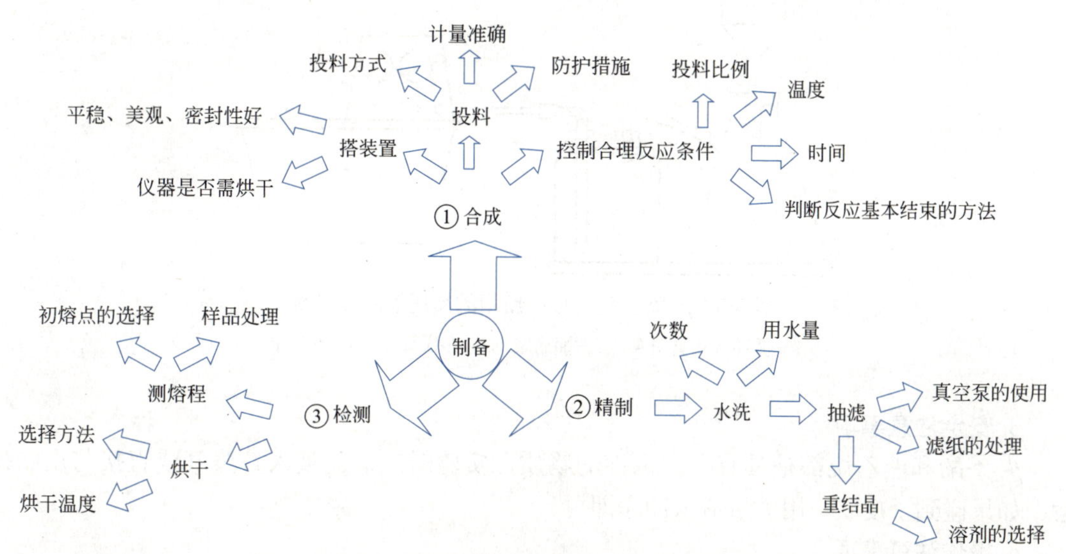

图 5-2　确定 *β*- 萘乙醚的合成实训实施方案时的思维导图

任务二　合成 *β*- 萘乙醚的小试产品

每 2 人一组的小组成员，合作完成合成 *β*- 萘乙醚的小试产品这一工作任务，并分别填写《*β*- 萘乙醚小试产品合成实训报告单》。

【学习活动六】 获得合格产品，完成实训任务

实训注意事项

1. 原料投料量

本次实训所使用药品的种类、规格及投料量如下表 5-2 所示：

表 5-2 *β*-萘乙醚的合成实训操作原料种类、规格及其投料量

名称	*β*-萘酚	溴乙烷	无水乙醇	氢氧化钾	沸石
规格	CP	CP	CP	CP	—
每二人组的用量	10.0g	6.0mL	60mL	8.0g	几粒

2. 实训装置

由于在烷基化的反应过程中，反应器内可能会有固体物质出现，为了避免出现结块现象影响反应进行的效果，需要使用带搅拌装置的以及分别插上球形冷凝器和温度计的四口烧瓶（即实训室里通用的一套小试合成反应装置）。

反应结束后粗品进行洗涤、抽滤时所使用的装置，如图 5-3 所示。

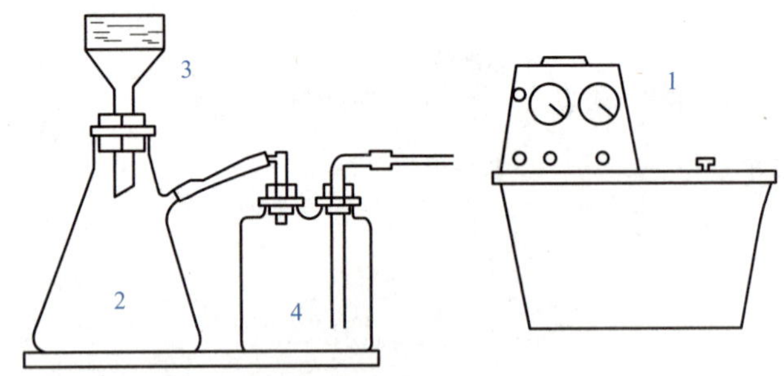

图 5-3 *β*- 萘乙醚合成时所用的减压抽滤装置图

1—循环水式真空泵；2—抽滤瓶；3—布氏漏斗；4—缓冲瓶

3. 安全注意事项

β- 萘酚和溴乙烷都是具有一定毒性的物质，实验时应避免吸入其蒸气或直接与皮肤接触。如果碰到了皮肤，用大量清水冲净即可。

4. 操作注意事项

（1）加热时温度不宜太高，以保持反应液微沸即可，否则溴乙烷可能逸出，它的沸点为 38.4℃；

（2）如果粗产物为灰黄色粉末状固体，则需要用少许活性炭做脱色处理，即可得到白色片状结晶；

（3）在重结晶的加热回流阶段，由于溶剂乙醇易挥发，应使用球形冷凝管并保持供给充足的冷却水；

（4）在重结晶阶段，所析出结晶时需充分冷却、以使结晶完全析出，可减少不必要的产品损失。

5. 实训数据的处理方法

可参考项目一里的实训数据处理方法中的计算公式［式（1-26）］。

任务小结Ⅱ

适当使用一些相转移催化剂（如四丁基溴化铵等），可以加快反应生成β-萘乙醚的速度，并可提高其产率。

任务三　制作《β-萘乙醚小试产品的生产工艺》的技术文件

【学习活动七】　引入工程观念，完成合成实训报告单

为了引入化学工程观念，落实β-萘乙醚中试、放大和工业化生产中的安全生产、清洁生产相关措施，还有需要继续改进生产工艺、正确处理生产过程中可能出现的异常情况等问题，下面我们将学习烷基化反应工业化大生产方面的内容。

一、烷基化反应生产实例

（一）脂肪醇聚氧乙烯醚型非离子表面活性剂的生产工艺

表面活性剂是精细化学品中的一种，指的是加入少量能使其溶液体系的界面状态发生明显变化的物质。它的分子结构中通常具有以下特征：一端为亲水基团（常为极性基团，如磺酸基、氨基或胺基钠盐、羟基和酰胺基等），另一端为疏水基团（常为非极性烃链，如 8 个 C 原子以上的烃链）。由于具备这种结构，根据“相似相溶”原理，使得表面活性剂能自由穿梭于水溶性的无机相和油溶性的有机相之间，只需要使用少量的表面活性剂就能起到很好的润湿、渗透、乳化、分散和发泡等作用，是化工生产中的“味精”。

根据极性基团的解离性质不同，表面活性剂分为阴离子型（如十二烷基苯磺酸钠）、阳离子型（如季铵盐类化合物）、两性型（如氨基酸类化合物）和非离子型表面活性剂（如脂肪醇聚氧乙烯醚型非离子型表面活性剂）等。其中非离子型表面活性剂被广泛用于日用洗涤产品、医药、化妆品、纺织助剂、匀染剂、消泡剂、柔软剂以及金属切割液等方面，而脂肪醇聚氧乙烯醚（商品名为平平加系列，英文名称缩写为 AEO）是其中用量最大的一种。如洗衣液里所加入的脂肪醇聚氧乙烯醚型非离子表面活性剂 AEO-9，其化学结构简式为 $R—O—(CH_2CH_2O)_nH$（$R=C_{12}\sim C_{18}$，$n=9$），它的主要作用是去除油渍等难以去除的有机污渍。2015 年，我国生产非离子表面活性剂产品装置的产能为 230 ～ 260 万吨，生产企业有天津浩元精细化工有限公司、扬子石化 - 巴斯夫有限责任公司、中轻日化科技有限公司和福建钟山化工有限公司等。

AEO-9 是由 $C_{12}\sim C_{18}$ 的脂肪醇和环氧乙烷通过 O- 烷基化反应而制得的，其反应式见下式。

$$RO—H + 9 \; H_2C—CH_2(O) \xrightarrow{\text{催化剂}} RO\!\leftarrow\!CH_2CH_2O\!\rightarrow_9\!H \quad (5\text{-}50)$$

R为C_{12}～C_{18}的烷基　　AEO-9

下面来学习能生产诸多种类脂肪醇聚氧乙烯醚型非离子表面活性剂的由意大利的PRESS公司研发的一种生产工艺，此工艺于2013年引入国内。值得一提的是，2018年扬子石化-巴斯夫有限责任公司在引进并消化国外生产设备及工艺的基础上，自主设计并装配成功了设计能力为6万$t\cdot a^{-1}$的非离子表面活性剂生产装置中的核心部件——乙氧基化反应器，一举突破了国外的核心技术封锁壁垒，可喜可贺！

PRESS工艺的整个生产过程分为预处理（由催化剂将起始剂活化生成具有催化性能的物料）、乙氧基化反应（起始剂与环氧乙烷反应生成相应的醚）和后处理（将产物最终处理成符合规格的产品并包装入库）等三个工段。具体如图5-4所示。

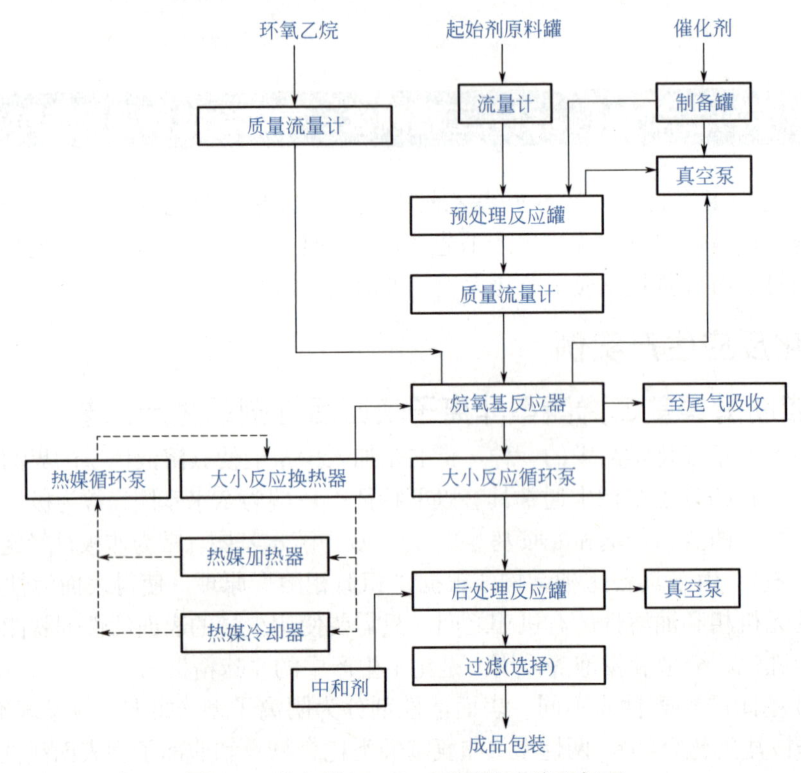

图5-4　意大利PRESS工艺的生产流程框图

1. 预处理工段

该工段进行的是催化剂的混合以及催化反应。起始剂（即主原料脂肪醇）和催化剂通过计量之后进入预处理反应罐。起始剂和催化剂中的水分在物料循环加热过程中通过真空脱除，使含水量≤0.05%。烷氧基反应器用N_2置换，并把起始剂和催化剂加热到反应起始温度120～160℃。

2. 乙氧基化反应工段

此阶段发生的是*O*-烷基化反应。通过质量流量计向烷氧基反应器中通入环氧乙烷，分别在流量、温度、和压力控制下将已预热的起始剂喷雾成液滴状和所通入的环氧乙烷接触混合后开始反应。环氧乙烷是连续相，起始剂和催化剂是分散相。反应起始时的氮封压力为0.012 MPa。在环氧乙烷的加入量达到工艺配方要求时关闭环氧乙烷进料阀。在一定的反应时间和熟化时间内保持物料循环并控制反应温度进行反应和熟化。当反应器的残余压力不变时即认定反应结束。反应结束后，反应器中剩余的气体先排至废气处理单元、然后在真空下脱气。反应结束后的物料冷却至 50 ～ 100℃之后送入后处理反应罐中。

图 5-5 中的外循环喷雾式烷氧基化反应器是一种环路反应器，该反应器在外循环环路中增设了文丘里混合器，使反应器顶部空间未反应的环氧乙烷也能被吸入物料中参与反应，从而缩短了反应熟化阶段的时间，并且能使产品中和尾气排放中的环氧乙烷含量降低。这种反应器的反应速率大大快于传统的搅拌式反应器，由于其反应器壁表面被喷雾物料不断更新，因此不会产生过反应的现象，产品的品质较好。除此之外，它还具有适应性强、设备安全性好、环境污染小以及易于自动控制等优点，是一种结构较为合理的、目前在国内外广泛使用的装置组合。

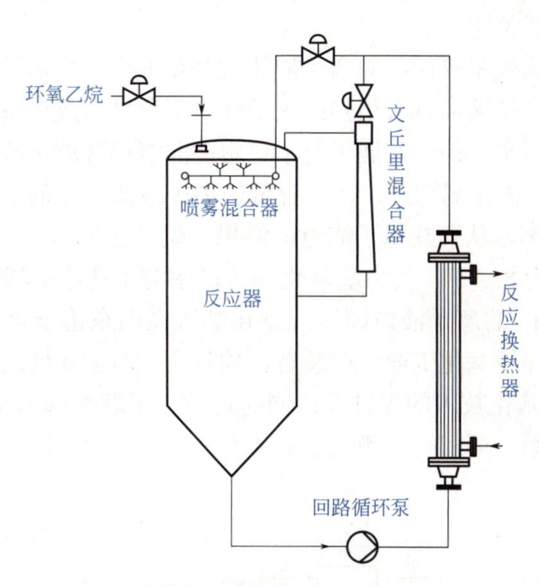

图 5-5　意大利 PRESS 外循环喷雾式烷氧基化环路反应装置的设备示意图

3. 后处理工段

在盛有乙氧基化反应结束后物料的后处理反应罐中，搅拌状态下加入中和剂磷酸进行中和反应。在取样检测合格之后，将产品用精密过滤器经过滤后去除中和反应所产生的固体沉淀，然后送至包装、入库。

由于环氧乙烷的沸点较低（10.8℃）、爆炸极限较宽（爆炸极限为 3% ～ 100%），属于危险性化学品，所以在工艺仪表流程设计中均设置了双重控制仪表，分别用于自动控制和安全联锁，并设置了独立于 DCS 的安全联锁系统和紧急放空系统以保证安全生产。

（二）离子液体 C_4 烷基化的生产工艺

近年来我国环保要求日益严格，对汽油中的烯烃、芳烃和硫含量的限制越来越苛刻。我国于 2018 年出台了被称为史上“最严”的国Ⅵ汽油标准。因此利用烷基化反应提升汽油品质越来越受到重视。

国内外生产的车用汽油是由各种加工途径所生产的汽油组分按不同规格要求调和而成

的，汽油的组成包括重整油、异构化油、烷基化油及醚化轻汽油等。其中，烷基化油指的是利用低碳烯烃与异丁烷（属 C_4 化合物）在催化剂作用下发生烷基化反应，生成诸如三甲基戊烷之类的产物，它具有辛烷值高、抗爆性能好、蒸气压低、含硫少、不含芳烃和烯烃等特点，是理想的清洁汽油的调和组分。在汽油中添加烷基化油，不但可以提升汽油的整体辛烷值从而抑制发动机气缸中汽油燃烧时的震爆现象，还可以降低汽油中硫、氮、烯烃和芳烃等有害杂质的含量，使汽车排放的尾气清洁化。目前，在我国调和汽油组成中，催化裂化汽油占 73%，催化重整汽油占 15%，烷基化油占 0.2% ～ 0.5%。而在欧美等发达地区，烷基化油在汽油调和组分中所占比例较高，美国为 12.5% ～ 15.0%，欧洲为 6.0% ～ 7.0%。

烷基化油的生产技术，根据其使用的催化剂不同，可分为液体酸烷基化（如使用氢氟酸或硫酸等作催化剂）、固体酸烷基化（使用固体酸作催化剂）和离子液体烷基化（使用离子液体作催化剂）等。离子液体是一类熔点在室温附近的熔融盐，它具有不挥发、不燃烧、热稳定性高等优点，同时又具有非常好的反应活性，所以作为最具有潜力的烷基化催化剂，得到了石油加工工作者的广泛关注。

中国石油大学是国内较早开始研究离子液体烷基化油生产技术的单位。在他们的研究初期，由于所用的氯铝酸离子液体具有很强的吸湿性，很容易造成设备管道的堵塞，这是工业化进程中的一大难题。后来，他们开展了对水稳定的非氯铝酸离子液体催化碳四烷基化的研究，通过定向设计合成 - 催化剂筛选，在大批量的离子液体催化剂中选择确定了两种高性能的离子液体烷基化催化剂，从而获得了满意的结果，烷基化油的 C_8 选择性为 87.44%，辛烷值 RON 为 97.4，产率为 85.7%，其中烷基化油的产率与工业浓硫酸烷基化油的相当。2013 年 9 月，一套 10 万 $t \cdot a^{-1}$ 的离子液体碳四烷基化装置在山东德阳化工有限公司投产，该装置成为世界首套离子液体烷基化工业生产装置。项目实施时创新性地采用了干洗深度脱酸技术，提高了离子液体烷基化技术的先进性；同时还建立了新型的离子液体酸强度 - 折射率 - 反应活性的对应反应关系，可实时监测离子液体酸强度的变化情况。其生产工艺流程框图如图 5-6 所示。

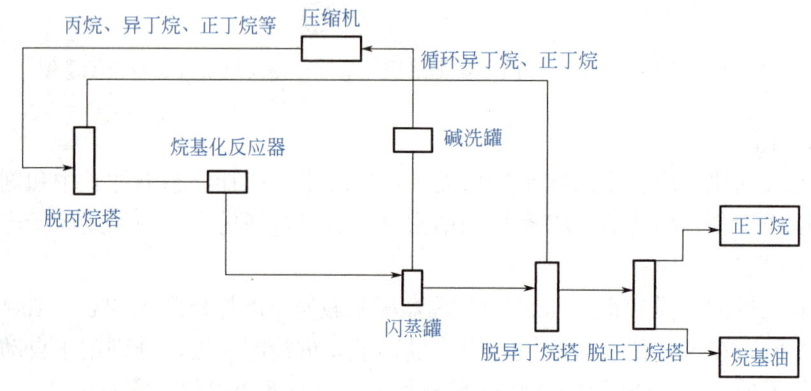

图 5-6　山东德阳化工有限公司 10 万吨级离子液体碳四烷基化生产工艺流程框图

目前，新型离子催化剂的液体烷基化油生产技术存在一定有待改进的空间，虽然这种生产技术所得烷基化油的产率较使用工业浓 H_2SO_4 作催化剂的工艺其结果相当，但其他方面的数据仍需改善。但是，山东德阳化工有限公司万吨级的离子液体烷基化生产实践结果表明，新型的离子液体催化剂对烷基化反应的原料具有很强的适应性，其循环使用寿命较工业浓

H_2SO_4催化剂具有明显的提高，废催化剂的排放至少可减少一半，因此离子液体烷基化新工艺作为一种绿色生产工艺具有良好的发展前景。

（三）直链烷基苯（LAB）的生产工艺

直链烷基苯（LAB）主要应用于表面活性剂——烷基苯磺酸盐（LAS）的生产，是洗涤剂行业的主要生产原料。烷基苯磺酸在洗涤剂配方中的广泛应用始于20世纪60年代，由于直链烷基苯的生产成本相对较低，且其加工、配方和应用的性能较理想，环境安全性也较高，因此至今一直受到洗涤用品行业的青睐。

项目装置采用了美国环球油品公司（UOP）的脱氢-HF烷基化技术和关键设备，生产全过程采用DCS集散控制系统实现信息化管理，生产装备达国际先进水平。

美国环球油品公司洗涤剂的烷基化生产工艺于1968年首次实现工业化。在20世纪70年代末，我国第一套使用UOP的脱氢-HF烷基化工艺技术的烷基苯装置是金陵石化有限责任公司烷基苯厂的5万$t \cdot a^{-1}$的烷基苯联合生产装置。该装置是由意大利欧洲技术公司总承包，于1980年底建成并投入生产。联合装置是由加氢精制装置、分子筛脱蜡装置、脱氢装置和烷基化装置等四套装置组成的，其烷基苯和轻蜡（是轻质液体石蜡的简称，用于制造烷基苯的中间体单烯烃）设计能力均为5万$t \cdot a^{-1}$。建成至今，该烷基苯联合装置的加氢-分子筛装置经过多次重大技术改造，轻蜡生产能力由5万$t \cdot a^{-1}$扩增至40万$t \cdot a^{-1}$；脱氢-烷基化装置经历了多次重大技术改造和改进，于2012年投资10亿元人民币将烷基苯生产能力由5万$t \cdot a^{-1}$扩增至20万$t \cdot a^{-1}$。金陵石化有限责任公司烷基苯厂和金桐石油化工有限公司组建成江苏金桐石化有限公司，目前，位于南京经济技术开发区的江苏金桐石化有限公司已拥有30万$t \cdot a^{-1}$的烷基苯的生产规模，其烷基苯的生产能力位居亚洲第一。其生产工艺流程简图如图5-7所示。

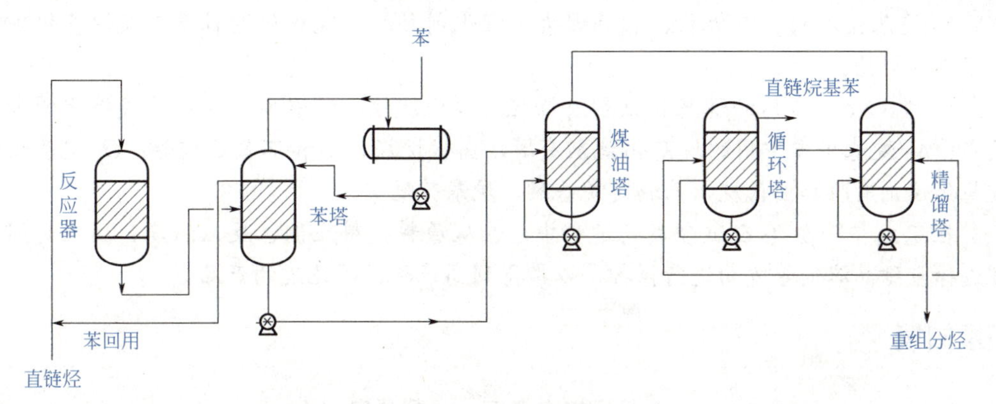

图5-7　美国环球油品公司（UOP）的直链烷基苯的生产工艺流程简图

目前国内正在运转的几套洗涤剂烷基苯生产装置均采用的是UOP的脱氢-HF烷基化工艺技术。经过多年的技术引进、消化、吸收和改造，江苏金桐石化有限公司的技术目前已形成自己的技术特点。

1. 脱氢催化剂的国产化

中国科学院大连化学物理研究所、中国日用化学工业研究院和金陵石化有限责任公司烷基苯厂于1984年共同研发成功NDC-2型脱氢催化剂，取代了UOP公司的DEH-5型同类催化剂；1991年又开发成功NDC-4型脱氢催化剂，取代了UOP公司的DEH-7型催化剂。这些催化剂都能很好地应用于生产装置中。同时，NDC-4 型脱氢催化剂后来还出口到印度和伊朗，其中印度 Reliance 公司每年生产烷基苯所用的脱氢催化剂 40% 均为 NDC-4 型脱氢，形成了中国产的催化剂走出国门，与 UOP 公司同时竞争国际市场的局面。

2. 单套装置生产 20 万 $t \cdot a^{-1}$ 的技术研究

金陵石化有限责任公司烷基苯厂烷基苯装置改造内容主要有以下几方面：① 改造了脱氢反应器，催化剂的装填量增加了 30.2%；② 增装了板式换热器及循环氢压缩机；③ 更新了部分分馏设备；④ 使用了烷基苯装置热泵技术等。经过上述改造，于 2012 年该企业的烷基苯装置从原设计的 5 万 $t \cdot a^{-1}$ 的产能一举扩增至 20 万 $t \cdot a^{-1}$，这在全球的烷基苯生产企业中也是个特例。

随着国内烷基苯装置产能的扩大，UOP 脱氢 -HF 烷基化工艺技术也在不断创新和优化，催化剂的开发和新技术的应用也取得了突破性进展。由于国内化学工程技术人员的努力，持续推进技术改进的进程，进一步降低了烷基苯生产的能耗和物耗，使得国内生产的烷基苯产品在国际市场上具备了较强的竞争力。

【学习活动八】 讨论总结与评价

二、讨论总结与思考评价

任务总结

1. 本项目中主要学习了烷基化反应的相关反应原理，对三类烷基化（*C*- 烷基化、*O*- 烷基化、*N*- 烷基化）的反应历程、影响因素、催化剂种类、烷基化剂种类以及烷基化方法等进行了重点讨论。

2. *C*- 烷基化中常用的烷基化试剂有烯烃、卤代烷烃、醇醛酮，反应是酸催化的亲电取代反应；*N*- 烷基化中常用的烷基化试剂有醇、卤代烷烃、酯和环氧乙烷等；*O*- 烷基化常用的烷基化试剂有醇和卤代烷，产物是烷基醚、烷基芳醚等。

3. 在完成香料 β- 萘乙醚合成的过程中，应从原料投料比例、反应温度、反应时间以及合理选择重结晶溶剂等方面进行操控，以期得到高产率、高纯度的产品。

拓展阅读

芳烃技术专家——戴厚良

有人说，袁隆平解决了中国人吃饭的问题，而中石化解决了中国人穿衣难题。这“穿衣问题”背后的学问就是芳烃成套技术。芳烃技术为什么那么重要？为什么说中石化的芳烃技术很牛？这“穿衣问题”的解决，和一个人有关，就是下面要介绍的戴厚良。

戴厚良院士（出生于 1963 年 8 月 20 日），石油化工专家，江苏省扬州市人。1985 年毕业于江苏化工学院（现常州大学），2006 年获南京工业大学化学工程专业博士学位。现任中国石油天然气集团有限公司董事长、党组书记，中国化工学会理事长。

戴院士长期从事石油化工生产和技术研发，为我国芳烃成套技术国产化做出重大贡献。他作为项目第一完成人，主持了芳烃成套技术开发项目任务，并带领中国石化石油化工科学研究院、中国石化工程建设有限公司、中国石化扬子石油化工有限公司、中国石化海南炼化公司和中国石化上海石油化工研究院等单位共同承担了“高效环保芳烃成套技术开发及应用”项目，取得了对二甲苯吸附分离技术关键突破与产业化等重大科技成果，因此荣获了2015年度国家科学技术进步特等奖。这样的科技突破，使我国成为世界上除了美国（UOP公司，即美国环球油品公司）和法国（法国石油研究院）之外的第三个掌握芳烃成套技术的国家。由于戴厚良的表现卓著，于2017年当选为中国工程院院士。

芳烃主要以对二甲苯为主，是重要的基本有机化工原料。芳烃可以制得高强度、低密度和耐磨性好的聚酰胺纤维，主要用于生产轮胎帘子线、橡胶补强材料、特种绳索以及军工和航天材料，广泛应用于汽车、机电、航天航空、军工等重要领域。20世纪70年代，以对二甲苯为原料生产的“的确良”和“涤卡”等化纤布匹，为居民生活带来了光鲜和亮丽，而现如今约65%的纺织原料和80%的饮料包装瓶的原料都来源于对二甲苯；此外，芳烃还大量用于生产非纤维用聚酯，为人们的日常生活提供安全方便、可回收利用的聚酯瓶包装等。目前，全球用于化工用途的芳烃年消费总量约1.2亿吨，芳烃生产厂共有130多家，遍布美国、西欧和日韩等发达国家和地区。

芳烃成套技术以生产对二甲苯为核心，是一个国家石油化工发展水平的标志性技术之一，系统集成度高、开发难度大。此前，全球仅有美国和法国的两家公司掌握芳烃成套技术，国内产能几乎全部依赖国外公司的技术，技术许可和专用吸附剂、催化剂等费用极其昂贵。近年来，我国对二甲苯的需求年均增长率高，仅2014年的数据显示，我国对二甲苯的实际消费量为1766万吨，但是其中属于进口的数量为908万吨，高达51%，需要花费近百亿美元的宝贵外汇。因此，开展芳烃成套技术攻关从而引领芳烃产业发展成为几代石化人的共同梦想。

自20世纪80年代起，石化人先后研发出芳烃抽提、二甲苯异构化等单元技术，但芳烃成套技术的核心——吸附分离技术一直未能掌握。为了突破国外的技术垄断，石科院从20世纪90年代初开展对二甲苯吸附分离技术的探索研究，研发出RAX-2000型国产吸附剂，2004年在中国石化齐鲁分公司完成工业试验，各项指标均达到甚至优于进口剂水平，但价格却比进口剂还低了三分之一。2009年，中国石化成立了以高级副总裁戴厚良为组长的攻关领导小组，决心啃下这块“硬骨头”。同年，对二甲苯吸附分离技术进入中国石化“十条龙”攻关项目，攻坚战正式拉开序幕。

戴厚良是国内芳烃成套技术领域的专家，他亲自参与自主对二甲苯吸附分离技术研发项目的研讨、制定总体攻关方案、决策重大技术难点解决方案及措施、组织项目工业示范和工业应用实施、带领攻关组破解研发和工业应用中的各种难题。“对二甲苯分离技术采用模拟移动床吸附分离工艺，该工艺集吸附剂、专用设备、工艺及专用控制系统于一体，开发技术难度极大。”提到研发面临的困难，石科院副总工程师吴巍如是说，“此外，对二甲苯产品纯度要求高（最低也要在99.7%以上），但工业装置物料阀门要在进出料之间不停切换，会造成管线内物料残留——哪怕是微量残留，都会影响产品的纯度和收率。”

为了尽快攻克技术难关，科研人员放弃节假日及周末休息时间，争分夺秒地埋头试验，终于开发出具有自主知识产权的模拟移动床吸附分离技术。2011年，中国石化在扬子石化建成3万$t \cdot a^{-1}$的首套工业示范装置，采用最新研发的RAX-3000型国产吸附剂和工艺，产品纯度、收率等关键指标均达到国际先进水平，验证了自主技术的可靠性，为工业应用提供了技术支撑。2016年，在海南顺利安装投产了100万$t \cdot a^{-1}$的芳烃联合装置，装置顺利开工运转，各项关键技术指标达到甚至优于国际同类水平。由于中国石化具有自主知识产权，因此投资费用比进口技术节省了1.5亿元人民币。该套装置具有以下几方面的特点：一是首创原料精制绿色新工艺，以化学反应替代物理吸附，实现了原理创新，精制剂寿命延长40～60倍，固废排放减少98%；二是首创芳烃高效转化与分离新型分子筛材料，重芳烃转化能力提高70%～80%，资源利用率提高5%，吸附分离效率提高10%；三是集成创新控制方法实现智能控制，实现短时间大流量变化的快速调控，吸附塔压力波动幅度显著降低，确保了装置长周期本质安全与高效精准运行；四是首创芳烃联合装置能量深度集成新工艺，采用了回收塔顶低温热能量发电，一举使联合装置项目发电量大于项目自身的全部耗电量，向外输送电力。装置运行实现由“需要外部供电”到“向外部输送电”的历史性突破，单位产品综合能耗降低28%；五是创新设计方法与制造工艺实现了关键装备“中国创造”，创新设计并建造了世界规模最大的单炉膛芳烃加热炉和多溢流板式芳烃精馏塔，率先开发了新型结构的吸附塔格栅专利设备，流体混合与分配均匀性显著提高。海南炼化这套对二甲苯装置每生产1吨产品，能耗比一般装置要低150千克标油。按年产对二甲苯100万吨计算，每年在降低能耗这一方面就可节省5亿元以上。因此，这套装置以最低的能耗成为全球芳烃联合装置的新标杆。

“芳烃成套技术经过工业实践证明，大型芳烃联合装置主要指标国际领先，经济和社会效益巨大，对推动我国芳烃及相关新兴产业的发展意义重大。”闵恩泽、袁渭康、何鸣元、袁晴棠、欧阳平凯、谭天伟6位院士对此予以高度评价，认为这是石油化工技术领域的里程碑。

在芳烃成套技术中，石化人研究开发成功大量的专用设备，创造出多项“世界之最”，例如世界最大的多溢流板式精馏塔、世界最大的单炉膛芳烃加热炉、世界领先大直径薄饼型精密流体分布器等等。这些均为自主研发制造的专利设备，形成了配套的国家或行业标准。海南炼化对二甲苯项目的设备国产化率高达95%，由我国工程技术人员创新开发成功的大型关键设备和生产控制系统技术领跑了全世界的芳烃生产技术，实现了从“中国制造”走向了“中国智造”。

《β- 萘乙醚小试产品生产方案报告单》

项目组别：__________ 项目组成员：______________________________

一、小试实训草案	
（一）合成路线的选择	
完成者：	1. 现有合成路线及生产方法（各方法的简介、特点、技术的归属单位以及使用厂家等信息）
完成者：	2. 各方法的产率、原料消耗量、生产成本比较及估算（利用网络查找，注意数据的时效性）
完成者：	3. 各方法的生产原料厂家的供应情况及生产产品厂家的年销售量，原料和产品的安全性、毒性的相关数据，中毒急救方式及防护措施
4. 合成路线选择、改进的理由及结果（分别从可行性、实用性、安全性、经济性、环保性等方面展开评价，是全组讨论的结果，包括主、副反应式）	

项目五

续表

（二）产品的用途以及原料、中间体、主产物和副产物的理化常数指标

完成者：

产品的用途：

化学品的理化常数

名称	外观	分子量	溶解性	熔程 /℃	沸程 /℃	折射率 /20℃	相对密度	$LD_{50}/(mg \cdot kg^{-1})$

（三）主、副反应的各类影响因素（即关键生产工艺参数）及其控制实施草案（是全组讨论的结果）

完成者：

（四）原料、中间体及产品的分析测试草案（查找相关国标，并根据实训室现状确定合适的检测项目、选择合适的检测方法，并列出所需仪器和设备）

完成者：

（五）产品粗品分离提纯的草案（就所选定的合成路线，分析反应体系中的有机物种类及性质，确定分离提纯方法）

（六）小试产品生产方案（写出详细的小试产品生产方案，是全组讨论的结果）

二、小试产品生产方案的修改及完善之处（是全组讨论的结果）

项目组长（签字）：　　　　年　　月　　日

《β- 萘乙醚小试产品合成实训报告单》

实训日期：______年___月___日　　　　　　　　　　　天气：____　室温：__℃　相对湿度：__%

实训记录者：_______　　　实训参加者：______________________________

一、实训项目名称

二、实训目的和意义

三、实训准备材料

1. 药品（试剂名称、纯度级别、生产厂家或来源等）

2. 设备（名称、型号等）

3. 其他

四、小试合成反应主、副反应式

五、小试装置示意图（用铅笔绘图）

六、实训操作过程

时间	反应条件	操作过程及相关操作数据	现象	解释

项目五

续表

七、所得数据及数据处理过程（需写出计算过程）

八、实训结果及产品展示

用手机对着产品拍照后打印（5×5）cm左右的图片贴于此处，注意图片的清晰程度

	外观	质量或体积 /（g或mL）	产率（以　计）/%
粗品			
精制品			

样品留样数量：　g（或　mL）；编号：　；存放地点：

九、样品的分析测试结果

十、实训结论及改进方案（实训结果理想的需及时总结并提出改进方案，实训结果不理想的应深入分析探讨其原因，为后续进一步开展研究活动奠定基础）

十一、假设此小试工艺经逐级经验放大法之后可以成功用于工业化大生产，请画出鉴于此小试生产工艺放大之后的工业化大生产工艺流程简图（用铅笔或用Auto CAD绘图）

十二、参考文献［书写格式需符合《信息与文献 参考文献著录规则》（GB/T 7714—2015）的规定］

项目组长（签字）：　　　　年　　月　　日

讨论思考

1. 什么是烷基化反应？什么是 *C*- 烷基化、*N*- 烷基化、*O*- 烷基化？

2. 在发生傅氏烷基化反应时，对芳香族化合物的活性有何要求？为什么？反应常用的催化剂为哪种？有何优缺点？

3. 傅氏烷基化反应常用的烷基化试剂是卤代烷烃，是否可以用卤代芳烃，如氯苯或溴苯来代替？

4. 相转移催化反应原理为何？相转移烃化反应与一般烃化反应相比有什么优点？

5. 甲醇与甲苯、苯胺或苯酚反应，可制得哪些产品？写出反应式及主要反应条件。

6. 甲醛与甲苯、苯胺或苯酚反应，可制得哪些产品？写出反应式及主要反应条件。

7. 丙烯与甲苯、苯胺或苯酚反应，可制得哪些产品？写出反应式及主要反应条件。

8. 环氧乙烷与甲苯、苯胺或苯酚反应，可制得哪些产品？写出反应式及主要反应条件。

9. 氯乙酸与萘 、苯胺或苯酚反应，可制得哪些产品？写出反应式及主要反应条件。

10. 氯化苄与苯、苯胺或苯酚反应，可制得哪些产品？写出反应式及主要反应条件。

11. 丙烯酸（酯）及丙烯腈与苯胺或苯酚反应，可得哪些产品？写出反应式及主要反应条件。

12. 用卤代烷作为烷基化剂发生 *N*- 烷基化反应时，为何要加入缚酸剂？

13. 写出苯酚与丙酮反应的反应式及主要条件。

14. 由 5- 氯 -5- 硝基苯磺酸与对氨基乙酰苯胺反应制 4′- 乙酰氨基 -4- 硝基二苯胺 -5- 磺酸时，为何要用 MgO 作缚酸剂，而不用 NaOH 或 Na_2CO_3 作缚酸剂？

15. 写出由苯合成以下产品的实用合成路线，每个烃化反应条件有何不同？

（1）二苯胺；（2）4, 4′- 二氨基二苯胺；（3）4- 氨基 -4′- 甲氧基二苯胺；（4）4- 羟基二苯胺

16. 以甲苯、环氧乙烷和二乙胺为原料，选择适当试剂和条件合成局麻药盐酸普鲁卡因，其结构简式为：$H_2N—C_6H_4—COOCH_2CH_2N(C_2H_5)_2 \cdot HCl$。

17. 关于 *β*- 萘乙醚的合成，可否使用乙醇和 *β*- 溴萘作为原料，为什么？

18. 威廉姆森合成反应为什么要使用干燥的玻璃仪器设备？否则会增加何种副产物的生成？请写出副反应式。

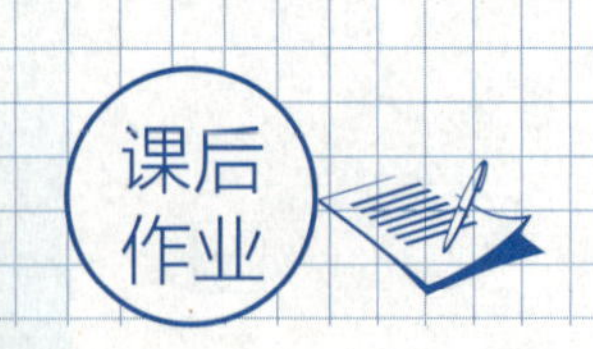

班级：　　　　　　　　姓名：　　　　　　　　学号：

记录
笔记

记录
笔记

项目六
表面活性剂中间体对甲苯磺酸的生产

【学习活动一】 接受工作任务，明确完成目标

任务单

振鹏精细化工有限公司总部下达的任务单，其内容如表6-1所示。

表6-1 振鹏精细化工有限公司 任务单 编号：006

任务下达部门	总经理办公室	任务接受部门	技术部
一、任务简述			
公司于5月15日和上海中化国际贸易有限公司签订了500公斤的表面活性剂中间体对甲苯磺酸（CAS登录号：104-15-4）的供货合同，供货周期：2个月。由技术部前期负责打通小试生产工艺，后期协作生产部和物流部分别完成中试、放大、生产和货物运输。			
二、经费预算			
预计下拨人民币10.0万元研发费用，请技术部负责人于5月19日前提交经费使用计划，并上报周例会进行讨论。			
三、完成结果			
1. 在6月20日之前提供一套对甲苯磺酸的小试生产工艺相关技术文件； 2. 同时提供对甲苯磺酸的小试产品样品一份（10.0g），其品质符合国标的相关要求。			
四、其他			
有需要其他部门协作的，由技术部提交申请，总经理办公室负责统筹和协调。			

下达部门：总经理办公室　　负责人：　（签名）　　日期：　年　月　日
接受部门：技术部　　负责人：　（签名）　　日期：　年　月　日
抄送部门：生产部、物流部
注：本单一式五份，分别由总经理办公室、财务部、技术部、生产部和物流部留存。

任务目标

◆ 完成目标

通过查阅相关资料，经团队讨论后确定对甲苯磺酸小试实训方案并予以实施，获得合格产品和一套小试产品的生产工艺技术文件。

能力目标

学会根据反应底物的特点及生产要求选择合适磺化剂的方法；能依据磺化及硫酸化反应的基本规律和趋势，对具体的被磺化物选择合理的磺化方法；能根据磺化及硫酸化基本理论分析和确定典型磺化与硫酸化产品的工艺条件和组织工艺过程。

知识目标

了解磺化反应的特点及应用；理解磺化反应的影响因素和分离方法；了解采用 SO_3 气体膜式磺化法生产对十二烷基苯磺酸和采用微通道反应技术生产对甲苯磺酸的生产工艺；掌握硫酸磺化法实验室操作要点。

素质目标

能选用适当实验保护用具在实验时避免遭受侵害；能根据实验室 5S 现场管理要求接受规范管理。

思政目标

养成科学的世界观。

任务一　确定对甲苯磺酸的小试生产方案

【学习活动二】　选择合成方法

一、磺化反应原理

向有机分子中引入磺酸基（$—SO_3H$）、它相应的盐或磺酰卤基（$—SO_2X$）的反应称为磺化反应。生成的产物有磺酸类（$R—SO_3H$，R 表示烃基），磺酸盐类（$R—SO_3M$，M 表示 NH_4^+ 或金属离子）或磺酰卤类（$R—SO_2X$）化合物等。磺化反应所得的产物具有乳化、润湿和发泡性能好、水溶性好以及酸性强等特性，被广泛应用于合成表面活性剂（如洗衣粉中的有效成分——对十二烷基苯磺酸钠）、水溶性染料（如染料刚果红——二苯基 -4,4′- 二（偶氮 -2-）-1- 氨基萘 -4- 磺酸钠）和药物（如用于治疗肺炎球菌、脑膜炎双球菌、淋球菌和溶血性链球菌等感染的磺胺类药物——对氨基苯磺酰胺基噻唑）等。

向有机分子中引入$—OSO_3H$ 的反应称为硫酸化反应。产物可以是单烷基硫酸酯（$R—O—SO_2—OH$，如可用作阴离子型表面活性剂和纺织助剂的十八烷基硫酸酯钠盐），也可以是二烷基硫酸酯（$R—O—SO_2—O—R$，如在项目五中学过的可作为 *N*- 烷基化试剂使用的硫酸二甲酯和硫酸二乙酯）等。

由于磺化和硫酸化这两类反应所用的反应剂基本上相同，因此我们这两种反应放在一起学习和讨论。

磺化与硫酸化反应在精细有机合成中具有多种应用和意义，主要体现在以下几个方面：

（1）引入$—SO_3H$ 为桥梁从而向芳环上引入另一种不能被直接引入芳环上的官能团。如它可被$—OH$、$—NH_2$、$—CN$ 等（想一想，为什么这些基团很难被直接引入芳环上）置换生成酚、芳胺和腈类等。

(2) 引入—SO_3H 为占位基得到芳环上邻、对位定位基邻位取代的主产物。由于—SO_3H 体积巨大，位阻效应明显，—SO_3H 多会引入芳环上邻、对位定位基的对位上，那芳环再引入基团就只能接到邻位上了，最后水解、—SO_3H 脱落之后，即可得到邻位取代的主产物。

(3) 用于分离某些异构体。如邻二甲苯、间二甲苯和对二甲苯这三种异构体的沸点较为接近（常温、常压下分别为 144.4℃、139.0℃和 138.4℃），其混合物难以用精馏等方式分离。则可将混合物先磺化（各磺化产物沸点的区别较为明显）后分离，然后进行水解使—SO_3H 脱落，从而达到分离原混合物的目的。

(4) 用于增加化合物的水溶性。在可溶性染料中，除了极少数含羟基或季铵盐之外，90% 以上的水溶性是染料分子结构中的—SO_3H 所赋予的；在药物中引入—SO_3H 后易于被人体吸收，可配成水溶性针剂使用。

（一）磺化和硫酸化试剂

工业上常用的磺化剂和硫酸化剂有 SO_3、H_2SO_4、发烟 H_2SO_4 和 $ClSO_2OH$（氯磺酸）等。此外还有 SO_2 与 Cl_2、SO_2 与 O_2 以及亚硫酸盐等。需要明确的是，磺化试剂的活性高低取决于它所能提供 SO_3 的有效浓度的大小。理论上讲，SO_3 应是最有效的磺化剂，因为在反应中可直接向底物中引入—SO_3H。

$$R—H + SO_3 \longrightarrow R—SO_3H \tag{6-1}$$

反应过程为：首先要用原料与 SO_3 作用生成磺化剂，然后再和底物 RH 发生反应从而得到磺化产物。

$$HX + SO_3 \longrightarrow SO_3HX$$

$$R—H + SO_3HX \longrightarrow R—SO_3H + HX \tag{6-2}$$

上式中的 HX 表示 H—OH、H—Cl 和 H—SO_3OH 等。然而在实际选用磺化剂时还必须考虑产品的质量和副反应等其他因素，因此要根据具体情况选择不同的磺化试剂。

1. 用三氧化硫磺化

三氧化硫又称为硫酸酐，分子式为 SO_3 或（SO_3）$_n$，在室温下容易发生聚合，通常有 α、β、γ 三种形态。在室温下只有 γ 型为液态，而 α 和 β 型均呈现为固态，具体见表 6-2。工业上常用液态 SO_3（即 γ 型）及气态 SO_3 作磺化剂。用 SO_3 发生磺化反应活性高、反应速率快。由于 SO_3 过量时易生成砜类副产，故使用时需稀释，液体用溶剂稀释，气体用干燥空气或惰性气体稀释。

表 6-2　SO_3 的三种聚合形式

名称	结构	形态	熔点 /℃	蒸气压 /kPa（23.9℃）
γ-SO_3	环状：O—SO_2，O_2S，O，O—SO_2	液态	16.8	1903
β-SO_3	$+O—SO_2—O—SO_2+_n$	丝状纤维	32.5	166.2
α-SO_3	与 β 型相似，但包含连接层与层的键	针状纤维	62.3	62.0

项目六

SO_3 的三种聚合体共存并可互相转化。在少量水存在下，γ 型能转化成 β 型，即从环状聚合体变为链状聚合体，由液态变为固态，从而给生产造成严重困难，为此要在 γ 型中加入稳定剂，如 0.1% 的硼酐等。

用 SO_3 发生磺化反应的生产工艺较为复杂，设备投资大、工艺操作要求高。但是用 SO_3 发生磺化反应时 SO_3 的利用率高，反应速率快而完全、设备容积小，且由于磺化过程中不生成水，废酸生成量少，因此对环境友好。另外所得产品的纯度高、质量好，因此 SO_3 磺化在工业上应用广泛，如，在浙江赞宇科技集团股份有限公司年产 15 万 t 对十二烷基苯磺酸钠的生产工艺中所采用的就是气相 SO_3 磺化法。

用 SO_3 磺化时反应瞬间放强热，反应热达到 710kJ • kg^{-1}，反应速率比用发烟硫酸要快 100 多倍。因此，为了防止反应系统产生大量的焦化副反应，必须控制 SO_3 的扩散速率，并且精密控制 SO_3 与底物的投料配比，同时在反应设备构造的设计中需考虑让几种原料能充分接触，并能采取有效手段迅速移走反应热。关于气体 SO_3 磺化反应器的相关知识，将在后面的章节中予以介绍。

2. 用硫酸或发烟硫酸磺化

浓硫酸和发烟硫酸用作磺化剂适宜范围很广。为了使用和运输上的便利，工业硫酸有两种规格，即 92% ～ 93% 的硫酸（又称为绿矾油）和 98% 的硫酸。如果有过量的 SO_3 存在于硫酸中就成为发烟硫酸，它也有两种规格，即含游离的 SO_3 分别为 20% ～ 25% 和 60% ～ 65%，这两种发烟硫酸分别具有最低共熔点 -11 ～ -4℃和 1.6 ～ 7.7℃，在常温下均为液体。

发烟硫酸的浓度可以用游离 SO_3 的含量 $c_{(SO_3)}$ 表示，也可以用 H_2SO_4 的含量 $c_{(H_2SO_4)}$ 表示。两种浓度的换算公式可参考前述项目一中的式（1-22）所示的计算方法，在此不再赘述。

硫酸或发烟硫酸最适用于活性较低的芳香族化合物发生磺化反应，反应速率快且稳定，生产工艺简单、设备投资少、反应易操作。但是，反应过程中常伴有氧化副反应发生，且反应所生成的水会逐渐将硫酸稀释使反应速率降低，当硫酸浓度达到 90% ～ 95% 时反应即达平衡状态，因此产生大量废酸。和用 SO_3 磺化的工艺相比，此种方法反应时间长、产生的废酸多、副产物多、生产能力低下。因此，工业上由苯、氯苯生产相应的苯磺酸时，主要采用气相磺化法带出反应所生成的水，即将过量的苯蒸气在 120 ～ 180℃时通入浓硫酸中，然后利用共沸原理使未反应的苯蒸气带出生成的水，以保证硫酸的浓度不致下降太多。

3. 用氯磺酸磺化

氯磺酸也是一种较常见的磺化剂，它可以看作是 SO_3.HCl 配合物，其凝固点为 -80℃，沸点为 152℃，达到沸点时则离解成 SO_3 和 HCl。用氯磺酸磺化可以在室温下进行，反应不可逆，基本上按化学计量进行。氯磺酸主要用于芳香族磺酰氯、氨基磺酸盐以及醇的硫酸化。

氯磺酸适用于中等活性芳香族化合物的磺化反应，其特点类似于发烟硫酸的。氯磺酸的化学性质较为活泼、遇水易剧烈分解成强酸性的 SO_3 和 HCl 气体。但是，使用氯磺酸发生磺化反应时操作相对简便，产品纯度较高，HCl 尾气可以用水吸收制成盐酸。磺酰氯的析出可用碎冰处理，分离简单。但是氯磺酸的价格较高，产品生产成本较高、缺乏市场竞争力，一般用于生产价格较贵的药物等。

$$\text{C}_6\text{H}_6 \xrightarrow[\text{4h}]{SO_3 \cdot HCl} \text{C}_6\text{H}_5-SO_2Cl \xrightarrow[90 \sim 95℃]{H_2O} \text{C}_6\text{H}_5-SO_3H \tag{6-3}$$

4. 用其他磺化剂磺化

其他磺化剂还有硫酰氯（SO_2Cl_2）、氨基磺酸（H_2NSO_3H）和二氧化硫等。硫酰氯是由 SO_2 和 Cl_2 反应制得，氨基磺酸是由 SO_3 和硫酸与尿素反应而得。它们通常用在高温无水介质中，主要用于醇的硫酸化。

SO_2 和 O_2 的混合物可直接用于磺氧化反应，大数是通过自由基反应。亚硫酸根离子作为磺化剂，其反应历程则属于亲核取代反应。

表 6-3 列出了对各种常用的磺化与硫酸化试剂的综合评价。

表 6-3　对各种常用的磺化与硫酸化试剂的评价

试剂	物理状态	主要用途	应用范围	活泼性	备注
三氧化硫（SO_3）	气态	广泛用于有机产品	很广并日益增多	高度活泼，等物质的量、瞬间反应	用于空气稀释成 2% ～ 8%
	液态	芳香化合物的磺化	很窄	非常活泼	容易发生氧化、焦化，需加入溶剂调节活泼性
20%、30% 和 65% 的发烟硫酸（$H_2SO_4 \cdot xSO_3$）	液态	烷基芳烃磺化，生产洗涤剂和染料等	很广	高度活泼	—
氯磺酸（$ClSO_3H$）	液态	醇类、染料与医药	中等	高度活泼	需回收反应所放出的 HCl
硫酰氯（SO_2Cl_2）	液态	炔烃磺化，实验室方法	主要用于研究	中等	反应生成 $SOCl_2$
96% ～ 100% 硫酸（H_2SO_4）	液态	芳香化合物的磺化	广泛	低	—
二氧化硫与氯气（SO_2+Cl_2）	气态	饱和烃的氯磺化	很窄	低	反应需催化剂、需移除水，反应生成 $SOCl_2$ 和 HCl
二氧化硫与氧气（SO_2+O_2）	气态	饱和烃的磺化氧化	很窄	低	反应需催化剂，生成磺酸
亚硫酸钠（Na_2SO_3）	固态	卤代烷的磺化	较多	低	反应需在水介质中加热
亚硫酸氢钠（$NaHSO_3$）	固态	共轭烯烃的硫酸化，木质素的磺化	较多	低	反应需在水介质中加热

二、磺化及硫酸化反应历程

(一)磺化反应历程及反应动力学特征

1. 磺化反应的活泼质点

作为磺化剂的硫酸是一种能按几种方式离解的液体，在 100% 的硫酸中，硫酸分子通过氢键生成缔合物，缔合度随温度的升高而降低。100% 的硫酸略能导电，综合散射光谱的测定证明有 HSO_4^- 离子存在，这是因为 100% 的硫酸可以按照下列反应式进行离解。

$$2H_2SO_4 \rightleftharpoons H_3SO_4^+ + HSO_4^-$$
$$2H_2SO_4 \rightleftharpoons SO_3 + H_3^+O + HSO_4^-$$
$$3H_2SO_4 \rightleftharpoons H_2S_2O_7 + H_3^+O + HSO_4^-$$
$$3H_2SO_4 \rightleftharpoons HSO_3^+ + H_2O + 2HSO_4^- \quad (6\text{-}4)$$

若在 100% 的硫酸中加入少量水时，则按照下式进行离解：

$$H_2SO_4 + H_2O \rightleftharpoons HSO_4^- + H_3^+O \quad (6\text{-}5)$$

发烟硫酸可按下式发生离解：

$$H_2SO_4 + SO_3 \rightleftharpoons H_2S_2O_7$$
$$H_2SO_4 + H_2S_2O_7 \rightleftharpoons H_3SO_4^+ + HS_2O_7^- \quad (6\text{-}6)$$

因此，硫酸和发烟硫酸是一个多种质点的平衡体系，存在 SO_3、$H_2S_2O_7$、H_2SO_4、HSO_3^+ 和 $H_3SO_4^+$ 等多种类型的亲电质点，实质上为不同溶剂化的 SO_3 分子都能参加磺化反应，其含量随磺化剂浓度改变而变化。

2. 磺化反应历程

这里主要讨论的是芳烃发生磺化反应的历程。

在 SO_3 分子中，由于 S 原子的电负性（为 2.4）小于 O 原子的（为 3.5），因此 S 原子带有部分正电荷从而成为亲电进攻试剂。在硫酸和发烟硫酸中，各种亲电质点的亲电进攻性能由强到弱排序的次序为：

$SO_3 > 3SO_3 \cdot H_2SO_4$（即 $H_2S_4O_{13}$）$> 2SO_3 \cdot H_2SO_4$（即 $H_2S_3O_{10}$）$> SO_3 \cdot H_2SO_4$（即 $H_2S_2O_7$）$>$ $SO_3 \cdot H_3^+O$（即 $H_3SO_4^+$）$> SO_3 \cdot H_2O$（即 H_2SO_4）

上述各种质点参加磺化反应的活性差别较大。另外，硫酸浓度的改变对于上述质点浓度的变化也有较明显的影响，这就对主要磺化质点的确定造成了一定困难。根据动力学研究，一般认为：在发烟硫酸中的亲电质点以 SO_3 为主，在浓硫酸中以 $H_2S_2O_7$（即 $SO_3 \cdot H_2SO_4$）为主，在 80% ～ 85% 的硫酸中以 $H_3SO_4^+$（即 $SO_3 \cdot H_3^+O$）为主，在更低浓度的硫酸中以 H_2SO_4（即 $SO_3 \cdot H_2O$）为主。

以上亲电进攻质点分别和苯发生磺化反应的过程为：首先由 SO_3 或它的配合物亲电质点向苯环上的大 π 键电子云发起进攻，首先生成不稳定的 π - 配合物之后再转为较为稳定的 σ-配合物，然后在 HSO_4^- 的作用下脱去 H^+ 生成芳磺酸负离子。这是一个典型的亲电取代反应历程，可表示如下：

$$C_6H_6 \xrightleftharpoons{SO_3} [C_6H_6 \cdot \overset{+}{S}O_3] \rightleftharpoons [C_6H_6(H)(SO_3^-)]^+ \xrightleftharpoons[-H_2SO_4]{HSO_4^-} C_6H_5SO_3^- \quad (6\text{-}7)$$

$$C_6H_6 \underset{-H_2SO_4}{\overset{SO_3\cdot H_2O_4}{\rightleftharpoons}} C_6H_6\cdots\overset{+}{S}O_3 \rightleftharpoons \left[C_6H_6(H)(SO_3^-)\right]^+ \underset{-H_2SO_4}{\overset{HSO_4^-}{\longrightarrow}} C_6H_5SO_3^- \qquad (6\text{-}8)$$

$$C_6H_6 \underset{-H_3O^+}{\overset{SO_3\cdot H_3O^+}{\rightleftharpoons}} C_6H_6\cdots\overset{+}{S}O_3 \rightleftharpoons \left[C_6H_6(H)(SO_3^-)\right]^+ \underset{-H_2SO_4}{\overset{HSO_4^-}{\longrightarrow}} C_6H_5SO_3^- \qquad (6\text{-}9)$$

$$C_6H_6 \underset{-H_2O}{\overset{SO_3\cdot H_2O}{\rightleftharpoons}} C_6H_6\cdots\overset{+}{S}O_3 \rightleftharpoons \left[C_6H_6(H)(SO_3^-)\right]^+ \underset{-H_2SO_4}{\overset{HSO_4^-}{\longrightarrow}} C_6H_5SO_3^- \qquad (6\text{-}10)$$

π-配合物　　　　σ-配合物

研究证明，当使用浓硫酸磺化时，脱质子的这一步反应速率较慢，式（6-9）是整个反应速率的控制步骤；当使用稀酸磺化时，生成 σ - 配合物这一步反应速率较慢，式（6-8）限制了整个反应的速率。

3. 磺化反应的动力学特征

采用发烟硫酸或硫酸磺化芳烃时，其反应动力学可如下表示：

当磺化质点为 SO_3 时：$r=k_{(SO_3)}[ArH]\cdot[SO_3]=k'_{(SO_3)}[ArH]\cdot[H_2O]^{-2}$　　(6-11)

当磺化质点为 $H_2S_2O_7$ 时：$r=k_{(H_2S_2O_7)}[ArH]\cdot[H_2S_2O_7]=k'_{(H_2S_2O_7)}[ArH]\cdot[H_2O]^{-2}$　　(6-12)

当磺化质点为 $H_3SO_4^+$ 时：$r=k_{(H_3SO_4^+)}[ArH]\cdot[H_3SO_4^+]=k'_{(H_3SO_4^+)}[ArH]\cdot[H_2O]^{-1}$　　(6-13)

由以上三式可以看出，磺化反应速率与磺化剂中的含水量有关。当以浓硫酸为磺化剂、水很少时，磺化反应速率与水浓度的平方成反比，即生成的水量越多，反应速率下降越快。因此，用硫酸作磺化剂的磺化反应中，硫酸浓度及反应中生成的水量多少，对磺化反应速率的影响是一个十分重要的因素。

（二）硫酸化反应历程

1. 醇的硫酸化反应历程

醇类用硫酸进行硫酸化反应的速率不仅和硫酸和醇的浓度有关，而且酸度和平衡常数也对速率产生影响。此反应是可逆的，等摩尔比的醇和酸的硫酸化反应在最佳条件下，也只能完成 65% 左右的转化率。

$$ROH + H_2SO_4 \rightleftharpoons ROSO_3H + H_2O \qquad (6\text{-}14)$$

醇类在进行硫酸化反应时，硫酸既作为溶剂，又是反应的催化剂，反应历程为：

$$H_2SO_4 \overset{H^+}{\rightleftharpoons} H_2\overset{+}{O}-SO_3H \underset{-H_2O}{\overset{ROH}{\rightleftharpoons}} R-\overset{+}{O}(H)-SO_3H \rightleftharpoons ROSO_3H \qquad (6\text{-}15)$$

在醇类进行硫酸化时，条件选择不当，则会产生一系列副反应，如脱水得到烯烃；对于仲醇，尤其是叔醇，生成烯烃的量更多。此外，硫酸还会将醇氧化成醛、酮，并进一步产生树脂化和缩合。

当采用气态 SO_3 进行醇类的硫酸化反应时，反应几乎立刻发生，反应速率受气体的扩散控制，化学反应在液相界面上完成。由于 S 存在空轨道能与 O 结合形成配合物，然后转化为硫酸烷基酯。其反应历程为：

$$SO_3 \underset{}{\overset{ROH}{\rightleftharpoons}} R-\overset{+}{\underset{H}{\underset{|}{O}}}-SO_3^- \rightleftharpoons ROSO_3H \tag{6-16}$$

当以氯磺酸为磺化试剂和醇发生硫酸化反应时，其反应历程为：

$$ClSO_3H \overset{ROH}{\rightleftharpoons} [Cl-\underset{ROH}{\underset{|}{SO_3H}}] \longrightarrow R-\overset{+}{\underset{H}{\underset{|}{O}}}-SO_3H + Cl^-$$

$$R-\overset{+}{\underset{H}{\underset{|}{O}}}-SO_3H + Cl^- \rightleftharpoons ROSO_3H + HCl \tag{6-17}$$

除脂肪醇以外，单甘油酯以及存在于蓖麻油中的羟基硬脂酸酯，都可以进行硫酸化而制成表面活性剂。

2. 链烯烃的磺化加成反应历程

链烯烃的加成反应是按照马尔科夫尼科夫规则进行的，链烯烃质子化后生成碳正离子的反应是速率控制的关键步骤。

$$R-CH=CH_2 + H^+ \rightleftharpoons R-\overset{+}{C}H-CH_3 \tag{6-18}$$

然后碳正离子与 HSO_4^- 经过加成反应生成烷基硫酸酯。

$$R-\overset{+}{C}H-CH_3 + HSO_4^- \longrightarrow R-\underset{OSO_3H}{\underset{|}{CH}}-CH_3 \tag{6-19}$$

反应对于醇和酸来说都是一级反应：$r=k[ROH][ClSO_3H]$

醇的硫酸化反应从形式上可看成是硫酸的酯化，按照双分子置换反应历程进行，反应速率为：

$$r = k[ROH][H_2SO_4] \tag{6-20}$$

三、磺化产物的分离方法

磺化的产物后处理一般存在两种情况：一种是磺化后不分离出磺酸，直接进行硝化和氯化等反应；另一种是需要分离得到磺化产物磺酸或磺酸盐，后续再加以利用。而磺酸产物中常常含有过剩的酸及副产物（多磺化物、异构体或砜等），因此，选择一种恰当的分离方法，对提高产率和保证产品质量至关重要。

磺化产物的分离包含了它与硫酸等磺化剂的分离和它与副产物之间的分离。磺化产物难以用蒸馏进行分离，但芳磺酸及其相应的钾、钠、钙、镁和钡等磺酸盐都易溶于水，且可以盐析结晶。因此磺化产物的分离常常根据磺酸或磺酸盐在酸性溶液中或无机盐溶液中溶解度的不同来进行，常见有以下几种方法。

1. 稀释酸析法

某些芳磺酸在 50% ～ 80% 硫酸中的溶解度很小，磺化结束后，将磺化液加入水中适当稀释，磺酸即可析出。例如对硝基氯苯邻磺酸、对硝基甲苯邻磺酸、1,5- 蒽醌二磺酸等可用此法分离。

2. 直接盐析法

利用磺酸盐在无机盐溶液中的溶解度不同，向稀释后的磺化物中直接加入氯化钠、硫酸钠或氯化钾，使一些磺酸盐析出。

$$ArSO_3H + NaCl \rightleftharpoons ArSO_3Na\downarrow + HCl \quad (6\text{-}21)$$

反应是可逆的，但只要加入适当浓度的盐水并冷却，就可以使平衡移向右方。盐析法被用来分离许多常见的磺酸化合物，如硝基苯磺酸、硝基甲苯磺酸、萘磺酸、萘酚磺酸等。

此外，利用不同磺酸的金属盐具有不同溶解度，还可分离某些异构磺酸。例如：2- 萘酚磺化同时生成 2- 萘酚 -6,8- 二磺酸（G 酸）和 2- 萘酚 -3,6- 二磺酸（R 酸），根据 G 酸的钾盐溶解度较小，R 酸的钠盐溶解度较小即可分离出 G 酸和 R 酸。通常向稀释的磺化液中加入氯化钾溶液，G 酸即以钾盐形式析出，在过滤后的母液中再加入 NaCl，R 酸即以钠盐形式析出。

采用氯化钾或氯化钠直接盐析分离的缺点是有盐酸生成，对设备有强腐蚀性，因此限制了此法的应用。

3. 中和盐析法

为了减少母液对设备的腐蚀性常采用中和盐析法。稀释后的磺化物用氢氧化钠、碳酸钠、氨水或氧化镁等进行中和，利用中和时生成的硫酸钠、硫酸铵或硫酸镁可使磺酸以钠盐、铵盐或镁盐的形式盐析出来。

4. 萃取分离法

近年来，为了减少“三废”提出了萃取分离法。例如将萘高温一磺化，稀释水解除去 1- 萘磺酸后的溶液，用叔胺（例如 *N*,*N*- 二苄基十二胺）的甲苯溶液萃取，叔胺与 2- 萘磺酸形成配合物被萃取到甲苯层中，分出有机层，用碱液中和，磺酸即转入水层，蒸发至干即得到 2- 萘磺酸钠，纯度可达 86.8%，其中含 1- 萘磺酸钠 0.5%，硫酸钠 0.8%，叔胺可回收再用。这种分离法为芳磺酸的分离和废酸的回收开辟了新途径。

【学习活动三】　寻找关键工艺参数，确定操作方法

四、磺化反应影响因素

影响磺化及硫酸化反应的因素很多，现仅选择其主要者加以说明。

1. 被磺化物的结构

被磺化物的结构和性质，对磺化的难易程度有着很大影响。通常，饱和烷烃的磺化较芳烃的磺化困难得多。而芳烃在发生磺化反应时，若其芳环上带有给电子基，则邻、对位电子云密度高，有利于 σ- 配合物的形成，磺化反应较易进行；相反，若存在吸电子基，则反应速率减慢、磺化困难。在 50 ～ 100℃用硫酸或发烟硫酸磺化时，含给电子基团的磺化速率按以下顺序递减：

$$—OH > —OC_2H_5 > —OCH_3 > —Ph > —C_2H_5 > —CH_3 > —H$$

含吸电子基团的磺化速率按以下顺序递减：

$$—H > —Cl > —Br \approx —COCH_3 \approx —COOH > —SO_3H \approx —CHO \approx —NO_2$$

苯及其衍生物用 SO_3 磺化时，其反应速率按以下顺序递减：

苯＞氯苯＞溴苯＞对硝基苯甲醚＞间二氯苯＞对硝基甲苯＞硝基苯

芳烃环上所连基团体积的大小也能对磺化产物的结构产生影响，即和位阻效应有关。芳环上所连基团的体积越大则磺化速率越慢。这是因为磺酸基的体积已经是很大了，若环上所连基团的体积也较大，由于位阻效应显著，则磺酸基便难以被引入。同时，环上取代基的位阻效应还能影响磺基的进入位置，使磺化产物中异构体组成比例也不同。表 6-4 列出了烷基苯用硫酸磺化的速率大小及异构产物生成比例。

表 6-4　烷基苯一磺化时的速率大小及异构产物生成比例（25℃，89.1%H_2SO_4）

烷基苯	与苯相比较的相对反应速率常数 k_R / k_B	异构产物的比例 /%			邻位 / 对位
		邻位	间位	对位	
甲苯	28	44.04	3.57	50	0.88
乙苯	20	26.67	4.17*	68.33	0.39
异丙苯	5.5	4.85	12.12	84.84	0.057
叔丁基苯	3.3	0	12.12	85.85	0

注：标“*”处的 H_2SO_4 浓度为 86.3%，25℃。

在芳烃的亲电取代反应中，萘环比苯环活泼。萘的磺化根据反应温度、硫酸的浓度和用量及反应时间的不同，可以制得一系列有用的萘磺酸。蒽醌环很不活泼，只能用发烟硫酸或更强的磺化剂才能磺化。采用发烟硫酸作磺化剂，蒽醌的一个边环引入磺基后对另一个环的钝化作用不大，所以为减少二磺酸的生成，要求控制转化率为 50% ～ 60%，未反应的蒽醌可回收再用。

许多杂环化合物（如呋喃、噻吩等）在酸的存在下要发生分解，因此不能采用三氧化硫或它的水合物进行磺化。酞菁的磺化产物在染料工业中有重要用途，常采用发烟硫酸或氯磺酸作磺化剂。

醇与硫酸的反应是可逆反应，其平衡常数与醇的性质有关。例如，当同样采用等物质的量配比的时，伯醇硫酸化的转化率约为 65%，仲醇为 40% ～ 45%，叔醇则更低。按反应活泼性比较，也有同样的顺序，伯醇的反应活性大约是仲醇的 10 倍。

在硫酸的存在下，醇类脱水生成烯烃是进行硫酸化时的主要副反应，发生脱水副反应由易到难顺序是：

$$叔醇 > 仲醇 > 伯醇$$

烷基硫酸盐的主要用途是作表面活性剂，其表面活性高低与烷基的结构及硫酸根的所在位置有关。当碳链上支链增多时，不仅表面活性明显下降，而且其废水不易生物降解，因此要求采用直链的醇或烯烃作原料。实践证明，伯醇和直链 C_{12} ～ C_{18} α- 烯烃最适合用来合成烷基硫酸盐型洗涤剂。

烯烃与亚硫酸氢钠加成反应的产率一般只有 12% ～ 16%，若碳碳双键的碳原子上连有吸电子取代基，反应就容易进行；炔烃与亚硫酸氢钠亦可发生类似反应，生成二元磺酸。

2. 磺化剂的浓度及用量

（1）磺化剂的浓度　当用浓 H_2SO_4 作磺化剂时，每引入一个磺基就生成 1mol 水，随着磺化反应的进行，硫酸的浓度逐渐降低，对于具体的磺化过程，随着生成的水浓度升高，硫酸不断被稀释，反应速率会迅速下降，直至反应几乎停止。因此，对一个特定的被磺化物，要使磺化能够进行，磺化剂浓度必须大于某一值，这种使磺化反应能够进行的最低磺化剂（硫酸）浓度称为磺化极限浓度。当用 SO_3 的质量分数来表示的磺化极限浓度，则称磺化 π 值。显然，容易磺化的物质其 π 值较小，而难磺化的物质的 π 值较大。为加快反应及提高生产强度，通常工业上所用原料酸浓度须远大于 π 值。表 6-5 中列出了各种芳烃化合物的 π 值。

表 6-5　各种芳烃化合物的 π 值

底物及其反应类型	π 值 /%	H_2SO_4/%	底物及其反应类型	π 值 /%	H_2SO_4/%
苯一磺化	64	78.4	萘二磺化（160℃）	52	63.7
蒽一磺化	43	53	萘三磺化（160℃）	79.8	97.3
萘一磺化（60℃）	56	68.5	硝基苯一磺化	82	100.1

用 SO_3 磺化时，反应不生成水，反应不可逆。因此，工业上为控制副反应，避免多磺化，多采用干空气 -SO_3 混合气，其 SO_3 的体积含量为 2% ～ 8%。

（2）磺化剂的用量　当磺化剂起始浓度确定后，根据被磺化物的 π 值概念，可利用下式计算出磺化剂用量。

$$x = \frac{80(100-\pi)n}{a-\pi} \tag{6-22}$$

式中　x——原料酸（磺化剂）的用量，kg・$kmol^{-1}$ 的被磺化物；

a——原料酸（磺化剂）起始浓度，用 SO_3 的质量分数表示；

n——被磺化物分子上引入的磺酸基的数目。

由上式可以看出，当用 SO_3 作磺化剂，对有机化合物进行一磺化时，其用量为 80kg SO_3・$kmol^{-1}$ 被磺化物，即相当于理论量；当采用硫酸或发烟硫酸作磺化剂时，其起始浓度降低，磺化剂用量则增加，当 a 降低到接近于 π 时，磺化剂的用量将增加到无穷大。

需要指出的是，利用 π 值的概念，只能定性地说明磺化剂的起始浓度对磺化剂用量的影响。实际上对于具体的磺化过程，所用硫酸的浓度及用量以及磺化温度和时间，都是通过大量最优化实验而综合确定的。

3. 磺酸基的水解与异构化

芳磺酸在一定温度下于含水的酸性介质中可发生脱磺水解反应，即磺化的逆反应。此时，亲电质点为 H_3O^+，它与带有给电子基的芳磺酸作用，使其磺基水解。

$$ArSO_3H + H_2O \rightleftharpoons ArH + H_2SO_4 \tag{6-23}$$

对于带有吸电子基的芳磺酸，芳环上的电子云密度降低，其磺基不易水解；相反，对于带有给电子基的芳磺酸，磺基易水解。此外，介质中 H_3O^+ 浓度愈高，水解速率越快。

磺基不仅可以发生水解反应，且在一定条件下还可以从原来的位置转移到其他热力学更稳定的位置上去，这称为磺基的异构化。

由于磺化 - 水解 - 再磺化和磺基异构化的共同作用，使芳烃衍生物最终的磺化产物含有邻、间、对位的各种异构体。随着温度的变化、磺化剂种类、浓度及用量的不同，各种异构体的比例也不同，尤其是温度对其影响更大。表 6-6 列出了用浓硫酸对甲苯一磺化时，反应温度和原料配比对异构产物分布的影响。

表 6-6　用硫酸对甲苯进行一磺化反应时反应温度和甲苯 / 硫酸摩尔比对异构产物分布的影响

反应温度 /℃	硫酸含量(摩尔分数)/%	甲苯 / 硫酸(摩尔比)	异构体分布 /%			反应温度 /℃	硫酸含量(摩尔分数)/%	甲苯 / 硫酸(摩尔比)	异构体分布 /%		
			对位	间位	邻位				对位	间位	邻位
0	96	1 ： 2	56.4	4.1	39.5	75	96	1 ： 1	75.4	6.3	19.3
0	96	1 ： 6	53.8	4.3	41.9	75	96	1 ： 6.4	72.8	7.0	20.2
35	96	1 ： 2	66.9	3.9	29.2	100	94	1 ： 8	76.0	7.6	16.2
35	96	1 ： 6	61.4	5.3	33.3	100	94	1 ： 41.5	78.5	6.2	15.3
						100	94	1 ： 6	72.5	10.1	17.4

4. 磺化的反应温度和时间

磺化反应属于可逆反应。选择恰当的温度与时间对于保证反应速率和产物组成等均有十分重要的影响。通常，反应温度较低时，反应速率慢，反应时间长；温度高时，反应速率快而时间短，但易引起多磺化、氧化、生成砜和树脂物等副反应。温度还能影响磺基引入芳环的位置，如表 6-6 和表 6-7 中的相关数据所示。

对于甲苯的一磺化反应过程，当采用低温反应时，则主要为邻、对位磺化产物；随着温度升高，则间位产物比例升高，邻位产物比例则明显下降，对位产物比例也下降。再如萘发生一磺化反应，低温时磺酸基主要进入 α 位，而高温时，则主要进入 β 位（想一想，为什么）。

表 6-7　温度对萘磺化异构体比例的影响

温度 /℃	80	90	100	110.5	124	129	138.5	150	161
α 位异构体 /%	96.5	90.0	83.0	72.6	52.4	44.4	23.4	18.3	18.4
β 位异构体 /%	3.5	10.0	17.0	27.4	47.6	55.6	76.4	81.7	81.6

此外，用硫酸磺化时，当到达反应终点后不应延长反应时间，否则将促使磺化产物发生水解反应，若采用高温反应，则更有利于水解反应的进行。

在醇类硫酸化时，烯烃和羰基化合物的生成量随温度升高而增多，这些副产物将会影响表面活性剂的质量。抑制副反应的一项重要措施就是使温度保持在 20 ～ 40℃。

5. 磺化反应中的添加剂

磺化过程中加入少量添加剂，对反应常有明显的影响，主要表现在以下几个方面。

（1）抑制副反应　磺化时的主要副反应是多磺化、氧化及不希望有的异构体和砜的生成。当磺化剂的浓度和温度都比较高时，则容易生成副产物砜类化合物。

$$ArSO_3H + 2H_2SO_4 \rightleftharpoons ArSO_2^+ + H_3^+O + 2HSO_4^- \qquad (6\text{-}24)$$
$$ArSO_2^+ + ArH \rightleftharpoons ArSO_2Ar + H^+$$

在磺化液中加入无水硫酸钠可以抑制砜的生成，这是因为硫酸钠在酸性介质中能解离产生 HSO_4^-，使平衡向左移动。加入乙酸与苯磺酸钠也有同样作用。

在羟基蒽醌磺化时，常常加入硼酸，它能与羟基作用形成硼酸酯，以阻碍氧化副反应的发生。在萘酚进行磺化时，加入硫酸钠可以抑制硫酸的氧化作用。

（2）改变定位　蒽醌在使用发烟硫酸磺化时，加入汞盐与不加汞盐分别得到 *α*- 蒽醌磺酸和 *β*- 蒽醌磷酸。此外，钯、铊和铑等也对蒽醌磺化有很好的 *α* 定位效应。又如，萘的高温磺化，要提高 *β*- 萘磺酸的含量达 95% 以上，可加入 10% 左右的硫酸钠或 *S*- 苄基硫脲。

（3）使反应变易　催化剂的加入有时可以降低反应温度，提高产率和加速反应。例如，当吡啶用三氧化硫或发烟硫酸磺化时，加入少量汞可使产率由 50% 提高到 71%。又如，2-氯苯甲醛与亚硫酸钠的磺基置换反应，铜盐的加入可使反应容易进行。

6. 搅拌

在磺化反应中，良好的搅拌可以加速有机物在酸相中的溶解，提高传热、传质效率，防止局部过热，提高反应速率，有利于反应的进行。

其实，绝大多数的非均相反应都存在此规律，即良好的搅拌可以促进反应进行完全。因为搅拌越剧烈，则越能促进几种物料分子之间的相互接触，从而发生有效碰撞的概率增加，因此提高反应效率。

五、磺化操作方法

磺化操作方法可分为：过量硫酸磺化法、共沸脱水磺化法、三氧化硫磺化法和氯磺酸磺化法等。

1. 过量硫酸磺化法

过量硫酸磺化法是指被磺化物在过量的硫酸或发烟硫酸中进行磺化的方法。这种方法的优点是适用范围广，缺点是硫酸过量较多，副产的酸性废液多，生产能力也较低。在分批过量硫酸磺化中，加料次序取决于原料的性质、反应温度以及引入磺基的位置与数目。若反应物在磺化温度下是液态的，一般在磺化锅中先加入被磺化物，然后再慢慢加入磺化剂，以免生成较多的二磺化物。若被磺化物在反应温度下是固态的，则在磺化锅中先加入磺化剂，然后在低温下加入被磺化物，再升温至反应温度。

当合成多磺酸时，常采用分段加酸法。即在不同的时间和不同的温度条件下，加入不同浓度的磺化剂。目的是使每一个磺化阶段都能选择最适宜的磺化剂浓度和磺化温度，以使磺酸基进入预定位置。例如，由萘合成 1,3,6- 萘三磺酸就是采用的分段加酸磺化法。

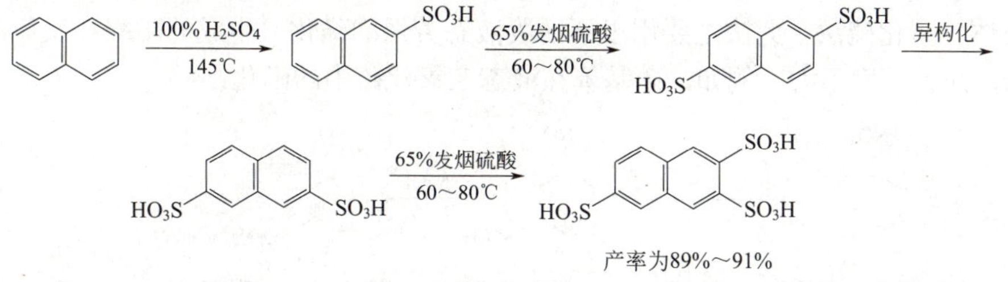

100% H_2SO_4，145℃；SO_3H；65%发烟硫酸，60～80℃；HO_3S，SO_3H；异构化；HO_3S，SO_3H；65%发烟硫酸，60～80℃；HO_3S，SO_3H，SO_3H　　(6-25)

产率为89%～91%

过量硫酸磺化法通常采用钢或铸铁的反应釜。磺化反应釜需配有搅拌器，以促进物料迅速溶解和反应均匀。搅拌器的形式主要取决于磺化物的黏度，常用的是锚式或复合

项目六

式搅拌器。复合式搅拌器是由下部为锚式或涡轮式和上部为桨式或推进搅拌器组合而成。磺化是放热反应，但反应后期因反应速率较慢而需要加热保温。一般可用夹套进行冷却或加热。

2. 共沸去水磺化法

苯的单磺化如果采用过量硫酸法，需要使用10%发烟硫酸，而且用量较多。为了克服这一缺点，在工业上主要采用共沸去水磺化法。此法的要点是把过量的过热苯蒸气通入120～180℃浓硫酸中，利用共沸原理由未反应的苯蒸气带出反应生成的水，保持磺化剂的浓度不下降太多，这样硫酸的利用率可达91%。从磺化锅逸出的苯蒸气和水蒸气经冷凝分离后可回收苯，回收苯经干燥后又可循环使用。因为此法利用苯蒸气进行磺化，工业上简称为“气相磺化”。

共沸去水磺化法只适用于沸点较低易挥发的芳烃，例如苯和甲苯的磺化。苯的共沸去水磺化也可以采用塔式或锅式串联的连续法，但国内各厂生产能力不大，故都采用分批磺化法。

3. 三氧化硫磺化法

用三氧化硫磺化时不会生成水。三氧化硫的用量可接近于理论量，反应快、“三废”少，经济合理。如果用三氧化硫代替发烟硫酸磺化，磺化剂的利用率可以高达90%以上。近年来随着工业技术的发展，采用三氧化硫为磺化剂的工艺日益增多，它不仅可用于脂肪醇、烯烃的磺化，而且可直接用于烷基苯的磺化。

虽然使用三氧化硫磺化有明显的优点，但它也存在着一些缺点，例如三氧化硫的熔点为16.8℃，沸点为44.8℃，两者相差仅28℃，液相区较狭窄，室温下易自聚形成固态聚合体，因此给使用带来困难。为防止SO_3形成聚合体，可添加适量的稳定剂，如硼酐、二苯砜和硫酸二甲酯等。此外，用三氧化硫磺化时，因活泼性高，反应激烈，瞬时放热量大，易引起物料的局部过热而焦化。所以必须保持良好的换热条件，及时移除反应热。用三氧化硫磺化的方式，常见的有以下几种方法。

（1）气体三氧化硫法　此法主要用于由十二烷基苯合成对十二烷基苯磺酸钠。磺化采用多管膜式反应器，三氧化硫用干燥的空气稀释至3%～5%。此法生产能力大，工艺流程短，副产物少，产品质量好，已替代了发烟硫酸磺化法，在工业上得到了广泛的应用。

$$C_6H_5C_{12}H_{25} \xrightarrow[\text{磺化}]{SO_3} p\text{-}C_{12}H_{25}C_6H_4SO_3H \xrightarrow[\text{中和}]{NaOH} p\text{-}C_{12}H_{25}C_6H_4SO_3Na \tag{6-26}$$

（2）液体三氧化硫法　此法主要用于不活泼液态芳烃的磺化，生成的磺酸在反应温度下必须是液态，而且黏度不大。例如，硝基苯在液态三氧化硫中的磺化：

$$C_6H_5NO_2 + SO_3 \xrightarrow{95\sim120℃} m\text{-}O_2NC_6H_4SO_3H \xrightarrow{NaOH} m\text{-}O_2NC_6H_4SO_3Na \tag{6-27}$$

将稍过量的液态三氧化硫慢慢滴加至硝基苯中，温度自动升至70～80℃，然后在95～120℃下保温，直至硝基苯完全消失，再将磺化物稀释、中和，即得到间硝基苯磺酸钠。此法也可用于对硝基甲苯的磺化。

液体三氧化硫的合成是将 20% ～ 25% 发烟硫酸加热到 250℃，蒸出的 SO_3 蒸气通过一个填充粒状硼酐的固定床层，再经冷凝，即可得到稳定的 SO_3 液体。液态三氧化硫使用方便，但成本较高。

（3）三氧化硫 - 溶剂法　此法应用广泛，优点是反应温和且易于控制；副反应少，产物纯度和磺化产率较高；适用于被磺化物或磺化产物是固态的情况。常用的溶剂有硫酸、二氧化硫等无机溶剂和二氯甲烷、1,2- 二氯乙烷、四氯乙烷、石油醚、硝基甲烷等有机溶剂。

硫酸可与 SO_3 混溶，并能破坏有机磺酸的氢键缔合，降低反应物的黏度。其操作是先向底物中加入 10% 的硫酸，再通入气体或滴加液体 SO_3 逐步磺化。此操作技术简单、通用性强，可代替一般的发烟硫酸磺化。

SO_3 可与有机物混溶，其中 SO_3 的溶解度常在 25% 以上。这些溶剂一般不能溶解磺酸，磺化液常变得黏稠。因此，有机溶剂要根据底物的化学活泼性和磺化条件来选择确定。磺化时，可将被磺化物加到 SO_3- 溶剂中；也可以先将被磺化物溶于有机溶剂中，再加入 SO_3- 溶剂的溶液或通入 SO_3 气体进行反应。

任务小结 Ⅰ

1. 工业上常用的磺化剂有 SO_3、浓 H_2SO_4、发烟硫酸等。芳烃的磺化是典型的亲电取代反应。

2. 磺化反应的影响因素主要有：被磺化物的结构、磺化剂及其用量、磺化物的异构化与水解、磺化温度与时间、添加剂和搅拌等。

3. 磺化工业方法有过量硫酸磺化法、共沸去水磺化法、SO_3 磺化法等。

4. 磺化产物的分离方法主要有稀释酸析法、直接盐析法、中和盐析法和萃取分离法。

【学习活动四】　制定、汇报小试实训草案

六、制定并汇报小试实训草案

实训草案中的查阅其他资料的方法，详见项目一中的“八、查阅其他资料的方法”。

“汇报小试实训草案”部分工作的开展过程，详见项目一中的“九、汇报小试实训草案”。

【学习活动五】　修正实训草案，完成生产方案报告单

七、修正小试实训草案

对甲苯磺酸是一种很强的有机酸，其酸性比苯甲酸强百万倍。它是一种白色针状或粉末状结晶，易溶于水、醇和醚，极易潮解，易使棉织物、木材、纸张等碳水化合物脱水而碳化，难溶于苯、甲苯和二甲苯等苯系溶剂。常见的是对甲苯磺酸一水合物，它被广泛用作合成医药、农药的稳定剂及有机合成（酯类等）的催化剂，如可用来生产抗生素西环素和强力霉素等。

生产对甲苯磺酸的合成路线主要有以下几条：

1. 硫酸法

$$H_3C-C_6H_4 + H_2SO_4 \longrightarrow H_3C-C_6H_4-SO_3H + H_2O \tag{6-28}$$

反应特点为：硫酸磺化甲苯法是历史最长、使用最多的生产工艺。磺化反应速率与甲苯浓度成正比，与硫酸含水量的平方成反比。工业上一般采用分压蒸馏法来除掉反应过程中产生的水，使反应进行完全。优点是生产工艺简单、设备投资低、易操作，适用于小规模生产；缺点是反应产率较低，且会产生废酸。

2. 三氧化硫磺化法

$$H_3C-C_6H_5 + SO_3 \longrightarrow H_3C-C_6H_4-SO_3H \tag{6-29}$$

反应特点为：理论上三氧化硫是最有效的磺化剂，因为通过磺化反应直接加成后即可生成产物对甲苯磺酸，没有其他副产物。以气相三氧化硫作磺化剂，一般选择降膜吸收反应器，三氧化硫浓度为 6% ～ 10%，得到的产品浓度较高。优点是反应速率快、产品纯度高、“三废”少；缺点是生产工艺复杂，设备投资大。

3. 氯磺酸磺化法

$$H_3C-C_6H_5 + ClSO_3H \longrightarrow H_3C-C_6H_4-SO_3H + HCl \tag{6-30}$$

反应特点为：采用氯磺酸作磺化剂时需严格控制反应条件，特别是氯磺酸与甲苯的比例，因为氯磺酸过量易产生对甲苯磺酰氯。优点是操作简单、产品纯度高；缺点是氯磺酸价格高，HCl 尾气对设备腐蚀大。

根据实训室的现有条件，由于无法提供处于气态的三氧化硫原料，因此可选择硫酸法合成对甲苯磺酸。

项目组各组成员参考图 6-1 中的思维导图以及磺化单元操作相关理论知识文献资料，结合本组的小试实训草案，经讨论及修正和完善之后，完成《对甲苯磺酸小试产品生产方案报告单》，并交给项目技术总监审核。

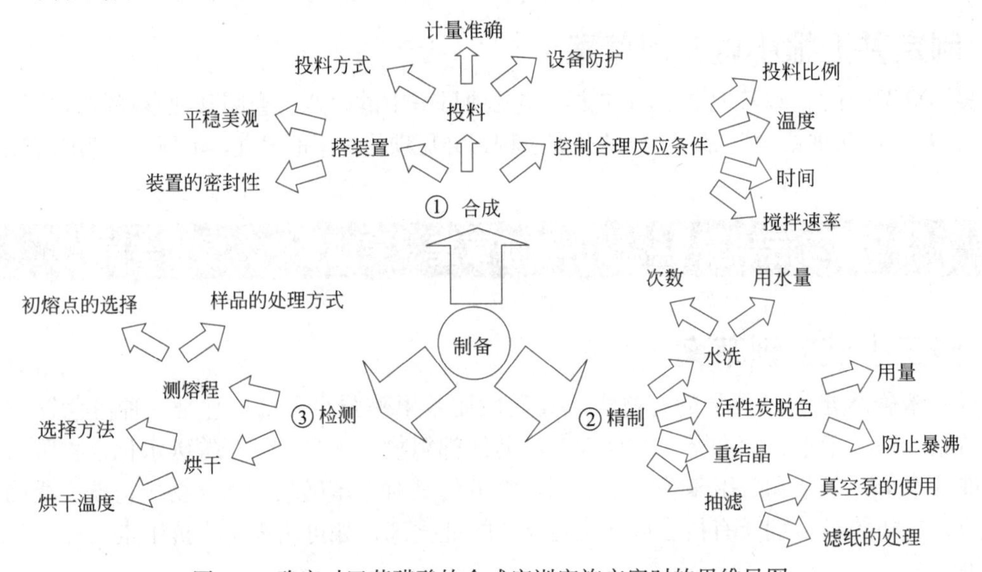

图 6-1　确定对甲苯磺酸的合成实训实施方案时的思维导图

任务二　合成对甲苯磺酸的小试产品

每2人一组的小组成员，合作完成合成对甲苯磺酸的小试产品这一工作任务，并分别填写《对甲苯磺酸小试产品合成实训报告单》。

【学习活动六】　获得合格产品，完成实训任务

实训注意事项

1. 原料投料量

本次实训所使用药品的种类、规格及投料量如表6-8所示。

表6-8　对甲苯磺酸的合成实训操作原料种类、规格及其投料量

名称	甲苯	浓硫酸	沸石
规格	CP	CP	—
每二人组的用量	40.0mL	4.5mL	几粒

2. 安全注意事项

（1）浓硫酸具有强腐蚀性，实验时应避免皮肤和棉制的衣物接触，称量和取用时都应戴好护目镜和乳胶手套进行操作。如果碰到了皮肤，先用大量流动水至少冲洗15分钟之后，再用纯碱的饱和溶液浸泡清洗。

（2）甲苯如果碰到了皮肤，用肥皂水和流动水浸泡及清洗。

3. 操作注意事项

（1）所用的玻璃仪器要干燥洁净（想一想，为什么要用干燥的仪器）。

（2）甲苯与硫酸作用生成对甲苯磺酸的反应属可逆反应。为了使反应的平衡向正反应方向移动，可采取的措施有：使用过量的甲苯，以及用图6-2中的分水器及时移走反应所生成的水分。

（3）硫酸的滴加速度不宜过快，控制在不使反应温度下降即可。

（4）由于影响此磺化反应产物异构体分布的主要因素为反应温度，温度越高对位主产物越多。所以，反应需在回流温度下进行。但是，如果装置的若干磨砂接口处漏气，则高温下甲苯蒸气极易挥发，造成原料损失以及环境污染。

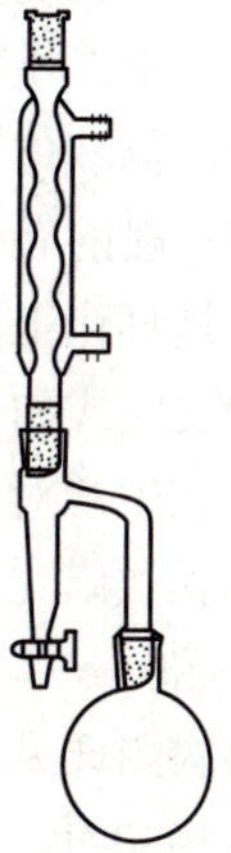

图6-2　带分水器的磺化反应回流分水装置

（5）所得磺化的粗产物要用少量的饱和食盐水洗涤，以减少因产物易溶于水而造成的产率损失。

4. 实训数据的处理方法

可参考项目一里的实训数据处理方法中的计算公式［式（1-26）］。

任务小结Ⅱ

1. 合成对甲苯磺酸的磺化反应是一个可逆反应。

2. 在反应过程中，随着反应进行，生成的水量逐渐增加，硫酸浓度逐渐降低，不利于反应正向进行。

任务三 制作《对甲苯磺酸产品的生产工艺》的技术文件

【学习活动七】 引入工程观念，完成合成实训报告单

为了引入化学工程观念，落实对甲苯磺酸中试、放大和工业化生产中的安全生产、清洁生产相关措施，还有需要继续改进生产工艺、正确处理生产过程中可能出现的异常情况等问题，下面我们将学习磺化反应工业化大生产方面的内容。

一、磺化反应生产实例

1. SO_3 气体膜式磺化法生产对十二烷基苯磺酸

目前采用 SO_3 气体膜式磺化工艺生产重烷基苯磺酸盐的技术已相对成熟，其工业化产品被大量用于工业用三次采油和民用洗涤剂中，如洗衣粉中的有效成分对十二烷基苯磺酸钠就是由对十二烷基苯磺酸和 NaOH 发生中和反应而得。

对十二烷基苯磺酸的化学式为 $C_{12}H_{25}C_6H_4SO_3H$，它在常温常压下的状态表现为浅棕色的酸性黏稠液体，它具有去污、湿润、发泡、乳化、分散等性能，易溶于水，不容易燃烧，不溶于一般的有机溶剂。对十二烷基苯磺酸钠是阴离子表面活性剂中产量最大、用途最广的一种，是日化工业、纺织工业、染料工业等诸多应用领域的重要原料。合成对十二烷基苯磺酸钠的反应式如式（6-26）所示。

在生产对十二烷基苯磺酸的一系列生产设备中，最为关键的设备是磺化反应器。而 SO_3 气体膜式磺化工艺中所涉及的反应器，主要有双膜式和多管膜式两种，其结构分别如图 6-3（a）和（b）所示。其中，SO_3 气体多管膜式磺化反应器因其头部结构较为复杂，其局部放大结构图详见图 6-3（b）最右侧的一张图。

1980 年，我国首次从国外引进磺化设备的是南京烷基苯厂，他们从意大利现代机械（Meccaniche Moderne）公司引进了当时代表国际先进水平的设计能力为 $1t \cdot h^{-1}$ 的 SO_3 气体双膜式磺化反应器。这种反应器和之前所使用的间歇式釜式磺化反应器（如图 6-4 所示）相比，具有产生废酸极少、原料转化率高、物料停留时间短、生产效率高、能连续化生产等优点。

但是在使用该反应器的过程中人们逐渐发现，由于底物（如十二烷基苯）与气体 SO_3 反应瞬时释放出大量热，而反应器的换热面积有限，尤其是在反应器的头部，因反应热积聚而引起有机物液膜温度急剧升高，局部温度甚至会超过 200℃。在高温条件下极易

发生过磺化和氧化等副反应，轻则导致产品黏度升高影响品质，重则致使有机物发生碳化和结焦引起设备管道堵塞，需停车清洗；另外，双膜式磺化反应器是由两个同心圆管组成的，一旦反应器内表面被腐蚀或损坏，整台设备将受到严重影响，必须全部更换。因此，在近年来新上马的磺化生产项目中选择使用这种 SO_3 气体双膜式磺化反应器的企业已所剩无几。

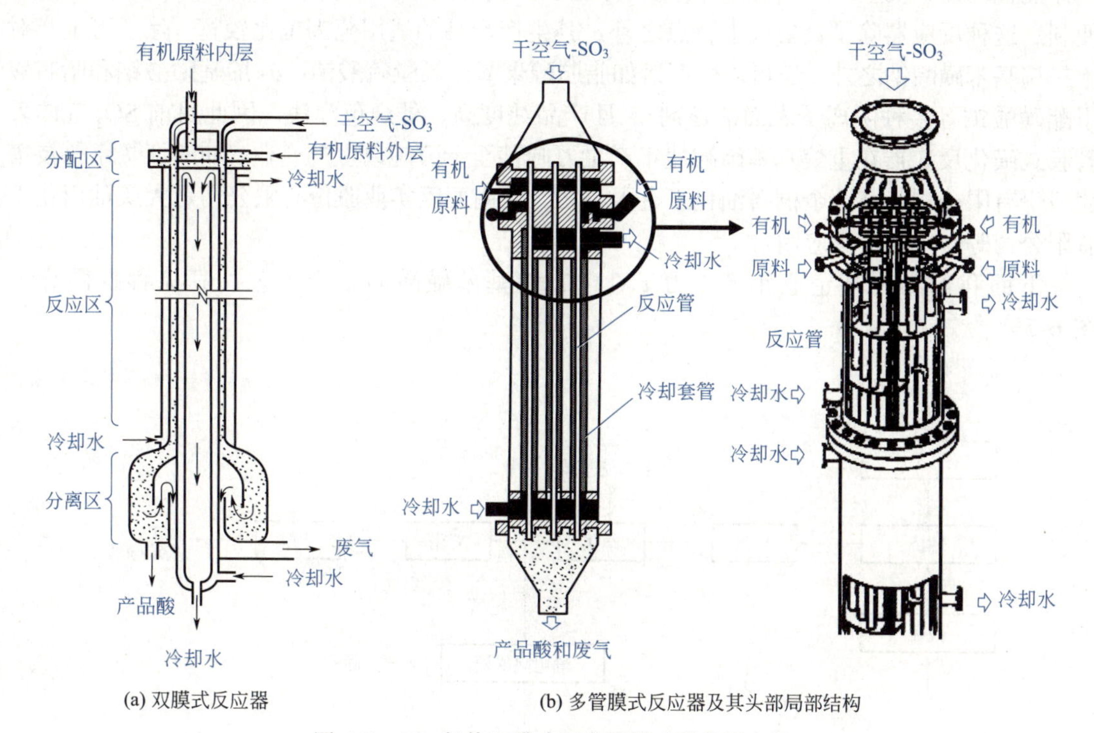

图 6-3　SO_3 气体双膜式和多管膜式磺化反应器

在 2010 年以后投产的装置中，大多采用的是经过改进的、操作参数可精确调控的、能耗综合水平低的 SO_3 气体多管膜式磺化反应器（由意大利 Ballestra 等公司设计制造）。这种反应器规避了 SO_3 气体双膜式磺化反应器的结构设计缺陷，主要由多根不锈钢磺化反应管和冷却套管等部件组成，反应管束分为 24 管、48 管、72 管、90 管和 120 管等几种类型。管材为超低碳不锈钢，型号为 022Cr17Ni12Mo2，管径为 25mm，管长为 6m，以列管形式直立排列，具体结构详见图 6-3（b）。在使用过程中，如果发现了一根或几根反应管被腐蚀或损坏，则可单独更换掉而不影响其他的反应管，该设备的寿命一般长达 10 年以上。在这种反应器中由于反应管的管径较小，增加了冷却的比表面积，因此冷却效果得到了明显改善。

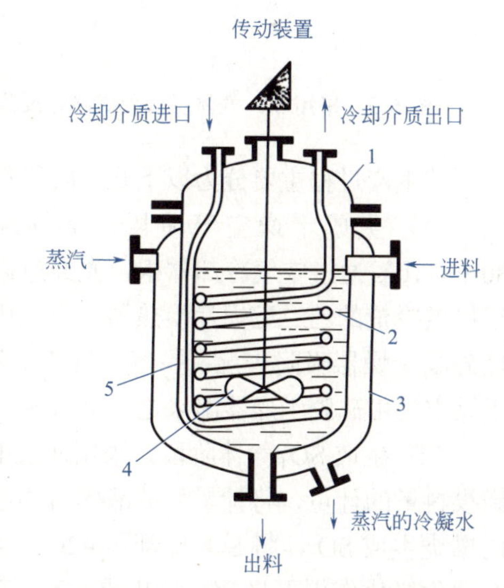

图 6-4　间歇式釜式磺化反应器

1—釜盖；2—蛇管；3—夹套；4—搅拌器；5—筒体

在发生磺化反应时，SO_3气体高速通过多根反应管，带动有机原料液体进入管壁薄膜中并使其充分混合。和双膜式的相比，SO_3气体多管膜式磺化反应器具有以下特点：①每一根反应管中的有机原料液体薄膜都能均匀流动；②所有反应管中的SO_3和有机原料的摩尔比均完全相同；③反应热能够及时带走，很难出现瞬时局部高温；④有机原料液体薄膜和SO_3气体混合均匀、反应均一；⑤液体停留时间短至几秒钟，生产效率高；⑥设备易加工、维护便利。这种反应器除了具备以上特点之外，其生产产品的适用范围也比较宽（除了可生产对十二烷基苯磺酸钠之外，还可以生产诸如脂肪醇聚氧乙烯醚硫酸钠、*α*-烯基磺酸钠和脂肪酸甲酯磺酸钠等多种阴离子表面活性剂），且产品纯度高、外观色泽浅，因此目前SO_3气体多管膜式磺化反应器在重烷基苯磺酸盐年产量万吨甚至十万吨以上的企业（如浙江赞宇科技集团股份有限公司、江苏金桐石油化工有限公司、湖南丽臣实业股份有限公司、大庆油田化工有限公司等）中被广泛应用。

下面我们学习某企业年产 6 万 t 对十二烷基苯磺酸的生产工艺。其流程框图详见图 6-5。

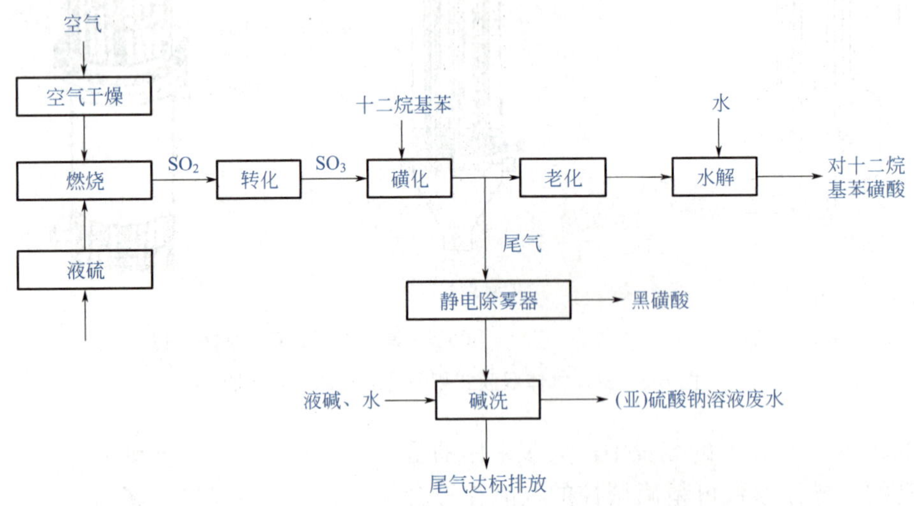

图 6-5　采用SO_3气体多管膜式磺化反应器年产 6 万 t 对十二烷基苯磺酸的生产工艺流程框图

其生产过程主要分为以下几个阶段：

(1) 生成干燥空气阶段　空气经罗茨鼓风机压缩至 0.05 ～ 0.07MPa、温度升至 80 ～ 110℃通过空气冷却器组，先经过以冷却水为冷却介质的翅片换热器，再经过由制冷机组提供冷量的乙二醇翅片换热器，空气中大部分水分在这里被冷凝析出；剩余的微量水分再经硅胶干燥器吸附去湿。空气经冷冻、吸附、干燥处理后，露点低于 -60℃，含水量极低。干燥空气由硅胶干燥器出来之后进入SO_3发生系统。

(2) 生成SO_3气体阶段　采用通过电脑自动调控的质量流量计和变频硫磺泵进行液体硫磺投料量的计量，将计量后的液体硫磺经过滤器过滤后由泵送至燃硫炉。液体硫磺在燃硫炉内燃烧生成SO_2，将SO_2冷却至 420 ～ 450℃送入装有四段V_2O_5催化剂的SO_2/SO_3转化塔，在催化氧化作用下将SO_2氧化成SO_3，其转化率在 98% 左右。转化塔出口的干空气 -SO_3混合气体的温度在 430℃左右，经三级SO_3冷却器冷却至 50 ～ 55℃，然后用干燥空气把SO_3的浓度稀释至 3% ～ 5%，经SO_3过滤器后送入多管膜式磺化反应器。

（3）磺化反应阶段　液体有机原料十二烷基苯由进料泵经通过电脑自动调控的质量流量计精确计量之后送至多管膜式磺化反应器（从意大利 Ballestra 公司引进）的头部，有机原料在每一根反应管的内壁形成薄膜并依靠重力往下流，与同方向顺流而下的浓度为 3% ～ 5% 的干空气 -SO_3 混合气体在 45 ～ 50℃时于几秒钟之内进行扩散传质发生磺化反应，高达 711.75kJ • kg^{-1} 十二烷基苯的反应热可由冷却套管中的冷却水及时进行换热导出。操作人员在通过 DCS 计算机集散控制系统和 PLC 可编程序控制器联网组成的全自动控制系统的指挥和操控下，反应器头部的结焦现象不明显。十二烷基苯和 SO_3 的摩尔比控制在 1 :（1.01 ～ 1.03），反应结束后十二烷基苯的转化率≥ 99%。从反应器底部排出的产品酸和废气的气液混合物经气 - 液分离器和旋风分离器进行分离之后，尾气去尾气处理系统作净化处理，产品酸送至老化罐进行老化。

（4）粗品后处理阶段　老化罐中产品酸在 45 ～ 50℃的条件下，发生老化反应约 30min，为的是将磺化反应中生成的少量副产物对十二烷基苯焦磺酸转化为对十二烷基苯磺酸。相对于磺化反应而言，老化反应的速率较慢，因此磺化和老化这两个阶段需要在不同的反应器中进行。其反应方程式如式（6-31）所示。

将老化结束后的粗品经泵送入水解釜。同时，通过计量将 0.5% 左右的水也送入水解釜，二者混合后进行水解反应，以分解因磺化副反应所产生的十二烷基苯磺酸酐。将水解后的物料进行漂白处理之后，得到色泽较浅的成品——对十二烷基苯磺酸。如果在磺化反应阶段因局部高温导致生成的黑色砜类副产 $H_{25}C_{12}-C_6H_4-SO_2-C_6H_4-C_{12}H_{25}$ 越多［其反应式可参考式（6-24）］，则越难漂白、产品的颜色越深。

$$H_{25}C_{12}-C_6H_5 + 2SO_3 \xrightarrow[45\sim50℃]{\text{磺化}} H_{25}C_{12}-C_6H_4-SO_2-O-SO_3H$$

对十二烷基苯焦磺酸

$$\xrightarrow[45\sim50℃,\ \text{老化}]{H_{25}C_{12}-C_6H_5} 2\,H_{25}C_{12}-C_6H_4-SO_3H \qquad (6\text{-}31)$$

本生产工艺所产生的“三废”，主要是从多管膜式磺化反应器底部和产品酸一同排出的酸性尾气，其中含有少量未来得及反应的 SO_2、SO_3 和有机酸雾。酸性尾气通过静电除雾器和碱洗塔进行净化处理之后，使 SO_2 的体积浓度≤ 5μL • L^{-1}、SO_3 的体积浓度≤ 15μL • L^{-1} 之后达标排放。所产生的碱性废液经中和之后排入污水管线引进化工工业园区的污水处理站进行统一处理。

2. 微通道反应器中甲苯液相磺化工艺

对甲苯磺酸是合成对甲苯酚等化合物的重要有机中间体。以前工业上主要采用浓硫酸直接磺化法进行合成，可获得纯度较高的对甲苯磺酸。在反应过程中为了提高甲苯转化率需提高反应温度和浓硫酸用量，但这样会产生大量废酸，增加了设备的腐蚀性。SO_3 直接磺化是近些年来兴起的一种先进磺化工艺，具有无废酸排放、可实现化学计量反应、产物后处理简单等特点。由于纯 SO_3 活性较高、反应剧烈、放热量大，易加剧副反应，为提高反应可控性和选择性，和在本项目前面所述的生产对十二烷基苯磺酸一样，通常采用稀释 SO_3 体系作为磺化剂（如 SO_3-N_2、SO_3- 有机溶剂等）。

以 SO_3-N_2 为气相磺化剂，通过 SO_3 对甲苯进行磺化的反应过程中发现，在加入定位剂及副产物砜抑制剂之后，主产物对甲苯磺酸选择性为 88% 左右，副产物间甲苯磺酸的含量≤ 0.97%。但是由于甲苯磺化时的反应热比十二烷基苯的要大得多，反应热难以及时移出使目的产物选择性降低，且在反应温度条件下对甲苯磺酸的流动性比对十二烷基苯磺酸的差，因此反应器的头部常发生结焦现象，所以不宜使用 SO_3 气体多管膜式磺化反应器来生产对甲苯磺酸，工业上采用的是喷射环流反应器，并且用多个反应器串联。

为了进一步提高主产物对甲苯磺酸的选择性以及磺化剂的利用率，下面介绍一种采用微通道反应器（微反应器）进行液相 SO_3 磺化生产对甲苯磺酸的生产工艺。和使用气相 SO_3 作磺化剂的工艺相比，当以 SO_3- 有机溶剂为液相磺化剂时，溶剂有利于反应热的及时、有效移出，且溶剂具有强化反应物混合效果和吸收反应热的优势；再加上微通道反应器的通道尺寸小，其传热、传质效率远大于传统反应器（详见项目一中的相关内容），因此特别适用于强放热化学反应，如磺化、硝化等单元反应。

微反应器模块如图 6-6 所示。原料通过泵输入微反应器，混合后进入反应通道，由出口流出进入收集储罐。为了控制、监测反应的进行，在反应通道中及产物出口处各设有一个测温点，反应通道上下方设有一块冷却板便于换热。反应通道的尺寸为 0.4mm×0.9mm×78mm，有效反应体积（V_R）为 28.08μL。换热通道的内部结构呈直通道，通道尺寸为 2mm×1mm×78mm，换热通道与反应通道构成逆流换热模式。实验流程如图 6-7 所示，储罐中的甲苯 -1,2- 二氯乙烷溶液与 SO_3-1,2- 二氯乙烷溶液经两台平流泵输入微反应器，产物由气相色谱分析检测合格后储存在收集罐内。

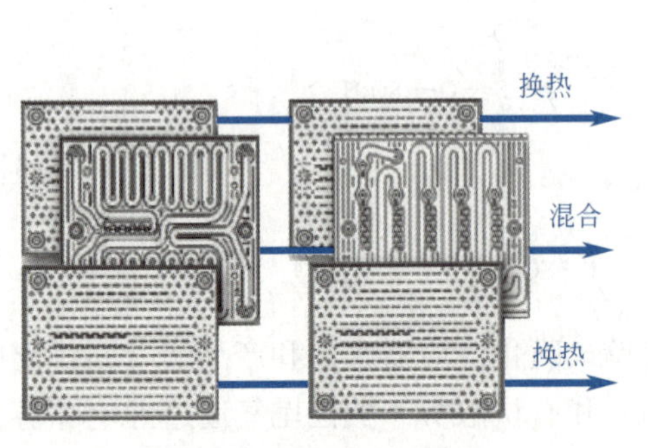

图 6-6　微反应器模块

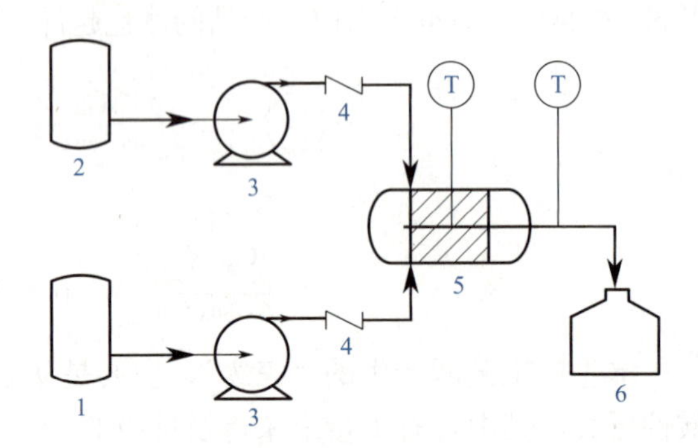

图 6-7　实验流程简图

1—甲苯原料罐；2—SO_3 溶液；3—计量泵；4—进料阀；5—微反应器；6—产品收集罐

随着反应温度的升高，间甲苯磺酸的选择性逐渐增加。当反应温度由 28℃增至 58.5℃时，间甲苯磺酸选择性相对增加了 66.8%，而对甲苯磺酸的选择性相对增加了 0.6%，邻甲苯磺酸的选择性则下降了 9.4%。这些数据表明，间甲苯磺酸生成过程中的活化能比邻甲苯磺酸生成过程中的活化能高，升高温度对高活化能的反应更敏感。因此，升温增加了间甲苯磺酸的选择性，而对对甲苯磺酸的选择性影响不大。

随着 SO_3 浓度的增大，邻甲苯磺酸和间甲苯磺酸的选择性均呈现出增加的趋势，而对甲苯磺酸的选择性却降低。这是因为 SO_3 与溶剂容易发生配合作用，低浓度下 SO_3 与 1,2- 二氯乙烷的配合作用较强、SO_3 活性相对较低，则反应过程中空间位阻效应显现得较为显著。随着 SO_3 活性增大，空间位阻效应显得不那么明显了，则邻甲苯磺酸的选择性上升，对甲苯磺酸的选择性略有下降。所以，为了提高对甲苯磺酸选择性，应采用低浓度的原料。

在 SO_3 和甲苯的摩尔比为 1 ∶ 1、反应温度为 28℃、SO_3 浓度为 10% 的条件下，提高液时空速，可以强化过程的混合效果，但并不影响 SO_3 的活性，对产物中邻、间和对位的磺酸异构体的选择性不产生影响。在液时空速为 13000h^{-1}、反应温度为 28℃、SO_3 浓度为 4%、甲苯过量的条件下，所得产物中对甲苯磺酸的含量为 96.54%、邻甲苯磺酸为 3.13%、间甲苯磺酸为 0.33%。

任务小结Ⅲ

采用 SO_3 气体多管膜式磺化工艺生产重烷基苯磺酸盐的技术是目前较通行的技术。

【学习活动八】 讨论总结与评价

二、讨论总结与思考评价

任务总结

1. 主要学习了磺化反应的概念、通式及其重要性，磺化剂的种类和磺化方法等内容，并对磺化产物的分离方法进行了重点讨论。

2. 磺化反应的影响因素主要有被磺化物的结构、磺化剂的类型及用量、磺化时间等。

3. 使用硫酸作磺化剂是实验室中较为方便的磺化法，为了提高产物产率要及时移走反应中生成的水。

拓展阅读

洗衣剂的发展历史

最早的洗衣记录要追溯到 4000 年前古埃及法老 Beni Hasan 坟墓里的壁画（图 6-8），画中有两个奴隶正在洗衣服，一个往衣服上浇水，另一个在揉搓。如今在许多地方人们还在沿用这种简单原始的洗衣法。

在中国古代，洗衣服被称为“捣衣”。春秋战国时期的“效颦莫笑东村女，头白溪边尚浣纱”和唐朝的“长安一片月，万户捣衣声”这样的诗句，描述的就是生活中妇女们在河边浣洗衣物的场景。古人清洗衣物在石槽上搓洗的同时放入草木灰或者皂角粉，然后用棒槌来捶打已经浸湿的衣物，在捶打中起到了充分揉搓、去污的作用。草木灰和皂角粉则是现代消毒液和洗衣粉的早期原型。草木灰质轻且呈碱性，干时易随风而去、湿时易随水而走，是农村广泛存在的消毒剂原料，它具有很强的杀灭病原菌及病毒的作用，其效果与常用的强效消毒药烧碱相似。而皂角粉主要是由皂角的果实荚果磨粉制成（图 6-9），是洗涤用品的天然原料。

从近现代化工合成的发展历史来看，洗衣剂主要经过了三代发展：第一代为洗衣皂，第二代为洗衣粉，第三代为洗衣液。

图 6-8　古埃及法老壁画中的洗衣人

图 6-9　皂角树的果实——皂荚

1. 第一代：洗衣皂

早期的肥皂属于奢侈品，直至1791年法国化学家卢布兰用电解食盐方法廉价制取火碱成功之后，从此结束了从草木灰中制取碱的古老方法。1823年，德国化学家契弗尔发现脂肪酸的结构和特性。19世纪末，制皂工业由手工作坊转化为工业化生产。苛性钠（氢氧化钠）工业化生产的普及，得以让肥皂从原本只有王宫贵族买得起的商品成了平民百姓的日常生活用品之一。

在我国，用肥皂来代替传统的皂荚是在1840年后。由于肥皂是从西方制造并引入国内的，所以当时称之为“洋碱”，虽然“碱”和肥皂本身并不能划等同的关系，但是国人还是将这个称谓沿用了好几十年，直到我国的民族产业自己也造出了肥皂，才渐渐舍弃了“洋”字。目前，我国制皂企业多分布在上海、广东、福建等沿海地区，其制皂用的主要原材料——棕榈油主要来马来西亚、印度尼西亚等东南亚国家。

洗衣皂的主要成分是脂肪酸钠，是由动、植物油脂与苛性钠经过皂化反应得到的。其优点是去污较好、低泡易漂洗、洗后织物较为柔软，其缺点是抗硬水能力差，使用硬度较高的水洗涤时较容易形成皂垢，且不能用于洗衣机洗涤。依据中华人民共和国轻工行业标准QB/T 2486—2008，洗衣皂按干钠皂的含量分为Ⅰ型和Ⅱ型，Ⅰ型：干钠皂含量≥54%；Ⅱ型：43%≤干钠皂含量＜54%。

2. 第二代：洗衣粉

1907年，德国汉高以硼酸盐和硅酸为主要原料首次发明了洗衣粉，但其清洁效果甚至都不如肥皂的。

1950年以后，人们找到了合适的洗涤助剂三聚磷酸钠，它大大提高了洗衣粉的去污能力，从此以后合成洗衣粉的生产企业得到了长足的发展。1957年我国开始研制合成洗涤剂，1978年改革开放后洗涤用品生产发展迅速、花色品种逐步增加，1985年合成洗衣粉的销量已超过了肥皂销量。

洗衣粉的主要成分包括表面活性剂、碱性助剂和填料，它具有去污能力强、可用于洗衣机洗涤等优点，但同时也存在很多缺点，如洗衣粉碱性过强、对皮肤有较强刺激性等，因此不适于手洗，不适于洗涤丝、毛等天然质地的织物；另外，过多的含磷无机助剂的使用导致其水溶性较差、洗后织物发硬，以及存放中易吸潮结块、结块后的洗衣粉更难溶解等。近年来更是发现含磷助剂能导致水体的富营养化。

3. 第三代：洗衣液

洗衣液是20世纪80年代之后出现的织物洗涤产品，它可以分为结构型和非结构型两大类。结构型洗衣液的特点是配方成分较为接近洗衣粉、无机助剂含量高、去污能力较好，缺点是pH值较高、溶解速度较慢且配方和生产工艺要求高。而非结构型洗衣液以表面活性剂为主，助剂含量较低，多为透明或半透明的均一性液体，其pH值较低，为中性至弱碱性范围，更适用于丝、毛质地织物的洗涤，对皮肤刺激性较小，适于手洗。非结构型洗衣液溶解迅速，去污力好，能满足日常生活的洗涤需求。由于洗衣液的配方不伤手、衣服残留少，因此深得人们的喜爱。中国的洗衣液市场正在以年均27.2%的速度增长。

根据洗涤剂的发展趋势，中国的洗涤产品目前正由粉状洗涤产品向浓缩化、安全化和环保化的液状洗涤产品方向发展。

《对甲苯磺酸小试产品生产方案报告单》

项目组别：__________　　项目组成员：__________

<table>
<tr><td colspan="2">一、小试实训草案</td></tr>
<tr><td colspan="2">（一）合成路线的选择</td></tr>
<tr><td>完成者：</td><td>1. 现有合成路线及生产方法（各方法的简介、特点、技术的归属单位以及使用厂家等信息）</td></tr>
<tr><td>完成者：</td><td>2. 各方法的产率、原料消耗量、生产成本比较及估算（利用网络查找，注意数据的时效性）</td></tr>
<tr><td>完成者：</td><td>3. 各方法的生产原料厂家的供应情况及生产产品厂家的年销售量，原料和产品的安全性、毒性的相关数据，中毒急救方式及防护措施</td></tr>
<tr><td colspan="2">4. 合成路线选择、改进的理由及结果（分别从可行性、实用性、安全性、经济性、环保性等方面展开评价，是全组讨论的结果，包括主、副反应式）</td></tr>
</table>

续表

(二)产品的用途以及原料、中间体、主产物和副产物的理化常数指标

完成者:

产品的用途:

化学品的理化常数

名称	外观	分子量	溶解性	熔程/℃	沸程/℃	折射率/20℃	相对密度	$LD_{50}/(mg \cdot kg^{-1})$

(三)主、副反应的各类影响因素(即关键生产工艺参数)及其控制实施草案(是全组讨论的结果)

完成者:

(四)原料、中间体及产品的分析测试草案(查找相关国标,并根据实训室现状确定合适的检测项目、选择合适的检测方法,并列出所需仪器和设备)

完成者:

(五)产品粗品分离提纯的草案(就所选定的合成路线,分析反应体系中的有机物种类及性质,确定分离提纯方法)

(六)小试产品生产方案(写出详细的小试产品生产方案,是全组讨论的结果)

二、小试产品生产方案的修改及完善之处(是全组讨论的结果)

项目组长(签字): 年 月 日

《对甲苯磺酸小试产品合成实训报告单》

实训日期：______年___月___日　　天气：____　室温：___℃　相对湿度：___%

实训记录者：_______　　实训参加者：______________________________

一、实训项目名称

二、实训目的和意义

三、实训准备材料

1. 药品（试剂名称、纯度级别、生产厂家或来源等）

2. 设备（名称、型号等）

3. 其他

四、小试合成反应主、副反应式

五、小试装置示意图（用铅笔绘图）

六、实训操作过程

时间	反应条件	操作过程及相关操作数据	现象	解 释

项目六

续表

七、所得数据及数据处理过程（需写出计算过程）

八、实训结果及产品展示

用手机对着产品拍照后打印（5×5）cm 左右的图片贴于此处，注意图片的清晰程度

	外观	质量或体积 /（g 或 mL）	产率（以　计）/%
粗品			
精制品			

样品留样数量：　g（或　mL）；编号：　；存放地点：

九、样品的分析测试结果

十、实训结论及改进方案（实训结果理想的需及时总结并提出改进方案，实训结果不理想的应深入分析探讨其原因，为后续进一步开展研究活动奠定基础）

十一、假设此小试工艺经逐级经验放大法之后可以成功用于工业化大生产，请画出鉴于此小试生产工艺放大之后的工业化大生产工艺流程简图（用铅笔或用 Auto CAD 绘图）

十二、参考文献［书写格式需符合《信息与文献 参考文献著录规则》（GB/T 7714—2015）的规定］

项目组长（签字）：　　　　年　　月　　日

讨论思考

1. 工业上最常用的磺化剂有哪些？用三氧化硫磺化应注意什么问题？

2. 用600kg质量分数为98%的硫酸和500kg $c_{(SO_3)}$ 为20%的发烟硫酸混合，试计算所得硫酸的浓度，请以 $c_{(SO_3)}$ 表示。

3. 甲苯在用100%的硫酸进行一磺化制对甲苯磺酸时，以及萘用97%的硫酸进行一磺化制萘-2-磺酸时，应分别选用什么温度段进行磺化反应，为什么？

4. 间二甲苯用浓硫酸在150℃长时间发生一磺化反应，其主要产物是什么？

5. 用98%浓硫酸磺化2kmol苯以合成磺酸，问该硫酸的最低理论用量为多少？（已知苯的 π 值为66.4%）

6. 写出由2-萘酚制2-羟基萘-1,6-二磺酸的合成路线和各步反应的主要反应条件。

7. 写出由苯合成4-氨基苯-1,3-二磺酸的合成路线。

8. 常用的工业磺化方法有哪些？并指出各方法的工艺特点及操作特点。

9. 共沸去水磺化法一般适用于什么性质的原料？

10. 简述以气体 SO_3 为磺化剂采用多管膜式反应器生成对十二烷基苯磺酸的主要生产过程及工艺特点。

11. 指出 SO_3 气体多管膜式磺化反应器的结构特征，并解释其与磺化反应原理之间的关联。

12. 按照本实训的合成方法，计算对甲苯磺酸的产率时应以何种原料为准？为什么？

13. 在本实训的条件下，会不会生成一定量的二磺酸副产？为什么？

班级： 姓名： 学号：

记录
笔记

记录
笔记

项目七
医药中间体正溴丁烷的生产

【学习活动一】 接受工作任务，明确完成目标

任务单

振鹏精细化工有限公司总部下达的任务单，其内容如表 7-1 所示。

表 7-1 振鹏精细化工有限公司 任务单 编号：007

任务下达部门	总经理办公室	任务接受部门	技术部
一、任务简述			
公司于 6 月 1 日和上海中化国际贸易有限公司签订了 500 公斤的医药中间体正溴丁烷（CAS 登录号：109-65-9）的供货合同，供货周期：2 个月。由技术部前期负责打通小试生产工艺，后期协作生产部和物流部分别完成中试、放大、生产和货物运输。			
二、经费预算			
预计下拨人民币 10.0 万元研发费用，请技术部负责人于 6 月 3 日前提交经费使用计划，并上报周例会进行讨论。			
三、完成结果			
1. 在 7 月 20 日之前提供一套苯胺的小试生产工艺相关技术文件； 2. 同时提供正溴丁烷的小试产品样品一份（10.0mL），其品质符合国标的相关要求。			
四、其他			
有需要其他部门协作的，由技术部提交申请，总经理办公室负责统筹和协调。			

下达部门：总经理办公室　　负责人：　（签名）　　日期：　年　月　日
接受部门：技术部　　负责人：　（签名）　　日期：　年　月　日
抄送部门：生产部、物流部
注：本单一式五份，分别由总经理办公室、财务部、技术部、生产部和物流部留存。

任务目标

◆ 完成目标

通过查阅相关资料，经团队讨论后确定正溴丁烷小试实训方案并予以实施，获得合格产品和一套小试产品的生产工艺技术文件。

能力目标

能根据反应底物特性、卤化反应基本规律及生产要求选择适合的溴化方法；能分析卤化反应的影响因素进而寻求适宜的工艺条件；学习 1,2- 二氯乙烷、2,6- 二溴 -4- 硝基苯胺和 2,3,4- 三氟硝基苯等精细化学品的生产工艺；能根据溴化工艺要求进行溴化反应操作和尾气处理；能根据化学品特性选择适当的防护措施。

知识目标

了解卤化反应的常见类型、常用的卤化试剂；理解典型卤化反应的反应原理及影响反应的因素；掌握 1,2- 二氯乙烷、2,6- 二溴 -4- 硝基苯胺和 2,3,4- 三氟硝基苯等精细化学品的生产工艺及其工艺特点；熟练使用正溴丁烷合成中仪器设备，掌握加料、反应、洗涤、干燥、蒸馏等操作技术。

素质目标

培养学生对易腐蚀品、易燃易爆化学品等危险化学品的安全规范使用意识，逐步形成安全生产、节能环保的职业意识和遵章守规的职业操守，培养团队合作的意识。

思政目标

遵循“实践是检验真理的唯一标准”的原则，尊重自然、尊重科学。

任务一　确定正溴丁烷的小试生产方案

【学习活动二】　选择合成方法

为确定正溴丁烷的小试生产方案，下面将系统提供与之相关的理论基础知识参考资料供大家选用。

正溴丁烷也称为 1- 溴正丁烷（1-Bromobutane），又名正丁基溴（*n*-Butyl bromide），分子式为 C_4H_9Br，可用作稀有元素萃取溶剂、有机合成的中间体及烷基化剂，用于药物、染料、香料、功能性色素、半导体等的合成与生产。正溴丁烷通常通过溴化反应得到：

$$CH_3CH_2CH_2CH_2—OH + HBr \longrightarrow CH_3CH_2CH_2CH_2—Br + H_2O \qquad (7\text{-}1)$$

正丁醇的结构

正溴丁烷的结构

在正溴丁烷的合成中涉及称之为溴化反应的一种化学反应，而溴化反应则是卤化反应的一种，由于卤化反应是一类的重要单元反应，广泛应用于药物、农药、表面活性剂等有机物的合成中，因此，我们的任务是在完成正溴丁烷合成的同时，要较系统地学习卤化反应的相关知识。

向有机物分子中引入卤素的反应（即建立 C—X 键的反应）称卤化反应（Halogenation），根据引入的卤素种类不同，可分为氯化、溴化、碘化和氟化。因氯和溴的衍生物的合成经济性较好，所以氯化和溴化在工业上被大量应用；碘化应用得较少；由于氟具有太高的活泼性，一般采用间接的方法来获得氟化物。

一、卤化物的用途及卤化反应的目的

与其他卤族元素相比，F 原子具有完全不同的化学性质，如独特的电子结构、最强的电负性、与 H 原子相仿的原子半径等。这些化学特性使得药物中所含的 F 原子能改善药物的代谢途径和速度，使得药物疗效更好。含氟药物能治疗的疾病主要在肿瘤、感染、心血管系统以及呼吸、神经系统等方面。如，较常用的含氟药物是能治疗急性肠胃炎和痢疾的常用药诺氟沙星（别名氟哌酸），最早被用于临床的含氟药物是能治疗结肠癌、胃癌、乳腺癌、卵巢癌和皮肤癌等的抗癌药物 5- 氟尿嘧啶。它们的化学结构如式（7-2）所示。据不完全统计，在全球销售前 200 名的药物中有 29 个是含氟药物，年销售额约为 320 亿美元。

1-乙基-6-氟-1, 4-二氢-4-氧代-7-(1-哌嗪基)-3-喹啉羧酸
诺氟沙星(氟哌酸)

5-氟-2, 4(1H, 3H)-嘧啶二酮
5-氟尿嘧啶

(7-2)

FDA 是美国食品药品监督管理局（U.S. Food and Drug Administration）的英文缩写，它是一家由美国国会授权的国际医疗审核权威机构，是美国专门从事食品与药品安全管理的最高执法机关。如图 7-1 所示。

图 7-1　美国食品药品监督管理局的标识

另外，它还是一个由医生、律师、微生物学家、药理学家、化学家和统计学家等专业人士组成的致力于保护、促进和提高国民健康的政府卫生管制的监控机构。通过美国 FDA 认证的食品、药品、化妆品和医疗器具对人体是确保安全、有效的。在美国等近百个国家，只有通过了 FDA 认可的材料、器械和技术，才能进行商业化临床应用推向市场给老百姓使用。

中国也存在一个相应的机构——中国食品药品监督管理局。

图 7-2 为美国 FDA 近年来每年批准上市新药总数以及其中含氟新药的数量。2011 年至 2020 年间，美国 FDA 累计批准上市新药总数为 415 个，其中含氟新药就有 100 个，占比为 24%。

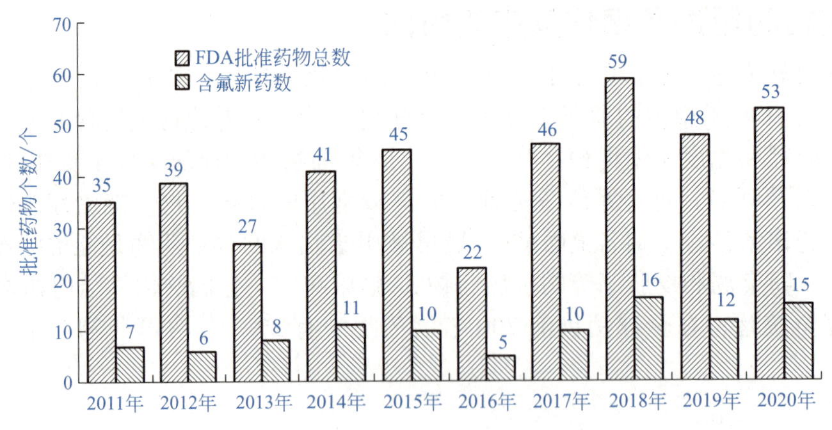

图 7-2 近年来美国 FDA 每年批准上市新药总数及其中含氟新药的数量

氟化物除了主要被用于生产药物之外，还可用于生产染料和农药等，氯化物、溴化物和碘化物也是如此。如氯氰菊酯（在雷达杀虫气雾剂里的含量为 0.2%）［式（7-3）左侧］，它能通过触杀和胃毒作用破坏害虫的神经系统，用于防治蝇、蟑螂、蚊、蚤、虱、臭虫、蜱和螨等；还有还原红紫 RRK，是一种能用于棉和化学纤维染色的染料［化学结构如式（7-3）右侧所示］；再如 1,2- 二溴乙烷，是一种用于有机合成中的溶剂和乙基化试剂，也可用于生产杀线虫剂、合成植物生长调节剂，以及汽油抗震液中铅的消除剂、金属表面处理剂和灭火剂等；还有 2,3,5- 三碘苯甲酸，是一种农药中的植物生长调节剂等等。

(7-3)

2, 2-二甲基-3-(2, 2-二氯乙烯基)环丙烷羧酸-α-氰基-(3-苯氧基)-苄酯　杀虫剂氯氰菊酯

6, 10, 12-三氯-13氢-萘[2, 3-c]吖啶-5, 8, 14-三酮　染料还原红紫RRK

综上所述，学习和研究卤化反应的目的在于：①许多有机卤化物本身是药物、染料、农药和香料等精细化学品或中间体；②在有机物分子中引入卤素，由于增加了分子的极性，可通过卤素的转换合成含有其他取代基的衍生物，如将卤原子置换成—OH、—NH_2 和—OR 等；③通过引入卤原子可改进某些精细化学品的性能，如通过引入—CF_3 能提升染料的日晒牢度等。

二、卤化剂

卤化反应中能提供卤原子的试剂称为卤化试剂。常用的有卤素（氯气、溴素、单质碘）、卤化氢（氯化氢、溴化氢）、次卤酸（次氯酸、次溴酸）等。此外，金属和非金属卤化物（如

三氯化铁、三氯化磷、五氯化磷等)、盐酸和氧化剂(空气中的氧、次氯酸钠、氯酸钠等),以及卤化酰胺等也可作卤化剂。硫酰氯(SO_2Cl_2)是在芳香族化合物中引入氯的高活性反应剂,硫酰氯、氯化硫、三氯化铝相混合为高氯化剂。

近几年以来,我国已经限制使用溴素和氯气作为卤化试剂,老项目目前尚能使用,新项目则不能获批,原因是腐蚀性较大且利用率只有 50%(每一个 Br_2 或 Cl_2 分子分别由两个卤原子组成,但其中只有一个原子出现在卤化产物的结构中,另一个卤原子则成了副产 HBr 或 HCl)。另外,由于溴素比氯气的价格贵了几十倍且 Br 原子的原子量又是 Cl 原子的 2 倍左右(这涉及同等质量的溴素和氯气其物质的量的不同),所以在生产中能做氯化的就做氯化,溴化只用于某些特殊产品或特殊场合。

三、加成卤化反应方法

加成卤化反应是指卤素、卤化氢及其他卤化试剂与不饱和烃进行的加成反应。加成卤化是一种常用的卤化方法,在有机化合物的合成中是非常重要的。

1. 与烯烃的加成卤化

卤素与烯烃的加成是合成邻位二卤化物的最重要方法。

$$>C{=}C< + X_2 \longrightarrow >\underset{X}{\underset{|}{C}}-\underset{X}{\underset{|}{C}}< \qquad (7\text{-}4)$$

X=Cl、Br、I

氯气(气体)、溴素(液体)和单质碘(固体)分别和烯烃发生的加成反应,不但易于发生,而且在很多情况下还是定量的。当碳碳双键上的电子云密度不够高,或由于立体障碍的缘故,溴的加成反应难,甚至根本不可能发生(如四氰基乙烯、四苯基乙烯、α、β-不饱和酸、酮等)。

碘的反应活性低,通常不发生加成反应。只是对于反应活性很强的烯烃(如苯乙烯、烯丙基醇等),碘的加成反应才表现较好。另外,氟与碳碳双键的反应非常激烈,工业上极少被使用。

氢卤酸(常见的是氯化氢和溴化氢)对烯烃的加成反应,可以用来合成饱和的一卤代烃。

$$>C{=}C< + HX \rightleftharpoons >\underset{H}{\underset{|}{C}}-\underset{X}{\underset{|}{C}}< \qquad (7\text{-}5)$$

X=Cl、Br

烯烃的亲电加成反应历程

该反应是一个可逆放热反应,低温对反应有利,在 50℃下反应时,反应几乎是不可逆的。

卤化氢与双键的加成在无氧或避光的条件下,其反应按离子型加成历程进行,当与末端烯烃进行加成时,产物的结构符合马尔科夫尼科夫加成规律(简称为马氏加成规律或马氏规则)。如在光照或添加过氧化物的条件下进行,其反应按自由基历程进行,产物为反马氏加成规律的结构,虽然反应并非一直如此,但理论上认为总是这样的。

$$H_3C-H_2C-CH=CH_2 + H-Br \xrightarrow[CCl_4\text{为溶剂}]{} H_3C-H_2C-\overset{\overset{\displaystyle Br}{|}}{CH}-\underset{\underset{\displaystyle H}{|}}{CH_2}$$

产物结构符合马氏规则

$$H_3C-H_2C-CH=CH_2 + H-Br \xrightarrow[hv]{} H_3C-H_2C-\overset{\overset{\displaystyle H}{|}}{CH}-\underset{\underset{\displaystyle Br}{|}}{CH_2} \tag{7-6}$$

产物结构符合反马氏规则

2. 与炔烃的加成卤化

炔烃与卤素的加成反应可分为两步进行，第一步主要生成二卤代烯烃，第二步生成四卤代烷。反应的难易取决于卤素的性质、炔键取代基的性质、溶剂及反应温度等。

$$-C\equiv C- \xrightarrow{X_2} \underset{X}{\diagdown} C=C \overset{X}{\diagup} \xrightarrow{X_2} -\overset{\overset{\displaystyle X}{|}}{\underset{\underset{\displaystyle X}{|}}{C}}-\overset{\overset{\displaystyle X}{|}}{\underset{\underset{\displaystyle X}{|}}{C}}- \tag{7-7}$$

X=Cl、Br、I

氯与炔烃的加成，多半为光催化的自由基反应。刚开始时反应缓慢，但经过一段时间后，反应变得十分剧烈。若加入催化剂三氧化铁或铁粉等，可使反应平稳地进行。

溴与炔烃的加成一般属离子型亲电加成反应，产物主要为反式二溴代烯烃。炔烃和氯、溴的加成，有时可控制反应条件，使反应停止在一分子加成产物上。碘也可与炔烃反应，主要产物则是一分子加成产物。

$$H_3C-C\equiv C-CH_3 \xrightarrow[-20℃，乙醚]{Br_2} \overset{H_3C}{\underset{Br}{}}C=C\overset{Br}{\underset{CH_3}{}}$$

$$H_3C-C\equiv C-CH_3 \xrightarrow[25℃]{2Br_2} H_3C-\overset{\overset{\displaystyle Br}{|}}{\underset{\underset{\displaystyle Br}{|}}{C}}-\overset{\overset{\displaystyle Br}{|}}{\underset{\underset{\displaystyle Br}{|}}{C}}-CH_3 \tag{7-8}$$

和烯烃相比，炔烃与卤素的加成较难进行，因此当分子中兼有双键和三键时，首先在双键上发生卤素的加成，这种加成也称为选择性加成反应。

$$H_2C=CH-C\equiv CH \xrightarrow{Br_2} \underset{\underset{\displaystyle Br}{|}}{H_2C}-\overset{\overset{\displaystyle Br}{|}}{CH}-C\equiv CH \tag{7-9}$$

炔烃也可以和卤化氢加成，但不如烯烃那样容易进行。不对称炔烃加成产物的结构符合马氏规则。

在光和过氧化物存在下，不对称炔烃与溴化氢的加成也是自由基加成反应，得到反马氏规则加成产物。

$$H_3C-C\equiv CH \xrightarrow{HBr} \xrightarrow{HgCl_2} H_3C-\underset{\underset{\displaystyle Br}{|}}{C}=CH_2$$

$$H_3C-C\equiv CH \xrightarrow{HBr} \xrightarrow{过氧化物} H_3C-CH=\underset{\underset{\displaystyle Br}{|}}{CH} \tag{7-10}$$

练习测试

请预测下列反应主产物的结构：

1. $H_2C{=}CH{-}\overset{\overset{O}{\|}}{C}{-}OCH_3 \xrightarrow[CCl_4]{HBr}$

2. $H_2C{=}CH{-}CH_3 \xrightarrow[CCl_4]{HBr}$

3. $H_2C{=}CH{-}CH_3 \xrightarrow{HOCl}$

四、取代卤化反应方法

取代卤化是合成有机卤化物的重要途径。取代卤化反应主要包括脂肪烃的取代卤化，芳烃侧链的取代卤化及芳环上的取代卤化。反应活性的高低与碳 - 氢键断裂所需能量有关。C—H 键的能量顺序为：

$$CH_2{=}CH{-}H \approx Ar{-}H \gg 伯\ C{-}H > 仲\ C{-}H > 叔C{-}H \gg CH_2{=}CHCH_2{-}H > ArCH_2{-}H \quad (7\text{-}11)$$

而取代氢的相对活性顺序刚好与此相反。

1. 饱和烷烃的取代卤化

烷烃氢原子的取代卤化反应，大多属于自由基取代历程。由于饱和脂肪烃是非极性化合物，其氢原子活性很小，所以取代卤化反应，一般需在高温、光照或自由基引发剂的存在下进行。就烷烃的氢原子而言，其活性顺序是叔氢 > 仲氢 > 伯氢，这与反应过程中形成碳自由基的稳定性顺序是一致的。

饱和烷烃的取代卤化反应常用的卤化剂有氯、溴和硫酰氯等。卤化反应中尤以氯化和溴化常见。

饱和烷烃的取代卤化反应是典型的链式反应，取代产物中除得到一卤代烷外，还可进一步得到二卤代烷、三卤代烷等。

$$\begin{array}{l} CH_3CH_2CH_2CH_3 + Cl_2 \xrightarrow{hv} CH_3CH_2CH_2CH_2{-}Cl + CH_3CH_2\underset{}{\overset{Cl}{|}}{C}HCH_3 + HCl \\ \quad 15 \quad : \quad 1 \qquad\qquad\qquad 1 \quad : \quad 3.9 \\ CH_3CH_2CH_2CH_3 + Br_2 \xrightarrow{hv} CH_3CH_2CH_2CH_2{-}Br + CH_3CH_2\overset{Br}{|}{C}HCH_3 + HBr \\ \quad 15 \quad : \quad 1 \qquad\qquad\qquad 1 \quad : \quad 82 \end{array} \quad (7\text{-}12)$$

卤素的活性越高，反应的选择性越差。而 *N*- 卤代酰胺的反应选择性优于卤素。

一氯代烷在长时间的高温下将发生脱卤化氢的反应而生成烯烃，而烯烃较正构烷烃更易进行氯化反应，这会导致多氯代化合物的生成。

甲烷与氯气发生自由基取代反应的历程

2. 苄位 H 的取代卤化

苄位 H 原子的化学性质较活泼，在高温、光照或自由基引发剂的存在下容易发生取代卤化反应。取代时常用的氯化剂有 Cl_2 和 SO_2Cl_2（硫酰氯）等。常用的溴化剂有 Br_2、HBr 和 NBS 等。

苄位 H 原子在发生取代氯化反应时，几个苄位 H 是逐个被取代的。即，苄位 H 的取代氯化是连串反应。

$$C_6H_5CH_3 \xrightarrow{k_1} C_6H_5CH_2Cl \xrightarrow{k_2} C_6H_5CHCl_2 \xrightarrow{k_3} C_6H_5CCl_3 \tag{7-13}$$

甲苯在光照射下及没有铁作催化剂时，取代氯化的反应只发生在侧链上。随着氯化反应深度的增加，可以得到各种不同的侧链氯化产物，再经酸性水解，分别可得到芳醇、芳醛和芳酸。

$$\begin{gathered} C_6H_5{-}CH_3 \xrightarrow[h\nu]{Cl_2} C_6H_5{-}CH_2Cl \xrightarrow{H_3O^+} C_6H_5{-}CH_2OH \\ C_6H_5{-}CH_2Cl \xrightarrow[h\nu]{Cl_2} C_6H_5{-}CHCl_2 \xrightarrow{H_3O^+} C_6H_5{-}CHO \\ C_6H_5{-}CHCl_2 \xrightarrow[h\nu]{Cl_2} C_6H_5{-}CCl_3 \xrightarrow{H_3O^+} C_6H_5{-}COOH \end{gathered} \tag{7-14}$$

如农药中间体 2,6- 二氯苯甲醛和医药中间体间羟基苯甲醛的工业化生产合成路线分别为：

$$2,6\text{-}Cl_2C_6H_3{-}CH_3 \xrightarrow[h\nu]{Cl_2} 2,6\text{-}Cl_2C_6H_3{-}CHCl_2 \xrightarrow{OH^-} 2,6\text{-}Cl_2C_6H_3{-}CHO \tag{7-15}$$

$$3\text{-}HOC_6H_4{-}CH_3 \xrightarrow[h\nu]{Cl_2} 3\text{-}HOC_6H_4{-}CHCl_2 \xrightarrow{OH^-} 3\text{-}HOC_6H_4{-}CHO \tag{7-16}$$

苄位 H 原子的取代卤化反应，其反应机理属于自由基取代反应历程。因此，甲苯的侧链氯化不能只得到单一的氯化产物。氯化产物的组成取决于投入的氯与甲苯的物质的量的比，该比值越高则氯化深度越高。具体数据如图 7-3 所示。控制氯化深度即可控制甲苯侧链氯化产品组成。

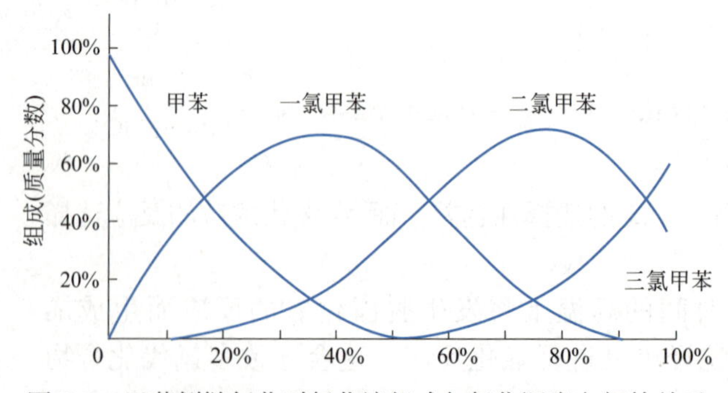

图 7-3　甲苯侧链氯化时氯化液组成与氯化深度之间的关系

在生产上，经常通过控制氯化液的相对密度来控制氯化的深度。如想主要获得苯一氯甲烷，则可控制氯化液的相对密度在 1.06 左右，产物中苯一氯甲烷的含量在 55% 左右；若想主要获得苯二氯甲烷，则可控制氯化液的相对密度在 1.28 ～ 1.29；若想主要获得苯三氯甲烷，则可控制氯化液的相对密度在 1.38 ～ 1.39。

反应温度、光源以及引发剂的种类等反应条件的变化均会影响甲苯侧链氯化产物的分布情况和反应速率，具体数据如表 7-2 所示。

表 7-2　在两种不同温度条件下用不同光源照射甲苯进行侧链氯化时的反应速率常数

光源类型		波长 / nm	40℃			100℃		
			k_1	k_2	k_3	k_1	k_2	k_3
可见光	黑暗	—	—	—	—	0.21	0.035	0.006
	黄色	590	0.9	0.11	0.013	0.73	0.12	0.02
	绿色	520	2.4	0.29	0.034	—	—	—
	蓝色	425	10.7	1.3	0.15	5.2	0.85	0.15
紫外光		270	6.0	0.71	0.083	3.2	0.53	0.093
		253.7	3.9	0.47	0.055	—	—	—

在侧链的取代卤化反应中，还可能发生芳环上的 H 被取代卤化和加成卤化等副反应。

① 铁、铝等金属是芳环上的 H 被取代卤化的催化剂，这些金属易导致发生芳环上的 H 被取代卤化的副反应。

② 原料或生产设备中的微量水分也易导致芳环上的 H 被取代卤化的副反应发生。因此工业上采用衬玻璃、衬搪瓷或衬铅的反应设备，严格控制反应物料中的金属杂质和水分等。原料中加入少量的 PCl_3 可使其与少量水分相结合，有利于侧链取代卤化反应。

③ 卤化剂中微量 O_2 会终止自由基反应，对甲苯侧链苄位 H 的取代卤化反应不利，所以要求使用干燥的、不含氧气的卤化剂，通常采用液氯直接蒸发汽化获得的氯气作为卤化剂。

3. 芳环上的取代卤化

芳环上的取代卤化是指在催化剂存在下，芳环上的氢原子被卤原子取代的反应。芳烃直接卤化是合成卤代芳烃的重要方法。芳环上的取代卤化的反应通式如下：

$$\mathrm{Ar{-}H} + \mathrm{X_2} \xrightarrow{\text{催化剂}} \mathrm{Ar{-}X} + \mathrm{HX} \tag{7-17}$$

常用的卤化试剂有卤素、NBS（或 NCS）、次氯酸、三聚氯氰、四溴环己二烯酮、二溴异氰尿酸等。其中最常用的是卤素。常用的催化剂有三氯化铝、三氯化铁、三溴化铁、四氯化锡、氯化锌等 Lewis 酸。

$$\mathrm{C_6H_6} \xrightarrow[\text{50℃，回流}]{\mathrm{I_2,\ HNO_3}} \mathrm{C_6H_5I} \qquad \mathrm{H_2N{-}C_6H_5} \xrightarrow[\text{12～15℃}]{\mathrm{I_2,\ NaHCO_3}} \mathrm{H_2N{-}C_6H_4{-}I} \tag{7-18}$$

芳核上的取代基的性质对芳烃卤代的难易及卤代的位置均有很大的影响，给电子基的存在，有利于卤化反应的进行，常发生多卤代现象。反之，吸电子基的存在，反应则较困难，需用较强的 Lewis 酸作催化剂，并在较高的反应温度下进行卤代；或采用活性较大的卤化试剂，反应才能顺利进行。直接用氟与芳烃作用制取氟代芳烃，因反应十分激烈，需在氩气或氮气稀释下于 −78℃进行，故无实用意义。因此，常通过间接方法来合成氟代芳烃。若用碘作卤化试剂进行碘化反应，因反应生成的碘化氢有还原性，可使碘代芳烃还原，所以必须设法不断除去反应生成的碘化氢。除去碘化氢的方法有：加氧化剂（如硝酸、过碘酸、过氧化氢等）；加碱（如氨水、氢氧化钠、碳酸氢钠等）；加入能与碘化氢形成难溶于水的碘化物的金属氧化物（如氧化汞、氧化镁等）。有时也可采用强碘化剂进行芳烃的碘化，也可获得较好的效果。

$$C_6H_5NH_2 \xrightarrow{Br_2} 2,4,6\text{-}Br_3C_6H_2NH_2\ (\text{为白色沉淀})$$
$$C_6H_5NH_2 \xrightarrow[DMF]{NBS} H_2N\text{—}C_6H_4\text{—}Br \tag{7-19}$$

苯胺的卤代若用卤素作卤化试剂，则主要得到三卤化苯胺。若用 NBS 或 NCS 作卤化试剂，则可不必将氨基先行保护，可以控制反应产物为单卤代产物。

练习测试

1. 完成下列反应式。

(1) $CH_4 \xrightarrow[h\nu]{Cl_2}$　　(2) $CH_3CH(CH_3)CH_2CH_3 \xrightarrow[h\nu]{Cl_2}$

2. 完成下列反应，并预测两组反应速率的快慢。

(1) $C_6H_5CH_3 \xrightarrow[Fe]{Cl_2}$　　(2) $C_6H_5COCH_3 \xrightarrow[Fe]{Cl_2}$

五、置换卤化反应方法

卤原子能够置换有机物分子中与碳原子相连的羟基、羧基、磺酸基及其他卤原子等多种官能团。置换卤化具有无异构、无多卤化产物，产品纯度高的特点。因此，置换卤化已成为卤代烃的重要合成方法。

醇羟基、酚羟基及羧羟基均可被卤素置换。羟基的反应活性顺序为：醇羟基＞酚羟基＞羧羟基。

常用的卤化试剂有氢卤酸、含磷及含硫卤化物等。

1. 醇羟基的置换卤化

氢卤酸与醇的反应是一个可逆的平衡反应。

$$ROH + HX \rightleftharpoons RX + H_2O \quad (X = Cl, Br, I) \tag{7-20}$$

该反应是典型的平衡反应。增加醇或氢卤酸的浓度，或者不断将反应产物分出，是获得最佳产率的途径。事实上，反应中所形成的水是不难从反应混合物中除去的，可利用脱水剂如硫酸、磷酸、无水氯化锌、氯化钙等；亦可采用恒沸带水剂如苯、环己烷、甲苯、氯仿等来除水。对于仲醇和叔醇不宜使用硫酸作为脱水剂，反应也宜在尽可能低的温度下进行，否则容易形成烯烃。

当合成的卤烷沸点较相应的醇和水的沸点低，也常将其从反应系统中蒸馏出来，以获得较高的转化率。

醇与氢卤酸的活性决定了反应的难易程度。醇羟基的活性顺序为：苄醇≈烯丙醇＞叔醇＞仲醇＞伯醇。而氢卤酸的活性决定于卤素负离子的亲核能力的大小，其顺序为：HI ＞ HBr ＞ HCl ＞ HF。

用浓盐酸进行羟基氯取代时，常常加入无水氯化锌作催化剂。它能与伯、仲、叔醇在常温下进行反应。

$$R—OH + H—Cl \xrightarrow{ZnCl_2} R—Cl + H—OH \tag{7-21}$$

当使用伯醇通过取代卤化制取氯代或溴代烃时，也可采用卤化钠加浓硫酸为卤化试剂。但是制取碘代烃不可用此法，因为浓硫酸可使氢碘酸氧化成碘，也不宜直接用氢碘酸作卤化试剂，因氢碘酸具有较强还原性，易将反应生成的碘代烃还原成相应的烃。因此醇的碘取代一般用碘化钾加磷酸或碘加红磷为碘化剂。

$$n\,C_{15}H_{31}—CH_2OH \xrightarrow{I_2/P} n\,C_{15}H_{31}—CH_2I \tag{7-22}$$

$$HOCH_2(CH_2)_4CH_2OH \xrightarrow[\text{多聚磷酸}]{KI} ICH_2(CH_2)_4CH_2I \tag{7-23}$$

值得一提的是：在高温下或结构较复杂的醇与氢卤酸发生置换卤化时，常有重排、消除等副反应伴随发生。在这种情况下，卤化物的合成最好是利用含磷卤化物，常见的有 PX_3、POX_3 和 PX_5 等，以氯、溴用得较多。这类卤化试剂的反应活性均比氢卤酸大。它们与醇进行的置换卤化产率均较高，尤其是在吡啶等有机碱的存在下，反应效果更好。

$$3ROH + PX_3 \longrightarrow 3RX + P(OH)_3$$

$$ROH + PCl_5 \longrightarrow RCl + POCl_3 + HCl \tag{7-24}$$

$$3ROH + POCl_3 \longrightarrow 3RCl + H_3PO_4$$

氯化亚砜也是一种很好的置换卤化试剂，其优点是反应除生成卤代烃和氯化氢、二氧化碳气体外，没有其他残留物，产物容易分离纯化，且异构化等副反应少，产率较高。

$$ROH + SOCl_2 \longrightarrow RCl + HCl\uparrow + SO_2\uparrow \tag{7-25}$$

氯化亚砜活性较大，特别适用于伯醇的置换反应。反应中若加入少量有机碱作催化剂，可加快反应速率。若与二甲基甲酰胺（DMF）或六甲基磷酰胺（HMPTA）合用，反应选择性和反应速率均大大提高。

2. 酚羟基的置换卤化

由于酚羟基的活性较小，故氢卤酸、卤化亚砜均不能在酚的置换卤化反应中获得满意结果。酚的置换卤化常需采用较强的卤化剂如五氯化磷和氧氯化磷等。由于五氯化磷受热易分解成三卤化磷和卤素，反应温度越高，分解也越大，置换能力随之降低，因此，用五氯化磷进行置换卤化时，温度不宜过高；氧氯化磷分子中虽有三个氯原子可被取代，但只有一个氯原子的置换能力最大，以后逐步递减，因此取代一个酚羟基往往需用 1mol 以上的氧氯化磷。此外，酚羟基的置换卤化还可用二卤代三苯基磷作卤化试剂，产率一般较好。

$$\text{4-Cl-C}_6\text{H}_4\text{-OH} \xrightarrow[200℃]{Ph_3PBr_2} \text{4-Cl-C}_6\text{H}_4\text{-Br} \tag{7-26}$$

3. 羧羟基的置换卤化

与醇羟基取代卤化一样，羧羟基也常用三卤化磷、五氯化磷、三氯氧磷、氯化亚砜（$SOCl_2$）等作为卤代试剂，来制得相应的酰卤化物。这类反应仍然属于亲核取代反应。反应难易取决于卤化试剂的强度及羧酸的活性。五氯化磷的氯置换能力最强，可将脂肪酸或芳香酸转化成酰氯。

当羧酸中含有羟基、醛、酮或烷基基团时，会一并氯化或发生其他副反应，因此，不宜用五氯化磷。三氯化磷一般适用于脂肪酸的羧羟基的氯置换。三氯氧磷作用较弱，只能与羧酸盐反应。由于反应中无盐酸产生，所以适用于不饱和酸类的置换卤化。

4. 芳香重氮化合物的置换卤化

对于某些不宜用直接卤化法得到的芳卤衍生物，可以由相应的芳胺重氮化，然后进行置换卤化反应得到。这也是制取芳香卤化物的重要方法之一。在氯化或溴化亚铜作用下分解重氮盐，生成氯代或溴代芳烃的反应称为桑德迈尔（Sandmeyer）反应。

$$Ar—N_2^+X^- \xrightarrow{CuX} Ar—X + N_2\uparrow \tag{7-27}$$

X=Cl、Br

反应过程中同时有副产物偶氮化合物和联芳基化合物生成。

芳香氯化物的生成速率与重氮盐及一价铜的浓度成正比。增加氯离子浓度可以减少副产物的生成。重氮基被氯原子置换的反应速率受到对位取代基的影响，其影响按以下顺序递减：

$$—NO_2 > —Cl > —H > —CH_3 > —OCH_3$$

置换重氮基的反应温度一般为 40 ～ 80℃，卤化亚铜的用量为重氮盐重量的 10% ～ 20%。

$$\text{3-NO}_2\text{-C}_6\text{H}_4\text{-CHO} \xrightarrow[②NaNO_2/HCl]{①Zn/HCl} \text{3-}N_2^+Cl^-\text{-C}_6\text{H}_4\text{-CHO} \xrightarrow{CuCl/HCl} \text{3-Cl-C}_6\text{H}_4\text{-CHO} \tag{7-28}$$

若改用铜粉代替卤化亚铜加入重氮盐的氢卤酸溶液所进行的反应称为加特曼（Gattermann）反应。

$$\text{2-CH}_3\text{-C}_6\text{H}_4\text{-NH}_2 \xrightarrow[HBr]{NaNO_2} \text{2-CH}_3\text{-C}_6\text{H}_4\text{-}N_2^+Br^- \xrightarrow[HBr]{Cu粉} \text{2-CH}_3\text{-C}_6\text{H}_4\text{-Br} \tag{7-29}$$

合成碘代芳烃不需加铜盐，直接用重氮盐加入碘化钾或碘加热反应即可。

$$\text{C}_6\text{H}_5\text{-NH}_2 \xrightarrow[0\sim5℃]{NaNO_2/HCl} \text{C}_6\text{H}_5\text{-}N_2^+Cl^- \xrightarrow[H_2O]{KI} \text{C}_6\text{H}_5\text{-I} \tag{7-30}$$

将氟硼酸加入重氮盐的溶液中生成氟硼酸盐沉淀。取出并干燥后，再小心加热，即可制得产率较高的氟代芳烃，该反应称为席曼（Schiemann）反应。

$$Ar—N_2^+X^- \xrightarrow{HBF_4} Ar—N_2^+BF_4^- \xrightarrow[\triangle]{} Ar—F + BF_3 + N_2\uparrow \quad (7\text{-}31)$$

任务小结 I

1. 根据引入卤原子的不同，卤化反应可以分为氟化、氯化、溴化和碘化四类。

2. 常见的卤化剂主要有：卤素（氯、溴）、卤化氢（氯化氢、溴化氢）、氢卤酸（氢氯酸、氢溴酸、氢碘酸）、卤代酰胺（NBS、NCS、NBA、NCA）、次卤酸（次氯酸、次溴酸）、卤化磷（三氯化磷、五氯化磷、三氯氧磷）和氯化亚砜等。

3. 典型的加成卤化反应有：烯烃与卤素、卤化氢的卤加成反应，炔烃与卤素、卤化氢的卤加成反应。

4. 典型的取代卤化反应有饱和烷烃的取代卤化反应、芳环上的取代卤化反应、苄位的取代卤化反应。

5. 典型的置换卤化反应有醇羟基、酚羟基、羧羟基的置换卤化，以及芳香族重氮化合物的置换卤化。

【学习活动三】 寻找关键工艺参数，确定操作方法

六、卤化反应影响因素

通过查阅相关资料，分别从卤化试剂的活性、反应底物的结构、反应温度、反应压力、搅拌速率以及使用相转移催化剂等方面来讨论关于卤化反应的生产操作影响因素。

【学习活动四】 制定、汇报小试实训草案

七、制定并汇报小试实训草案

实训草案中的查阅其他资料的方法，详见项目一任务一中的“八、查阅其他资料的方法”。“汇报小试实训草案”部分工作的开展过程，详见项目一任务一中的“九、汇报小试实训草案”。

【学习活动五】 修正实训草案，完成生产方案报告单

八、修正小试实训草案

本次实训中根据所查阅的相关资料并结合实训室的实际条件，可选择合成正溴丁烷的合成路线为：

$$2NaBr + H_2SO_4 = 2HBr + Na_2SO_4 \quad (7\text{-}32)$$

$$CH_3CH_2CH_2CH_2—OH + HBr \longrightarrow CH_3CH_2CH_2CH_2—Br + H_2O \quad (7\text{-}33)$$

由于 HBr 在常态下为气体，难以运输及贮存，因此是用溴化钠和硫酸现制现用的。

项目组各组成员参考图 7-4 中的思维导图以及卤化单元操作相关理论知识文献资料，结合本组的小试实训草案，经讨论及修正和完善之后，完成《正溴丁烷小试产品生产方案报告单》，并交给项目技术总监审核。

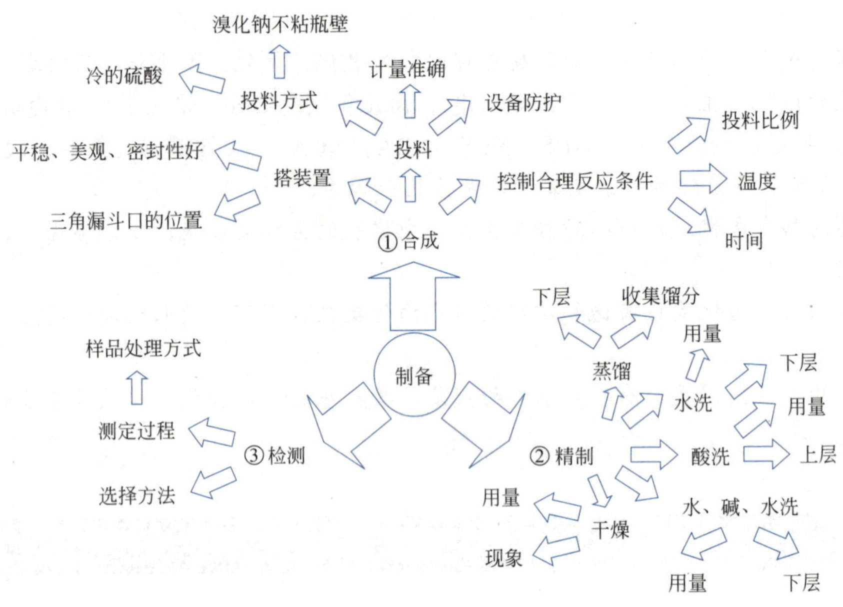

图 7-4　确定正溴丁烷的合成实训实施方案时的思维导图

任务二　合成正溴丁烷的小试产品

每 2 人一组的小组成员，合作完成合成正溴丁烷的小试产品这一工作任务，并分别填写《正溴丁烷小试产品合成实训报告单》。

【学习活动六】　获得合格产品，完成实训任务

实训注意事项

1. 原料投料量

本次实训所使用药品的种类、规格及投料量如表 7-3 所示：

表 7-3　正溴丁烷的合成实训操作原料种类、规格及其投料量

名称	正丁醇	溴化钠	浓硫酸	碳酸钠	无水氯化钙	沸石
规格	CP	CP	CP	CP	CP	—
每二人组的用量	12.5mL	16.6g	26.0mL	40.0g	10.0g	几粒

2. 安全注意事项

（1）溴化氢是一种无色窒息性气体，可引起皮肤、黏膜的刺激或灼伤，在反应装置上需要连接吸收溴化氢尾气的装置，如图 7-5（a）所示。

（2）实训操作过程的第一步，就是需要配置 70% 的硫酸水溶液。配置时，要将 98% 的浓硫酸在搅拌下倒入事先计量好的水中，千万不能把加料顺序搞错，把水倒入浓硫酸，这样会导致强酸外溅！

（3）所配好的 70% 的硫酸溶液，需冷至室温左右倒入反应烧瓶。否则一旦溴化钠碰到热的硫酸水溶液，则立即产生大量具有刺激性气味的溴化氢气体，污染环境。

（4）在使用分液漏斗进行洗涤、分液操作之前，一定要事先试漏，防止强酸、强碱泄漏出来腐蚀皮肤。

（5）需戴好护目镜和乳胶手套，防止溅出的酸液对眼睛产生危害以及泄漏的酸液对皮肤造成腐蚀。

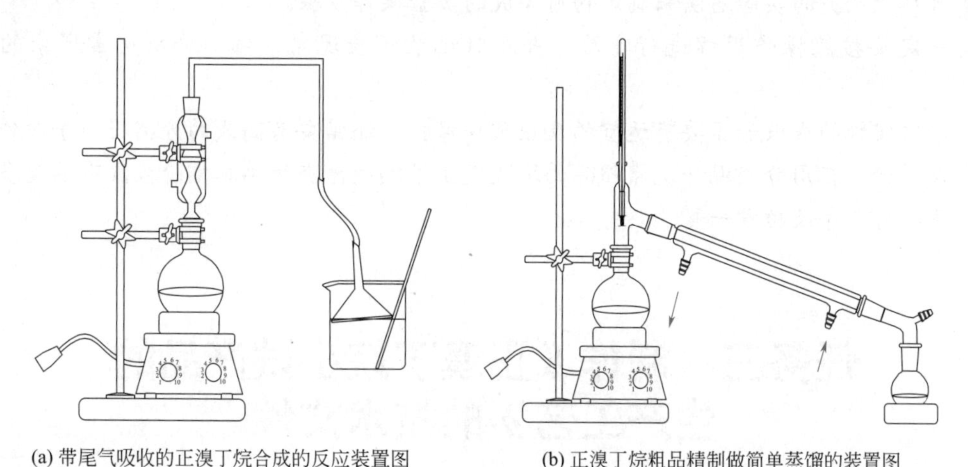

(a) 带尾气吸收的正溴丁烷合成的反应装置图　　(b) 正溴丁烷粗品精制做简单蒸馏的装置图

图 7-5　反应装置图和粗品精制装置图

3. 操作注意事项

（1）在装配溴化氢尾气吸收装置时，不要让三角漏斗全部埋入水中，应保持一部分通大气［如图 7-5（a）所示］，以免倒吸。

（2）用纸条把溴化钠固体直接送至反应器底部以防止溴化钠粉末粘附在烧瓶内壁上，否则溴化钠在酸性的加热条件下易发生副反应生成红棕色的 Br_2，影响溴化反应的进行，并会有少量的蒸气逸出污染环境。

（3）在反应阶段刚开始时，不要加热过猛，否则回流时反应体系的物料颜色很快变深，甚至会产生少量炭渣，影响产品的品质。

（4）在用浓硫酸洗涤粗产物时要先将油层与水层彻底分开，否则会因浓硫酸被稀释而导致洗涤效果变差。

（5）在简单蒸馏之前，粗品需事先用干燥剂做吸水处理之后经抽滤后去除干燥剂。若发现所用干燥剂粘附在瓶壁上且互相粘连则说明用量不足，应继续添加。当待干燥液体呈现澄清透明状态时，则说明大部分水分已被干燥剂吸附；所用玻璃仪器也全部需经干燥处理，否则蒸出的产品将因含有少量水分而导致浑浊。

（6）如图 7-5（b）所示，在采用简单蒸馏的方法进行提纯正溴丁烷粗品的操作时，判断即将结束蒸馏的方法有以下几点：①当蒸气温度持续上升至 105℃以上而馏出液增加甚慢时，即可停止蒸馏；②当蒸馏烧瓶中的油层完全消失，起初馏出液混浊、后来澄清无色透明时，即可停止蒸馏；③当发现冷凝管的管壁变透明时，即可停止蒸馏；④用盛有一些自来水的小烧杯接收一点蒸馏液，看是否有油珠下沉，若没有，即可停止蒸馏（想一想，为什么）。

4. 实训数据的处理方法

可参考项目一里的实训数据处理方法中的计算公式［式（1-26）］。

任务小结Ⅱ

1. 设计合成方案，必须首先了解被合成物质的物理化学性质。

2. 查阅相关资料是必要的，并且根据实际情况选择合成路线。

3. 可参照相关的实验通法来制定物质合成的实验操作步骤。

4. 一定要按照操作规程进行实验，并及时记录实验现象，细心分析反常现象的发生原因。

5. 本次实训的成败除了要有适宜的反应条件操控，还需要有高效的分离提纯手段作为保障和支撑。如果在用分液漏斗洗涤粗品的阶段发生了漏液，在简单蒸馏阶段没有尽量多地收集到产品，将会导致功亏一篑。

任务三　制作《正溴丁烷小试产品的生产工艺》的技术文件

【学习活动七】　引入工程观念，完成合成实训报告单

为了引入化学工程观念，落实正溴丁烷中试、放大和工业化生产中的安全生产、清洁生产相关措施，还有需要继续改进生产工艺、正确处理生产过程中可能出现的异常情况等问题，下面我们将学习卤化反应工业化大生产方面的内容。

一、卤化反应生产实例

（一）加成卤化反应的生产实例

1,2- 二氯乙烷是一种无色或浅黄色透明液体，分子式为 $C_2H_4Cl_2$，沸点为 83.5℃，密度为 $1.235g \cdot cm^{-3}$，闪点为 17℃，难溶于水，主要用作氯乙烯（聚氯乙烯单体）制取过程的中间体，也可用作溶剂、药物（如哌嗪）、农药及谷物杀虫剂（如灭虫宁）和洗涤剂等。近年来我国二氯乙烷产能约为 235 万 $t \cdot a^{-1}$，生产企业主要有中国石化齐鲁股份有限公司、北京化二股份有限公司和江苏丹化集团有限责任公司等。

工业上 1,2- 二氯乙烷的生产主要有乙烯直接氯化法和乙烯氧氯化法等，反应式分别如式（7-34）和式（7-35）所示。其中乙烯直接氯化法又分为高温、中温和低温氯化等三种方法：①低温氯化法的反应温度为 50℃，特点是反应选择性高，但液相氯化和液相出料催化剂损失大，生成 1,2- 二氯乙烷因需要用水洗涤而产生大量废水。另外工艺设备复杂、投资大，目前该方法正在逐渐被淘汰。②中温氯化法的反应温度约为 90℃，液相氯化、气相出

料，其特点是催化剂留在反应液中，无需水洗，只需脱轻、重组分就可用于1,2-二氯乙烷裂解。③高温氯化法的反应温度为110～120℃，可充分利用反应热，装置能耗较低，是目前国内外生产1,2-二氯乙烷的主要方法。目前拥有该技术的主要有欧洲乙烯基公司（European Vinyls Corporation，简称EVC公司）和日本三井东压化学株式会社等。我国的1,2-二氯乙烷生产工艺技术大多是从国外引进。

$$H_2C{=}CH_2 + Cl_2 \xrightarrow{\text{催化剂}} H_2C(Cl){-}CH_2(Cl) \tag{7-34}$$

$$H_2C{=}CH_2 + 2HCl + 1/2\,O_2 \xrightarrow{\text{催化剂}} H_2C(Cl){-}CH_2(Cl) + H_2O \tag{7-35}$$

1. EVC公司的高温氯化“热虹吸式反应”生产1,2-二氯乙烷的工艺

EVC公司的高温氯化工艺于1981年研发成功，后来在工业化应用过程中被不断地改进，是目前国内外、特别是欧美发达国家工业化生产1,2-二氯乙烷的主要方法。

该工艺的关键设备是一体化的精馏塔和反应器。与一般的直接氯化工艺的反应器不同，该工艺采用热虹吸式不锈钢材质的反应釜为反应器，反应温度为110℃，压力为0.11MPa，氯气和乙烯进料的摩尔比为1.25 ：1（过量的氯气用以保证乙烯的高转化率）。反应器内的全部气体（包括气相的1,2-二氯乙烷和未反应的原料）都导入精馏塔，在1,2-二氯乙烷的裂解过程中，未反应的1,2-二氯乙烷也回到该精馏塔进行提纯。精馏塔底的重组分作为循环液以反应介质的形式再返回到反应器中。氯化反应时放出的反应热全部由气相1,2-二氯乙烷带出并直接用于精馏，无需在精馏塔底安装再沸器。生产工艺流程简图如图7-6所示。

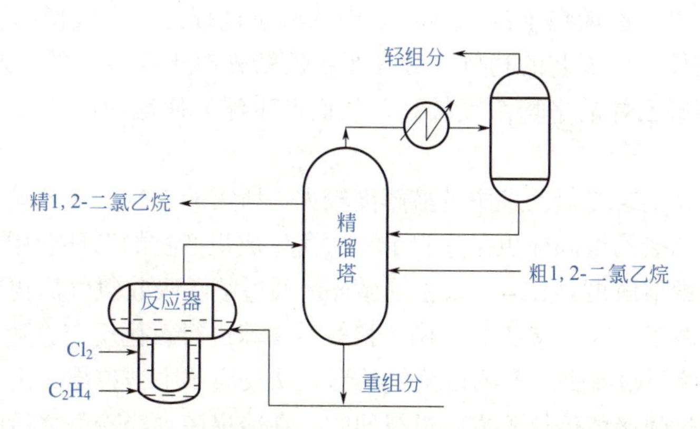

图7-6　EVC公司采用高温氯化“热虹吸式反应”技术生产1,2-二氯乙烷的生产工艺流程简图

该工艺和中温氯化法相比，每生产1t的1,2-二氯乙烷可节约加热蒸汽约0.8t，并且还可节约循环冷却水的用量。从精馏塔出来的1,2-二氯乙烷品质较好，其含量≥99.9%（GC），经包装后即可作为成品出售。

2. 德国Vinnolit公司的高温氯化“沸腾床反应”生产1,2-二氯乙烷的工艺

2006年，德国Vinnolit公司研发成功并实际应用了一种高温氯化生产新工艺——“沸腾

床反应”工艺。该工艺是把乙烯先在反应器中溶于1,2- 二氯乙烷（是上一次氯化反应所得的粗产物循环打回反应器里），然后与溶解有氯气的1,2- 二氯乙烷（同样也是上一次所生成粗产物的循环套用）相混合之后，快速发生液相氯化反应。由于反应体系中气体几乎完全参与反应，导致反应器头部的压力急剧下降，且氯化反应过程中又放出了大量反应热，致使粗产物1,2- 二氯乙烷快速汽化呈沸腾的蒸气状态被移出，因此该工艺被称为“沸腾床反应”工艺。图7-7为30万 $t \cdot a^{-1}$ 1,2- 二氯乙烷的生产工艺流程简图。

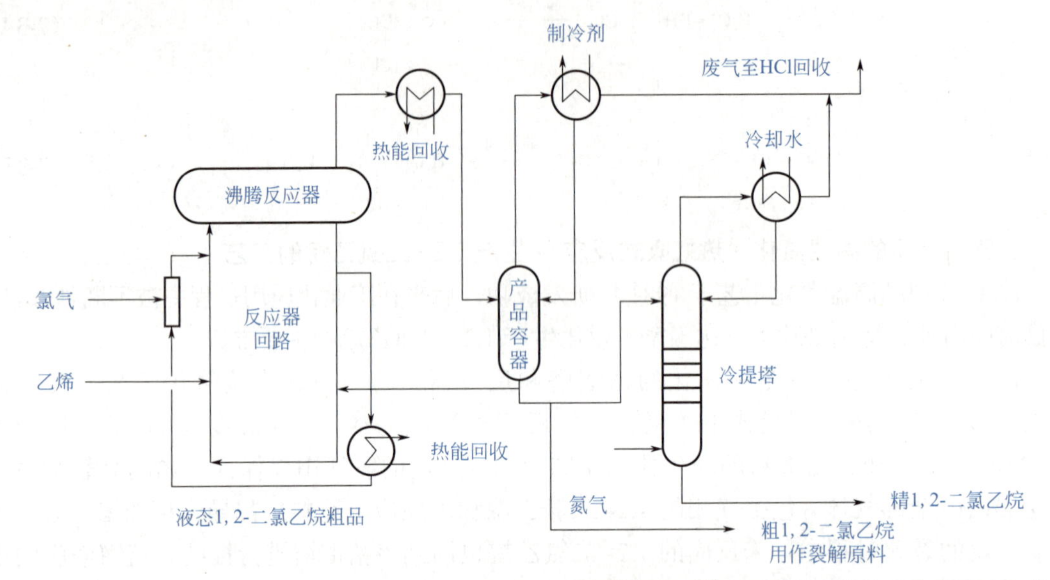

图7-7 Vinnolit公司采用高温氯化“沸腾床反应”技术生产30万 $t \cdot a^{-1}$ 1,2- 二氯乙烷的生产工艺流程简图

该工艺中，反应过程在U型循环回路的提升段进行。与其他工艺相比，乙烯最先在提升段的下段溶解。由于乙烯在1,2- 二氯乙烷中的溶解过程是一个较慢的物理过程，因此循环路程被设计得较长。该工艺的巧妙之处在于：乙烯先溶于反应器的1,2- 二氯乙烷中，导致提升管下部所溶解乙烯的平均浓度较高，从而产生浮力使反应回路维持较好的一个循环状态。

氯气相对乙烯在1,2- 二氯乙烷中的溶解度较大，所需的1,2- 二氯乙烷循环量较小，溶解氯气的这部分1,2- 二氯乙烷同样也是来自上一次所生成粗产物的循环套用，同时需通过降温以提高氯气在其中的溶解度。1,2- 二氯乙烷循环流通过喷嘴吸收氯气后再次返回主回路。在此回路中，乙烯已溶于1,2- 二氯乙烷，两者接触后快速进行氯化反应。随着液体静态压头的减少，1,2- 二氯乙烷开始沸腾。产物以蒸气的形式从反应器中被移出。由于该工艺无需蒸馏提纯，冷凝热可通过间接塔传热等方式进行回收。在冷提塔中经冷凝之后的1,2- 二氯乙烷其品质较好，含量≥ 99.9%（GC），经包装后即可作为成品出售。

与其他工艺相比，Vinnolit公司的高温氯化“沸腾床反应”工艺的特点是：①产品品质好。即便在较高反应温度（温度较高时副反应会变多）下，其1,2- 二氯乙烷的品质也很好，无需再使用蒸馏等分离手段。②能降低能源成本。EVC公司的高温氯化“热虹吸式反应”生产工艺和中温氯化法相比，仍还需要消耗一部分的能量用于加热反应器，而“沸腾床反应”工艺则直接使用来自氯化反应过程中所放出的反应热，不但无需加热反应器，还充分利用了氯化反应所放出的反应热。另外，该工艺中使用了一种用于帮助氯气溶解在 1,2- 二氯乙烷中的喷嘴。在天气比较寒冷的地区，人们一般采用加热的方式来维持管道内氯气的压力以帮助氯气溶于 1,2- 二氯乙烷。而使用该喷嘴则无需加热，因此节约了加热的能耗。所以，该工艺具有明显的节能降耗优势，是目前世界上较为先进的 1,2- 二氯乙烷的生产工艺，值得推广。

（二）取代卤化反应的生产实例

2,6- 二溴 -4- 硝基苯胺是一种酸性染料中间体，也可作为颜料中间体，外观为淡黄色粉末状固体，熔程为 204 ～ 209℃，主要生产厂家有浙江吉华集团股份有限公司、浙江闰土股份有限公司和浙江大井化工有限公司等企业。下面我们来学习浙江某企业年产 150t 的 2,6- 二溴 -4- 硝基苯胺的生产工艺。反应式为：

$$3\ O_2N-C_6H_4-NH_2 + 6HBr + 2NaClO_3 \longrightarrow 3\ O_2N-C_6H_2Br_2-NH_2 + 2NaCl + 6H_2O \qquad (7\text{-}36)$$

$$3Na_2S_2O_5 + 2NaClO_3 + 3H_2O \longrightarrow 2NaCl + 6NaHSO_4 \qquad (7\text{-}37)$$

$$Na_2S_2O_5 + H_2SO_4 \longrightarrow Na_2SO_4 + 2SO_2 + H_2O \qquad (7\text{-}38)$$

2,6- 二溴 -4- 硝基苯胺的生产工艺流程框图如图 7-8 所示。

在反应釜中投入对硝基苯胺和水，搅拌溶解，保持真空 -0.06MPa。关闭真空阀打开氢溴酸溶液阀再加入浓硫酸，升温至 60 ～ 70℃保温 0.5h 之后，再滴加 $NaClO_3$（氯酸钠）水溶液，时间为 3 ～ 4h，温度控制在（65±2）℃。加入完成后升温至 70 ～ 80℃保温 3 ～ 4h。取样合格后加入 $Na_2S_2O_5$（焦亚硫酸钠）水溶液并搅拌 30min，将多余的氯酸钠反应掉，降温后打入溴化中转釜中等待离心甩滤，整个溴化反应过程约 10h。

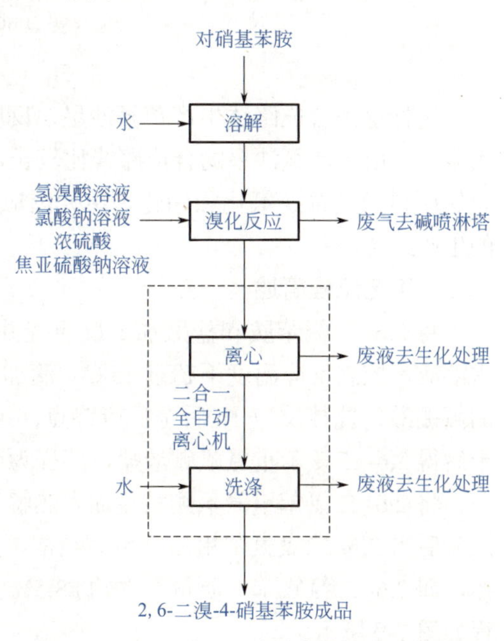

图 7-8　2,6- 二溴 -4- 硝基苯胺生产工艺流程

将溴化完成的物料输送至封闭式全自动离心机进行甩滤，离心液体作为离心废水进入厂区废水系统进行处置，离心固体料在离心机中洗涤至 pH 值为 7，得 2,6- 二溴 -4- 硝基苯胺湿品，整个过程约需 4h。湿品经烘干、粉碎和包装之后送入仓库待出售。

（三）置换卤化反应的生产实例

在项目四中曾介绍过通过重氮化溴代（置换溴化）和氰化等反应获得医药中间体 2- 氟 -4- 硝基苯甲腈的生产工艺。现在再学习和置换氟化有关的另一种医药中间体——2,3,4- 三氟硝基苯的生产工艺。

芦氟沙星（Rufloxacin），化学名称为 9- 氟 -2,3- 二氢 -10-（4- 甲基 -1- 哌嗪基）-7- 氧代 -7H- 吡啶并［1,2,3-de］-1,4- 苯并噻嗪 -6- 羧酸盐酸盐，是一种微黄色固体的化学品，分子式为 $C_{17}H_{18}FN_3O_3S$，分子量为 363.4，临床上主要治疗由于革兰氏阳性和革兰氏阴性需氧菌引起的下呼吸道感染和尿道感染等疾病。它是由意大利米地兰（Mediolanum）公司开发出来的一种第三代长效喹诺酮类抗菌药物，其合成路线如式（7-39）所示。

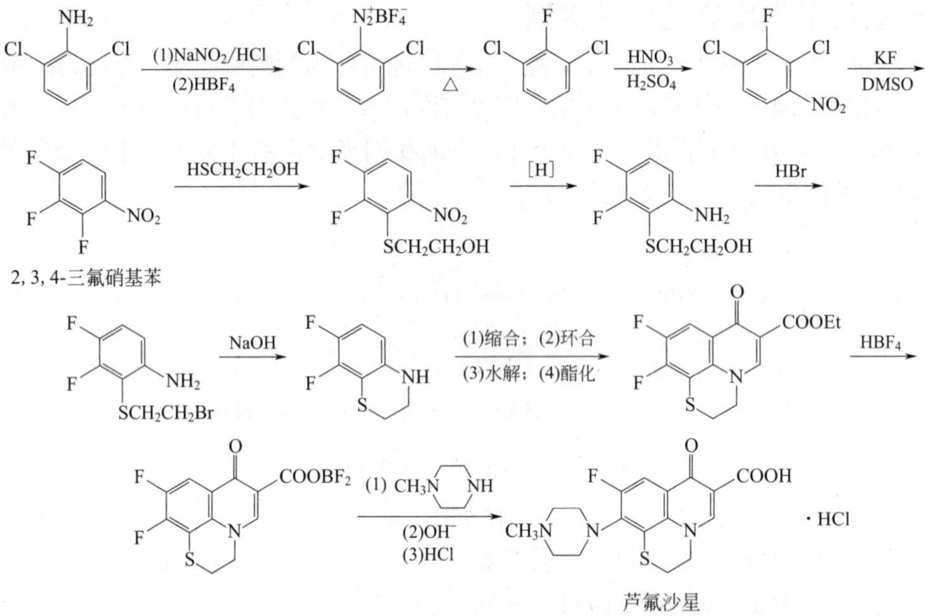

2, 3, 4-三氟硝基苯

（7-39）

芦氟沙星

选择这条合成路线生产芦氟沙星，反应条件较为温和、副产物较少，比较适合于工业化大生产。由于芦氟沙星的合成路线比较长，下面来学习其中的一部分，即以 2,6- 二氯苯胺为起始原料通过置换氟化和硝化等单元反应获得芦氟沙星的关键中间体——2,3,4- 三氟硝基苯的生产工艺。

1. 工艺流程简述

将 2,6- 二氯苯胺和盐酸加入反应釜并同时启动搅拌器，在冰盐水冷却下滴加亚硝酸钠水溶液，控制反应温度不超过 -5℃。滴加完毕，维持在 -5℃以下继续反应 1h 之后加入 40% 的氟硼酸，搅拌反应 1h 后至反应终点。过滤得白色粉状固体，分别用冷水和乙醇洗涤，抽干后得 2,6- 二氯苯重氮氟硼酸盐，熔程为 234.0 ～ 235.2℃。

将 2,6- 二氯苯重氮氟硼酸盐加入热解釜，缓慢加热进行热分解，热分解的产物经冷凝器冷凝后得 2,6- 二氯氟苯粗品。粗品经常压蒸馏、收集 167 ～ 169℃的馏分之后得无色透明液体，即 2,6- 二氯氟苯，质量产率约 83.5%（以 2,6- 二氯苯胺计）。2,6- 二氯氟苯的生产工艺流程如图 7-9 所示。

将 2,6- 二氯氟苯和浓硫酸加入硝化釜并同时启动搅拌器，滴加由硝酸和浓硫酸配成的混酸，控制硝化反应温度为（90±2）℃，搅拌反应 2h 后至反应终点。预先在油水分离器中加入适量的碎冰，搅拌下将反应物放入油水分离器中并静置分层。分出油层，酸水层用氯仿萃取三次，合并油层和萃取液之后用水洗两次，加入适量无水氯化钙后静置干燥 12h。过滤除去干燥剂，将滤液加入蒸馏釜之后先常压蒸馏回收氯仿，再减压蒸馏得淡黄色油状液体，即得 2,4- 二氯 -3- 氟硝基苯，质量产率约 85%（以 2,6- 二氯氟苯计）。

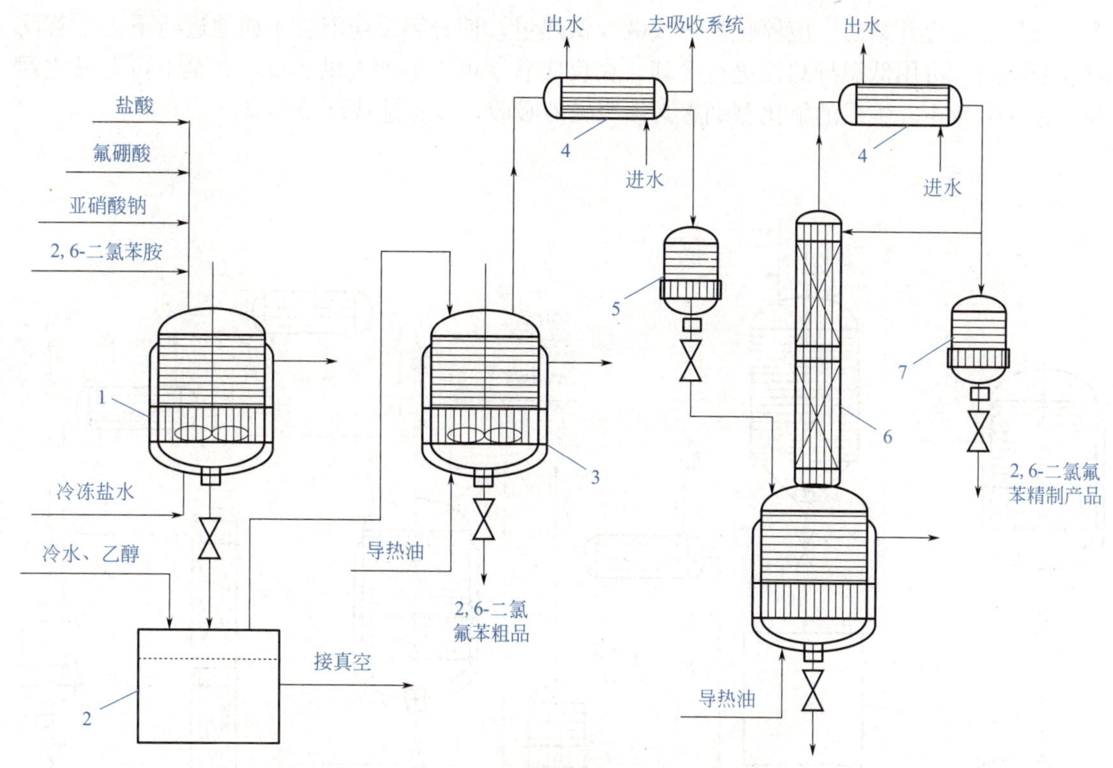

图 7-9　2,6- 二氯氟苯的生产工艺流程简图

1—反应釜；2—过滤器；3—热解釜；4—冷凝器；5—接收罐；6—精馏塔；7—馏分收集器

向氟化釜中加入适量的二甲基亚砜（DMSO）并同时启动搅拌器，依次加入 2,4- 二氯 -3- 氟硝基苯和无水 KF，加热升温，回流 2h 后至反应终点。趁热过滤，滤渣用适量的 DMSO 洗涤。将滤液和洗液一并加入蒸馏釜进行减压精馏，收集 91 ～ 93℃ /2.67kPa 的馏分，得淡黄色油状液体，即 2,3,4- 三氟硝基苯，纯度≥ 99.0%（GC），质量产率约 60%（以 2,4- 二氯 -3- 氟硝基苯计）。回收的 DMSO 溶剂可循环套用。2,3,4- 三氟硝基苯的生产工艺流程如图 7-10 所示。

2. 反应的影响因素

（1）由于重氮盐不稳定，温度稍高就会分解，因此应严格控制重氮化阶段的反应温度，一般应控制在 -20 ～ 5℃。

（2）2,6- 二氯苯胺与盐酸的投料量摩尔比控制在 1 ∶ 2.5。当 2,6- 二氯苯胺充分溶解之后再滴加亚硝酸钠水溶液。由于重氮化属于强放热反应，因此滴加速度不能太快并需要充分搅拌，以免产物受热分解。

（3）2,6- 二氯苯重氮氟硼酸盐的热分解必须在无水的条件下进行，否则会分解为酚类和树脂状副产物，副反应方程式如式（7-40）所示。

$$\text{2,6-Cl}_2\text{C}_6\text{H}_3\text{N}_2^+\text{BF}_4^- \xrightarrow[\triangle]{H_2O} \text{2,6-Cl}_2\text{C}_6\text{H}_3\text{OH} + HF + BF_3 + N_2\uparrow + \text{树脂状物} \tag{7-40}$$

2,6- 二氯苯重氮氟硼酸盐的热分解反应为放热反应，因此在反应初期的加热速度不能太

项目七

快。当分解反应开始时，应停止加热或减少供热量，使分解反应能够平稳地进行下去。若反应过于剧烈，可用低温导热油进行冷却。在反应后期可逐渐加大供热量，直至不再有氟化硼的烟雾释出为止。生成的氟化硼烟雾必须用碱液吸收，以免造成环境污染。

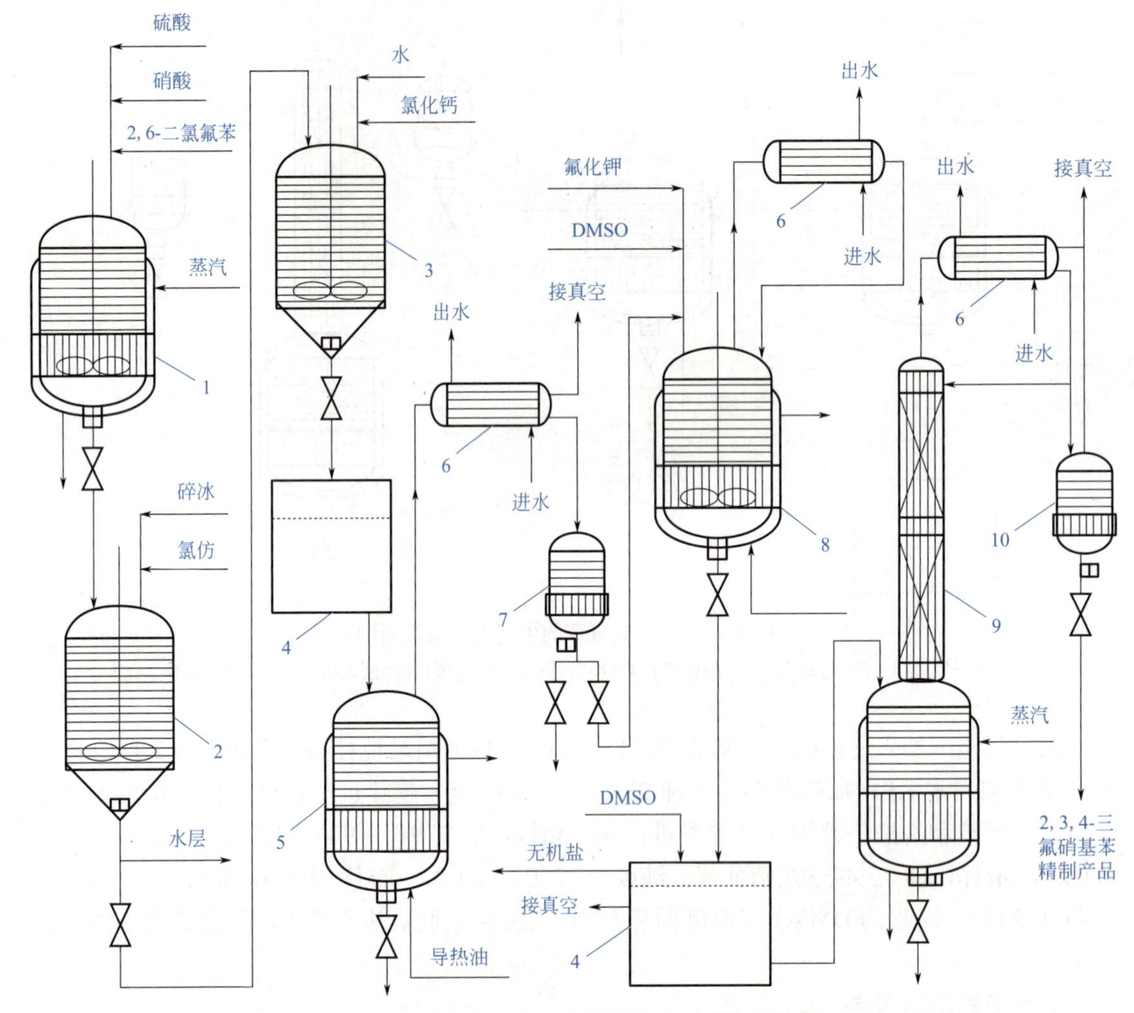

图 7-10　2,3,4- 三氟硝基苯的生产工艺流程简图

1—硝化釜；2—油水分离器；3—水洗釜；4—过滤器；5—蒸馏釜；6—冷凝器；
7—接收罐；8—氟化釜；9—精馏塔；10—馏分收集器

（4）硝化反应的机理属于亲电取代反应。由于苯环上存在 F、Cl 等吸电子基团，使苯环上的大 π 键电子云密度降低，从而增加了发生硝化反应的难度，所以需要较高的反应温度。一般地，硝化反应温度可控制在 90℃左右，温度太高易导致生成二硝化物的副产。此外，反应时间也不宜过长，应采用气相色谱跟踪分析，至原料基本转化完全时反应即结束，否则同样也会增加多硝基化合物副产所生成的比例。

（5）氟化反应的机理属于亲核取代反应，生产中常用非极性的 DMSO 或环丁砜作为溶剂，在 180℃以上进行高温反应。若用沸点较低的二甲基甲酰胺作为溶剂，则产率明显下降。反应时间通常以 1 ～ 2h 为宜，时间太长会使副产增加。生产中采用活性氟化钾可显著降低氟化钾的使用量，缩短氟化反应所需的时间并提高氟化反应的产率。

（6） 氟化反应需在无水的条件下进行。因为在水和高温的条件下，2,4- 二氯 -3- 氟硝基苯可能会发生水解反应生成二苯醚衍生物等副产。副反应方程式如式（7-41）所示：

$$\text{Cl, F, Cl, NO}_2\text{-苯} \xrightarrow{H_2O} \text{HO, F, Cl, NO}_2\text{-苯} \longrightarrow O_2N\text{-(Cl, F)苯-O-苯(F, Cl)-}NO_2 \qquad (7\text{-}41)$$

（7） 2,3,4- 三氟硝基苯的品质对最终产品芦氟沙星的影响较大，其中可能含有的 2,4- 二氯 -3- 氟硝基苯或 2,3- 二氯 -4- 氟硝基苯是产品中的主要杂质——芦氟沙星的源头物。因此，在精馏过程中，2,3,4- 三氟硝基苯的纯度必须控制在 99.0% 以上。

任务小结Ⅲ

工业上生产 1,2- 二氯乙烷的主要工艺有乙烯高温直接氯化法，芦氟沙星的关键中间体——2,3,4- 三氟硝基苯主要是采用置换氟化和硝化等单元反应生产出来的。

【学习活动八】 讨论总结与评价

二、讨论总结与思考评价

任务总结

1. 卤化反应是向有机物分子中引入卤原子（氟、氯、溴、碘）的化学反应，卤化物可作为药物、农药、表面活性剂、染料、有机中间体等，在工业上应用广泛。

2. 根据引入卤原子的不同，可以将卤化反应分为氟化反应、氯化反应、溴化反应和碘化反应四类，不同的卤化反应原理各有不同。

3. 根据合成的卤化物不同，应选择不同的卤化试剂，选用合适的卤化反应工艺条件。

4. 在正溴丁烷的合成实训中，根据主原料的化学结构可以判定，该反应主要是按照 S_N2 机理进行的，反应速率与正溴丁烷的浓度以及氢溴酸的浓度均有关。

5. 在正溴丁烷的合成实训中，主要采用了两种措施以促使可逆反应的平衡向正反应方向移动：①在反应的起始原料中，使用了过量的浓硫酸。浓硫酸所起的作用，除了能与 NaBr 反应生成 HBr 之外，还可作为吸水剂移去反应产物之一——水。②在反应的起始原料中，使用了过量的 NaBr，以便生成过量的 HBr。

拓展阅读

药物化学专家——周后元

在 20 世纪 60 ～ 70 年代，我国曾一度将自己研制的通过化学制药或生物制药的药品统称为“西药”。尽管这带有明显的时代印记，但它确实反映了我国医药化工发展的史实。新中国成立初期，我国大部分西药依赖进口，后经自力更生研制出一批又一批的西药，有的药甚至比国外的成本还要低、质量还要好。显然，这是我国药物合成科技工作者努力的结果。中国医药工业研究总院（下简称为医工院）的研究员、博士生导师、中国工程院院士周后元就是这众多的科技工作者的其中之一。他从事有机化学、药物合成研究近半个世纪，先后研究出糖精、维生素A、萘普生、维生素B_6、麻黄素等工业化合成新工艺，为我国药物化学合成做出了重要贡献。

1932年，周后元出生于湖南省衡南县一个农民家庭。读高中时他对数学比较感兴趣，做完了《三S平面几何》和《大代数》上的全部题目，并想将来要当一个数学家。然而当他在《人民画报》上看到介绍中国医科大学各院系情况的图片，觉得沈阳药学院（现沈阳药科大学）条件不错时，就改变了初衷。当时国家急需人才，鼓励在读高中生提前报考大学，当年读高二的周后元就这样报名参加了高考。他填的第一志愿是沈阳药学院化学制药工程系，第二志愿才是武汉大学数学系。

考取了沈阳药学院后，周后元是读书最发愤的学生之一。课余，他只会在图书馆或书店"泡"在书海里。保尔·柯察金的那段"不为虚度年华而悔恨，不因碌碌无为而羞耻"的名言，至今仍在鞭策和激励着他。

大学毕业后周后元分配到上海第三制药厂的微生物室，主要搞抗生素的研制。1957年他调到了上海医药工业研究所（即现在的医工院）工作直至今日。当时医工院里有一批像我国著名药物学家雷兴翰那样的老专家，他们渊博的知识、求实的态度、优秀的人品和敬业精神，使周后元在他们的教诲和熏陶下，迅速成才并受益终生。

1959年是我国进入三年自然灾害时期的头一年，当时白糖太少，大多用糖精代替。而糖精产量低、价格贵，供应十分紧张。因此上海市下达命令，必须在建国十周年的国庆节前把糖精的产量提高、成本下降。改进糖精合成工艺的科研项目任务就这样落到了年轻的周后元的肩上。作为项目负责人，他带领科研小组查资料、做实验。两个月之后糖精收率固然是提高了，但杂质除不掉的难题却无法解决，做出的糖精有酸味。周后元说，那时他满脑子全是化学键、反应式、化学元素、电子转移、合成分解……国庆一天天逼近，真是心急如焚。一天夜晚，周后元躺在床上睡不着，突然他想到能否用氯气来除去杂质？他是个事不过夜的人。于是立即爬起来坐公交车来到实验室。他在实验室里一直做到天亮。后来科研小组成员们经过一系列的反复试验、分析、研究、改进，将原有的糖精合成工艺中的Gattermann反应引入亚磺酸方法改为Sandmeyer方法，使糖精在质量不变的情况下产量能提高一倍、成本却下降了一半。该新工艺顺利投入生产终于如期完成了任务。随后，他又以医工院的名义（当时不以个人署名）发表了《邻苯二甲酸酐合成糖精技术改进》一文在化工界引起较大反响。直至今日该工艺仍是我国生产糖精的通用合成工艺。

三年自然灾害时期中国人患营养不良症的很多，急需大量鱼肝油和维生素类的药物。鱼肝油制品中主要成分之一是维生素A，而天然维生素含量极少。1961年，医工院和鱼品厂共同接受国家下达的自主研发维生素A的工业化生产工艺的中试任务，周后元负责攻关化学合成工艺。他带领课题组一头扎进了鱼品厂，一干就是三年。他查清了C_6-醇质量对构成维生素A碳架C_{20}-炔二醇的稳定和收率的影响，研究了选择性氢化、酰化脱水方法，在中试中得到了结晶性维生素A，并将其收率提高到95%且各项指标符合英国药典的要求，维生素A的工业化合成工艺研究终于获得成功。这是我国首个高收率的维生素A合成工艺，它不仅填补了我国的空白且技术经济指标也接近国际先进水平。1964年，该成果获得国家工业新产品二等奖。

萘普生是一种解热镇痛药，它的生产工艺研发是国家"七·五"重点科技攻关项目和"八·五"科技攻关专题。周后元在湖北制药厂与工人们同吃、同住，所获得的科研成果

《萘普生200吨中试开发研究》达到了国内先进水平。后来在1994年他当选为中国工程院院士后再来到该厂时，工人们亲切地称他“基层院士”。

在20世纪的60年代，国外的维生素B_6的合成工艺产生了重大变革，研究出了维生素B_6噁唑合成法，使得维生素B_6的收率大大提高、售价大幅度降低，从而垄断了国际市场，而我国一直沿用了近20年的吡啶酮合成法老工艺面临着严峻的挑战。周后元主动请缨，要研究具有自主知识产权的维生素B_6合成新工艺。1979年课题正式立项之后，周后元带领课题组查阅大量的国内外资料、到工厂实地考察、在实验室多次实验。历经了几年的艰苦奋斗，周后元避开别人已有的专利权项另辟蹊径，于1984年提出了维生素B_6合成新工艺：关键体4-甲基-5-乙氧基噁唑合成法。之后经过中试和工业化大生产试验，成功地使我国维生素B_6的生产规模扩大、产量提高、成本降低。后来他所发表的《维生素B_6恶唑法合成新工艺》系列论文更是引起了医药学界的强烈反响，此生产工艺处于当时的国际先进水平。1985年，该成果获得国家发明三等奖。1986年，周后元获得了上海市劳动模范和全国医药系统劳动模范的光荣称号。他进一步完善该工艺，由此有三项发明专利获授权。用此法生产的维生素B_6打入了国际市场之后，仅1993年我国用该工艺生产的维生素B_6就节约成本2000多万元。从1991年到1994年，周后元因维生素B_6恶唑法新工艺的发明，先后获得中国专利优秀奖、政府特殊津贴和我国医药界最高奖项——吴阶平-保罗·杨森药学研究二等奖，至今此生产工艺仍然是我国生产维生素B_6的通用方法。

鉴于周后元在有机化学、药物合成方面的理论贡献和技术创新带来的巨大社会效益和经济效益，1994年12月，周后元当选为中国工程院医药与卫生工程学部的首批院士。接到当选院士的通知之后，他只是淡淡地说：“我没有辜负国家的培养。”

当笔者问及他做导师的感受时，他说：“一是对老师而言，不误人子弟。对学生而言，要珍惜时光。因为一个人就三十多年的工作年限，一晃而过。二是师生的人品是第一位的，要诚恳待人、实事求是、团结协作。”

对于我国目前大学教育的一些现象的看法，周院士说：“基础教育太偏重理科，功利性太强。其实到了科学尖端倒是相互渗透，不分文理了的。学生没时间读课外书，我女儿就连四大名著都没读全。中国人不了解中国的历史文化怎么行？我们不能要求每个学生都拔尖，平均发展，这不可能。”

当谈到科研选题时，周院士说：“我，同时我也要求我的学生，选题就要选大的、难的。大课题确实难做，但只要有恒心、有耐力、多思考、认真踏实地去做，即使没达到最终目的，也会有很多收获。如果说我这一生有什么经验的话，我想最重要的就是一个人不要因一时一事的挫折或委屈就消沉。你消沉了，对国家而言不算什么，历史照样发展、地球照样转。但对一个人而言却毁了一生。我当了22年的技术员才评上工程师的，这期间还做了像生产糖精和维生素A这样的成果，不也过来了吗？”

也许是对科研的偏爱，周院士从来没有过从政的欲望。他说：“我是一介布衣，是‘布衣院士’，‘学而优则仕’于我并不成立。”在北京开会时，他总是自豪地说：“我来自基层一线。”几十年来，他除了做过研究组长外没有过任何行政职务，他认为这样好得很，能有更多心思扑在科研生产一线。

周院士幽默豁达、开朗乐观。当请他谈谈几十年的苦与乐时，他似乎只知其乐而不知其苦，使人难以想象出他几十年奋斗的艰辛。即使说到苦难处他也会笑谈如别人的故事。“文革”时工宣队要他写检查，他没写，说是不知道写什么。工宣队长要他回去好好想想再写。

他竟说：“我一回家，见到女儿就什么都忘了，还想什么？”弄得别人哭笑不得。他说：“人哪有一帆风顺的啊！”

周院士生活简朴、不加修饰。采访时他穿的一件棉质夹克是用59元从超市买来的降价品。当选院士后按规定可配公务用车上下班专人专车负责接送的，但他不要，宁可骑自行车上下班。他说，这既锻炼了身体又节约了开支，于国于民都有利，何乐不为呢。

周院士有个幸福和睦的家。夫人吴真慧出身名门，毕业于华东师大，退休前是一所重点中学的语文老师，酷爱书法和写诗。但由于患有先天性糖尿病身体一直不好，所以周后元几乎包揽了全部家务。而他说这是调剂生活，乐得其所。

晚年的周院士一直在主持一些重大药品的技术改造工作——金刚乙胺、屈他维林、左氧氟沙星、麻黄素等的工业化合成，并且均已实现了工业化。他说，麻黄素原来一直是从植物中提取的，每年要破坏很多能保持沙漠地区水土的麻黄草，对环保不利。他们的研究就是从石油精细产品中合成麻黄素，摆脱对天然的依赖以保护环境。

纵观周院士的一生，就是艰苦卓绝、科研攻关的一生。他说：“中国要有更多更好的自己研制的‘西药’，我们还任重道远，还有很多的事要做。”

《正溴丁烷小试产品生产方案报告单》

项目组别：__________ 项目组成员：______________________________

<table>
<tr><td colspan="2">一、小试实训草案</td></tr>
<tr><td colspan="2">（一）合成路线的选择</td></tr>
<tr><td>完成者：</td><td>1. 现有合成路线及生产方法（各方法的简介、特点、技术的归属单位以及使用厂家等信息）</td></tr>
<tr><td>完成者：</td><td>2. 各方法的产率、原料消耗量、生产成本比较及估算（利用网络查找，注意数据的时效性）</td></tr>
<tr><td>完成者：</td><td>3. 各方法的生产原料厂家的供应情况及生产产品厂家的年销售量，原料和产品的安全性、毒性的相关数据，中毒急救方式及防护措施</td></tr>
<tr><td colspan="2">4. 合成路线选择、改进的理由及结果（分别从可行性、实用性、安全性、经济性、环保性等方面展开评价，是全组讨论的结果，包括主、副反应式）</td></tr>
</table>

续表

（二）产品的用途以及原料、中间体、主产物和副产物的理化常数指标

完成者：

产品的用途：

化学品的理化常数

名称	外观	分子量	溶解性	熔程 /℃	沸程 /℃	折射率 /20℃	相对密度	$LD_{50}/(mg \cdot kg^{-1})$

（三）主、副反应的各类影响因素（即关键生产工艺参数）及其控制实施草案（是全组讨论的结果）

完成者：

（四）原料、中间体及产品的分析测试草案（查找相关国标，并根据实训室现状确定合适的检测项目、选择合适的检测方法，并列出所需仪器和设备）

完成者：

（五）产品粗品分离提纯的草案（就所选定的合成路线，分析反应体系中的有机物种类及性质，确定分离提纯方法）

（六）小试产品生产方案（写出详细的小试产品生产方案，是全组讨论的结果）

二、小试产品生产方案的修改及完善之处（是全组讨论的结果）

项目组长（签字）：　　　　年　　月　　日

《正溴丁烷小试产品合成实训报告单》

实训日期：______年___月___日　　天气：____　室温：___℃　相对湿度：___%

实训记录者：_______　　实训参加者：________________

一、实训项目名称

二、实训目的意义

三、实训准备材料

1. 药品（试剂名称、纯度级别、生产厂家或来源等）

2. 设备（名称、型号等）

3. 其他

四、小试合成反应主、副反应式

五、小试装置示意图（用铅笔绘图）

六、实训操作过程

时间	反应条件	操作过程及相关操作数据	现 象	解 释

项目七

续表

七、所得数据及数据处理过程（需写出计算过程）

八、实训结果及产品展示

用手机对着产品拍照后打印（5×5）cm左右的图片贴于此处，注意图片的清晰程度

	外观	质量或体积 /（g或mL）	产率（以 计）/%
粗品			
精制品			

样品留样数量： g（或 mL）；编号： ；存放地点：

九、样品的分析测试结果

十、实训结论及改进方案（实训结果理想的需及时总结并提出改进方案，实训结果不理想的应深入分析探讨其原因、为后续进一步开展研究活动奠定基础）

十一、假设此小试工艺经逐级经验放大法之后可以成功用于工业化大生产，请画出鉴于此小试生产工艺放大之后的工业化大生产工艺流程简图（用铅笔或用Auto CAD绘图）

十二、参考文献［书写格式需符合《信息与文献 参考文献著录规则》（GB/T 7714—2015）的规定］

项目组长（签字）： 年 月 日

讨论思考

1. 工业上有哪些卤化方法？

2. 何为直接卤化法？为什么通常不能用直接卤化法来合成氟化物、碘化物？

3. 氟化反应、氯化反应对反应设备的材质有什么要求？

4. 碘化反应中如何提高碘的利用率？

5. 完成下列反应式：

(1) $CH_3O-C_6H_4-\overset{O}{\overset{\|}{C}}CH_3 \xrightarrow[CH_3COOH]{Br_2}$

(2) $CH_3O-C_6H_4-\overset{O}{\overset{\|}{C}}CH_3 \xrightarrow[Fe]{Br_2}$

(3) $CH_3O-C_6H_4-CH_2CH_2CH_2CH_2\overset{O}{\overset{\|}{C}}-C_6H_5 \xrightarrow[h\nu,\ CCl_4]{NBS}$

(4) $H_2C=CH-\overset{O}{\overset{\|}{C}}OCH_3 \xrightarrow{HBr}$

(5) $\triangleright\!-\!\triangleleft \xrightarrow[h\nu]{Cl_2}$

6. 以间甲苯胺为原料合成间氟甲苯，无机试剂任选，请写出相关的反应式。

7. 在本实训中多次使用到了浓硫酸，请分别简述其在实训各阶段过程中的作用。

8. 在本实训中哪些起始原料是过量的？为什么？在计算产品的产率时，应选用何种原料为依据？

9. 在加料时，如果先加溴化钠与浓硫酸，后加正丁醇和水，会出现什么问题？为什么？

10. 在进行溴化反应加热回流时，烧瓶中的液体有时会出现红棕色，甚至会影响到最终产品的外观，这是为什么？请简述处理措施，并写出相关的反应式。

11. 反应中可能产生的副产物各有哪些？各步洗涤以及做简单蒸馏的目的分别是什么？用浓硫酸洗时为什么事先要用干燥的分液漏斗？

12. 在用分液漏斗洗涤粗产物时，为什么在振荡洗涤之后需要放气？应如何操作？

13. 在用分液漏斗洗涤粗产物时，产物有时在上层，有时在下层，一旦判断错误则“颗粒无收”。你能用什么简便的方法加以判断？

14. 在做简单蒸馏操作提纯正溴丁烷粗品时，蒸馏出的馏出液中正溴丁烷通常应在下层，但有时发现可能出现在上层，这是为什么？出现这种异常现象时应该如何处理？

15. 在溴化反应进行到了适当的时候，如果一边反应一边蒸出粗产物正溴丁烷，其反应效果应该如何？为什么？

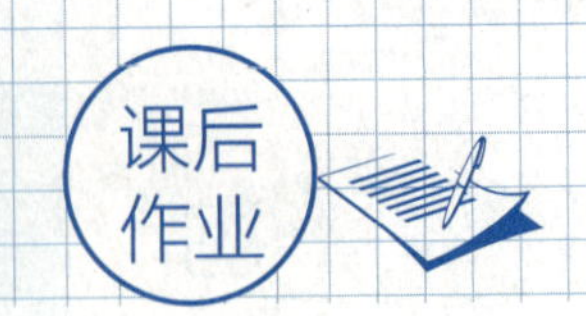

班级：　　　　　　　　　　姓名：　　　　　　　　　　学号：

记录
笔记

记录
笔记

项目八

香料肉桂酸的生产（考核项目）

【学习活动一】 接受工作任务，明确完成目标

任务单

振鹏精细化工有限公司总部下达的任务单，其内容如表 8-1 所示。

表 8-1 振鹏精细化工有限公司 任务单 编号：008

<table>
<tr><td>任务下达部门</td><td>总经理办公室</td><td>任务接受部门</td><td>技术部</td></tr>
<tr><td colspan="4">一、任务简述</td></tr>
<tr><td colspan="4">公司于 7 月 1 日和上海中化国际贸易有限公司签订了 500 公斤的香料肉桂酸（CAS 登录号：140-10-3）的供货合同，供货周期：2 个月。由技术部前期负责打通小试生产工艺，后期协作生产部和物流部分别完成中试、放大、生产和货物运输。</td></tr>
<tr><td colspan="4">二、经费预算</td></tr>
<tr><td colspan="4">预计下拨人民币 10.0 万元研发费用，请技术部负责人于 7 月 3 日前提交经费使用计划，并上报周例会进行讨论。</td></tr>
<tr><td colspan="4">三、完成结果</td></tr>
<tr><td colspan="4">1. 在 8 月 10 日之前提供一套肉桂酸的小试生产工艺相关技术文件；
2. 同时提供肉桂酸的小试产品样品一份（10.0g），其品质符合国标的相关要求。</td></tr>
<tr><td colspan="4">四、其他</td></tr>
<tr><td colspan="4">有需要其他部门协作的，由技术部提交申请，总经理办公室负责统筹和协调。</td></tr>
</table>

下达部门：总经理办公室 负责人： （签名） 日期： 年 月 日

接受部门：技术部 负责人： （签名） 日期： 年 月 日

抄送部门：生产部、物流部

注：本单一式五份，分别由总经理办公室、财务部、技术部、生产部和物流部留存。

任务目标

肉桂酸，又名 *β*- 苯丙烯酸或 3- 苯基 -2- 丙烯酸，化学结构简式为 $C_6H_5CH{=\!=}CHCOOH$，外观为无色晶体。主要用于制造香精香料、医药、食品添加剂和农药等。

在本项目的学习中，将以完成香料肉桂酸的生产任务为契机，开展学习需要通过缩合反应来生产的系列产品的生产工艺，如农药吡虫啉、呼吸中枢神经系统兴奋药物洛贝林的中间体——1- 甲基 -2,6- 二（苯甲酰甲基）哌啶、香料茉莉酯、治疗冠心病心绞痛的药物硝苯地平和染料靛蓝等精细化学品。

◆ 完成目标

通过查阅资料后确定肉桂酸小试实训方案并实施，获得合格产品和一套小试产品的生产工艺技术文件。

能力目标

能根据缩合反应的基本原理，依据反应底物的特性和基本规律，合理设计典型相关中间体和产品（如某些药物和香料等）的合成路线；学会吡虫啉等精细化学品的安全、高效、清洁化生产工艺；能通过找寻的合理反应条件使得缩合反应小试实训能顺利进行；学会水蒸气蒸馏和脱色等小试操作方法。

知识目标

掌握缩合产物结构的特征，理解缩合反应的原理、规律和特点；了解农药吡虫啉的合成路线，学习通过缩合反应生产精细化学品（如药物洛贝林的中间体——1- 甲基 -2,6- 二（苯甲酰甲基）哌啶、香料茉莉酯、治疗冠心病心绞痛的药物硝苯地平、有机溶剂 *N*- 甲基 -2- 吡咯烷酮、染料靛蓝以及医药中间体哌嗪等）的生产工艺；学习使用缩合反应合成香料肉桂酸的小试合成方法，强化水蒸气蒸馏和脱色等合成操作技术。

素质目标

培养学生善于归纳与总结的学习习惯以及理论联系实际的工作作风；培养学生规范操作、安全第一、节能环保的综合职业素质和团结协作、积极进取的团队合作精神。

思政目标

养成科学的世界观。

任务一　确定肉桂酸的小试生产方案

【学习活动二】　选择合成方法

为了确定肉桂酸的小试生产方案，下面将系统提供与之相关的理论基础知识参考资料供大家选用。

在有机合成中通常认为，凡是两个或多个有机物分子通过反应生成一个较大的分子，同时还生成一个小分子的化学过程就称为缩合。在缩合产物中，较大的分子是通过新的碳碳（或碳杂）键的生成而形成的；缩合中生成的小分子往往是水、醇、氨、卤化氢等简单的分子。

缩合反应的种类很多，一般按缩合产物是否成环而分为成环缩合和非成环缩合两类。在非成环缩合中，将重点学习脂肪链中亚甲基和甲基上活泼氢被取代所形成的新的碳碳链的缩合反应。在成环缩合中，又分为碳碳键成环缩合和碳杂键成环缩合两种情况，将重点学习一些常见的碳碳键成环的缩合反应。

缩合反应可将较简单的有机物合成为较复杂的有机物，是合成医药、香料、染料等精细化学品中常用的一类反应，如在香皂、香波等日用化学品中使用的香料肉桂酸，烟草用香料香豆素，以及能促进骨骼生长、维护视力等多种生理功能的药物维生素 A_1 等都是经过缩合反应制得的，在有机合成中有着重要的意义。

$$C_6H_5-\overset{\beta}{C}H=\overset{\alpha}{C}H-\overset{O}{\overset{\|}{C}}-OH \qquad (8\text{-}1)$$

肉桂酸　　香豆素　　维生素A_1(视黄醇)

一、醛（酮）缩合方法

醛（酮）缩合是指含有活泼 α-H 的醛（酮）在碱或酸的作用下，生成 β- 羟基醛（酮）再脱去一个小分子的水，最后生成 α,β- 不饱和醛（酮）的反应，反应一般以碱作催化剂。所使用的碱催化剂可以是弱碱（如 Na_2CO_3、$NaHCO_3$ 等），也可以是强碱（如 NaOH、KOH 等）以及碱性更强的 NaH 和 $NaNH_2$ 等。醛（酮）缩合反应所用的酸性催化剂有盐酸、对甲苯磺酸、三氟化硼等路易斯酸，但其应用不如碱催化剂来得广泛。

（一）醛醛缩合

醛醛缩合分为相同醛分子之间的自身缩合和不同醛分子之间的交叉缩合两种情况。

$$H_3C-\underset{\beta}{CH_2}-\underset{\alpha}{\overset{H^{\delta+}}{C}}(H^{\delta+})-\overset{O^{\delta-}}{\overset{\|}{C}}{}^{\delta+}-H \qquad (8\text{-}2)$$

丙醛发生自身缩合的反应过程

先看式（8-2）中丁醛分子中的官能团——羰基局部的电子云分布状态：醛羰基中的 O 原子的电负性大于 C 原子，由于吸电子诱导效应，使得碳氧双键中的 π 电子云偏向于 O 原子一端，带一部分负电荷，而 C 原子则相应地带一部分正电荷。再看式（8-2）中丁醛整个分子的电子云分布：分子一共由 C、H、O 三种原子构成，其中 O 原子的电负性为 3.5，远高于 C 原子的 2.5 以及 H 原子的 2.2，因此受羰基中 O 原子吸电子性的影响，醛分子羰基的 α-H 上的电子云会偏向 O 原子，使 H 原子表现出带一部分的正电荷，在反应中易以 H^+ 的形式脱落，从而表现出一定的活泼性。所以，醛分子羰基的 α-H 又称作为活泼 α-H。活泼 H 原子脱落之后，剩下的结构即 α- 碳负离子或 α- 烯醇负离子。

$$H_3C-\underset{\beta}{CH_2}-\underset{\alpha}{C}H_2-\overset{O^{\delta-}}{\overset{\|}{C}}{}^{\delta+}-H + OH^- \rightleftharpoons \left[H_3C-\underset{\beta}{CH_2}-\underset{\alpha}{\overset{\delta-}{C}}H-\overset{O}{\overset{\|}{C}}-H \rightleftharpoons H_3C-\overset{\beta}{CH_2}-\overset{\alpha}{C}H=\overset{O^{\delta-}}{\overset{|}{C}}-H\right] + H_2O \qquad (8\text{-}3)$$

碳负离子　　烯醇负离子

α- 碳负离子（或 α- 烯醇负离子）与另外一份原料中的羰基碳部位发生亲核加成反应，生成 β- 羟基醛，如反应式（8-4）所示。

项目八

$$\mathrm{H_3C{-}CH_2{-}CH_2{-}\overset{\delta^-}{\underset{\delta^+}{C}}(\!=\!O){-}H} + \mathrm{H_3C{-}\underset{\beta}{CH_2}{-}\overset{\delta^-}{\underset{\alpha}{C}}H(\overset{\delta^+}{H}){-}C(\!=\!O){-}H} \xrightleftharpoons[80\sim130℃，0.3\sim1.0\mathrm{MPa}]{20\%\ \mathrm{NaOH}}$$

碳负离子

$$\mathrm{H_3C{-}CH_2{-}CH_2{-}\underset{\beta}{CH}(O^-){-}\underset{\alpha}{CH}(C_2H_5){-}CHO} \xrightleftharpoons{H_2O} \mathrm{H_3C{-}CH_2{-}CH_2{-}\underset{\beta}{CH}(OH){-}\underset{\alpha}{CH}(C_2H_5){-}CHO} + \mathrm{OH^-} \quad (8\text{-}4)$$

β-羟基醛

β- 羟基醛在加热的条件下分子内脱除一个小分子的水，最终生成 α, β- 不饱和醛。

$$\mathrm{H_3C{-}CH_2{-}CH_2{-}\underset{\beta}{CH}(\boxed{OH}){-}\underset{\alpha}{C}(\boxed{H})(C_2H_5){-}CHO} \xrightarrow{\triangle} \mathrm{H_3C{-}CH_2{-}CH_2{-}\overset{\beta}{CH}{=}\overset{\alpha}{C}(C_2H_5){-}CHO} \quad (8\text{-}5)$$

从式（8-3）、式（8-4）和式（8-5）中可知，在发生醛醛缩合的两份原料中，和发生缩合反应有关的活性部位分别有两处，一处是原料之一——醛中的羰基（$-\overset{\mathrm{O}}{\overset{\|}{\mathrm{C}}}-$）部位，另一处是原料之二——含有活泼 α-H 醛中的 α-H（活泼 H 在碱催化下脱落成 H^+ 离去之后，余下部位形成 α- 碳负离子）部位。后面将展开学习的各种缩合，都和这两个反应活性部位有关联。

下面来看看各种羰基旁 α-H 具体的活性大小。α-H 的活性大小可用 pKa 值来表示，pKa 值越小，越易脱落成 H^+ 离去（即 α-H 的酸性越强），也就是活性越强，如表 8-2 所示。

表 8-2　各种活泼甲基化合物和活泼亚甲基化合物的 pKa 值（酸性）

化合物类型 活泼甲基化合物 $CH_3{-}Y$	pKa 值	化合物类型 活泼亚甲基化合物 $X{-}CH_2{-}Y$	pKa 值
$\mathrm{H{-}\overset{\alpha}{C}H_2{-}NO_2}$	10.0	$\mathrm{C_2H_5O{-}C(\!=\!O){-}\overset{\alpha}{C}H_2{-}C(\!=\!O){-}OC_2H_5}$	9.0
$\mathrm{H{-}\overset{\alpha}{C}H_2{-}C(\!=\!O){-}H}$	17.0	$\mathrm{N{\equiv}C{-}\overset{\alpha}{C}H_2{-}C(\!=\!O){-}CH_3}$	9.0
$\mathrm{H{-}CH_2{-}\overset{\alpha}{C}(\!=\!O){-}C_6H_5}$	19.0	$\mathrm{C_2H_5O{-}C(\!=\!O){-}\overset{\alpha}{C}H_2{-}C(\!=\!O){-}OC_2H_5}$	10.7
$\mathrm{H{-}\overset{\alpha}{C}H_2{-}C(\!=\!O){-}\overset{\alpha}{C}H_2{-}H}$	20.0	$\mathrm{N{\equiv}C{-}\overset{\alpha}{C}H_2{-}C{\equiv}N}$	11

续表

化合物类型 活泼甲基化合物 $CH_3—Y$	pKa 值	化合物类型 活泼亚甲基化合物 $X—CH_2—Y$	pKa 值
$H—\overset{\alpha}{C}H_2—\overset{O}{\overset{\parallel}{C}}—OC_2H_5$	约 24	$C_2H_5O—\overset{O}{\overset{\parallel}{C}}—\overset{\alpha}{C}H_2—\overset{O}{\overset{\parallel}{C}}—OC_2H_5$	13
$H—\overset{\alpha}{C}H_2—C≡N$	约 25		

活泼甲基化合物是分子中在吸电子基团 Y（Y = 羰基、硝基、腈基等）的 α-C 上连有 H 原子的化合物。这些 H 原子在邻位吸电子基的作用下表现出带一部分的正电荷，在反应中易以 H^+ 的形式脱落从而表现出一定的活泼性，如表 8-2 中的乙醛、苯乙酮、丙酮和乙酸乙酯等。

活泼亚甲基化合物是在分子中的亚甲基（$—CH_2—$）的两边都连有吸电子基团 X 和 Y 的化合物。由于两边都有吸电子基，因此亚甲基中 H 原子所带的正电荷比活泼甲基化合物的更多一些，因此活性更强，如表 8-2 中的戊二酮、乙酰乙酸乙酯和丙二腈等。

由表 8-2 中的数据可知，各种吸电子基团 Y 对 α-H 的活化能力次序为：

$$—NO_2 > —\overset{O}{\overset{\parallel}{C}}—R > —\overset{O}{\overset{\parallel}{C}}—OR > —C≡N$$

在亚甲基上连有两个吸电子基团 X 和 Y 时，亚甲基上的 H 的活化能力明显增加。

1. 同分子醛的自身缩合

此类反应的典型例子就是如式（8-3）和式（8-4）所述的丁醛与丁醛发生自身缩合的反应，在稀碱溶液的催化作用下先通过亲核加成反应生成 β- 羟基醛，再发生如式（8-5）所示的脱水反应生成 α,β- 不饱和醛，然后经加氢还原获得 α- 乙基己醇（异辛醇），反应式如式（8-6）所示。

$$H_3C—CH_2—CH_2—\underset{\beta}{CH}(OH)—\overset{\alpha}{C}H(C_2H_5)—CHO \xrightarrow{-H_2O} H_3C—CH_2—CH_2—\overset{\beta}{C}H{=}\overset{\alpha}{C}(C_2H_5)—CHO$$

α,β-不饱和醛 （8-6）

$$\xrightarrow[150\sim160℃,\ 1.42MPa]{2H_2} H_3C—CH_2—CH_2—\overset{\beta}{C}H_2—\overset{\alpha}{C}H(C_2H_5)—CH_2OH$$

从式（8-3）、式（8-4）和式（8-5）中可看出，发生缩合反应时，原料之一的活性部位为醛的羰基，其中羰基 O 带微弱负电荷，而羰基 C 带微弱正电荷；原料之二的活性部位为醛羰基的活泼 α-H，在碱催化下 α-H 以 H^+ 的形式离解出来，留下 α- 碳负离子。本着异性相吸的原则，原料之二的 α- 碳负离子对原料之一的带微弱正电荷的羰基 C 发起进攻，原料之二的H^+和原料之一的带微弱负电荷的羰基O一起发生亲核加成反应，生成β-羟基醛，然后再分别脱去一个α-H和一个β-OH凑成一分子的H_2O，最后得到α,β-不饱和醛。

后面将学习的异分子醛交叉缩合、酮酮缩合、醛酮缩合、酯酯缩合和酯酮缩合等反应规律均为如此。

2. 异分子醛的交叉缩合

异分子醛的交叉缩合，即不同分子结构的醛之间所发生的缩合反应，根据我们学习过的缩合反应过程，可预测异分子醛之间发生的缩合反应情况相对复杂。如果两种原料醛中均含有活泼α-H，反应可能生成四种β-羟基醛，产物虽有主次之分但为混合物。若继续脱水，产物的组成则更为复杂，分离难度大、产物产率低。因此，两种都含有α-H的醛发生的交叉缩合反应在有机合成中没有意义，应注意避免此现象的发生。如果其中一种原料醛（如甲醛、苯甲醛）中不含活泼α-H，它会和其他含有活泼α-H的醛发生缩合反应之后获得多羟基化合物（如新戊二醇的合成），不会生成一堆难以分离的混合物，产物组成单纯，有应用价值。

（1）不含活泼α-H的芳醛与含有活泼α-H的醛（酮）缩合　不含有活泼α-H的芳醛和含有活泼α-H的醛缩合，能生成β-苯基-α,β-不饱和醛。这个反应又称为克莱森-斯密特（Claisen-Schmidt）反应。例如，苯甲醛和乙醛反应得到β-苯丙烯醛（肉桂醛）。苯甲醛、乙醛和1%～1.25%的氢氧化钠水溶液按1∶1.38∶(0.09～0.11)的摩尔比，在溶剂苯的存在下，在20℃反应5h，苯层精馏后回收苯和苯甲醛，最后蒸出产品β-苯丙烯醛，产率约96%（以苯甲醛计）。

$$C_6H_5-\overset{O}{\overset{\|}{C}}-H + H_3C-\overset{O}{\overset{\|}{C}}-H \xrightarrow{OH^-} C_6H_5-\underset{\beta}{\overset{OH}{\overset{|}{C}H}}-\underset{\alpha}{\overset{H}{\overset{|}{C}H}}-\overset{O}{\overset{\|}{C}}-H \xrightarrow{-H_2O} C_6H_5-\underset{\beta}{CH}=\underset{\alpha}{CH}-\overset{O}{\overset{\|}{C}}-H \quad (8\text{-}7)$$

β-苯丙烯醛(肉桂醛)

（2）甲醛与含有活泼α-H的醛（酮）缩合　利用甲醛向醛（酮）分子中的羰基α-C原子上引入一或多个羟甲基的反应叫作羟甲基化反应，甲醛因此又被称为羟甲基化试剂。利用这个反应还可以生产多羟基化合物，如新戊二醇的合成。在高压釜中将37%的甲醛水溶液和异丁醛以及催化剂三乙胺按1∶1.5∶0.02的摩尔比，在90～97℃和0.415MPa的条件下反应20min，经减压浓缩后回收过量的异丁醛，再将浓缩液在骨架镍催化剂的作用下，在100℃和3.04MPa的条件下进行液相催化加氢，得到2,2-二甲基-1,3-丙二醇（新戊二醇），产率为98.0%（以甲醛计）。

$$H-\overset{O}{\overset{\|}{C}}-H + H_3C-\underset{H}{\underset{|}{\overset{CH_3}{\overset{|}{C}}}}-\overset{O}{\overset{\|}{C}}-H \xrightarrow[90\sim97^\circ C,\ 0.415MPa]{\text{三乙胺}} H_2\overset{OH}{\overset{|}{C}}-\underset{CH_3}{\underset{|}{\overset{CH_3}{\overset{|}{C}}}}-\overset{O}{\overset{\|}{C}}-H \xrightarrow[\text{催化加氢}]{\text{骨架镍}} H_2\overset{OH}{\overset{|}{C}}-\underset{CH_3}{\underset{|}{\overset{CH_3}{\overset{|}{C}}}}-\overset{OH}{\overset{|}{C}H_2} \quad (8\text{-}8)$$

不含活泼α-H的醛如甲醛、2,2-二甲基丙醛、苯甲醛和糠醛等，它们虽然不能或不易发生自身缩合反应，但在浓碱（如40%以上的氢氧化钠水溶液）的催化作用下可以发生歧化反应，以两分子这样的醛为原料，一分子醛被氧化成羧酸、另一分子醛被还原成醇，该反应又称为坎尼扎罗（Cannizzaro）反应。如甲醛在稀碱催化下与乙醛先发生交叉缩合反应先生成三羟甲基甲醛，再和过量的甲醛在浓碱催化下发生歧化反应之后得到四羟甲基甲烷（季戊四醇）。它是一种优良的溶剂，也是增塑剂和抗氧剂等中间体。

$$CH_3CHO \xrightarrow[\text{40～70℃ 交叉缩合反应}]{3HCHO/20\%\ NaOH} HOH_2C-\underset{CH_2OH}{\overset{CH_2OH}{C}}-CHO \xrightarrow[\text{40～70℃ 歧化反应}]{HCHO/40\%\ NaOH} HOH_2C-\underset{CH_2OH}{\overset{CH_2OH}{C}}-CH_2OH + HCOOH \qquad (8\text{-}9)$$

将甲醛、乙醛和催化剂氢氧化钠按 5 ：1 ：（1.1 ～ 1.5）的摩尔比，在 40 ～ 70℃时反应 0.5 ～ 3h，得到的季戊四醇其产率为 87.7%（以乙醛计）。甲醛过量可抑制乙醛发生自身缩合反应。

对于不含活泼 α-H 的醛，什么时候发生交叉缩合反应还是歧化反应，主要是和碱性催化剂的浓度有关。用浓度低于 20% 的氢氧化钠水溶液（稀碱）催化时易和其他含有活泼 α-H 的醛（酮）发生缩合反应生成 β- 羟基醛（酮）；用浓度高于 40% 的氢氧化钠水溶液（浓碱）催化时易发生歧化反应生成羧酸和醇。

（二）酮酮缩合

1. 对称酮的自身缩合

对称酮的自身缩合反应其产物结构比较单一。如，丙酮在碱催化下进行自身缩合反应，得到 4- 甲基 -4- 羟基 -2- 戊酮，再经脱水和催化加氢之后得到 4- 甲基 -2- 戊醇。

$$H_3C-\overset{O}{\overset{\|}{C}}-CH_3 + H_2\overset{H}{C}-\overset{O}{\overset{\|}{C}}-CH_3 \xrightarrow{OH^-} H_3C-\underset{CH_3}{\overset{OH}{C}}-\overset{H}{C}H-\overset{O}{\overset{\|}{C}}-CH_3 \xrightarrow{-H_2O}$$

$$H_3C-\underset{CH_3}{C}=CH-\overset{O}{\overset{\|}{C}}-CH_3 \xrightarrow{2H_2} H_3C-\underset{CH_3}{CH}-CH_2-\overset{OH}{CH}-CH_3 \qquad (8\text{-}10)$$

4-甲基-2-戊醇

碱性催化剂有固体氢氧化钠、氢氧化钙或阴离子交换树脂。为了避免原料进一步发生消除脱水等副反应，缩合温度应控制在 10 ～ 20℃。自身缩合反应是放热反应，在连续生产时一般采用多层绝热固定床反应器，使丙酮连续通过催化剂层，停留一定时间后离开反应器，丙酮的单程转化率在 50% 以下，缩合液经中和、蒸出丙酮回收套用、减压蒸馏之后即可获得 4- 甲基 -4- 羟基 -2- 戊酮，产率约 80%（以丙酮计）。

2. 不对称酮的交叉缩合

这类反应虽然和异分子醛的交叉缩合一样，起码能生成四种产物，但是通过可逆反应可以得到一种主要产物。这时，脱质子反应发生在羟基 α- 位含活泼 H 较多的 C 原子上。如，丙酮和 α- 氯代甲乙酮发生缩合时，由于 α- 氯代甲乙酮中 1 号 C 上 α-H 的活性最大（想一想，为什么），因此就是这个最活泼的 α-H 加成到另一原料丙酮中的羰基氧上，主要得到 2- 甲基 -3- 氯 -2- 己烯 -4- 酮。

$$H_3C-\overset{O}{\overset{\|}{C}}-CH_3 + \underset{Cl}{\overset{H}{HC}}-\overset{O}{\overset{\|}{C}}-CH_2CH_3 \xrightarrow{OH^-} H_3C-\underset{CH_3}{\overset{OH}{C}}-\underset{Cl}{\overset{H}{C}}-\overset{O}{\overset{\|}{C}}-CH_2CH_3 \xrightarrow{-H_2O} H_3C-\underset{CH_3}{C}=\underset{Cl}{C}-\overset{O}{\overset{\|}{C}}-CH_2CH_3 \qquad (8\text{-}11)$$

3. 醛和酮的交叉缩合

醛和酮发生交叉缩合反应既可以生成 β- 羟基醛，又可以生成 β- 羟基酮，不容易得到单一的产物。但是，不含活泼 α-H 的醛与酮发生缩合反应时，是能够得到单一结构产物的。当不对称酮中仅有一个 α 位上含有活泼 H 时，则无论用碱或酸催化得到的均为同一产品。如：

$$p\text{-}O_2N-C_6H_4-CHO + C_6H_5-CO-CH_3 \xrightarrow[\text{碱或酸催化}]{-H_2O} p\text{-}O_2N-C_6H_4-CH{=}CH-CO-C_6H_5 \quad (8\text{-}12)$$

（三）胺甲基化

甲醛和含有活泼 α-H 的醛、酮、酯等化合物以及氨或胺（仲胺、伯胺等）进行缩合脱去 1mol 的水，同时活泼 H 被胺甲基取代的反应，称为胺甲基化反应或曼尼斯（Mannich）反应。胺甲基化反应需要在酸性条件下进行。当使用不对称酮进行反应时，胺甲基化反应总是发生在取代程度较高的 α-C 上。

$$HCHO + R_2NH + R'COCHR''(H) \overset{H^+}{\rightleftharpoons} R'COCH(R'')CH_2NR_2 \quad (8\text{-}13)$$

用于胺甲基化反应的含活泼 α-H 的原料有：酮、醛、羧酸及其酯类、腈、硝基烷、炔、酚类及某些杂环化合物，其中以酮类最为重要；反应常用仲胺如二甲胺、二乙胺等；甲醛可以是甲醛水溶液、三聚甲醛或多聚甲醛。如，医药苯海索中间体的合成。

$$C_6H_5COCH_3 + HCHO + \text{哌啶}\cdot HCl \xrightarrow[\text{回流}]{HCl,\ C_2H_5OH} C_6H_5-COCH_2CH_2-N(\text{哌啶})\cdot HCl \quad (8\text{-}14)$$

85%

胺甲基化反应操作简便、反应条件温和，一般在溶剂沸点以下进行。反应常用的溶剂有水、醇、乙酸溶液、硝基苯等，反应通常在弱酸性（pH = 3 ～ 7）条件下进行，通常采用盐酸调节体系的 pH 值。胺甲基化产物多为有机合成的中间体，在精细化学品的合成中有着重要意义。如 1- 甲基 -2,6- 二（苯甲酰甲基）哌啶的合成，该化合物是合成医用中枢兴奋药物山梗菜碱盐酸盐（商品名称为洛贝林）的中间体，其合成路线为：

$$C_6H_5-CO-Cl + H_3C-CO-CH_2COOEt \xrightarrow[38\sim43^\circ C,\ 10min]{NaOH,\ NH_4Cl\cdot NH_3} C_6H_5-CO-CH_2COOEt \xrightarrow[0\sim5^\circ C,\ 4d]{KOH}$$

$$C_6H_5-CO-CH_2COOK \xrightarrow[\text{柠檬酸},\ h\nu,\ pH=4,\ 1h]{OHC(CH_2)_3CHO,\ CH_3NH_2\cdot HCl} C_6H_5-CO-CH_2-\text{(N-}CH_3\text{哌啶-2,6-二基)}-CH_2-CO-C_6H_5 \quad (8\text{-}15)$$

1-甲基-2, 6-二(苯甲酰甲基)哌啶

首先将苯甲酰氯和乙酰乙酸乙酯、NaOH 进行苯甲酰基化反应，随后脱去乙酰基得苯甲酰乙酸乙酯，然后用 KOH 溶液水解，得苯甲酰乙酸钾。最后，苯甲酰乙酸钾和戊二醛及盐酸甲胺在柠檬酸存在的酸性条件下进行胺甲基化反应得到 1- 甲基 -2,6- 二（苯甲酰甲基）哌

啶。其工艺过程如图 8-1 所示。

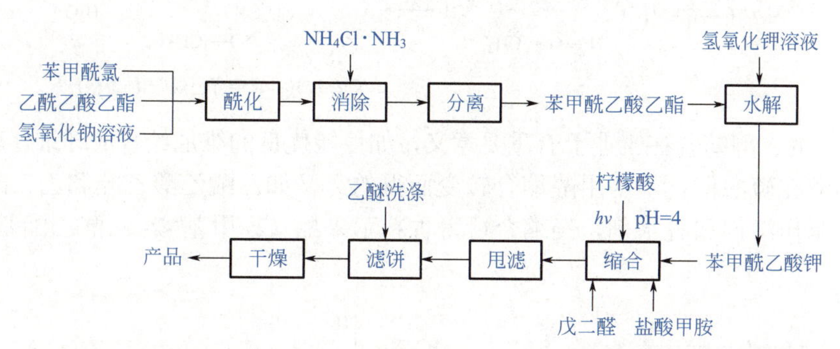

图 8-1 山梗菜碱盐酸盐中间体——1- 甲基 -2,6- 二（苯甲酰甲基）哌啶合成工艺流程框图

（四）醛（酮）与醇的缩合

醛或酮在酸催化下，先与一分子醇在羰基上发生加成反应生成半缩醛（酮）。结构不稳定的半缩醛（酮）继续与另一分子醇发生分子间脱水成醚的反应生成结构稳定的缩醛或缩酮。其反应通式如式（8-16）所示。

$$\underset{R'}{\overset{R}{>}}C{=}O + OH{-}R'' \underset{}{\overset{H^+}{\rightleftharpoons}} \underset{\text{半缩醛(酮)}}{\underset{R'}{\overset{R}{>}}C\underset{OR''}{\overset{OH}{<}}} \underset{H^+/-H_2O}{\overset{OH{-}R''}{\rightleftharpoons}} \underset{\text{缩醛(酮)}}{\underset{R'}{\overset{R}{>}}C\underset{OR''}{\overset{OR''}{<}}} \tag{8-16}$$

当 R′ 为氢原子时称缩醛，R′ 为烃基时称缩酮。从上式中可知，半缩醛（酮）其实属于 α- 羟基醚类化合物，而缩醛（酮）属于醚类化合物。当使用二醇时，生成环状缩醛（酮）。使用乙二醇时，生成茂烷类；使用丙二醇时，生成噁烷类。反应常用干燥 HCl 气体或对甲苯磺酸等无水酸作催化剂，也可以使用草酸、柠檬酸、磷酸或阳离子树脂等。

缩醛和缩酮化合物主要用于合成缩羰基化合物，这类化合物多为香料。这类香料化学性质稳定，香气温和，多具有花香、薄荷香、木香或杏仁香等，可增加香精的天然感。

1. 单一醇缩醛

醛和一元醇缩合，反应生成的缩醛称为单一醇缩醛。如：

$$H_3C{-}\overset{\overset{O}{\|}}{\underset{\underset{H}{|}}{C}} + H{-}OCH_3 \xrightarrow{H^+} H_3C{-}\overset{\overset{OH}{|}}{\underset{\underset{H}{|}}{C}}{-}OCH_3 \xrightarrow[H^+]{HO{-}CH_3} H_3C{-}\overset{\overset{OCH_3}{|}}{CH}{-}OCH_3 + H_2O \tag{8-17}$$

产物 1,1- 二甲氧基乙烷为香料，俗称乙醛二甲缩醛。

2. 混合缩醛

醛和两种不同的一元醇缩合，反应生成的缩醛称为混合缩醛。如：

$$CH_3CHO + CH_3OH + C_6H_5{-}CH_2CH_2OH \xrightarrow{H^+} CH_3\overset{\overset{OCH_3}{|}}{\underset{\underset{OCH_2CH_2{-}C_6H_5}{|}}{CH}} + H_2O \tag{8-18}$$

得到的产物 1- 甲氧基 -1- 苯乙氧基乙烷是一种香料，俗称乙醛甲醇苯乙醇缩醛。

3. 环缩醛（酮）

醛（酮）与二元醇发生缩合反应生成环缩醛（酮）。如：

项目八

$$C_6H_5-CH_2-\overset{O}{\overset{\|}{C}}-H + \begin{matrix} H-O-CH_2 \\ H-O-CH_2 \end{matrix}\!\!>CH_2 \xrightarrow{H^+} C_6H_5-CH_2CH\!\!<\!\!\begin{matrix} O-CH_2 \\ O-CH_2 \end{matrix}\!\!>CH_2 + H_2O \tag{8-19}$$

2-苄基-1, 3-二氧杂环己烷(一种香料)

醛（酮）的二醇缩合在工业上有重要意义，如性能优良的维尼纶合成纤维，就是通过水溶性聚乙烯醇在硫酸催化下与甲醛缩合转变而得的。又如乙酰乙酸乙酯和乙二醇在柠檬酸催化下，用苯作溶剂和脱水剂，经缩合可得香料苹果酯（2- 甲基 -2- 乙酸乙酯基 -1,3- 二氧戊烷）。

$$\begin{matrix} H_2C-O-H \\ | \\ H_2C-O-H \end{matrix} + \overset{O}{\overset{\|}{C}}(CH_3)-CH_2-\overset{O}{\overset{\|}{C}}-OC_2H_5 \xrightarrow{H^+} \begin{matrix} CH_2-CH_2 \\ O \quad\quad O \end{matrix} \atop H_3C-C-CH_2-\overset{O}{\overset{\|}{C}}-OC_2H_5 + H_2O \tag{8-20}$$

产物经减压分馏，产率在 60% 左右（以乙酰乙酸乙酯计）。苹果酯是有新鲜苹果香气的合成香料。

此外利用醛（酮）与醇的缩合反应在有机合成中还可用于保护羰基官能团和保护羟基官能团，待预定反应完成后，再使缩醛（酮）水解恢复原来的羰基和羟基官能团。如医药中间体对乙酰基苯甲醇的合成。

$$\begin{matrix} H_2C-O-H \\ | \\ H_2C-O-H \end{matrix} + O=\underset{CH_3}{\underset{|}{C}}-C_6H_4-COOH \xrightarrow[-H_2O]{H^+} \left(\begin{matrix} O \\ O \end{matrix}\right)\!\!>\underset{CH_3}{\underset{|}{C}}-C_6H_4-COOH$$

$$\xrightarrow[\triangle,\ P]{LiAlH_4} \left(\begin{matrix} O \\ O \end{matrix}\right)\!\!>\underset{CH_3}{\underset{|}{C}}-C_6H_4-CH_2OH \xrightarrow{H_3O^+} H_3C-\overset{O}{\overset{\|}{C}}-C_6H_4-CH_2OH \tag{8-21}$$

练习测试

1. 举例说明什么是 β- 羟基酮、什么是 α,β- 不饱和酮。
2. 写出乙醛和乙醛发生自身缩合反应（先加成后脱水）的反应式。
3. 写出三种及以上的不含有 α-H 的醛的结构简式。
4. 写出甲醛和丙酮发生缩合反应（先加成后脱水）的反应式。
5. 如果根据官能团进行分类，半缩醛和缩醛应该分别属于哪类化合物？
6. 在式（8-21）中，如果原料直接加氢还原，将会得到什么结构的产物？写出反应式。

二、羧酸及其衍生物缩合方法

羧酸、脂肪酸酐、酯、酰胺、α- 氰基、α- 卤基以及 α- 酰基羧酸酯等羧酸衍生物分子中的 α- 甲基或 α- 亚甲基上的 H 原子受吸电子的酯基、氰基等官能团的影响，具有一定的活性，容易离解成 H^+，剩下的基团则成为带微弱负电荷的碳负离子，然后和醛、酮、酯、酰胺、腈及卤代烷等发生缩合反应生成 α,β- 不饱和羰基化合物或 β- 酮酸酯类化合物。

（一）珀金（Perkin）反应

脂肪酸酐在碱性催化剂作用下，和芳醛或不含活泼 α-H 脂肪醛发生缩合反应脱去一分子水生成 β- 芳基丙烯酸类化合物（即丙烯酸中羧基的 β-C 上连了一个芳基）的反应，称为珀金（Perkin）反应。催化剂一般用无水羧酸钾盐。其反应过程与式（8-3）、式（8-4）和式（8-5）中所表示情况类似。如香料香豆素（化学名称为 1,2- 苯并吡喃酮）的合成，其反应式如式（8-22）所示。

珀金反应的产率与芳醛结构有关。当芳醛的芳环上连有吸电子基越多、吸电子能力越强，则反应越易进行，产率也较高；当芳醛的芳环上连有给电子基时，反应较困难，产率一般较低，甚至不发生反应。但醛基的邻位有羟基或烷氧基时对反应还是有利的（想一想，为什么）。

$$\text{(邻羟基苯甲醛)} + CH_3-CO-O-CO-CH_3 \xrightarrow[180\sim190^\circ C,\ 4h,\ -H_2O]{CH_3COOK,\ I_2}$$

$$\text{(邻羟基苯基)}-CH{=}CH-CO-O-CO-CH_3 \xrightarrow[H_2O]{NaOH} \text{(邻羟基苯基)}-CH{=}CH-COOH \xrightarrow{-H_2O} \text{香豆素} \qquad (8\text{-}22)$$

香豆素

属α, β-不饱和羰基化合物

再如将苯甲醛、乙酸酐和无水乙酸钾按 1 ∶ 1.78 ∶ 0.72 的摩尔比投料回流反应 7h 蒸出乙酸后在 140℃左右减压回收乙酸酐，然后用水蒸气蒸馏蒸出未反应的苯甲醛，所得肉桂酸的产率为 58% 左右（以苯甲醛计）。

珀金反应一般需要较高的反应温度（150 ～ 200℃）和较长的反应时间。这是由于酸酐是活性较弱的亚甲基化合物（和丙二酸二乙酯等活泼亚甲基化合物相比），而催化剂羧酸钾盐的碱性又较弱的缘故。但是反应温度过高容易发生脱羧和消除等副反应生成烯烃副产。

此外，珀金反应还需在无水条件下进行，反应体系中水分较多则不利于缩合反应中脱去小分子的水。如用苯甲醛与乙酸酐发生反应时，苯甲醛需是新鲜的蒸馏品，乙酸酐钾要焙烧后研细使用。

另外杂环芳醛也能发生类似反应。如 α- 呋喃基丙烯酸是合成一种能治疗血吸虫病、姜片虫病等寄生虫疾病的药物——呋喃丙胺的原料，它是用糠醛和乙酸酐在乙酸钠的催化作用下制得的。

$$\text{(呋喃基)}-CHO + CH_3-CO-O-CO-CH_3 \xrightarrow[150^\circ C,\ 7h]{CH_3COOK,\ -H_2O}$$

$$\text{(呋喃基)}-CH{=}CH-CO-O-CO-CH_3 \xrightarrow[H_2O]{NaOH} \text{(呋喃基)}-\underset{\beta}{CH}{=}\underset{\alpha}{CH}-COOH + CH_3COOH \qquad (8\text{-}23)$$

α-呋喃基丙烯酸

（二）诺文葛尔（Knoevenagel）反应

由表 8-2 可知，酯分子中的 α-H 活性比酮的低。但是，当酯分子中亚甲基旁边分别存在

项目八

两个吸电子基团时，其亚甲基中 H 的活性显著增强且超过酮中 α-H 的活性。这类含有活泼亚甲基的化合物有：乙酰乙酸乙酯、丙二酸酯、氰乙酸酯、氰乙酰胺、丙二酸单酯单酰胺以及丙二腈和硝基甲烷等，分子中所含吸电子基团的吸电子能力越强，则反应活性越高。含有活泼亚甲基的化合物在碱性催化剂的作用下，亚甲基脱去质子形成碳负离子，然后作为亲核试剂进攻醛（或酮）的羰基碳原子发生亲核加成，继而缩合脱去小分子水生成 α,β- 不饱和羰基化合物。由活泼亚甲基化合物和醛（酮）等在碱催化下发生加成、脱水生成 α,β- 不饱和羰基化合物的缩合反应，称为诺文葛尔（Knoevenagel）反应，其反应过程和式（8-3）、式（8-4）和式（8-5）的类似。芳醛和脂肪醛均可顺利地发生诺文葛尔反应，其中芳醛的效果更好。如：

$$C_6H_5CHO + H_2C(COOC_2H_5)_2 \xrightarrow[-H_2O]{\text{哌啶，苯}} C_6H_5CH{=}C(COOC_2H_5)_2 \quad (8\text{-}24)$$

$$\xrightarrow[-2C_2H_5OH]{NaOH,\ H_2O} C_6H_5CH{=}C(COOH)_2 \xrightarrow[\triangle]{-CO_2} C_6H_5\overset{\beta}{C}H{=}\overset{\alpha}{C}H{-}COOH$$

肉桂酸，90%

在利用珀金反应生产肉桂酸时，由于原料酸酐是活性较弱的亚甲基化合物且催化剂的碱性又弱，因此在同等条件下采用诺文葛尔反应制得肉桂酸的产率要比珀金反应的高，纯度也好。

位阻较小的酮（如丙酮、甲乙酮和脂环酮等）与活性较高的活泼亚甲基化合物（如丙二腈等）可顺利发生诺文葛尔反应，产率较高；而位阻大的酮反应起来较为困难，产率较低。反应式如（8-25）所示。

$$H_3C{-}CO{-}CH_3 + H_2C(CN)_2 \xrightarrow[\text{苯回流带水}]{H_2NCH_2CH_2COOH} (H_3C)_2C{=}C(CN)_2 \quad 92\%$$

$$(CH_3)_3C{-}CO{-}CH_3 + H_2C(CN)_2 \xrightarrow[\text{苯回流带水}]{H_2NCH_2CH_2COOH} (CH_3)_3C(H_3C)C{=}C(CN)_2 \quad 48\% \quad (8\text{-}25)$$

常用催化剂有哌啶、吡啶、乙醇氨、丁胺、乙酸铵、甘氨酸、碱性离子交换树脂羧酸盐、氢氧化钠和碳酸钠等。对活性较大的反应物而言，不使用催化剂反应也可顺利进行。反应时可用苯、甲苯等有机溶剂来共沸脱水，这样既能促使反应进行完全，又可防止含活泼亚甲基的酯类等化合物水解。

诺文葛尔反应在精细有机合成及中间体合成中应用很多，主要用于合成 α,β- 不饱和羰基化合物以及 α、β- 不饱和腈和 α,β- 不饱和硝基化合物等。如，升压药多巴胺中间体的合成。

$$(CH_3O)(HO)C_6H_3{-}CHO + H_2CH{-}NO_2 \xrightarrow[3\sim4h,\ -H_2O]{CH_3NH_2,\ C_2H_5OH} (CH_3O)(HO)C_6H_3{-}CH{=}CH{-}NO_2 \quad 90\% \quad (8\text{-}26)$$

活泼亚甲基化合物除了和醛（酮）之外，还可以和卤代烃发生诺文葛尔反应，脱去的小分子不是水而是卤化钠（或钾）。如，将丙二酸二乙酯和乙醇钠的乙醇溶液一起加热至回流状态，然后慢慢滴加氯代丁烷，三者的摩尔比为 1 ∶ 1.46 ∶ 1.58，保温 2h 后结束反应，常压蒸出乙醇回收后得到 α- 丁基丙二酸二乙酯，产率接近 100%（以丙二酸二乙酯计）。反应过程为：

$$
\begin{aligned}
&C_2H_5ONa + H_2C(COOC_2H_5)_2 \longrightarrow C_2H_5OH + Na^+\,[\overset{-}{C}H(COOC_2H_5)_2] \\
&C_4H_9-Cl + Na^+\,[\overset{-}{C}H(COOC_2H_5)_2] \longrightarrow C_4H_9CH(COOC_2H_5)_2 + NaCl
\end{aligned}
\qquad (8\text{-}27)
$$

（三）酯酯缩合

酯与活泼亚甲基化合物在碱催化下脱去小分子醇缩合生成 β- 酮酸酯类化合物的反应称为酯缩合反应，又称为克莱森（Claisen）酯缩合。活泼亚甲基的化合物可以是酯、酮和腈等，其中以酯与酯的缩合较为重要，应用也较广泛。碱性催化剂根据酯分子中 α-H 的活性大小选择，一般常用乙醇钠（或钾）盐。如果参与反应的酯的 α-H 活性过低，又需要其参与反应，则可采用叔丁醇钾、三苯基甲基钠和氨基钠等较强的碱。

1. 酯的自身缩合

由表 8-2 可知，酯分子中 α-H 的活泼程度不如醛、酮的大，酯羰基碳上所带的微弱正电荷也比醛、酮的小，再加上酯易发生水解的特点，所以在一般条件下酯类很难发生和醛、酮类似的自身缩合反应。然而在无水条件下并使用活性更强的碱作催化剂，两分子含有 α-H 的酯就会发生自身缩合反应。但是这里请注意：和醛、酮缩合不同的是，缩合过程中脱去的小分子不是水，而是醇。反应通式如式（8-28）所示。

$$
\begin{aligned}
&C_2H_5O-\overset{\delta^+}{\underset{\|}{C}}(=\overset{\delta^-}{O})-CH_2R + \overset{\delta^+}{H}-\overset{\delta^-}{C}H(R)-C(=O)-OC_2H_5 \xrightarrow{NaOEt} C_2H_5O-C(OH)(CH_2R)-CH(R)-C(=O)-OC_2H_5 \\
&\xrightarrow{-C_2H_5OH} \underset{\text{烯醇式结构}}{C(OH)(CH_2R)=C(R)-C(=O)-OC_2H_5} \underset{\text{异构}}{\overset{\text{互变}}{\rightleftharpoons}} \underset{\text{醛酮式结构，属于}\beta\text{-酮酸酯类化合物}}{RH_2C-C(=O)-CH(R)-C(=O)-OC_2H_5}
\end{aligned}
\qquad (8\text{-}28)
$$

为了促使含有活泼 α-H 的酯能较快地转变成碳负离子并使 β- 酮酸酯完全形成稳定的钠（或钾）盐，需要使用强碱性催化剂，如乙醇钠、氨基钠、叔丁醇钠、金属钠、氢化钠或三苯烷钠（或钾）等。催化剂的用量和原料酯相比一般要过量。为了避免酯在碱性条件下发生水解副反应，反应需在无水惰性有机溶剂中进行。当使用醇钠作催化剂时，可使用相应的无水醇作溶剂。对于一些在醇中难于缩合的活泼亚甲基化合物，可改用甲苯、二甲苯或煤油作溶剂，并用金属钠或氨基钠作催化剂。为了提高缩合产物产率，可提高反应温度并不断蒸出缩合反应所脱去的小分子醇或者加入恒沸剂进行恒沸蒸馏去除醇。

乙酸乙酯在强碱作用下可通过自身缩合反应得到乙酰乙酸乙酯。乙酰乙酸乙酯是较强的酸，反应中可以释放出质子形成稳定的碳负离子，同时产生酸性较弱的乙醇，从而有利于反应的平衡向产物方向移动。

$$CH_3-\overset{O}{\overset{\|}{C}}-OCH_2CH_3 + H-CH_2-\overset{O}{\overset{\|}{C}}-OCH_2CH_3 \xrightarrow[78℃,\ 8h]{NaOEt,\ -EtOH} CH_3-\overset{O}{\overset{\|}{C}}-CH_2-\overset{O}{\overset{\|}{C}}-OCH_2CH_3 \quad 76\% \tag{8-29}$$

若不断蒸出反应中生成的乙醇，则可促进反应进行得更彻底，乙酰乙酸乙酯的产率可增至 90% 以上（以乙酸乙酯计）。乙酰乙酸乙酯是一种重要的精细化工产品，它被广泛用于染料、医药、农药、香料和光化学品的生产。此外，它还可通过由二乙烯酮经乙醇醇解而得。

2. 异酯缩合

不同酯之间的缩合称为异酯缩合。如果两种酯都含有活泼 α-H，则和异分子醛的交叉缩合的情况一样，起码会生成四种不同结构的产物且分离精制困难，没有实用价值。如果这两种酯中其中的一个酯不含 α-H 或所含 α-H 的活泼程度明显不如另一种酯中的，在尽量避免发生酯的自身缩合副反应的情况下，则可能生成结构较为单一的产物，有一定实用价值。常见的不含 α-H 的酯有甲酸乙酯、苯甲酸乙酯、乙二酸二乙酯（草酸二乙酯）和碳酸二乙酯等。如，原料为不含 α-H 的草酸二乙酯和含有活泼 α-H 的苯甲酸乙酯发生缩合反应，常用的催化剂是乙醇钠，主产物是镇静催眠药苯巴比妥（Phenobarbital）的中间体，反应式如式（8-30）所示。

$$C_2H_5O-\overset{O}{\overset{\|}{C}}-\overset{O}{\overset{\|}{C}}-OC_2H_5 + H-CH(C_6H_5)-C(=O)-OC_2H_5 \xrightarrow[85\sim90℃，回流10h]{NaOEt,\ -EtOH}$$

$$C_2H_5O-\overset{O}{\overset{\|}{C}}-\overset{O}{\overset{\|}{C}}-CH(C_6H_5)-C(=O)-OC_2H_5 \xrightarrow[160\sim180℃,\ 10.7kPa]{-CO} C_2H_5O-\overset{O}{\overset{\|}{C}}-CH(C_6H_5)-C(=O)-OC_2H_5 \quad 98\% \tag{8-30}$$

当两种均含有 α-H 的酯但其活性差别较大时，生产上往往先将这两种酯混合均匀后迅速投入碱性催化剂中立即使之发生异酯缩合。这时，α-H 活性较大的酯首先与碱作用，形成碳负离子之后再与另一种酯发生缩合反应，从而减少了酯发生自身缩合的机会，因此能提高主反应的产率。

3. 分子内的酯缩合

二元羧酸酯分子内的两个酯基，当间隔 4 ～ 6 个 C 原子时，在强碱催化作用下可以发生分子内的缩合反应，生成较为稳定的五元、六元或七元环的内酯。此反应称为狄克曼（Dieckmann）反应，实际上就是分子内的克莱森酯缩合。用此类反应可以得到 β- 酮酸酯类化合物，式（8-31）中在二元羧酸酯分子中 3 号和 9 号羰基之间间隔了 5 个 C 原子，发生缩合反应之后形成了一个稳定的六元环结构。它是合成环酮以及某些甾体类激素等药物（如雄性激素氧雄龙等）的重要中间体。

式（8-31）中两个酯基的 α-C（即 4 号、8 号 C）上均连有 H，但是 4 号 C 上 H 原子的活性显然不如 8 号 C 上的（想一想，为什么）。因此是 8 号 C 上的活泼 α-H 在强碱作用下形成 H^+ 脱去，然后剩余的基团变成碳负离子之后和 3 号羰基 C 发生缩合反应，新的 C—C 键形成在 3 号 C 原子和 8 号 C 原子之间。

若二元羧酸酯分子内的两个酯基间隔少于或等于 3 个 C 原子，则不易发生分子内的酯缩合反应。关于这一点可以这样理解：即便勉强反应，所生成的四元环其 C—C 键之间的 90°

夹角和 C 原子 sp^2 杂化轨道的 120° 键夹角之间相差太大而导致角张力太大、不易成环，所以这种情况下不易发生分子内酯缩合。

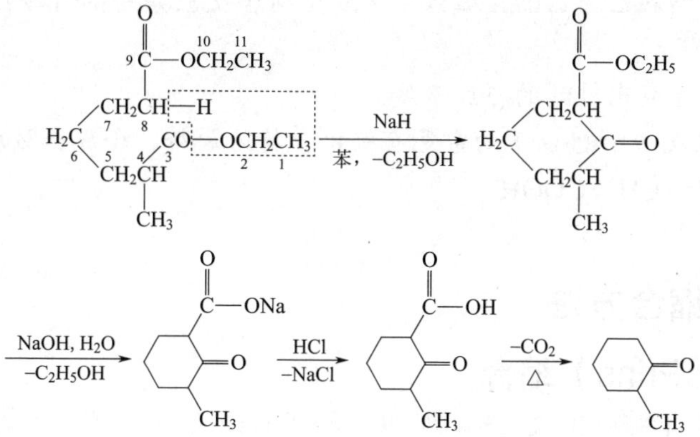

(8-31)

但是，两个酯基间隔等于 3 个 C 原子的二元羧酸酯，却能和不含 α-H 的二元羧酸酯发生异酯缩合，同样能生成环状羰基酯类化合物。如在樟脑的合成中，用 β- 二甲基戊二酸酯和乙二酸二乙酯进行异酯缩合，可得五元环的二 β 酮酸酯。

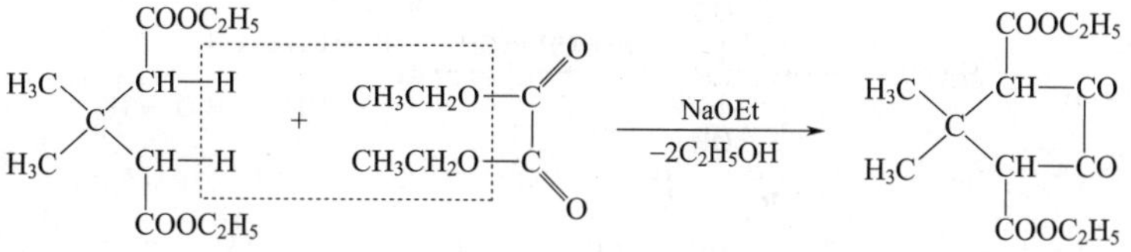

(8-32)

（四）酯酮缩合

酯酮缩合指的是在强碱催化作用下，酮与酯缩合生成 β- 酮酸酯类化合物的反应。和酯酯缩合的一样，发生的也是克莱森酯缩合反应，发生反应的条件也基本上相似。但是，与酮的活泼 α-H 相比，酯分子中的 α-H 的活性较低，因此在强碱催化剂作用下，是由酮分子中的活泼 α-H 负责离解出质子的，之后余下的结构生成碳负离子进攻酯分子中的羰基 C 发生亲核加成反应，然后发生脱去小分子醇的反应再进行互变异构之后，最后同样生成的是 β- 酮酸酯类化合物。如，丙酮、草酸二乙酯在强碱性催化剂甲醇钠的作用下，分别按 1 ∶ 1 ∶ 1 的摩尔比投料，以甲苯为溶剂在 40℃时反应 2h，酸化后得到医药中间体 2,4- 二酮戊酸乙酯。

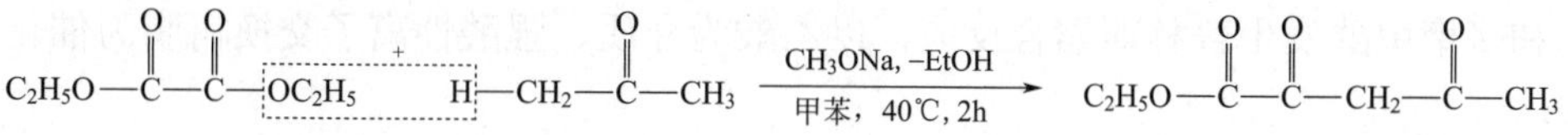

$$C_2H_5O-\overset{O}{\overset{\|}{C}}-\overset{O}{\overset{\|}{C}}-OC_2H_5 + H-CH_2-\overset{O}{\overset{\|}{C}}-CH_3 \xrightarrow[\text{甲苯，}40℃,\ 2h]{CH_3ONa,\ -EtOH} C_2H_5O-\overset{O}{\overset{\|}{C}}-\overset{O}{\overset{\|}{C}}-CH_2-\overset{O}{\overset{\|}{C}}-CH_3 \quad (8\text{-}33)$$

当同一分子中同时存在酯基和酮基时，若两官能团的间隔位置适宜（可能环合成较为稳定的五元、六元或七元环的），也可发生分子内的酯酮缩合，生成 1,3- 二羰基环二酮类化合物。如：

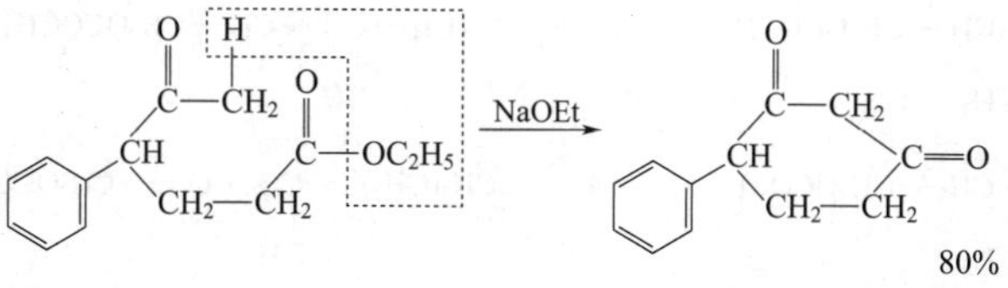

(8-34)

练习测试

1. 写出苯乙酸乙酯和乙酸乙酯在碱催化下发生缩合反应分别得到四种 β- 酮酸酯类产物的反应式。

2. 写出三种以上合成肉桂酸的合成路线。

3. 请以四个 C 以及四个 C 以下的常见有机化合物为原料，合成出防腐防霉剂山梨酸 $CH_3—CH═CH—CH═CH—COOH$。

三、烯键参加的缩合方法

（一）普林斯（Prins）缩合

醛与烯烃在酸催化下缩合生成 1,3- 二醇或其环状缩醛（1,3- 二噁烷）的反应，称为普林斯（Prins）缩合。反应先由 HCHO 和 H_2O 在酸催化下发生加成反应生成 $HO—CH_2—OH$，然后再和烯烃中的碳碳双键发生亲电加成反应从而生成 1,3- 二醇，最后和另一分子的甲醛在酸催化下发生缩合反应生成环状缩醛。

$$HCHO + H_2O \xrightarrow{H^+} HO—CH_2—OH \xrightarrow{R—CH═CH_2} R—CH(OH)—CH_2—CH_2OH \xrightarrow[H^+]{+HCHO,\ -H_2O} \text{4-R-1,3-二噁烷} \quad (8\text{-}35)$$

反应常以硫酸、盐酸、磷酸及强酸性离子交换树脂为催化剂，产物中 1,3- 二醇和环状缩醛的比例取决于反应条件。如，分子量较低的叔烯在 25% ～ 35% 的硫酸水溶液中在较低温度下与甲醛反应，主要生成 1,3- 二醇；而分子量较高的伯、仲或叔烯在较高浓度的酸及较高的温度下与甲醛反应则主要得到环状缩醛。若在不同的介质中进行，所得产物也不同。如以冰醋酸为反应介质，甲醛和 α- 烯烃在酸催化下缩合生成的 1,3- 二醇可以进一步发生酯化反应得到相应的二乙酸酯，香料茉莉酯就是这样生成出来的。

茉莉酯是以生产邻苯二甲酸二辛酯时的副产 1- 辛烯和 2- 辛烯的混合物为原料生产出来的。它们和多聚甲醛发生普林斯缩合反应，以乙酸为介质、强酸性离子交换树脂为催化剂。反应式为：

$$\begin{bmatrix} CH_3(CH_2)_4CH═CHCH_3 \\ CH_3(CH_2)_5CH═CH_2 \end{bmatrix} + (HCHO)_n + CH_3COOH \xrightarrow{H^+}$$

$$CH_3(CH_2)_4—CH(OCOCH_3)—CH(CH_3)—CH_2OCOCH_3 + CH_3(CH_2)_4—CH(OH)—CH(CH_3)—CH_2OCOCH_3 + \quad (8\text{-}36)$$

$$CH_3(CH_2)_5—CH(OCOCH_3)—CH_2—CH_2OCOCH_3 + CH_3(CH_2)_5—CH(OH)—CH_2—CH_2OCOCH_3$$

茉莉酯是上述几种产物的混合物，其香气与天然茉莉花香很接近，用于调配茉莉型和百花型的香精。

（二）狄尔斯 - 阿德尔（Diels-Alder）反应

狄尔斯 - 阿德尔（Diels-Alder）反应又称为双烯合成，是指含有烯或炔烃的不饱和化合物（其侧链还含有吸电子基团）能与含有共轭双键系的链状或环状化合物（如共轭双键旁边还含有给电子基团的，如 2- 甲基 -1,3- 丁二烯）发生 1,4- 加成反应生成六元环形的氢化芳香族化合物的反应。反应通式如式（8-37）所示。

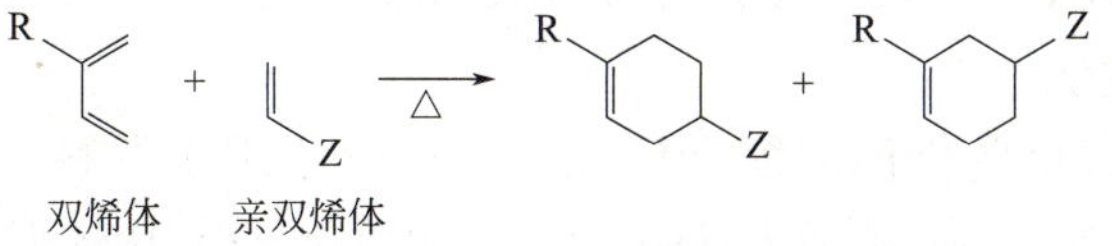

双烯体　亲双烯体　　　　　　　　　　　　　　　　　　　　　　　　　　　（8-37）

在该反应通式中，R 为给电子基团，如甲基、甲氧基、羟基或 H 原子等；Z 为吸电子基团，如醛基、羧基、氰基、卤素或 H 原子等。含有共轭双键体系的链状或环状化合物被称为狄尔斯 - 阿德尔反应中的双烯体，而含有烯烃或炔烃的不饱和化合物被称为亲双烯体。

1. D-A 反应的历程

狄尔斯 - 阿德尔（Diels-Alder）反应简称为 D-A 反应。它既不同于一般的离子型反应，也不同于自由基反应，它属于协同反应。反应经过环状过渡态，旧键断裂和新键形成是协同进行的。其反应历程可这样表示：

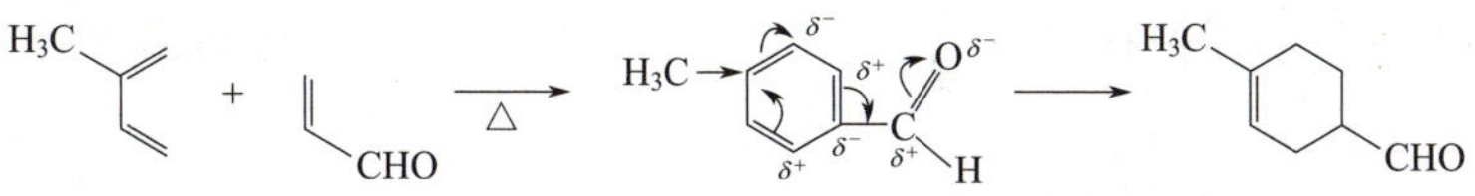

H_3C … CHO … H_3C … CHO　　　　　　　　　　　　　　　　　　　　（8-38）

D-A 反应基本上是自发进行的，反应无需催化剂，只需加热或光照即可。当反应在室温或低温下难以进行时，可适当加入一点三氯化铝、三氟化硼等路易斯酸作催化剂。这种反应是两种烯烃成环缩合，反应过程中没有小分子产生，产物的结构不受溶剂或催化剂的影响，产率一般较高。

2. D-A 反应的原料

D-A 反应是否容易发生，很大程度上取决于原料的结构。我们把参与反应的两种原料分别称为双烯体（含有共轭双键体系的）和亲双烯体（含有烯烃或炔烃不饱和键的）两种类型。

（1）双烯体　共轭二烯烃可以是链状的，也可以是环状的。如开链共轭二烯（R—C═C—C═C—R′）、环戊二烯（ 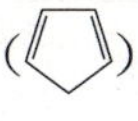　）、联环二烯（ 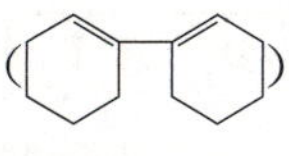　）等。许多共轭二烯烃存在着顺式和反式两种构象，如顺 1,3- 丁二烯的键线式结构为： 　，而反 1,3- 丁二烯的键线式结构为： 　。

只有当双烯体是顺式结构或者能转变为顺式结构的，才能参与 D-A 反应。具有顺式结构的双烯体有：

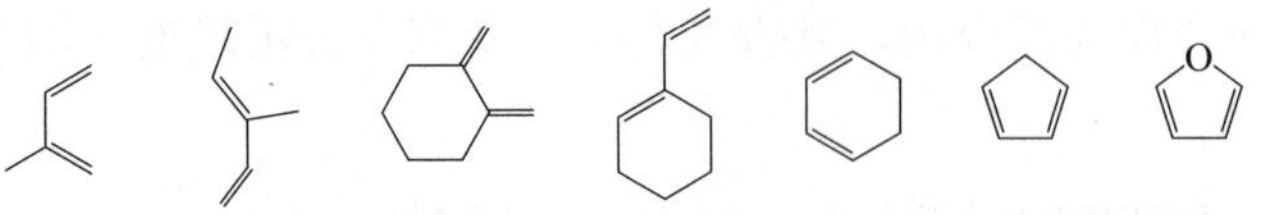

(8-39)

具有反式构象且无法反转的共轭二烯烃则不能参与 D-A 反应（想一想，为什么），如：

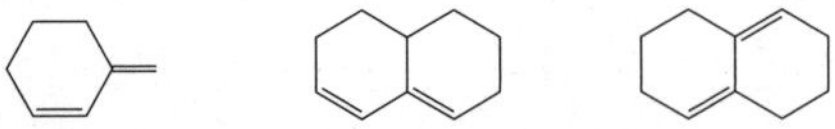

(8-40)

（2）亲双烯体　亲双烯体指的是在不饱和键的 α- 位上连有—CO、—CN、—COOR 和—NO_2 等吸电子基团的烯烃或炔烃。吸电子基团使分子发生强烈极化而具有活性。如 CH_2═CH—CHO、CH_2═CH—CN、C_6H_5—CH═COOEt 和 HC≡C—COOH 等。

3. D-A 反应的应用实例

D-A 反应是一类具有重要价值的缩合反应，被广泛使用于香料、药物和染料等领域。如，由 α- 甲基 -1,3- 戊二烯与丙烯醛通过 D-A 反应所得的两种异构体混合物称为女贞醛，它具有强烈的清香。

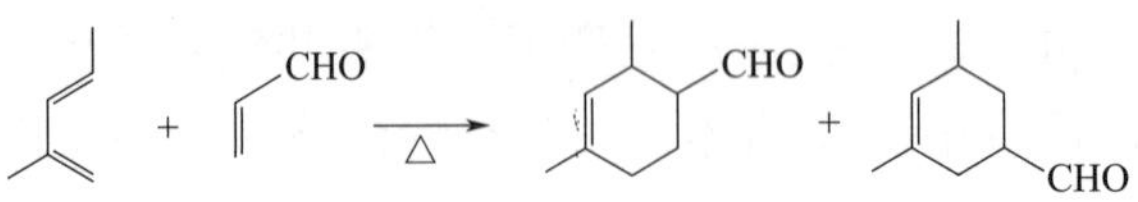

CHO　　CHO　　CHO

(8-41)

香料新铃兰醛（两种异构体的混合物）也是通过 D-A 反应制得的。

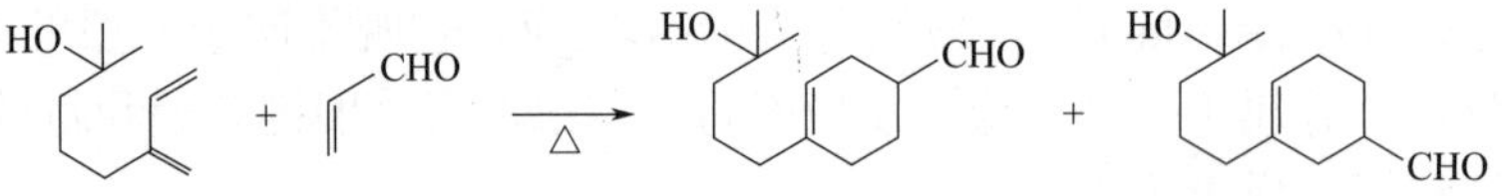

HO　CHO　HO　CHO　HO　CHO

(8-42)

用此方法还可生产异环柠檬醛（CHO，CHO）和柑青醛（CHO）等香料。

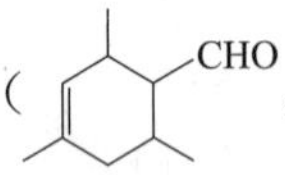

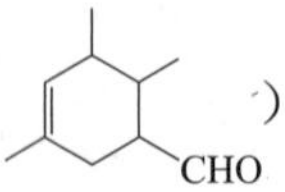

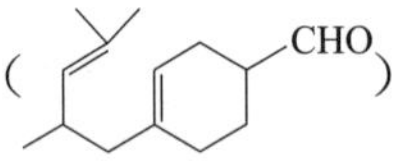

用 2- 溴丙烯醛和环戊二烯发生 D-A 反应，可用于合成一种能治疗动脉粥样硬化和降低血压等疾病的药物——前列腺素的中间体。

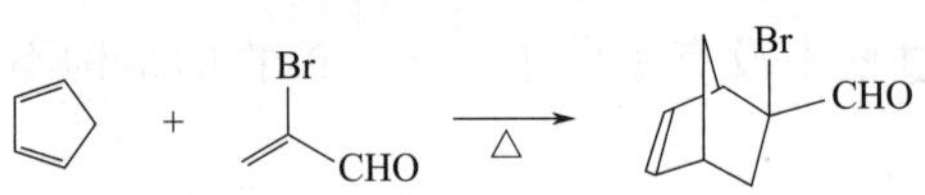

Br　CHO　Br　CHO

(8-43)

用从煤焦油中所提取出的萘，先将其氧化成 1,4- 萘醌，然后和顺 1,3- 丁二烯发生 D-A 反应生成四氢蒽醌，再发生液相空气氧化，得到重要的染料和医药中间体——9,10- 蒽醌，此法简称萘醌法。

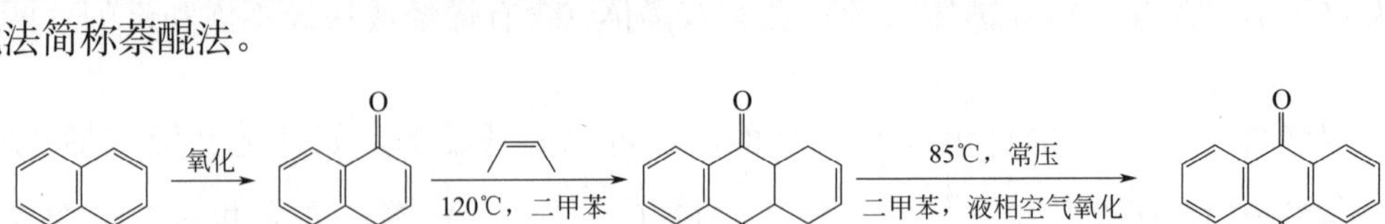

氧化　120℃，二甲苯　85℃，常压　二甲苯，液相空气氧化

(8-44)

工业上大量生产蒽醌时主要用的是邻苯二甲酸酐法（简称苯酐法）和羰基合成法等，其中苯酐法是由邻苯二甲酸酐和苯先发生傅氏酰基化反应，再在酸性条件下脱水环合得到蒽醌。

含有蒽醌类结构的染料，其中有以颜色鲜艳著称的蒽醌系染料，如 C.I. 分散蓝 56（2BLN）

和还原蓝 RSN 等；含有蒽醌类结构的药物，有抗菌止咳药物大黄酚（Chrysophanol）等，从豆科植物番泻叶的叶片中也能提取出药物大黄酚。

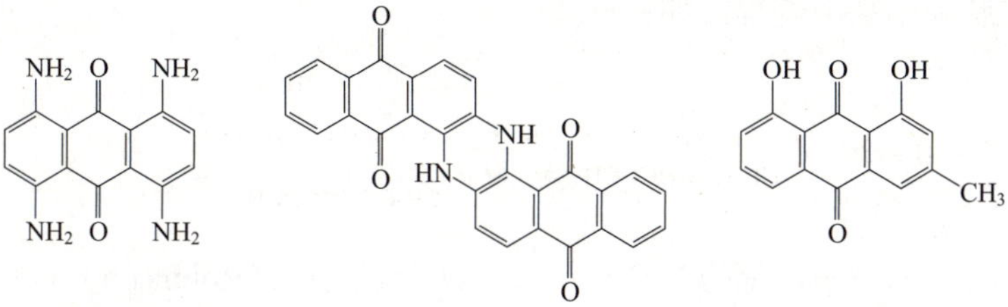

C.I.分散蓝56　　还原蓝RSN　　大黄酚

四、成环缩合方法

成环缩合是通过生成新的碳碳键和碳杂键或杂杂键完成的反应，又称为闭环或环合反应。

成环缩合反应的类型很多，所用的反应试剂也是多种多样的，不像其他单元反应可以给出反应通式，因此也很难给出一般的反应历程和系统的规律。成环缩合反应的特点可归纳为以下三点：①成环缩合形成的新环大多是具有芳香性的六元碳环，五元、七元及六元杂环等，这些环都比较稳定且易生成。②大多数环合反应在形成环状结构时，总是会脱去某些结构简单的小分子，如水、氨、醇和卤化氢等。常需使用酸或碱等缩合剂促使小分子脱除，如脱水环合常用酸为缩合剂，脱卤化氢环合需用碱性缩合剂（此时又称为缚酸剂）。③为了易于分子内闭合成环，反应物分子在恰当的位置上必须具备活性基团，所以反应物之一常是羧酸、酸酐、酰卤、羧酸酯、*β*-酮酸、*β*-酮酸酯、*β*-酮酰胺、醛、酮及含有不饱和键的化合物等。

利用成环缩合反应形成新环的关键，能找到价廉易得并能在适当的反应条件下形成新环且产率良好的起始原料，而且产品还易于分离提纯。

（一）形成六元碳环的缩合

六元碳环可通过狄克曼（Dieckmann）反应、罗宾逊（Robinson）反应、傅列德尔-克拉夫茨（Friedel-Crafts）反应以及 D-A 反应等方法获得。其中，狄克曼（Dieckmann）反应和 D-A 反应我们刚学过，在此不再赘述。而傅列德尔-克拉夫茨反应在也在项目三中学过，通过反应成环的案例有：

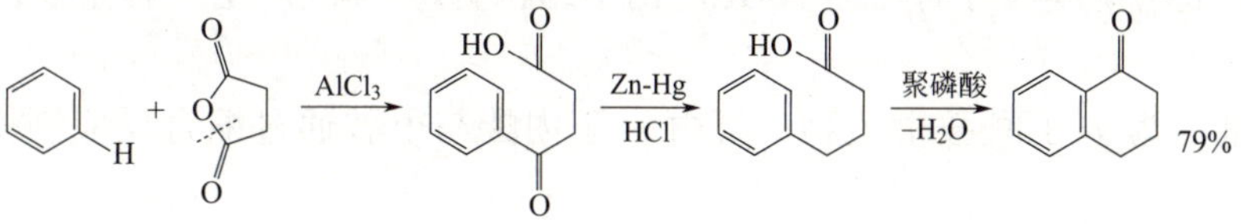

$AlCl_3$　Zn-Hg / HCl　聚磷酸 / $-H_2O$　79%　(8-45)

H_2SO_4 / 160℃, 12h　+ H_2O　92%　(8-46)

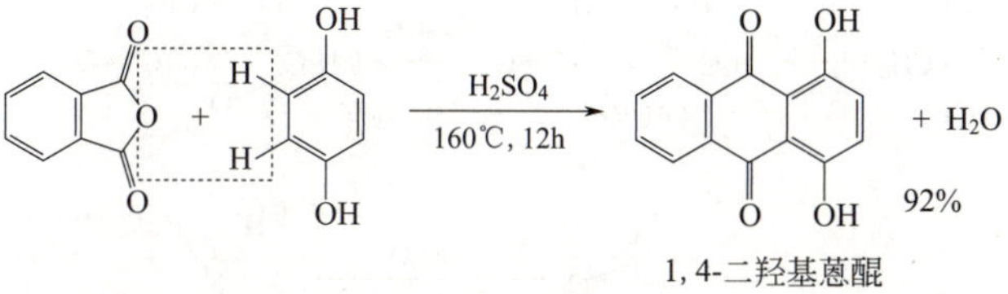

1, 4-二羟基蒽醌

下面重点来学习罗宾逊（Robinson）反应。

由活泼亚甲基化合物在碱催化下脱去一个活泼 *α*-H 后所形成的碳负离子，与 *α*､*β*-不饱

和羰基化合物或 α、β- 不饱和腈中的不饱和键发生加成反应，称为迈克尔（Michael）加成反应。可发生迈克尔反应的活泼亚甲基化合物范围很广，除了醛、酮、β- 二羰基化合物之外，还有氰基乙酸酯、丙二腈和硝基甲烷等。如：

$$H_2C{=}CH{-}CN + CH_3COCHCOCH_3 \xrightarrow[\text{叔丁醇}]{Et_3N} H_2C{-}CH(H){-}CN \;(CH_3COCHCOCH_3)\quad 77\% \tag{8-47}$$

将迈克尔加成反应与分子内缩合组合在一起，称为罗宾逊（Robinson）反应。如：

$$\text{2-甲基环己酮} + H_2C{=}CH{-}\underset{\underset{O}{\|}}{C}{-}CH_3 \xrightarrow[\text{Michael加成}]{EtONa} \text{中间体} \xrightarrow[\text{缩合}]{NaOH,\ -H_2O} \text{产物}\quad 46\% \tag{8-48}$$

（二）形成杂环的缩合

环中含有杂原子（O、S、N 等）的环状化合物为杂环化合物。精细有机合成中的杂环化合物主要是五元或六元杂环化合物。环合的途径通常有以下三种方式：①通过形成碳杂键完成环合；②通过形成碳杂键和碳碳键完成环合；③通过形成碳碳键完成环合。

含一个或两个杂原子的五元和六元杂环以及它们的苯并稠杂环，绝大多数是采用第一种或第二种环合方式成环的。可见，杂环的环合往往是通过碳杂键的形成而实现。从键的形成而言，碳原子与杂原子之间结合成 C—N、C—O、C—S 键要比碳原子之间结合成 C—C 键要容易得多。

在合成杂环化合物时，环合方式的选择与起始原料的关系很密切。一般都选用分子结构比较接近、价廉易得的化合物作为起始原料。由于杂环化合物品种繁多，原料差别很大，上述环合方式仅提供了一般规律，对某一具体杂环化合物的合成还要经过多方面综合分析才能确定适宜的合成途径。下面我们来学习一些典型杂环化合物的合成方法。

1. *N*- 甲基 -2- 吡咯烷酮的合成

N- 甲基 -2- 吡咯烷酮（可简写为 NMP，化学结构为 [结构式]）是一种重要的有机中间体及优良的溶剂，为 γ- 丁酰胺衍生物，可由 γ- 丁内酯与甲胺通过缩合反应制得，反应过程为：

$$HOCH_2CH_2CH_2CH_2OH \xrightarrow[Cu]{[O]} HOCH_2CH_2CH_2COOH \xrightarrow{-H_2O} \gamma\text{-丁内酯} \xrightarrow[250^\circ C,\ 5.88MPa]{+\ H_2NCH_3,\ -H_2O} \text{NMP} \tag{8-49}$$

1,4- 丁二醇在铜催化下先氧化成 γ- 羟基羧酸，再脱水环合制得 γ- 丁内酯，然后将预热后的 γ- 丁内酯和甲胺按照 1 ： 1.15 的摩尔比分别用泵从管式反应器上部送入后直接进行缩合反应。反应温度控制在 230 ～ 280℃左右，反应压力在 4.0 ～ 8.0MPa，一般为 5.88MPa。反应产物从管式反应器底部排出，冷却后送分离工段。物料先进入脱低沸物塔进行常压蒸馏，塔釜温度控制在 120℃，塔顶温度控制在 100℃。蒸出甲胺和部分水导入冷凝器和分离器；含甲基吡咯酮、水及高沸物的塔釜液进入脱水塔。脱水塔的塔釜温度控制在 205℃，塔顶温度控制在 100℃。脱水后的釜液送入蒸馏塔进行精制，得成品 *N*- 甲基 -2- 吡咯烷酮。其中 γ- 丁内酯的转化率≥ 99%，*N*- 甲基 -2- 吡咯烷酮的产率为 90%（以 1,4- 丁二醇计）或者 93% ～ 95%（以 γ- 丁内酯计）。

2. 吡啶及其衍生物的合成

（1）吡啶的合成　吡啶又名氮杂苯，化学结构为[吡啶结构式，环上编号 1～6，N 为 1 位]。吡啶及其衍生物是重要的有机化工原料和溶剂，被广泛应用于医药、香料、农药等领域，如能促进体内脂类代谢的维生素 B_3（3- 吡啶甲酸，又称为烟酸，化学结构为[3-COOH 吡啶结构式]），能增加烟草香味的香料 3- 乙酰吡啶（[3-$COCH_3$ 吡啶结构式]），和能杀死稻飞虱等农作物害虫的杀虫剂毒死蜱（[$(C_2H_5O)_2P(=S)$—O—3,5,6-三氯-2-吡啶基 结构式]）等。

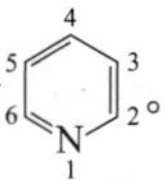

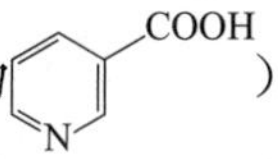

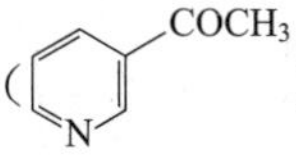

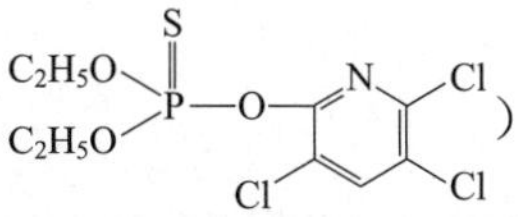

吡啶最初由煤焦油中分离而得，现已改用化学合成法为主。简单的吡啶衍生物一般由吡啶和甲基吡啶为原料制得，取代基较多的、结构较为复杂的吡啶衍生物，一般用简单的开链化合物环合而得。工业上有多种合成吡啶的方法。其中的一种是采用乙醛、甲醛和氨气反应而得，反应式如下：

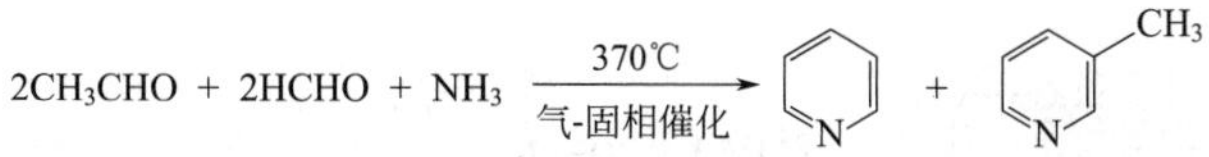

$$2CH_3CHO + 2HCHO + NH_3 \xrightarrow[\text{气-固相催化}]{370℃} \text{吡啶} + \text{3-甲基吡啶} \quad (8\text{-}50)$$

把乙醛、甲醛和氨气在常压下于 370℃左右通过装有催化剂的反应器，反应后的气体经萃取、精馏得到 40% ～ 50% 的吡啶和 20% ～ 30% 的 3- 甲基吡啶，二者的比例取决于甲醛和乙醛的投料比。所分离出的 3- 甲基吡啶经催化氧化、重结晶、活性炭脱色、抽滤和干燥之后，即可得到维生素 B_3。

（2）系列吡啶衍生物的合成

① 2- 甲基吡啶和 4- 甲基吡啶。将乙醛和氨气在常压、350 ～ 500℃的条件下通过装有三氧化二铝和金属氧化物为催化剂的反应器，反应出来的气体冷凝后经脱水、分馏和精馏之后得到含量为 99.2% ～ 99.5% 的 2- 甲基吡啶和 4- 甲基吡啶，收率为 40% ～ 60%，这两种异构体的含量各占一半。

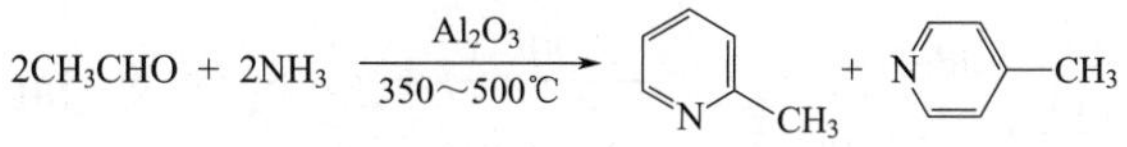

$$2CH_3CHO + 2NH_3 \xrightarrow[350\sim500℃]{Al_2O_3} \text{2-甲基吡啶} + \text{4-甲基吡啶}(N\text{—}CH_3) \quad (8\text{-}51)$$

② 农药吡虫啉。在 18 世纪人们发现烟草的浸出液可用来驱虫，后经分析确认其有效成分是烟碱（又名尼古丁，化学结构为[烟碱结构式，N—CH_3]）。20 世纪 80 年代，由日本特殊农药株式会

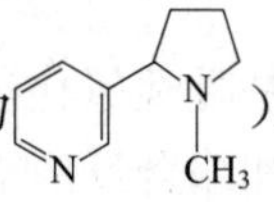

项目八

社和德国拜尔公司共同开发成功该烟碱类杀虫剂——吡虫啉，化学名称为 1-(6- 氯吡啶 -3- 吡啶基甲基)-*N*- 硝基亚咪唑烷 -2- 基胺。它是一种高效、广谱、低毒、对环境相对安全的杀虫剂，2.5% 含量的吡虫啉可用来制作杀蟑螂的胶饵，近年来持续保持全球杀虫剂销售额前三，2017 年全球销售额达 11 亿美元，每年需大量进口的有巴西、印度和德国等。我国是生产大国，年产量超 2000t 的有江苏长青农化股份有限公司、山东海利尔药业集团和江苏扬农化工股份有限公司等。

目前，吡虫啉的生产工艺主要有环戊二烯环合法、吗啉 - 丙醛环合法和 3- 甲基吡啶氧化法等。其中环戊二烯环合法被国内 90% 左右的企业所使用，如山东某企业年产 2500t 吡虫啉的生产线即采用此法，它的特点是生产成本较低，具体的合成路线为：

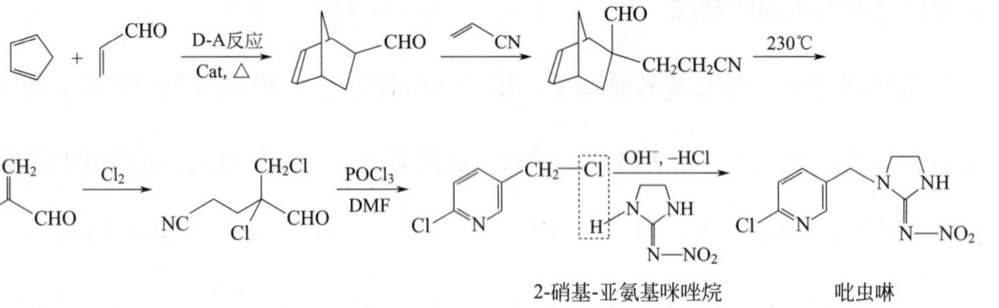

CHO
D-A反应
Cat, △
CHO
CN
CHO
CH2CH2CN
230℃
CH2
NC
CHO
Cl2
CH2Cl
NC
Cl
CHO
POCl3
DMF
CH2—Cl
Cl
N
OH⁻, –HCl
H
N
NH
N—NO2
2-硝基-亚氨基咪唑烷
N
NH
Cl
N
N—NO2
吡虫啉

(8-52)

其中的关键原料 2- 硝基 - 亚氨基咪唑烷，是由乙二胺和硝基胍发生环合反应制得的：

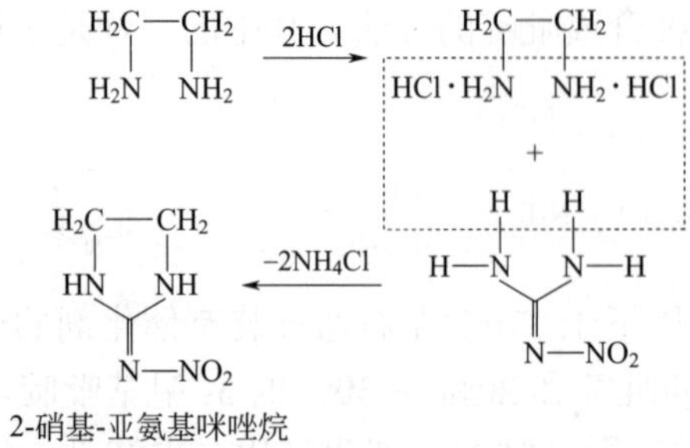

H2C—CH2
H2N NH2
2HCl
H2C—CH2
HCl·H2N NH2·HCl
+
H H
H—N N—H
N—NO2
–2NH4Cl
H2C—CH2
HN NH
N—NO2
2-硝基-亚氨基咪唑烷

(8-53)

江苏扬农化工股份有限公司使用的是吗啉 - 丙醛环合法，此法的特点是产生的“三废”量较少。

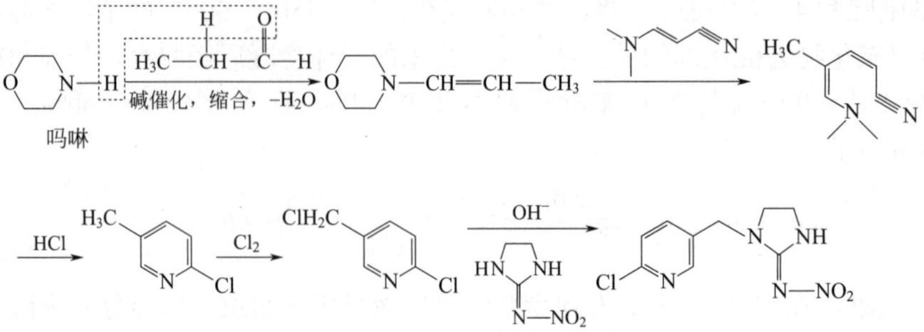

O
N—H
吗啉
H
O
H3C—CH—C—H
碱催化，缩合，–H2O
O
N—CH═CH—CH3
N
N
H3C
N
N
HCl
H3C
N
Cl
Cl2
ClH2C
N
Cl
OH⁻
HN
NH
N—NO2
Cl
N
N
NH
N—NO2

(8-54)

而江苏常隆化工有限公司使用的是 3- 甲基吡啶氧化法，是以从上述反应式（8-50）中分离出的 3- 甲基吡啶为原料，分别经氧化、卤化和缩合反应而得，此法的特点是反应步骤较短。

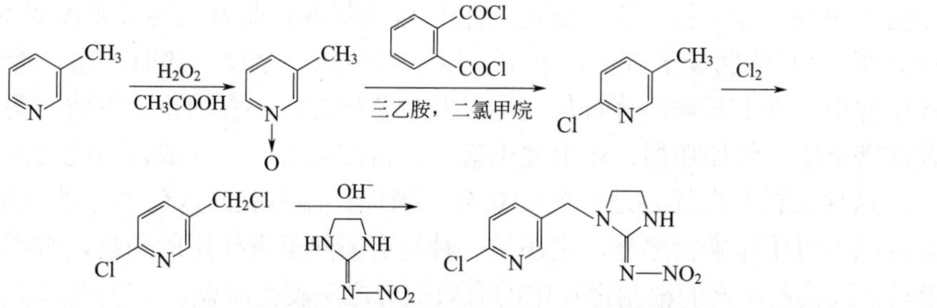

(8-55)

近几年，企业技术人员主要是在降“三废”、增品质等方面持续努力进行技术改造。

③ 药物硝苯地平。硝苯地平（又称为心痛定）是一种预防和治疗冠心病心绞痛的药物，化学名称为2,6-二甲基-4(2-硝基苯基)-1,4-二氢-3,5-吡啶二甲酸二甲酯。它是用两分子的乙酰乙酸甲酯和邻硝基苯甲醛以及氨气为原料，用甲醇为溶剂回流5h经缩合反应之后得到的，产率为50%左右（以邻硝基苯甲醛计）。

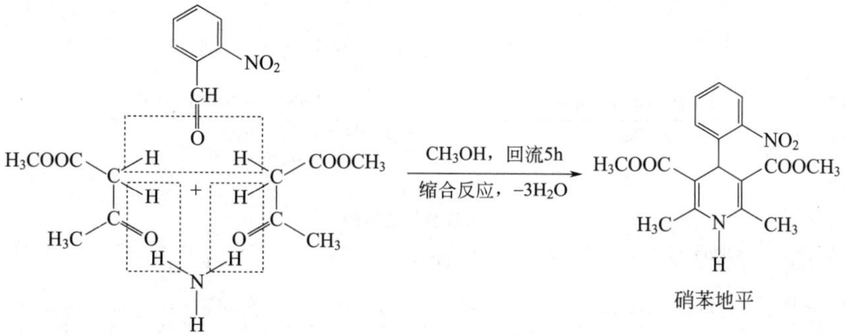

(8-56)

硝苯地平

3. 吲哚及其衍生物的合成

(1) 吲哚的合成　吲哚又名苯并吡咯，化学结构为［吲哚结构式］，是一种重要的药物中间体和香料。吲哚及其衍生物广泛存在于自然界，其中吲哚主要存在于茉莉花、苦橙花、水仙花、香罗兰等天然花油中，但只有在极稀浓度下才有芳香气味，高纯度的吲哚反而具有强烈的粪便臭味（粪便中含有3-甲基吲哚）且扩散力强而持久。吲哚的5-位和3-位取代衍生物可作为医药中间体，用于合成褪黑素（能提升睡眠质量）和5-羟基色氨酸（能改善抑郁症患者的情绪）等药物。

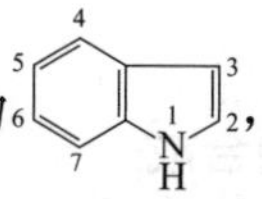

吲哚及其衍生物主要是由苯系伯胺为起始原料制得的。工业上将邻氨基乙苯在氮气流中和在硝酸铝（或三氧化二铝）存在下，在550℃脱氢环合，经减压蒸馏得到二氢吲哚，再在640℃脱氢之后得到吲哚。此法只适用于生产热稳定性好的吲哚本身，而不适用于生产吲哚的衍生物。

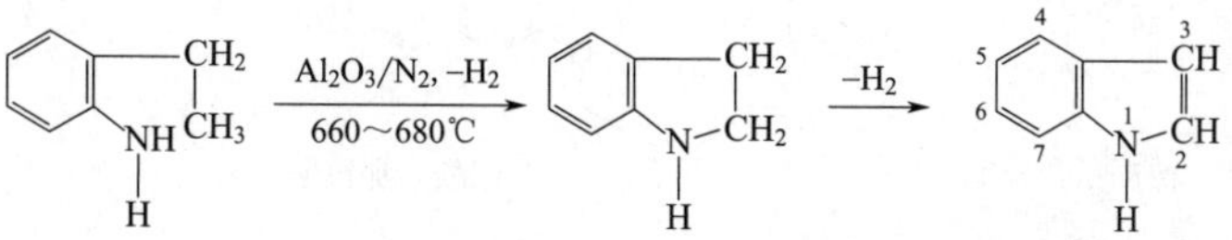

(8-57)

(2) 吲哚的衍生物——靛蓝的合成　3-羟基吲哚钠盐是吲哚的衍生物，可用来生产染料靛蓝。自然界的靛蓝是一种已被使用两千多年的染料。早在秦汉以前人们就已经掌握从蓼蓝、马蓝、菘蓝等植物的叶片中捣取其汁液并发酵制得该染料并染布的方法了。“青取之于蓝而胜于蓝”中的“蓝”指的就是靛蓝。最早记录制取靛蓝方法的《齐民要术》（北魏·贾思勰）中介绍：“刈蓝倒竖于坑中，下水，以木石镇压，令没。热时一宿、冷时再宿，漉去荄，内汁于瓮中。率十石瓮，著石灰一斗五升，急抨之，一食顷止。澄清，泻去水。别作小坑，贮蓝淀著坑中。候如强粥，还出瓮中盛之，蓝淀成矣。”一般认为此法即后世沿用的发酵水解法。这种染料在世界各地都颇受欢迎，当代长盛不衰的蓝色牛仔裤也是用它染成的。另外，靛蓝除了可用作染料之外，它还是一种具有清热解毒作用的药物，常用的一种中药板蓝根（由马蓝或菘蓝干燥的根制得）中的有效成分之一就是靛蓝。

从自然界中很难大量获得高纯度的靛蓝，下面我们来学习人工合成的方法：以苯胺为原料和氯乙酸进行 *N*- 烷基化反应得到苯基氨基乙酸钠，然后在氨基钠 - 氢氧化钠 - 氢氧化钾的熔融物中于 225℃时进行碱熔（这一点和古人用碱性的石灰来发酵处理蓼蓝叶片的汁液有着异曲同工之效），即发生脱氢氧化和 C—C 键环合反应先生成苯基氨基乙酸三钠盐，再转化成 3- 羟基吲哚钠盐，最后不经分离直接氧化脱氢之后得到靛蓝。其反应式如下所示：

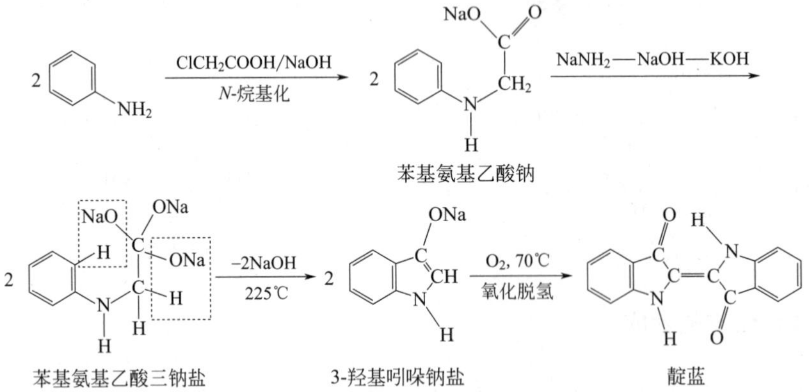

$ClCH_2COOH/NaOH$ *N*-烷基化；NaH_2—NaOH—KOH

苯基氨基乙酸钠

(8-58)

−2NaOH 225℃；O_2, 70℃ 氧化脱氢

苯基氨基乙酸三钠盐　　3-羟基吲哚钠盐　　靛蓝

4. 喹啉及其衍生物的合成

（1）喹啉的合成　喹啉又名 1- 氮杂萘，化学结构为（喹啉结构式）。喹啉是一种重要的医药原料，主要用于生产烟酸类、奎宁类和 8- 羟基喹啉类这三大类药物，如用于治疗疟疾的经典特效药——奎宁（俗称金鸡纳霜）和 2017 年在美国上市的用于治疗乳腺癌等疾病的新药——马来酸来那替尼等。

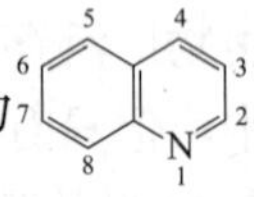

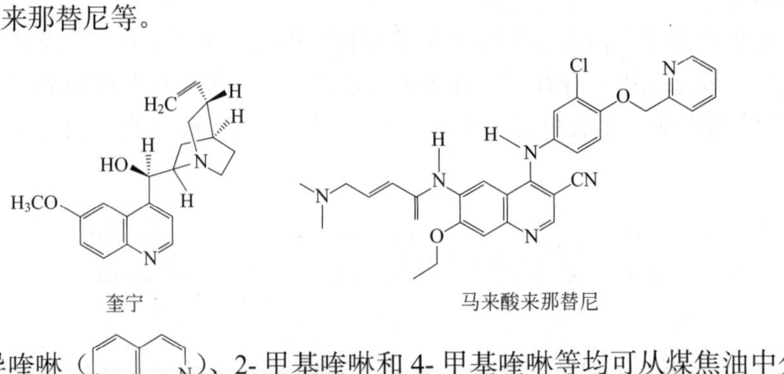

(8-59)

奎宁　　马来酸来那替尼

喹啉、异喹啉（异喹啉结构式）、2- 甲基喹啉和 4- 甲基喹啉等均可从煤焦油中分离而得，但喹啉的诸多衍生物需通过人工合成，其中较常用的是以苯系伯胺和丙烯醛为原料、在酸性介质中先发生迈克尔加成反应，再发生脱水和氧化反应而得，其中丙烯醛可由丙三醇（甘油）

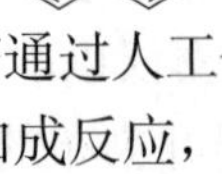

在酸性介质中脱水制得，此法称为 Skraup 法。近年来 Perumal 等人对此法进行了改进，发现利用磷钨酸催化的效果较好，能得到高产率的喹啉。

在第一步发生迈克尔加成反应时，苯胺分成 C_6H_5HN—和—H 两个部分，分别加成到丙烯醛中双键的 3 号和 2 号 C 上，然后苯环上氨基邻位的 H（活泼 α-H）和丙烯醛中的羰基部位发生缩合反应去除一个小分子的水生成饱和键，最后发生氧化反应分别脱去 N 原子上的一个 H 原子和新生成双键的 α-C 上的一个 H 原子生成又一个双键，最终生成喹啉环。

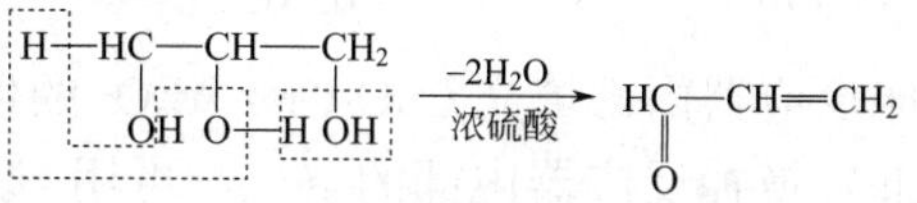

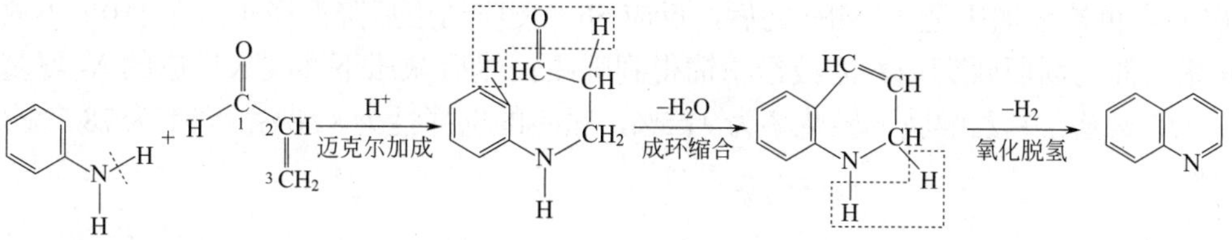

$$H-HC(OH)-CH(OH)-CH_2(OH) \xrightarrow[\text{浓硫酸}]{-2H_2O} HC(=O)-CH=CH_2$$

$$C_6H_5NH-H + HC(=O)-CH=CH_2 \xrightarrow[\text{迈克尔加成}]{H^+} \xrightarrow[\text{成环缩合}]{-H_2O} \xrightarrow[\text{氧化脱氢}]{-H_2} \text{喹啉} \quad (8\text{-}60)$$

（2）喹啉衍生物的合成　用上述方法可以生产系列喹啉的衍生物，如 8- 羟基喹啉、6- 甲氧基 -8- 硝基喹啉和 6- 硝基喹啉等。再如抗寄生虫病药扑蛲灵的中间体的合成，还是采用以苯系伯胺和丙烯醛为原料，在酸性介质中合成喹啉环的方法，其反应式为：

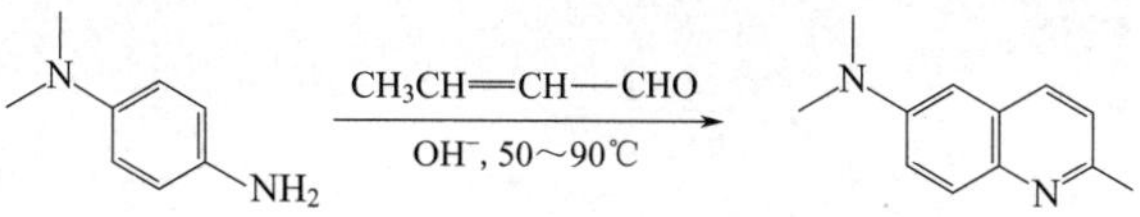

$$\text{对二甲氨基苯胺} \xrightarrow[OH^-,\ 50\sim90℃]{CH_3CH=CH-CHO} \text{6-二甲氨基-2-甲基喹啉} \quad (8\text{-}61)$$

具体的反应过程和反应式（8-60）的类似，在此不再赘述。

5. 哌嗪的合成

哌嗪又名 1,4- 二氮环己烷，化学结构为 HN（1）—（2,3）—NH（4）—（5,6）环，它的磷酸盐和柠檬酸盐是驱除蛔虫、蛲虫的有效药物——驱蛔灵。以哌嗪为原料还能用来生产环丙沙星（一种喹诺酮类抗菌药物）、磷酸西他列汀（一种治疗Ⅱ型糖尿病的药物）和雷诺嗪（一种治疗心绞痛和心力衰竭的药物）等药物。

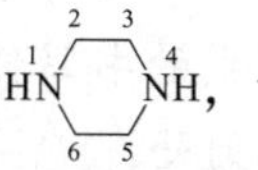

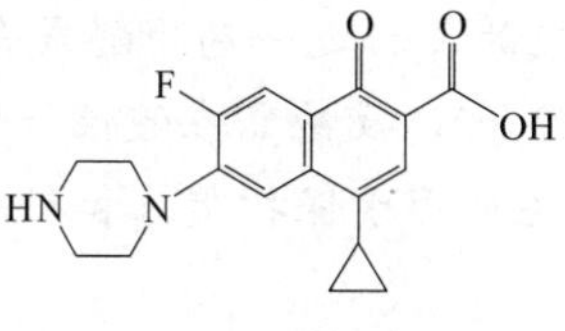

环丙沙星 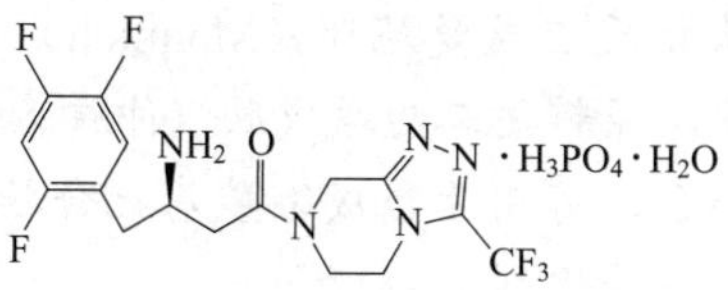　　磷酸西他列汀（$\cdot H_3PO_4 \cdot H_2O$）　　(8-62)

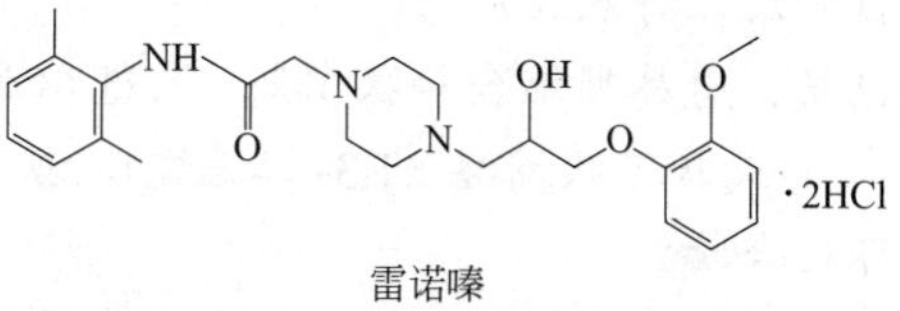

雷诺嗪（$\cdot 2HCl$）

哌嗪作为一种重要的医药中间体，是由环氧乙烷和乙二胺反应制得的。这是由美国

ICTA 公司开发出来的生产工艺，该工艺具有副产物较少、哌嗪产率较高等特点。反应式为：

$$\underset{\text{环氧乙烷}}{H_2C{-}CH_2(O)} + H_2NCH_2CH_2NH_2 \xrightarrow[40\sim50℃]{6h} HOCH_2CH_2{-}HNCH_2CH_2NH_2 \xrightarrow[\text{氧化}]{-H_2}$$

$$\text{HN}(CH_2C(=O)H)(CH_2CH_2NH_2) \longrightarrow \text{HN}(CH_2CH(OH))(CH_2CH_2)N{-}H \xrightarrow[\text{缩合}]{-H_2O} \text{HN}(CH_2CH{=}N)(CH_2CH_2) \xrightarrow[\text{加氢还原}]{[H]} \text{HN}(CH_2CH_2)_2\text{NH} \quad (8\text{-}63)$$

在不锈钢高压管式固定床反应器内部填充 $CuO\text{-}CrO\text{-}Al_2O_3$ 的催化剂，先通入乙二胺和环氧乙烷，然后通入 H_2 约 2h 置换掉反应器内部的空气，再用 H_2 加压至 2.9MPa，升温至 195 ～ 205℃，再持续加压至 3.3MPa 之后，反应 5h。反应结束后降温释压，在 110℃下放出反应液并滤出催化剂回收套用。滤液经精馏得到哌嗪，然后减压下回收未反应的 *N*- 氨基乙基乙醇胺。*N*- 氨基乙基乙醇胺的转化率为 94.5%，哌嗪的选择性为 82.8%，产率为 78.2%（以乙二胺计）。

练习测试

1. 写出两分子的环戊二烯分子在加热条件下发生 D-A 反应的方程式。

2. 写出以苯和 4 个 C 以下（包括 4 个 C）的常用有机化合物为原料合成香料香豆素的合成路线，无机试剂任选。

任务小结 Ⅰ

1. 缩合反应是有机合成中增长碳链的重要方法之一，能合成具有共轭结构特征的产物，被广泛用于医药、香料和染料等精细化学品的合成。

2. 要想顺利地完成缩合反应方程式的书写任务，关键之处是能发现原料分子结构中两个将要被脱去的小分子碎片“藏身”在何处。

3. 醛酮缩合包括醛醛缩合、酮酮缩合和醛酮交叉缩合三种反应类型。其特点是：含有活泼 α-H 的醛或酮在碱或酸催化作用下先生成 β- 羟基醛或酮，再脱去一个小分子水生成 α,β- 不饱和醛或酮。

4. 能发生胺甲基化反应或曼尼斯（Mannich）反应的原料之一为甲醛或含有活泼 α-H 的醛、酮、酯等化合物，原料之二为氨或胺（仲胺、伯胺等），反应需在酸性条件下进行。

5. 醛酮与醇的缩合，可用于合成缩羰基化合物，还可用于保护羰基和羟基，反应过程中需要无水醇和无水酸作催化剂。

6. 醛酮与羧酸及其衍生物的缩合包括：珀金反应、诺文葛尔反应和克莱森缩合（酯酯缩合与酯酮缩合）等，其有各自的反应特点及应用。

7. 烯键参加的缩合主要包括：普林斯缩合和狄尔斯 - 阿德尔反应（又称为双烯合成），普林斯缩合主要用于合成 1,3- 二醇或其环状缩醛（1,3- 二噁烷），狄尔斯 - 阿德尔反应则主要用于合成环己烯的衍生物及杂环化合物。

8. 成环缩合（闭环或环合）通过生成新的碳碳、碳杂或杂杂键，而形成较稳定的具有芳香性的六元碳环、五元碳环、六元杂环或五元杂环等。常见的杂环有吡啶、吲哚、喹啉和哌嗪等。形成六元碳环的缩合反应有狄克曼反应、迈克尔加成和罗宾逊反应以及狄尔斯-阿德尔反应等。杂环的环合常常是通过碳杂键的形成而实现的。

【学习活动三】 寻找关键工艺参数，确定操作方法

五、自行寻找并确定缩合反应影响因素

通过查阅相关资料，各组成员自行讨论关于缩合反应的生产操作影响因素及其操作方法。整理相关信息，填入《肉桂酸小试产品生产方案报告单》中。

【学习活动四】 制定、汇报小试实训草案

六、制定并汇报小试实训草案

实训草案中的查阅其他资料的方法，详见项目一中的“八、查阅其他资料的方法”。

“汇报小试实训草案”部分工作的开展过程，详见项目一中的“九、汇报小试实训草案”。技术总监对各组方案进行评判。

【学习活动五】 修正实训草案，完成生产方案报告单

七、修正小试实训草案

肉桂酸是从肉桂皮或安息香中分离出的一种有机酸，自然界中的肉桂酸常以游离或酯的形式存在于凤仙花和桂皮油等植物中，可用于制造香精香料、医药、食品添加剂和农药等，医学上曾被用作驱虫剂。

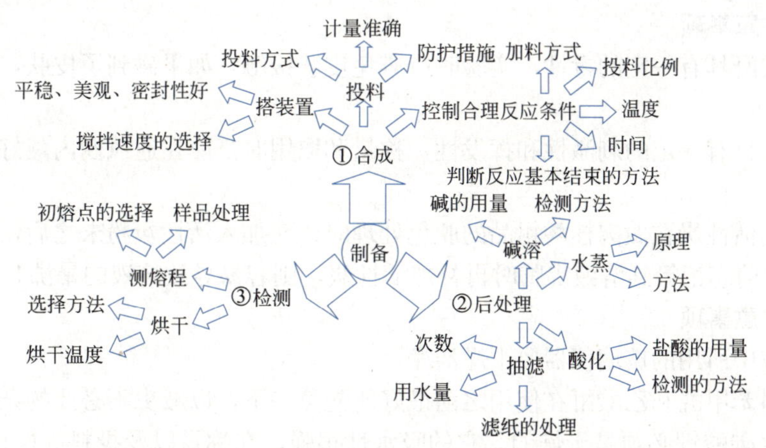

图 8-2 确定肉桂酸的合成实训实施方案时的思维导图

肉桂酸的合成路线详见式（8-24）。根据之前所学的理论知识应该知道：苯甲醛不止

能和丙二酸二乙酯反应在碱催化下得到肉桂酸，它和乙酰乙酸乙酯、丙二酸、乙酸酐，甚至乙酸、丙酮等反应都能获得，只是反应条件、反应后处理方式以及产率等指标各不相同而已。

项目组各组成员参考图 8-2 中的思维导图以及还原单元操作相关理论知识文献资料，结合本组的小试实训草案，经讨论及修正和完善之后，完成《肉桂酸小试产品生产方案报告单》，并交给项目技术总监审核。

任务二　合成肉桂酸的小试产品

每 2 人一组的小组成员，合作完成合成肉桂酸的小试产品这一工作任务，并分别填写《肉桂酸小试产品合成实训报告单》。

【学习活动六】　获得合格产品，完成实训任务

实训注意事项

1. 原料投料量

本次实训所使用药品的种类、规格及投料量如表 8-3 所示。

表 8-3　肉桂酸的合成实训操作原料种类、规格及其投料量

名 称	苯甲醛	乙酸酐	无水碳酸钾	碳酸钠	浓盐酸	95% 乙醇	活性炭	沸石
规格	CP	CP	CP	CP	CP	CP	CP	—
每二人组的用量	10.0mL	20.0mL	14.0g	20.0g	40.0mL	40.0mL	2.0g	几粒

2. 安全注意事项

(1) 乙酸酐具有一定的毒性，实验时应避免皮肤接触。如果碰到了皮肤，用大量清水冲净即可。

(2) 盐酸具有一定的刺激性和挥发性，称量和取用时都应在通风橱内戴好乳胶手套进行操作。

(3) 使用活性炭在做肉桂酸粗品的脱色处理时，在加入活性炭粉末之后，再搅拌、加热溶液，如果之前忘记等到溶液沸腾时再补加活性炭，则容易导致溶液的暴沸！

3. 操作注意事项

(1) 反应中所用的玻璃仪器要干燥洁净。

(2) 原料苯甲醛和乙酸酐在使用之前最好能先蒸一下，以减少不必要的杂质。

(3) 无水碳酸钾必须是干燥的。它的吸水性很强，在称量以及投料等操作时速度要快。无水碳酸钾的干燥程度对反应能否正常进行以及产品的产率高低都有明显的影响。

(4) 在加热回流过程中，应始终控制反应液处于微沸状态。反应混合物在 140℃左

右开始沸腾，之后随着反应的进行，反应物料的组成一直不断在变化，因此回流的温度也会有所改变。随着反应的进行，回流温度可逐步升至170℃左右。如果反应的状态比较激烈，则易导致乙酸酐的蒸气来不及冷却就从冷凝管的上口逸出，污染环境且影响产率。

（5）回流了一段时间之后反应基本完成，此时需将反应混合液趁热倒至烧杯，再用少量热水荡洗四口烧瓶以收集粘附在瓶壁上的肉桂酸粗品。然后在搅拌下趁热将温热的饱和碳酸钠水溶液倒入，使中和反应发生完全。肉桂酸的钠盐易溶于水，此时易与未反应的苯甲醛和副产物焦油相互分离，如果操作得当还可省却活性炭吸附脱色这一操作流程。但是，如果将反应混合液倒入冷水中做中和，则反应液立即凝结成块状或颗粒状（想一想，为什么），为后续的中和及分离等操作带诸多不便且分离效果变差。

（6）在发生上述中和反应时，需控制体系的pH值在8左右，不能≥12，以防止尚未转化掉的原料苯甲醛在强碱性条件下发生歧化反应生成苯甲酸和苯甲醇，而苯甲酸和肉桂酸混在一起时分离难度较大，会影响肉桂酸的纯度。

（7）在搭建水蒸气蒸馏装置时，注意玻璃仪器各磨砂口的密封连接性能良好，防止在产品后处理时发生无谓的损失。

4. 整理数据

自行处理实训所得相关数据并获得相关结果。

任务小结Ⅱ

1. 采用珀金法合成香料肉桂酸时，为了得到高产率、高纯度的产品，应该在苯甲醛和乙酸酐的用量、反应温度、反应时间和后处理（中和、水蒸气蒸馏、活性炭脱色、重结晶）等方面控制好。

2. 操作中应特别注意好水蒸气蒸馏的操作方法，以得到高产率、高纯度的产品。另外，碱性废液应用酸液中和至pH值为中性之后才能倒入废液收集桶里。

任务三　制作《肉桂酸小试产品的生产工艺》的技术文件

【学习活动七】　引入工程观念，完成合成实训报告单

一、自行查找缩合反应生产实例

本项目为考核项目，关于落实肉桂酸中试、放大和工业化生产中的安全生产、清洁生产、改进生产工艺等方面的信息，主要依靠项目组各成员的资料检索能力以及团队沟通、协调等能力。

【学习活动八】 讨论总结与评价

二、讨论总结与思考评价

可以根据本教材“导言”中的相关方案进行考核与评价。

任务总结

1. 缩合反应在生产药物和香料等领域被广泛应用。缩合反应产物结构的主要特征之一为具有共轭结构特征，其结构相对于其他单元反应的合成结果来看，相对复杂。

2. 我们学习了醛醛缩合、醛酮缩合、胺甲基化反应、醛酮与醇的缩合、醛酮与羧酸及其衍生物的缩合、普林斯缩合、狄尔斯 - 阿德尔反应以及成环缩合等反应。其中，醛酮缩合反应可用于生产高级醇、醇酸树脂、炸药、增塑剂和乳化剂等；醛酮与羧酸及其衍生物的缩合反应可用于生产香料、医药以及染料等；其他缩合反应的产物主要为缩羰基类化合物、β- 酮酸酯和 β- 二酮、环状缩醛以及杂环类的化合物等。

3. 农药吡虫啉的生产工艺主要有环戊二烯环合法、吗啉 - 丙醛环合法和 3- 甲基吡啶氧化法等，各有特色，其中应用较为广泛的是生产成本较低的环戊二烯环合法。但是江苏扬农化工股份有限公司却更加注重环保，他们选择的是“三废”量较少的吗啉 - 丙醛环合法，而不是把经济效益看得非常重，这种重视环保、敬畏自然的理念值得提倡和推广。

4. 在肉桂酸的合成实训中应关注中和反应时体系 pH 值的控制并注意水蒸气蒸馏的操作处理方式。

本项目的考核方式，详见导言“致老师”中的相关表格。

拓展阅读

有机化学专家——周维善

周维善院士（1923 年—2012 年），生于浙江绍兴，中国著名有机化学家，中国科学院院士。

1949 年周维善院士毕业于上海医学院药学系；1956 年被调到中国科学院上海有机化学研究所从事科研工作；1960 年在捷克科学院有机和生化研究所做访问学者；1984 年在法国自然科学研究中心神经化学研究中心天然产物研究室做客座教授；1991 年当选为中国科学院学部委员。

周院士长期从事甾体化学、萜类化学和不对称合成研究。他参与了 7 步可的松和甾体口服避孕药甲地孕酮（即已广为应用的二号甾体口服避孕药）等的合成。他主持并参与了光学活性高效口服避孕药 18- 甲基炔诺酮的不对称全合成，已出口多国。在国际上，周院士首次利用中国丰产的猪去氧胆酸为原料发展了新甾体植物生长调节剂油菜甾醇内酯类化合物的合成方法，合成的油菜甾醇内酯类化合物已在田间试用并取得了效果。

周院士主持并首次测定了抗疟新药青蒿素的结构并又主持了它的全合成；改良了 Sharpless 烯丙醇的不对称环氧化试剂，使其更具使用价值和扩大了应用范围；他首次将 Sharpless 烯丙醇不对称环氧化反应扩展到烯丙胺 -a- 糠胺的动力学拆分并将其应用于天然产物的合成。他还组织领导开展了昆虫性信息素合成，合成的棉红铃虫性信息素曾用于害虫测报和防治。

周院士从1952年起师从中国著名有机化学家黄鸣龙从事倍半萜山道年及其类似物的立体化学和甾体激素药物的合成研究。当时，甾体激素药物工业在中国还是一个空白，他在协助黄鸣龙建立中国甾体激素药物工业中做出了重要贡献。他参与一些甾体药物如副肾皮质激素可的松和口服避孕药甲地孕酮等研制并成功地将它们投入了工业生产。此后，他仍长期从事甾族化学、萜类化学和有机合成化学的研究。

周院士在从事甾体口服避孕药的全合成研究时，巧妙地运用甾体C、D环合成砌块的微生物不对称还原，合成了若干甾体抗生育药物。其中D-18-甲基炔诺酮是高效的口服避孕药。这一科研成果随着中国计划生育基本国策的确定而受到了高度重视，很快投入了工业生产并广为使用。他和有关工作者还在甾体微生物转化方面做了大量的研究工作。他在甾体化学研究中，和同工作者还发现了C_5，6α-环氧-6β-甲基用酸处理主要得到C_6次甲基化合物和若干重排成大环的化合物。

1974年起，周院士主持并参与青蒿素的结构测定和之后的全合成研究，最后确定了青蒿素的分子结构：$C_{15}H_{22}O_5$。1978年，全国科学大会制定的科技规划中提出了青蒿素的全合成研究项目。作为结构测定的主持单位，周维善院士所在的中国科学院上海有机化学研究所承担了该项任务。1983年，青蒿素合成成功，合成青蒿素与天然提取的青蒿素完全一致。1984年初，他们实现了青蒿素的全合成。

1982年，周院士在中国首先开展了这一化合物的合成研究。他的研究特点是利用中国丰富的猪去氧胆酸为原料采用多种不同的合成方法对油菜甾醇内酯及其类似化合物进行系统的合成研究。经过10余年的努力，他带领团队成员不仅设计合成了近50个油菜甾醇内酯类化合物（其中35个是新化合物），而且还发现了通过烯醇硅醚臭氧化的高区域选择性构成油菜甾体七员内酯的新方法和首次将Sharpless不对称双羟化应用于甾体不饱和侧链，解决了长期存在于油菜甾体侧链双羟化反应立体选择性的关键性问题并扩大了应用范围。

“高山仰止，景行行止”。周院士一生致力于有机化学事业。无论是科研还是教学工作，都一丝不苟、严于律已。此外，他还热爱祖国、淡泊名利，为后辈树立了榜样。“维善天然产物合成奖”是中国化学会为纪念已故著名天然产物合成化学家周维善院士于2013年设立的，旨在奖励国内对天然产物合成有杰出贡献的学者，弘扬和传承周先生的科学精神与优良学风。该奖项每两年评选一次，曾经获奖的化学家有兰州大学涂永强院士，北京大学杨震教授、叶新山教授、雷晓光教授等。

《肉桂酸小试产品生产方案报告单》

项目组别：__________ 项目组成员：____________________

一、小试实训草案	
（一）合成路线的选择	
完成者：	1. 现有合成路线及生产方法（各方法的简介、特点、技术的归属单位以及使用厂家等信息）
完成者：	2. 各方法的产率、原料消耗量、生产成本比较及估算（利用网络查找，注意数据的时效性）
完成者：	3. 各方法的生产原料厂家的供应情况及生产产品厂家的年销售量，原料和产品的安全性、毒性的相关数据，中毒急救方式及防护措施
4. 合成路线选择、改进的理由及结果（分别从可行性、实用性、安全性、经济性、环保性等方面展开评价，是全组讨论的结果，包括主、副反应式）	

项目八

续表

（二）产品的用途以及原料、中间体、主产物和副产物的理化常数指标

完成者：

产品的用途：

化学品的理化常数

名称	外观	分子量	溶解性	熔程 /℃	沸程 /℃	折射率 /20℃	相对密度	$LD_{50}/(mg \cdot kg^{-1})$

（三）主、副反应的各类影响因素（即关键生产工艺参数）及其控制实施草案（是全组讨论的结果）

完成者：

（四）原料、中间体及产品的分析测试草案（查找相关国标，并根据实训室现状确定合适的检测项目、选择合适的检测方法，并列出所需仪器和设备）

完成者：

（五）产品粗品分离提纯的草案（就所选定的合成路线，分析反应体系中的有机物种类及性质，确定分离提纯方法）

（六）小试产品生产方案（写出详细的小试产品生产方案，是全组讨论的结果）

二、小试产品生产方案的修改及完善之处（是全组讨论的结果）

项目组长（签字）：　　　　年　　月　　日

《肉桂酸小试产品合成实训报告单》

实训日期：______年___月___日　　　　天气：____　室温：___℃　相对湿度：___%

实训记录者：________　　实训参加者：________________________________

一、实训项目名称

二、实训目的和意义

三、实训准备材料

1. 药品（试剂名称、纯度级别、生产厂家或来源等）

2. 设备（名称、型号等）

3. 其他

四、小试合成反应主、副反应式

五、小试装置示意图（用铅笔绘图）

六、实训操作过程

时间	反应条件	操作过程及相关操作数据	现 象	解 释

项目八

续表

七、所得数据及数据处理过程（需写出计算过程）

八、实训结果及产品展示

用手机对着产品拍照后打印（5×5）cm左右的图片贴于此处，注意图片的清晰程度

	外观	质量或体积 /（g 或 mL）	产率（以　计）/%
粗品			
精制品			

样品留样数量：　g（或　mL）；编号：　；存放地点：

九、样品的分析测试结果

十、实训结论及改进方案（实训结果理想的需及时总结并提出改进方案，实训结果不理想的应深入分析探讨其原因，为后续进一步开展研究活动奠定基础）

十一、假设此小试工艺经逐级经验放大法之后可以成功用于工业化大生产，请画出鉴于此小试生产工艺放大之后的工业化大生产工艺流程简图（用铅笔或用 Auto CAD 绘图）

十二、参考文献［书写格式需符合《信息与文献 参考文献著录规则》（GB/T 7714—2015）的规定］

项目组长（签字）：　　　　年　　月　　日

讨论思考

1. 什么是缩合反应？你学过了哪些成环反应？

2. 以丙醛在稀氢氧化钠溶液中的缩合为例，简述醛醛缩合的反应历程。

3. 分别举例说明或解释以下反应：（1）克莱森-斯密特（Claisen-Schmidt）反应；（2）坎尼扎罗（Cannizzaro）反应；（3）曼尼斯（Mannich）反应；（4）珀金（Perkin）反应；（5）诺文葛尔（Knoevenagel）反应；（6）克莱森（Claisen）酯缩合反应；（7）狄克曼（Dieckmann）反应；（8）普林斯（Prins）缩合反应；（9）狄尔斯-阿德尔（Diels-Alder）反应；（10）迈克尔（Michael）加成反应；（11）罗宾逊（Robinson）反应。

4. 写出下列反应主要产物，并注明产物的名称。

（1）$H_3C-\overset{O}{\overset{\|}{C}}-CH_3 + H-\overset{O}{\overset{\|}{C}}-H \xrightarrow[40\sim42℃]{\text{稀}NaOH}$

（2）$C_6H_5-\overset{O}{\overset{\|}{C}}-H + H_3C-\overset{O}{\overset{\|}{C}}-C_6H_5 \xrightarrow[15\sim31℃]{NaOH/EtOH}$

（3）$C_6H_5-\overset{O}{\overset{\|}{C}}-H + H_3C-\overset{O}{\overset{\|}{C}}-C_2H_5 \xrightarrow[H_2O]{NaOH}$

（4）$C_6H_5-\overset{O}{\overset{\|}{C}}-CH_3 + CNCH_2-\overset{O}{\overset{\|}{C}}-OH \xrightarrow[CH_3COOH]{H_4N-OOCCH_3}$

（5）$C_2H_5O-\overset{O}{\overset{\|}{C}}-CH_2CH_2CH_2CH_2CH_2-\overset{O}{\overset{\|}{C}}-OC_2H_5 \xrightarrow[\triangle]{C_2H_5ONa}$

（6）$(CH_3)_2N-C_6H_4-\overset{O}{\overset{\|}{C}}-H + CH_3NO_2 \xrightarrow{n\text{-}C_5H_{11}NH_2}$

（7）$C_6H_3Cl_2CHO$（2,6-二氯苯甲醛）$+ H_3C-\overset{O}{\overset{\|}{C}}-O-\overset{O}{\overset{\|}{C}}-CH_3 \xrightarrow[\text{②}H_3O^+]{\text{①}NaOOCCH_3,\ 180℃,\ 8h}$

（8）$C_6H_4(CHO)(NO_2)$（邻硝基苯甲醛）$+ \underset{C_6H_5}{\underset{|}{H_2C}}-\overset{O}{\overset{\|}{C}}-ONa \xrightarrow[\text{②}H_3O^+]{\text{①}(CH_3CO)_2O}$

（9）$CH_3-\overset{O}{\overset{\|}{C}}-CH_2-\overset{O}{\overset{\|}{C}}-OCH_3 + \begin{matrix} COOC_2H_5 \\ | \\ COOC_2H_5 \end{matrix} \xrightarrow[\text{②}HCl]{\text{①}C_2H_5ONa,\ \text{三氯乙烯}}$

（10）$C_6H_5-\overset{O}{\overset{\|}{C}}-OCH_3 + CH_3CH_2-\overset{O}{\overset{\|}{C}}-OC_2H_5 \xrightarrow[\text{②}H_3O^+]{\text{①}NaH,\ C_6H_6,\ \text{回流}}$

（11）$C_6H_5-\overset{O}{\overset{\|}{C}}-CH_3 + C_6H_5-\overset{O}{\overset{\|}{C}}-OCH_3 \xrightarrow[\text{②}H_3O^+]{\text{①}NaOOCCH_3,\ \text{分馏去醇}}$

（12）$CH_3-\overset{O}{\overset{\|}{C}}-CH_2-\overset{O}{\overset{\|}{C}}-OC_2H_5 + CH_2{=}CH-CN \xrightarrow[\text{②}H_3O^+]{\text{①}NaOOCCH_3,\ C_2H_5OH}$

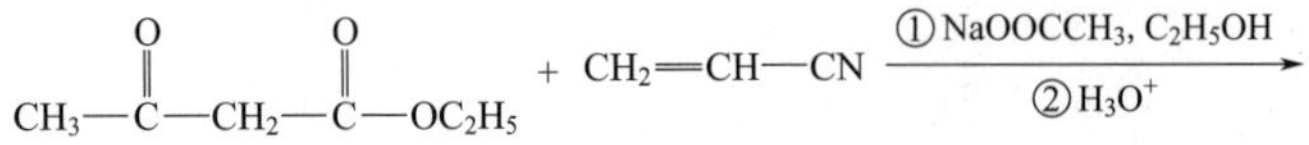

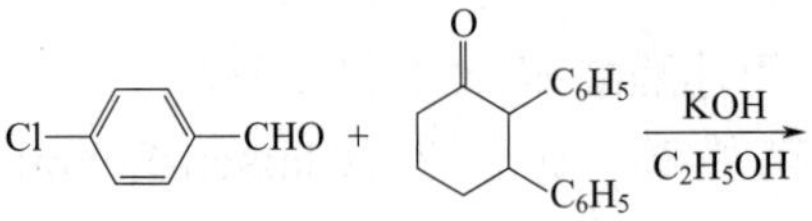

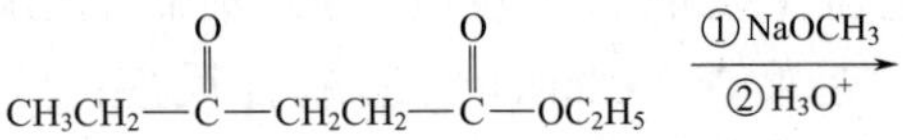

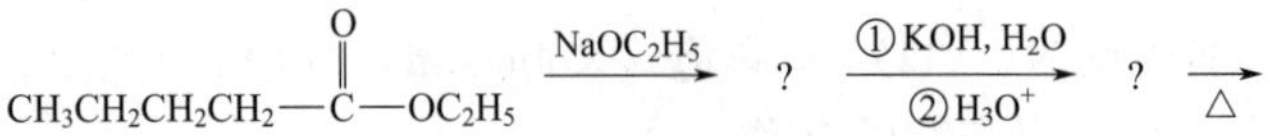

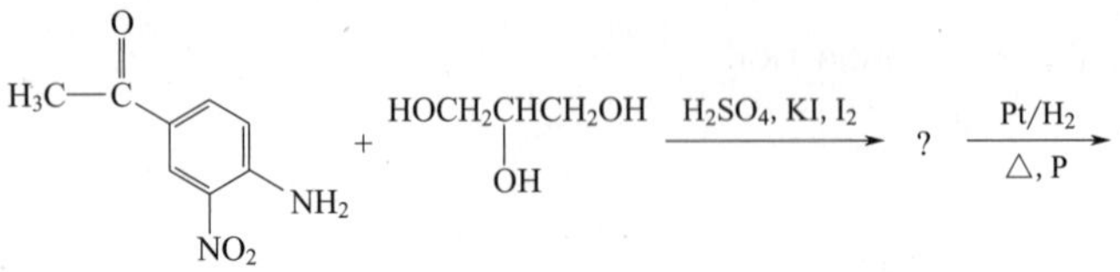

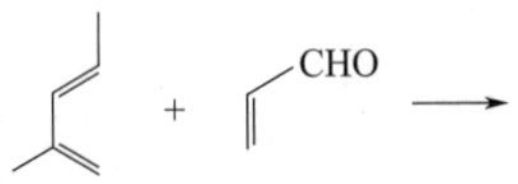

（13）$Cl-C_6H_4-CHO$ + 2,3-二苯基环己酮（C_6H_5，C_6H_5）$\xrightarrow[C_2H_5OH]{KOH}$

（14）$CH_3CH_2-\overset{O}{\overset{\|}{C}}-CH_2CH_2-\overset{O}{\overset{\|}{C}}-OC_2H_5 \xrightarrow[\text{②}H_3O^+]{\text{①}NaOCH_3}$

（15）$CH_3CH_2CH_2CH_2-\overset{O}{\overset{\|}{C}}-OC_2H_5 \xrightarrow{NaOC_2H_5} ? \xrightarrow[\text{②}H_3O^+]{\text{①}KOH,\ H_2O} ? \xrightarrow[\triangle]{}$

（16）邻位取代苯（$CH_2COOC_2H_5$，$CH_2COC_2H_5$）$\xrightarrow[\text{②}H_3O^+]{\text{①}NaOC_2H_5}$

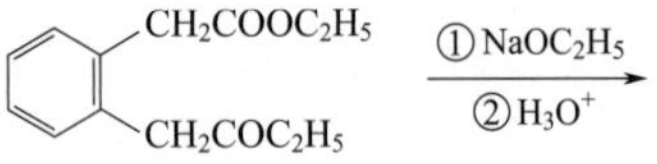

（17）$H_3C-\overset{O}{\overset{\|}{C}}-$（4-氨基-3-硝基苯基，$NH_2$，$NO_2$）+ $HOCH_2\underset{OH}{\underset{|}{C}}HCH_2OH \xrightarrow{H_2SO_4,\ KI,\ I_2} ? \xrightarrow[\triangle,\ P]{Pt/H_2}$

（18）丁二烯 + 顺丁烯二酸二乙酯（$COOC_2H_5$，$COOC_2H_5$）$\longrightarrow ? \xrightarrow{?}$ 4-环己烯-1,2-二甲醇（CH_2OH，CH_2OH）

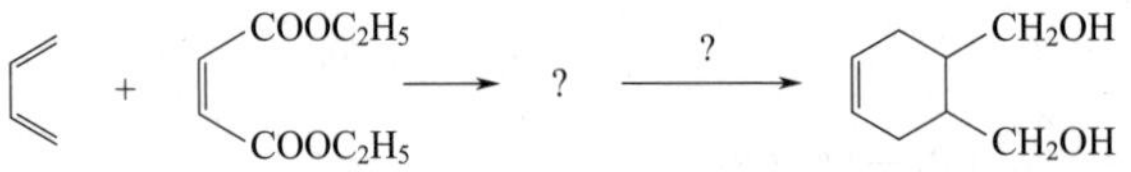

（19）1,4-萘醌（O，O）+ 丁二烯 $\longrightarrow ? \xrightarrow{?}$ 蒽醌（O，O）

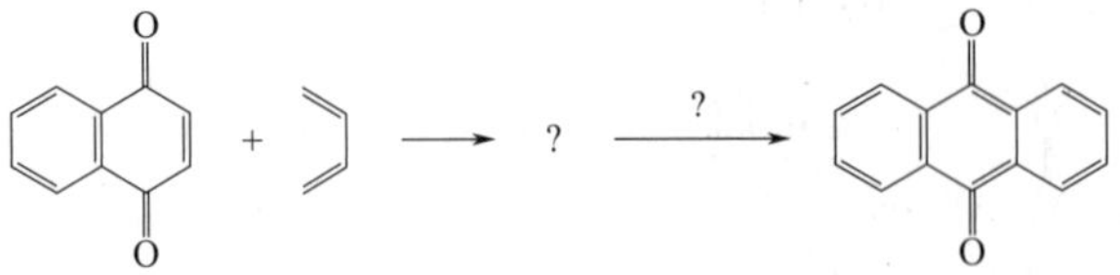

（20）（二烯）+ 丙烯醛（CHO）$\longrightarrow$

（21）（三烯醚，$COOCH_3$，O）$\xrightarrow[22h]{170℃}$

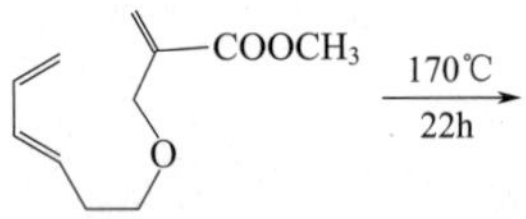

5. 以对硝基甲苯和相关脂肪族为原料合成下列产品，请写出合成路线及各步反应的条件。

（1）对氯苯丙烯酸；（2）对羟基苯丙烯酸。

6. 有一种被用于升白细胞的药物，商品名称为“利可君”（又称为利血生，英文名称为Leucogen），其化学名称为2-[（α-苯基-α-乙氧羰基）-甲基]噻唑烷羧酸，结构如下式所示。它具有增强人体骨髓造血系统等功能，临床上主要用于治疗白细胞减少和再生障碍性贫血等疾病。目前，位于江苏省镇江市高新技术产业开发园区的江苏吉贝尔药业股份有限公司生产销售该产品。请你分别以苯乙酸、甲酸、乙醇和L-半胱氨酸（$HS-CH_2-\underset{NH_2}{\underset{|}{C}H}-\overset{O}{\overset{\|}{C}}-OH$）等为原料，写出该化合物的合成路线。

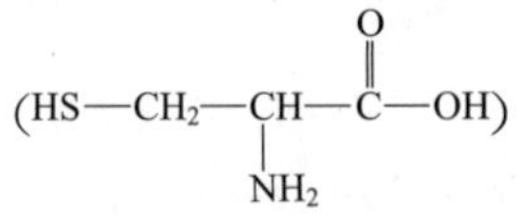

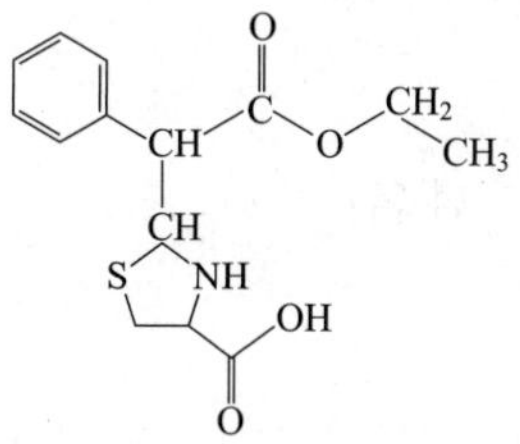

7. 在本实训中，为什么需要使用干燥的反应装置？

8. 在合成肉桂酸时往往会出现焦油，这是为什么？怎样去除？

9. 采用何种方式可以分离肉桂酸粗产物中少量尚未反应的苯甲醛？请用框图表示肉桂酸粗品分离提纯的流程。

10. 在分离肉桂酸粗产物中少量尚未反应的苯甲醛之前，为什么先要进行碱化操作？

班级： 姓名： 学号：

班级：　　　　　　姓名：　　　　　　学号：

班级：　　　　　　　　　　姓名：　　　　　　　　　　学号：

记录笔记

记录
笔记

参考文献

[1] 唐培堃，冯亚青，王世荣．精细有机合成工艺学（简明版）[M]. 北京： 化学工业出版社，2018.

[2] 冯亚青，王世荣，张宝．精细有机合成 [M]. 3 版．北京： 化学工业出版社，2018.

[3] 孙昌俊，房士敏．卤化反应原理 [M]. 北京： 化学工业出版社，2017.

[4] 田铁牛．有机合成单元过程 [M]. 2 版．北京： 化学工业出版社，2010.

[5] 薛叙明．精细有机合成技术 [M]. 2 版．北京： 化学工业出版社，2009.

[6] 徐克勋．精细有机化工原料及中间体手册 [M]. 北京： 化学工业出版社，2002.

[7] 刘建华．微通道反应器在硝化反应中的应用 [D]. 南京： 南京理工大学．2016.

[8] 鄢冬茂，王珂，胥维昌，等．一种流体强化混合连续化加氢反应装置及工艺方法．CN 109985572A [P]. 2019-04-23.

[9] 赵昊昱．2- 氟 -4- 硝基苯甲腈的合成 [J]. 化学世界．2010，51（10）：620-622.

[10] 王亮．重氮化水解法合成愈创木酚生产工艺优化研究 [D]. 上海： 华东理工大学，2012.

[11] Liu Y，Wu G Q，Pang X Y. Isobutane alkylation with 2-butene in novel ionic liquid/solid acid catalysts[J]. Fuel，2019（252），316-324.

[12] Onkar S Nayal，Maheshwar，Thakur S，et al. Ligand-free Iron（Ⅱ）-Catalyzed N-Alkylation of Hindered Secondary Arylamines with Non-activated Secondary and Primary Alcohols via a Carbocationic Pathway[J]. Advanced Synthesis & Catalysis．2018（4），730-737.

[13] 徐志阳．我国烷氧基化装置的工艺进展和评述 [J]. 日用化学品科学 .2016，39（6）： 45-51.

[14] 石仲璟．乙氧基化反应器雾化技术与反应模型研究 [D]. 上海： 华东理工大学，2017.

[15] Chen Y Z，Su Y H，Jiao F J，et al. A simple and efficient synthesis protocol for sulfonation of nitrobenzene under solvent-free conditionsvia a microreactor [J]. RSC Advances，2012，2（13）：5637-5644.

[16] 吴协舜．干气直接氯化制备二氯乙烷的工艺开发 [D]. 上海： 华东理工大学， 2012.

[17] 孙东岳．联产哌嗪和 *N*- 乙基哌嗪的工艺研究 [D]. 杭州： 浙江大学，2016.

[18] 章瑛，王宏亮，吴建一，等．基于串联反应的吡虫啉新合成工艺研究 [J]. 化学通报．2014，77（9）：919-921.

[19] 符瑜婷．精细化工产品开发策略分析 [J]. 当代经济．2018，8： 58-59.

[20] 万琳茜，高峰，陈伟，等．一锅法合成 2-（2- 氨基苯甲酰胺基）苯甲酸类化合物 [J]. 有机化学．2019，39： 1-7.

[21] 贾士伟．固相有机合成及其在精细化工中的应用与前景分析 [J]. 新材料与新技术．2018，44（4）： 58.

[22] 张金，史天彩，罗力文，等．纳米氧化铜催化一锅法合成 β- 咔啉类化合物 [J]. 高等学校化学学报．2018，39（7）： 247-248.

参考文献